# Light Engineering für die Praxis

**Reihe herausgegeben von**
C. Emmelmann, Hamburg, Deutschland

Technologie- und Wissenstransfer für die photonische Industrie ist der Inhalt dieser Buchreihe. Der Herausgeber leitet das Institut für Laser- und Anlagensystemtechnik an der Technischen Universität Hamburg sowie die Fraunhofer-Einrichtung für Additive Produktionstechnologien IAPT. Die Inhalte eröffnen den Lesern in der Forschung und in Unternehmen die Möglichkeit, innovative Produkte und Prozesse zu erkennen und so ihre Wettbewerbsfähigkeit nachhaltig zu stärken. Die Kenntnisse dienen der Weiterbildung von Ingenieuren und Multiplikatoren für die Produktentwicklung sowie die Produktions- und Lasertechnik, sie beinhalten die Entwicklung lasergestützter Produktionstechnologien und der Qualitätssicherung von Laserprozessen und Anlagen sowie Anleitungen für Beratungs- und Ausbildungsdienstleistungen für die Industrie.

Weitere Bände in der Reihe http://www.springer.com/series/13397

Vanessa Seyda

# Werkstoff- und Prozessverhalten von Metallpulvern in der laseradditiven Fertigung

 Springer Vieweg

Vanessa Seyda
Technische Universität Hamburg
Hamburg, Deutschland

ISSN 2522-8447          ISSN 2522-8455   (electronic)
Light Engineering für die Praxis
ISBN 978-3-662-58232-9      ISBN 978-3-662-58233-6   (eBook)
https://doi.org/10.1007/978-3-662-58233-6

Die Deutsche Nationalbibliothek verzeichnet diese Publikation in der Deutschen Nationalbibliografie; detaillierte bibliografische Daten sind im Internet über http://dnb.d-nb.de abrufbar.

Springer Vieweg
© Springer-Verlag GmbH Deutschland, ein Teil von Springer Nature 2018

Springer Vieweg ist ein Imprint der eingetragenen Gesellschaft Springer-Verlag GmbH, DE und ist ein Teil von Springer Nature
Die Anschrift der Gesellschaft ist: Heidelberger Platz 3, 14197 Berlin, Germany

# Zusammenfassung

Die laseradditive Fertigung metallischer Bauteile hat in den vergangenen Jahren eine steigende Verbreitung in der industriellen Produktionslandschaft erfahren. Bei diesem Fertigungsprozess wird ein flächig aufgetragenes Metallpulver mittels Laserstrahlung lokal vollständig aufgeschmolzen und auf Basis eines virtuell zerlegten 3D-Datensatzes schichtweise in ein physisches Bauteil umgewandelt. Das Prozessergebnis wird, neben der Art der Fertigungsanlage und der Wahl der Prozessparameter zur Bauteilherstellung, vom Eigenschaftsprofil des eingesetzten Pulverwerkstoffs beeinflusst. Allerdings stellen u. a. fehlende Vorgaben für die Qualität und Qualitätssicherung des Metallpulvers und mangelnde Kenntnisse über den Einfluss der Pulvereigenschaften auf die Qualitäts-merkmale der Bauteile besondere Herausforderungen dar, die die Etablierung der laser-additiven Fertigung als (Serien-) Produktionsverfahren in Hochtechnologiebranchen, wie z. B. in der Luftfahrt, erschweren.

Gegenstand dieser Dissertation sind daher grundlegende Untersuchungen zum Werk-stoff- und Prozessverhalten von Metallpulvern in der laseradditiven Fertigung. Dabei wird die Eignung von verschiedenen gas- und plasmaverdüsten Pulverwerkstoffen der Titanlegierung Ti-6Al-4V für die laseradditive Fertigung von qualitativ hochwertigen Bauteilen bewertet und die Anwendbarkeit verschiedener Prüfmethoden zur Charakteri-sierung der eingesetzten Pulverwerkstoffe beurteilt. Ferner werden ausgewählte handha-bungs-, prozess- und anlagenseitige Einflussfaktoren auf die charakteristischen Eigen-schaften der Ti-6Al-4V-Pulver beim Transport und der Lagerung, beim Pulverauftrag und beim Sieben und Mischen analysiert.

Auf Basis der gewonnenen Erkenntnisse werden die zum Zwecke der Qualitätssicherung zu prüfenden Pulvereigenschaften vorgeschlagen und Anforderungen an das Eigen-schaftsprofil eines Ti-6Al-4V-Pulverwerkstoffs für die laseradditive Fertigung formu-liert. Mithilfe der erzielten Ergebnisse werden weiterhin Maßnahmen entwickelt, durch die Vorgänge, die eine Veränderung der Pulvereigenschaften bewirken, vermieden und Bedingungen, unter welchen eine Beeinflussung des Pulvers erfolgt, frühzeitig erkannt werden können. Zusätzlich werden Handlungsempfehlungen zum Transport, zur Lage-rung und zum Recycling von Ti-6Al-4V-Pulvern abgeleitet.

Sowohl das erweiterte Verständnis des Werkstoff- und Prozessverhaltens als auch die abgeleiteten Maßnahmen und Handlungsempfehlungen können zukünftig zur Qualitäts-sicherung der in der laseradditiven Fertigung eingesetzten Pulverwerkstoffe genutzt werden. Bereits existierende Qualitätssicherungsmethoden für den laseradditiven Ferti-gungsprozess werden somit um Vorgaben für die vor- und nachgelagerten Schritte er-gänzt, was zu einer ganzheitlichen Qualitätssicherung entlang der gesamten Prozesskette beiträgt.

# Inhaltsverzeichnis

# Formelzeichen und Abkürzungen

## Lateinische Symbole

| Formelzeichen | Einheit | Benennung |
|---|---|---|
| $A$ | -; %; mm; cm$^2$ | Absorption; Bruchdehnung; Amplitude; Fläche |
| $A_i$ | cm$^2$ | Fläche des i-ten Probekörpers |
| $A_{Bevorratung}$ | cm$^2$ | Grundfläche der Bevorratung |
| $A_{Mantel}$ | cm$^2$ | Mantelfläche |
| $a$ | mm | Abstand |
| $a_{effektiv}$ | m/s$^2$ | Effektivbeschleunigung |
| $a_z$ | m/s$^2$ | Vertikalbeschleunigung |
| $b_i$ | mm | Breite des i-ten Probekörpers |
| $C_H$ | J | Hamaker-Konstante |
| $c$ | N/mm$^2$; m/s$^2$ | Scherfestigkeit; Lichtgeschwindigkeit |
| $c_{p,\,Gas}$ | J/kg K | spezifische Wärmekapazität des Gases |
| $c_{p,\,Partikel}$ | J/kg K | spezifische Wärmekapazität der Partikel |
| $c_{p,\,Pulver}$ | J/kg K | spezifische Wärmekapazität des Pulvers |
| $D_S$ | µm | Schichtdicke |
| $D_{S*}$ | µm | theoretische Schichtdicke |
| $D_{S,eff}$ | µm | effektive Schichtdicke |
| $D_{S,eff*}$ | µm | angepasste effektive Pulverschichtdicke |
| $D_{S,Oxid}$ | nm | Dicke der Oxidschicht |
| $d$ | µm | Nenndrahtdicke |
| $d_L$ | mm | Laserstrahldurchmesser |
| $d_n$ | kg/s | Dämpfungskonstante in Normalenrichtung |
| $d_p$ | % | relative Packungsdichte |
| $d_s$ | % | relative Dichte |
| $d_t$ | kg/s | Dämpfungskonstante in Tangentialrichtung |
| $E$ | N/mm$^2$ | E-Modul |
| $E_{AE}$ | mJ | Belüftungsenergie |
| $E_{BFE}$ | mJ | Basis-Fließfähigkeitsenergie |
| $E_c$ | J/m$^3$ | Kohäsionsenergiedichte |
| $E_{c,\,PG}$ | J/m$^3$ | Kohäsionsenergiedichte zwischen Pulverwerkstoff und Kontaktpartner |
| $E_{c,\,PG,Stahl}$ | J/m$^3$ | Kohäsionsenergiedichte der Paarung Ti-6Al-4V/ Stahl |
| $E_{c,\,PG,Elastomer}$ | J/m$^3$ | Kohäsionsenergiedichte der Paarung Ti-6Al-4V/ Elastomer |
| $E_{c,\,PP}$ | J/m$^3$ | Kohäsionsenergiedichte zwischen Pulverpartikeln |
| $E_F$ | J/mm$^2$ | Flächenenergie |
| $E_L$ | J/mm$^3$ | Energiedichte pro Volumeneinheit |
| $E_S$ | J/mm | Streckenenergie |
| $E_{SE}$ | mJ/g | spezifische Energie |
| $E_V$ | J/mm$^3$ | Volumenenergie |

| | | |
|---|---|---|
| $E^*$ | N/mm$^2$ | mittlere Partikelsteifigkeit |
| $F_0$ | % | Sieböffnungsgrad |
| $F(x)$ | % | kumulierte Häufigkeitsverteilung für die Partikelgröße |
| $F(\alpha_{dyn})$ | % | kumulierte Häufigkeitsverteilung für den Lawinenwinkel |
| $f$ | mm; Hz; - | Fokuslage; Frequenz; Massenanteil des Feinguts |
| $f_{ar}$ | - | Seitenverhältnis |
| $f_c$ | - | Zirkularität |
| $ff_c$ | - | Fließfähigkeit |
| $F$ | N | Kraft |
| $F_B$ | N | Scherkraft durch das Pulverauftragssystem |
| $F_N$ | N | Normalkraft |
| $F_G$ | N | Gewichtskraft |
| $F_H$ | N | Haftkraft |
| $F_{P, B}$ | N | Tangentialkraft zwischen Partikeln und Pulverauftragssystem |
| $F_{P\,SP}$ | N | Tangentialkraft zwischen Partikeln und Substratplatte |
| $F_{R, C}$ | N | Reibungskraft nach Coulomb |
| $F_{RW}$ | N | Rollwiderstandskraft |
| $F_{vdW}$ | N | van-der-Waals-Kraft |
| $F_{vdW, 0}$ | N | van-der-Waals-Kraft ohne Kontaktabplattung |
| $F_{vdW, B}$ | N | van-der-Waals-Kraft zwischen Partikeln und Pulverauftragssystem |
| $F_{vdW, SP}$ | N | van-der-Waals-Kraft zwischen Partikeln und Substratplatte |
| $F_{vdW, W}$ | N | van-der-Waals-Kraft zwischen Partikeln und Wänden |
| $G$ | GPa | Schubmodul |
| $g$ | m/s$^2$; - | Erdbeschleunigung; Massenanteil des Grobguts |
| $HF$ | - | Hausner-Faktor |
| $h$ | Js; mm | Planck´sches Wirkungsquantum; Höhe |
| $h_0$ | mm | Ausgangshöhe |
| $h_1$ | mm | Absprunghöhe nach Aufprall; Höhe an Position 1 |
| $h_k$ | µm | Kontaktabplattung |
| $h_i$ | mm | Höhe an Position i |
| $h_s$ | mm | Spurabstand |
| $I$ | W/m$^2$ | Laserstrahlintensität |
| $i$ | - | Restitutionskoeffizient |
| $J_i$ | kg·m$^2$ | Massenträgheitsmoment des i-ten Partikels |
| $KV_2$ | J | Kerbschlagarbeit |
| $k_n$ | N/m | Federsteifigkeit in Normalenrichtung |
| $k_t$ | N/m | Federsteifigkeit in Tangentialrichtung |
| $l$ | mm | Länge |
| $l_f$ | mm | mittlere freie Länge |
| $l_{opt}$ | µm | optische Eindringtiefe |

| | | |
|---|---|---|
| $l_{sin}$ | mm | sinteraktive Länge |
| $M_i$ | Nm | Moment am i-ten Partikel |
| $M^2$ | - | Strahlqualität |
| $m$ | g | Masse |
| $m_A$ | g | Masse des Aufgabeguts |
| $m_B$ | g | Masse des Feinguts aus dem Bauraum |
| $m_{Bauteil}$ | g | Masse des Bauteils |
| $m_F$ | g | Masse des Feinguts |
| $m_G$ | g | Masse des Grobguts |
| $m_{Gas}$ | g | Masse des Gases |
| $m_{Partikel}$ | g | Masse des Partikels |
| $m_{Pulver}$ | g | Masse des Pulvers |
| $m_{Pulver, s2}$ | g | Masse des Pulvers von der Überlaufplattform |
| $m_{Rest}$ | g | Masse der Rückstände |
| $m_{Rest, s1}$ | g | Masse der Spritzer aus der Pulverschüttung |
| $m_{Spritzer}$ | g | Masse der Spritzer |
| $m_U$ | g | Masse des Feinguts aus dem Überlauf |
| $N$ | - | Anzahl der Siebwürfe |
| $n$ | - | Anzahl |
| $P_L$ | W | Laserstrahlleistung |
| $P_{L0}$ | W | Laserstrahlleistung vor dem Eintritt in das Material |
| $p$ | Js/mm$^2$ | Impulsdichte der Laserstrahlung |
| $p_{Oxid}$ | % | Anteil der Oxidschicht |
| $Q_r(x)$ | - | Verteilungssumme |
| $Q_3(x)$ | - | Verteilungssumme (Volumenverteilung) |
| $Q_3(f_c)$ | - | Verteilungssumme der Zirkularität |
| $q_r(x)$ | 1/µm | Verteilungsdichte |
| $q_3(x)$ | 1/µm | Verteilungsdichte (Volumenverteilung) |
| $q_{ges}(x)$ | 1/µm | Verteilungsdichte der Pulvergesamtheit |
| $R$ | - | Reflexion |
| $R_a$ | µm | arithmetische Mittenrauheit |
| $R_m$ | MPa | Zugfestigkeit |
| $R_{p0,2}$ | MPa | 0,2 %-Dehngrenze |
| $R_z$ | µm | gemittelte Rautiefe |
| $RH$ | % | relative Luftfeuchtigkeit |
| $r$ | mm | Radius |
| $r_{1,2}$ | µm | mittlerer Radius |
| $r_{Stift}$ | mm | Radius des Stifts |
| $r_{Zylinder}$ | mm | Radius des Zylinders |
| $s$ | mm | Scherweg; Abstand |
| $s_i$ | mm | Abstand an Position i |
| $T$ | -; °C | Transmission; Temperatur |
| $T_\beta$ | °C | Umwandlungstemperatur |
| $T_T$ | °C | Taupunkttemperatur |
| $T_{tr}$ | °C | Temperatur am Tripelpunkt von Wasser |
| $t_B$ | h | Berechnungsdauer |
| $t_D$ | s | Durchflussdauer |

| | | |
|---|---|---|
| $t_M$ | s | Mischdauer |
| $t_S$ | s | Siebdauer |
| $t_{Sim}$ | s | Simulationsdauer |
| $V_{Bauteil}$ | cm$^3$ | Volumen des Bauteils |
| $V_{Festkörper}$ | cm$^3$ | Volumen des Festkörpers |
| $V_H$ | cm$^3$ | Volumen der Hohlräume |
| $V_{Oxid}$ | cm$^3$ | Volumen der Oxidschicht |
| $V_{Pulver}$ | cm$^3$ | Volumen des Pulvers |
| $V_Z$ | cm$^3$ | Volumen der Zwischenräume |
| $V_{Zylinder}$ | cm$^3$ | Volumen des Zylinders |
| $\dot{V}$ | W/s | Volumenaufbaurate |
| $v$ | - | Schiefe der Verteilung |
| $v_A$ | - | Schiefe der Verteilung des Aufgabeguts |
| $v_B$ | mm/s | Pulverauftragsgeschwindigkeit |
| $v_F$ | - | Schiefe der Verteilung des Feinguts |
| $v_j$ | - | Mengenanteil einer Komponente |
| $v_L$ | mm/s | Luftstromgeschwindigkeit |
| $v_s$ | mm/s | Belichtungsgeschwindigkeit |
| $W$ | - | Durchtrittswahrscheinlichkeit |
| $w$ | µm | Maschenweite |
| $\bar{w}$ | µm | mittlere Maschenweite |
| $x$ | µm | Partikelgröße |
| $x_{10,\,3}$ | µm | 10 %-Partikelgröße (Volumen) |
| $x_{50,\,3}$ | µm | Medianwert (Volumen) |
| $x_{90,\,3}$ | µm | 90 %-Partikelgröße (Volumen) |
| $x_{max}$ | µm | maximale Partikelgröße |
| $x_{r,\,h}$ | µm | Modalwert |
| $x_{3,\,h}$ | µm | Modalwert (Volumen) |
| $\bar{x}_r$ | µm | mittlere Partikelgröße |
| $\bar{x}_0$ | µm | mittlere Partikelgröße (Anzahl) |
| $\bar{x}_3$ | µm | mittlere Partikelgröße (Volumen) |
| $x_t$ | µm | Trennpartikelgröße |
| $\ddot{x}_i$ | m/s$^2$ | Beschleunigung des i-ten Partikels |

**Griechische Symbole**

| Formelzeichen | Einheit | Benennung |
|---|---|---|
| $\Delta p$ | mbar | Druckabfall |
| $\Delta Q_3$ | % | Anteil der Agglomerate |
| $\alpha$ | ° | Schüttwinkel |
| $\alpha_{dyn}$ | ° | Lawinenwinkel |
| $\bar{\alpha}_{dyn}$ | ° | Mittelwert des Lawinenwinkels |
| $\beta$ | 1/cm | Absorptionskoeffizient |
| $\varepsilon$ | - | Porosität der Pulverschüttung |
| $\eta_{Rest}$ | - | Anteil der Rückstände |
| $\eta_{Spritzer}$ | - | Anteil der Spritzer |
| $\lambda$ | µm; W/mK | Wellenlänge; Wärmeleitfähigkeit |

| $\lambda_{eff}$ | W/mK | effektive Wärmeleitfähigkeit |
|---|---|---|
| $\mu_{ges}$ | - | Menge der Pulvergesamtheit |
| $\mu_{Haft}$ | - | Haftreibungskoeffizient |
| $\mu_i$ | - | Reibungskoeffizient |
| $\mu_j$ | - | Menge einer Komponente |
| $\mu_{P, B}$ | - | Reibungskoeffizient zwischen Partikeln und Pulverauftragssystem |
| $\mu_{P, SP}$ | - | Reibungskoeffizient zwischen Partikeln und Substratplatte |
| $\mu_{Roll}$ | - | Rollreibungskoeffizient |
| $v$ | - | Querkontraktionszahl |
| $\rho_{Ar}$ | g/cm$^3$ | Dichte von Argon |
| $\rho_b$ | g/cm$^3$ | Schüttdichte |
| $\rho_{CBD}$ | g/cm$^3$ | konditionierte Schüttdichte |
| $\rho_f$ | g/cm$^3$ | Dichte des Gases |
| $\rho_N$ | g/cm$^3$ | Dichte von Stickstoff |
| $\rho_p$ | g/cm$^3$ | Packungsdichte |
| $\bar{\rho}_p$ | g/cm$^3$ | mittlere Packungsdichte |
| $\rho_s$ | g/cm$^3$ | Festkörperdichte |
| $\rho_t$ | g/cm$^3$ | Stampfdichte bzw. Klopfdichte |
| $\sigma$ | N/mm$^2$ | Normalspannung |
| $\sigma_1$ | N/mm$^2$ | Verfestigungsspannung |
| $\sigma_c$ | N/mm$^2$ | Druckfestigkeit |
| $\sigma_G$ | N/mm$^2$ | Spannung durch Eigengewicht des Pulvers |
| $\sigma_h$ | N/mm$^2$ | Horizontalspannung |
| $\sigma_t$ | N/mm$^2$ | Zugfestigkeit |
| $\tau$ | N/mm$^2$ | Schubspannung |
| $\tau_c$ | kPa | Kohäsion |
| $\varphi$ | ° | Reibungswinkel |
| $\varphi_{opt}$ | - | Kennzahl zur optischen Bewertung des Fließverhaltens |
| $\psi_W$ | - | Sphärizität nach Wadell |
| $\dot{\omega}_i$ | rad/s | Winkelgeschwindigkeit des i-ten Partikels |
| $\phi$ | % | Porosität |

## Abkürzungen

| Abkürzung | Benennung |
|---|---|
| 3D | dreidimensional |
| ASTM | American Society for Testing and Materials |
| CAD | computer aided design |
| CCD | charge-coupled device |
| cw | continuous wave |
| DEM | Diskrete Elemente Methode |
| DIN | Deutsches Institut für Normung |
| DMLS | Direktes Metall Laser Sintern |

| | |
|---|---|
| EIGA | Electrode Induction Gas Atomization |
| FMEA | Failure Mode and Effect Analysis, Fehler-Möglichkeits- und Einfluss-Analyse |
| HDH | Hydride Dehydride |
| LMF | Laser Metal Fusion |
| NGI | Norwegian Geotechnical Institute |
| NIR | Nahes Infrarot |
| PMT | Powder Manipulation Technology |
| PREP | Plasma Rotating Electrode Process |
| REM | Rasterelektronenmikroskop |
| SGI | Swedish Geotechnical Institute |
| SLM | Selective Laser Melting |
| STL | Surface Tesselation Language |
| TGHE | Trägergasheißextraktion |
| VDA | Verband der Automobilindustrie e.V. |
| VDI | Verein Deutscher Ingenieure |
| XPS | X-ray Photoelectron Spectroscopy, Röntgenphotoelektronenspektroskopie |

# 1 Einleitung

Durch Megatrends wie Globalisierung, Individualisierung und Konnektivität werden Unternehmen mit einer sich zunehmend verschärfenden Wettbewerbssituation konfrontiert. Vor allem die wachsenden Kundenansprüche an die Individualität der Produkte bei gleichzeitig immer kürzeren Produktlebenszyklen und die Notwendigkeit, immer kostengünstiger produzieren zu müssen, stellen Unternehmen vor große Herausforderungen. Eine erhöhte Flexibilisierung der Produktion kann eine Chance bieten, den steigenden Anforderungen gerecht zu werden.

In diesem Zusammenhang wird der additiven Fertigung als disruptiver Technologie das Potenzial zugesprochen, zukünftig die Wertschöpfung von Produkten weltweit zu verändern. Bereits heute besitzt der Markt der additiven Fertigung ein Volumen von mehr als 4,5 Mrd. € (Stand: 2015) mit durchschnittlichen Wachstumsraten von 30 % pro Jahr im Zeitraum von 2012 bis 2015 (vgl. Abbildung 1.1 a)) [Woh16]. Auch für die nächsten Jahre wird ein massives Wachstum des Marktes für additive Fertigungstechnologien und Dienstleistungen prognostiziert. Verschiedenen Schätzungen zufolge wird erwartet, dass sich die Marktgröße bis zum Jahr 2020 vervierfachen wird [Rol16].

Insbesondere die additive Fertigung mit Metall ist zur Herstellung von Funktionsbauteilen von großem Interesse. Der Einsatz der laseradditiven Fertigung, bei der ein Laserstrahl als Energiequelle genutzt wird, um ein Metallpulver schichtweise aufzuschmelzen, hat in den vergangenen Jahren in der industriellen Produktionslandschaft zunehmend an Bedeutung gewonnen. Die stetig angestiegenen Umsatzerlöse für metallische Werkstoffe für die additive Fertigung und der für Metallpulver in 2015 zu verzeichnende Zuwachs der Umsatzerlöse von über 80 % verleihen dieser Entwicklung Ausdruck (vgl. Abbildung 1.1 b)) [Woh16].

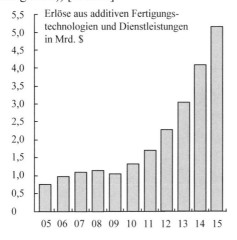
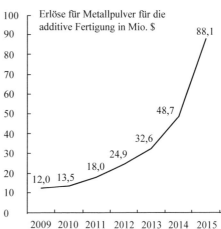

a) Entwicklung der Marktgröße für additive Fertigungstechnologien und Dienstleistungen

b) Entwicklung der Umsatzerlöse für Metallpulver

**Abbildung 1.1:** Bedeutung der additiven Fertigung in Metall [Woh16]

© Springer-Verlag GmbH Deutschland, ein Teil von Springer Nature 2018
V. Seyda, *Werkstoff- und Prozessverhalten von Metallpulvern in der laseradditiven Fertigung*, Light Engineering für die Praxis, https://doi.org/10.1007/978-3-662-58233-6_1

Dennoch erschweren hohe Materialkosten und fehlende Qualitätsstandards für Metallpulver die Etablierung der laseradditiven Fertigung metallischer Bauteile als industrielles (Serien-) Produktionsverfahren. Diesbezüglich hervorzuheben sind Aspekte wie u. a. ein geringes Verständnis des verwendeten Pulverwerkstoffs, mangelnde Kenntnisse über die Beziehung zwischen dem Eigenschaftsprofil des Pulvers und den Qualitätsmerkmalen der gefertigten Bauteile sowie fehlende Vorgaben für die Qualität des Metallpulvers für den Einsatz in der laseradditiven Fertigung.

Das Ziel dieser Arbeit ist es, das Werkstoff- und Prozessverhalten von Metallpulvern in der laseradditiven Fertigung grundlegend zu untersuchen. Schwerpunkte bilden die Identifizierung von qualitätsrelevanten Einflüssen und deren Auswirkungen auf das Metallpulver sowie die experimentelle Analyse ausgewählter Einflussfaktoren für den Versuchswerkstoff Ti-6Al-4V. Zur Definition der Pulverqualität werden ferner die zu messenden Eigenschaften eines Pulverwerkstoffs identifiziert, die zu erfüllenden Anforderungen ermittelt und die Eignung verschiedener Prüfverfahren zur Beurteilung von Qualitätsmerkmalen bewertet. Durch das gewonnene erweiterte Verständnis des Pulverwerkstoffs und die aus den Untersuchungen abgeleiteten Handlungsempfehlungen wird ein Beitrag zur Qualitätssicherung von Metallpulvern in der laseradditiven Fertigung geleistet. Die Beherrschung des laseradditiven Fertigungsprozesses und das Wissen über die Eigenschaften des genannten Pulverwerkstoffs bieten nicht nur Optimierungspotenziale hinsichtlich der Funktion, des Gewichts und der Kosten von Bauteilen, sondern tragen auch durch ihre Material- und Energieeffizienz zu einer besseren Öko-Bilanz der gesamten Produktionsprozesskette bei.

# 2 Stand von Wissenschaft und Technik

Die laseradditive Fertigung metallischer Bauteile, auch unter den Bezeichnungen *(Laser-) Strahlschmelzen* [VDI14], *Direktes-Metall-Laser-Sintern* (*DMLS*) [EOS17a], *Selective Laser Melting* (*SLM*) [SLM17a], *LaserCUSING* [Con17a]*, Laser Metal Fusion* (*LMF*) [Tru17] und *industrieller 3D-Druck* [EOS17a] bekannt, zählt zu den pulverbett-basierten Verfahren und erlaubt die schichtweise Herstellung von Funktionsbauteilen mittels Laserstrahlung aus einkomponentigen Metallpulvern [VDI14]. Im Folgenden wird zunächst der Stand von Wissenschaft und Technik zur laseradditiven Fertigung metallischer Bauteile zusammengefasst. Anschließend werden die grundlegenden Eigenschaften der eingesetzten Metallpulver vermittelt und deren Herstellung erläutert.

## 2.1 Laseradditive Fertigung

Bei der laseradditiven Fertigung handelt es sich um ein generatives Verfahren, welches der ersten Hauptgruppe der Fertigungsverfahren *Urformen* zugeordnet wird [DIN03]. Generative bzw. additive Fertigungsverfahren zeichnen sich im Allgemeinen durch das diskontinuierliche Fügen einzelner Volumenelemente in Aufbaurichtung eines Bauteils aus [Geb07]. In der laseradditiven Fertigung wird im Speziellen ein einkomponentiges Metallpulver durch die Energie eines Laserstrahls selektiv vollständig aufgeschmolzen und Schicht für Schicht auf Basis eines virtuell zerlegten 3D-Datensatzes in ein Bauteil umgewandelt. Durch diesen schichtweisen Aufbau von Bauteilen in einem Pulverbett bietet die laseradditive Fertigung eine hohe Gestaltungsfreiheit und ermöglicht die gleichzeitige Herstellung individueller Bauteile mit hoher Komplexität und integrierten Funktionen. Industriell werden diese Verfahrensvorteile derzeit vor allem im Werkzeug- und Formenbau [Kla13], in der Medizintechnik [Emm11a] und in der Automobil- und Luftfahrtindustrie [Emm11b, Ohl15, Spi15a] genutzt. In diesen Branchen wird die laser-additive Fertigung von funktionalen Endprodukten aus Metallpulvern mit Einzelteil- oder (Klein-) Seriencharakter im Sinne des *Rapid Manufacturing* eingesetzt. Zum Einsatz kommen dabei hauptsächlich Werkzeug- und Edelstähle (z. B. 1.2709, 1.4404, 1.4542), Aluminiumlegierungen (z. B. AlSi10Mg, AlSi12), Titanlegierungen (z. B. Ti-6Al-4V, Ti-6Al-7Nb) sowie Kobalt-Chrom-Legierungen (z. B. CoCrMo) und Nickelba-sislegierungen (z. B. IN718, IN625) [Con17b, EOS17b, SLM17b].

### 2.1.1 Verfahren und Funktionsweise

Die Prozesskette der laseradditiven Fertigung gliedert sich in die in Abbildung 2.1 dar-gestellten Prozessschritte. Den Ausgangspunkt bildet ein am Computer erstelltes, ein durch bildgebende Verfahren erzeugtes oder ein durch *Reverse Engineering* von einem physischen Bauteil gewonnenes virtuelles 3D-CAD-Modell. Die Geometriedaten dieses dreidimensionalen Datensatzes werden durch Triangulation der Oberfläche des Volu-menmodells in das STL (*Surface Tesselation Language*) Standarddateiformat umgewan-delt. Das im STL-Format vorliegende Modell wird im Raum orientiert, positioniert und ggf. mit Stützstrukturen versehen, bevor es durch das sogenannte *Slicen* in Schichten mit bestimmter Schichtdicke geschnitten wird. Den erzeugten Schichten werden im Folge-schritt durch das Füllen der Flächen mit einzelnen Vektoren, dem *Hatchen*, anlagen- und

© Springer-Verlag GmbH Deutschland, ein Teil von Springer Nature 2018
V. Seyda, *Werkstoff- und Prozessverhalten von Metallpulvern in der laseradditiven Fertigung*, Light Engineering für die Praxis, https://doi.org/10.1007/978-3-662-58233-6_2

prozessspezifische Fertigungsparameter zugewiesen. Dieser vollständige Datensatz enthält die notwendigen Informationen zur Durchführung des Fertigungsprozesses, in dem ein Bauteil durch das wiederholte Aneinanderfügen und schmelzmetallurgische Verbinden einzelner Schichtelemente hergestellt wird [Geb13]. Dem beendeten Fertigungsprozess können Nach- und Endbearbeitungsschritte zur Bauteilreinigung, zur Verbesserung der mechanischen Eigenschaften oder zur Steigerung der Oberflächengüte des Bauteils folgen.

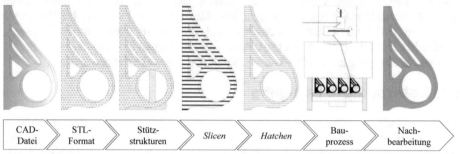

| CAD-Datei | STL-Format | Stütz-strukturen | Slicen | Hatchen | Bau-prozess | Nach-bearbeitung |

**Abbildung 2.1:** Prozesskette der laseradditiven Fertigung

Abbildung 2.2 zeigt einen typischen Bauraum und das automatisierte, zyklische Verfahrensprinzip der laseradditiven Fertigung, welches den derzeit kommerziell verfügbaren Fertigungsanlagen gemein ist.

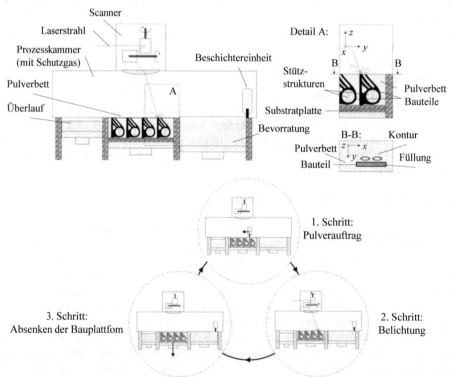

**Abbildung 2.2:** Typischer Bauraum und Verfahrensprinzip der laseradditiven Fertigung in Anlehnung an [Her16]

Diese Anlagen unterscheiden sich jedoch hinsichtlich der Anlagenspezifika, u. a. in Bezug auf die Größe des Bauraums, die Zufuhr und Verteilung des Metallpulvers, die Anzahl und Leistung der eingesetzten Laserstrahlquellen sowie die verwendeten Elemente zur Strahlführung und -formung.

Im ersten Fertigungsschritt wird eine Pulverschicht auf einer auf der Bauplattform befestigten Substratplatte mit den geometrischen Abmessungen von 50 mm x 50 mm bis zu 800 mm x 400 mm aufgetragen [Con17c]. Die Schichtdicke $D_s$ wird durch die Absenkstrecke $z$ der Bauplattform angegeben und beträgt zwischen 20 µm und 100 µm [Bre11]. Das zum Auftrag benötigte Metallpulver wird entweder durch das definierte Anheben eines linear beweglichen Vorratssystems neben der Bauplattform vorgelegt oder durch einen über der Bauplattform horizontal fahrbaren Pulverbehälter bereitgestellt, der den Pulverwerkstoff für den Schichtauftrag dosiert. Zur flächigen Verteilung des Metallpulvers fährt der Pulverbehälter oder eine Beschichtereinheit mit einer festgelegten Geschwindigkeit horizontal oder in einer Drehbewegung über die zu beschichtende Arbeitsebene hinweg. Diese Bewegung verläuft entweder in eine Richtung (unidirektionale Beschichtung) oder in beide Verfahrrichtungen (bidirektionale Beschichtung). Dabei wird der Pulverwerkstoff jeweils mithilfe eines Beschichters auf der Substratplatte verstrichen. Gleichzeitig sorgt der Beschichter während der Überfahrt für eine Nivellierung des aufgetragenen Pulvers. Auf eine nachträgliche Verdichtung des Pulverbetts wird verzichtet [VdS95]. Die unterschiedlichen Pulverauftragsmechanismen sind in Abbildung 2.3 schematisch dargestellt.

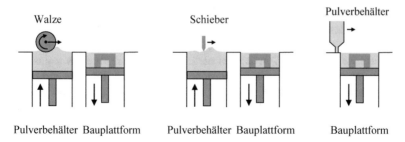

**Abbildung 2.3:** Unterschiedliche Pulverauftragsmechanismen [Mei99, VdS95]

Der Beschichter kann als dynamische Walze, die sich entgegen der Pulverauftragsrichtung dreht, oder als statische Klinge oder Wischer ausgelegt werden. Als statische Beschichter kommen starre Systeme in Form von einer Stahl- oder Keramikklinge oder flexible Werkzeuge wie eine Elastomerklinge, eine Silikonlippe oder eine Kohlenstofffaserbürste zum Einsatz. Metallpulver, das nicht auf der Arbeitsebene verbleibt, wird vom Beschichter in einen Überlauf hinter der Bauplattform transportiert.

Im zweiten Fertigungsschritt wird ein Laserstrahl mithilfe einer Scanneroptik, bestehend aus einer Ablenkeinheit und einer Fokussieroptik, über die pulverbedeckte Arbeitsebene gelenkt und oberhalb, auf oder unterhalb der Pulverbettoberfläche fokussiert [Eis10]. Das Metallpulver wird entsprechend des Bauteilquerschnitts in der $x$-$y$-Ebene entlang der Kontur und im Innenbereich selektiv belichtet und lokal aufgeschmolzen. Eingesetzt werden vorwiegend Single Mode Faserlaser im Dauerstrichbetrieb (cw), die im TEM$_{00}$-Grundmode arbeiten und beugungsbegrenzte Strahlung (Beugungsmaßzahl $M^2 \approx 1{,}1$) mit einer Wellenlänge $\lambda$ im nahen Infrarot (NIR) (1060 nm – 1080 nm) emittieren [IPG17]. Die Leistung $P_L$ der Laserstrahlquelle beträgt zwischen 20 W [Rea17] und 1 kW

[Con17c, EOS17c]. Mithilfe von zwei drehbar gelagerten Galvanometerspiegeln wird der Laserstrahl mit einer Belichtungsgeschwindigkeit $v_s$ in der $x$-$y$-Ebene bewegt. Zur Strahlführung und -formung kommen sowohl präobjektive Scanner in Verbindung mit einer sogenannten F-Theta-Optik zur Abbildung des Fokus in einer Ebene unabhängig von der Spiegelauslenkung als auch postobjektive Scanner mit einer dynamischen Fokussieroptik zum Einsatz. Bei präobjektiven Scannern erfolgt die Positionierung des Laserstrahls vor dem Durchgang durch die Fokussierlinse, während sich bei postobjektiven Scannern die Fokussieroptik vor der Spiegelablenkeinheit befindet [Sch12].

Nach der selektiven Belichtung des Pulverbetts wird im dritten Fertigungsschritt die Bauplattform um den Betrag der Schichtdicke $D_s$ in negative $z$-Richtung bewegt. Das Metallpulver für die folgende Schicht wird nachdosiert und der Fertigungszyklus beginnt erneut, indem der bereitgestellte Pulverwerkstoff durch den Beschichter auf der Arbeitsebene verteilt wird. Der aus den drei Schritten bestehende Kreislauf wird bis zur Fertigstellung des Bauteils iteriert.

Der laseradditive Fertigungsprozess findet in einer geschlossenen Prozesskammer statt, in der eine Schutzgasatmosphäre kontinuierlich aufrechterhalten wird, sodass der Restsauerstoffgehalt in dieser Kammer weniger als 0,1 % beträgt. Stickstoff oder Argon werden dabei zur Vermeidung von unerwünschten Wechselwirkungen des Metallpulvers mit der Umgebung, wie beispielsweise der Oxidation des Pulverwerkstoffs, und zum Schutz der Schmelze strömend zugeführt. Weiterhin werden durch die Umspülung der Arbeitsebene mit einem Schutzgas Prozessnebenprodukte wie Schweißrauch, kondensierte Partikel und entstandene Schweißspritzer abtransportiert [Fer12, Lad16].

Nach der Beendigung des Fertigungsprozesses müssen die hergestellten Bauteile von umgebendem Metallpulver befreit werden, bevor die Substratplatte aus der Prozesskammer entnommen werden kann. Sowohl das nicht aufgeschmolzene Pulver aus dem Pulverbett als auch das im Überlauf befindliche Metallpulver werden recycelt und erneut eingesetzt. Die laseradditiv gefertigten Bauteile müssen nach der Entnahme aus der Fertigungsanlage zunächst von der Substratplatte getrennt und können im Anschluss nachbearbeitet werden.

## 2.1.2  Wirkprinzip und Prozessparameter

Das der laseradditiven Fertigung zugrunde liegende physikalische Wirkprinzip ist das Verbinden der einzelnen Spuren und Schichten in einem mit dem Wärmeleitungsschweißen vergleichbaren Prozess [Pop05]. Dieses Prinzip ist in Abbildung 2.4 schematisch skizziert.

Der Laserstrahl mit der Leistung $P_L$ wird mit der Belichtungsgeschwindigkeit $v_s$ entlang festgelegter, paralleler Bahnen geführt und fährt dabei Innen- und Außenkonturen sowie die dazwischenliegenden Schichtflächen des Bauteils ab. Entlang der jeweils belichteten Spur wird die Streckenenergie

$$E_S = \frac{P_L}{v_s} \tag{2.1}$$

eingebracht. Durch die absorbierte Energie wird das Metallpulver lokal erwärmt und bei entsprechender Bestrahlungsstärke durch das Überschreiten der Schmelztemperatur des Pulverwerkstoffs vollständig aufgeschmolzen. Die dafür notwendige mittlere Intensität $I$ ergibt sich aus der Laserleistung $P_L$ und dem Durchmesser des Laserstrahls $d_L$ zu

$$I = \frac{4 \cdot P_L}{\pi \cdot d_L^2} \tag{2.2}$$

Ein weiterer Intensitätsanstieg in der Wechselwirkungszone, z. B. durch eine Erhöhung der Laserleistung $P_L$ bei gleichbleibendem Laserstrahldurchmesser $d_L$, geht bei konstanter Belichtungsgeschwindigkeit $v_s$ mit einem Anstieg der Streckenenergie $E_S$ einher. Dies führt zu einer Verdampfung des Pulverwerkstoffs, in deren Folge eine vermehrte Entstehung von Spritzern zu beobachten ist [Mei99]. Darüber hinaus ist die Bildung eines für das Laserstrahltiefschweißen charakteristischen Keyholes möglich [Gon14, Kin14].

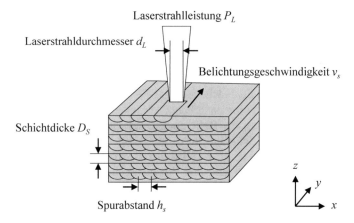

**Abbildung 2.4:** Wirkprinzip der laseradditiven Fertigung nach [Ove03]

Die Ausdehnung einer aufgeschmolzenen Spur wird durch den Laserstrahldurchmesser $d_L$ und den Durchmesser der sich um den Laserstrahl ausbildenden Erstarrungszone bestimmt [Mei99]. Entsprechend einer festgelegten zeitlichen und örtlichen Abfolge, der sogenannten Belichtungsstrategie, werden die einzelnen Schmelzspuren einander überlappend mit dem Spurabstand $h_s$ und der zum Schmelzen notwendigen Flächenenergie

$$E_F = \frac{P_L}{v_s \cdot h_s} \tag{2.3}$$

aneinandergefügt. Dabei gilt zum Erreichen eines optimalen Überlappungsgrads der Spuren nach Meiners [Mei99] der empirisch ermittelte Zusammenhang

$$h_s = 0{,}7 \cdot d_L. \tag{2.4}$$

Die an den Grenzflächen der Metallpulverschicht und die im sich ausbildenden Schmelzbad absorbierte Volumenenergie

$$E_V = \frac{P_L}{v_s \cdot h_s \cdot D_s} \tag{2.5}$$

führt nicht nur zum Schmelzen der gesamten belichteten Pulverschicht, sondern gelangt weiterhin durch Wärmeleitung in die daran angrenzenden Bereiche. Erstarrt die Schmelze schließlich, bildet sich zwischen den einzelnen Schmelzspuren und der bereits verfestigten, nächst unteren Schicht ein schmelzmetallurgischer Zusammenhalt [Pop05].

Das während der Belichtungszeit aufgeschmolzene Gesamtvolumen wird durch den Quotienten der Gleichung (2.5), die sogenannte Volumenaufbaurate

$$\dot{V} = \frac{dV}{dt} = v_s \cdot h_s \cdot D_s,$$  (2.6)

beschrieben. Die Volumenaufbaurate $\dot{V}$, die zumeist zur Abschätzung der Fertigungszeit herangezogen wird, ist weiterhin von der eingesetzten Fertigungsanlage und deren maschinenspezifischen Einstellungen (Scanner- und Laser-Delays, Belichtungsgeschwindigkeit der Innen- und Außenkonturen etc.) und dem verwendeten Metallpulver abhängig. Für die gesamte Fertigungszeit muss außerdem die Beschichtungszeit, die zum Auftrag der einzelnen Pulverschichten benötigt wird, berücksichtigt werden. Typische Volumenaufbauraten liegen gegenwärtig je nach gewählter Fertigungsanlage, eingesetztem Pulverwerkstoff und zu fertigender Bauteilgeometrie zwischen 2 cm³/h [Con17d] und 105 cm³/h [SLM17c].

### 2.1.3  Produktivität und Qualitätsmerkmale

Die Prozesskenngrößen Streckenenergie $E_S$, Flächenenergie $E_F$ und Volumenenergie $E_V$ sowie die Laserstrahlintensität $I$ und die Volumenaufbaurate $\dot{V}$ leiten sich aus den grundlegenden Prozessparametern Laserleistung $P_L$, Belichtungsgeschwindigkeit $v_s$, Spurabstand $h_s$, Laserstrahldurchmesser $d_L$ und Schichtdicke $D_s$ ab. Diese Kenngrößen und die letztgenannten Parameter beeinflussen neben über 130 weiteren Größen den laseradditiven Fertigungsprozess, dessen Produktivität und das Prozessergebnis [Reh05, Reh10, Eis10, Seh10, Skr10].

Die Produktivität bemisst sich nach dem Verhältnis zwischen dem umgeschmolzenen Volumen und der Anzahl der über die gesamte Bauteilhöhe belichteten Schichtflächen (Output) zur gesamten Fertigungszeit (Input). In zurzeit kommerziell verfügbaren Fertigungsanlagen wird diese Produktivität im Wesentlichen durch die eingesetzten Belichtungssysteme und die seriell ablaufenden Vorgänge des Auftrags und der Belichtung der einzelnen Pulverschichten eingeschränkt. Es wird allerdings eine Erhöhung der Produktivität durch eine Reduzierung der Fertigungszeit angestrebt [Wis15].

Zum einen kommt der Volumenaufbaurate $\dot{V}$ eine zentrale Bedeutung zu [Sch12]. Aufgrund des beschriebenen physikalischen Wirkprinzips und der erläuterten Wechselbeziehungen der einzelnen Prozessparameter sind der Steigerung der Volumenaufbaurate durch eine Steigerung der Belichtungsgeschwindigkeit, durch eine Vergrößerung des Spurabstandes, durch eine Anhebung der Schichtdicke und durch eine notwendigerweise damit einhergehende Erhöhung der Laserleistung Grenzen gesetzt. Innerhalb dieser Grenzen ermöglichen sowohl der Einsatz eines Multilaser-Systems als auch die Verwendung des Hülle-Kern-Prinzips eine Verringerung der benötigten Fertigungszeit durch eine Reduzierung der volumenbezogenen Belichtungszeit [Con17d, Sch12, SLM17c, Wie14]. Bei einem Multilaser-System wird eine Reduktion der Belichtungszeit durch den Einsatz von mehreren gleichzeitig arbeitenden Single Mode 200 W-, 400 W-, 700 W- oder 1 kW-Faserlasern erreicht [Con17d, SLM17c, Wie14]. Das Hülle-Kern-Prinzip setzt eine Aufteilung der Geometrie in einen Innenbereich (Kern) und einen diesen umgebenden Außenbereich (Hülle) voraus. Während die Hülle in jeder Schicht belichtet wird, wird das im Kern befindliche Metallpulver entsprechend einem Vielfachen der Schichtdicke aufgeschmolzen, sodass sich die insgesamt zum schichtweisen Aufbau benötigte Belichtungszeit reduziert [She04]. Eine zusätzliche Verringerung der Belichtungszeit wird durch eine Erhöhung der Laserleistung bei einer gleichzeitigen Steigerung der Belichtungsgeschwindigkeit erreicht. Um dabei einen Intensitätsanstieg in der Wechselwirkungszone zu vermeiden, wird der Laserstrahldurchmesser vergrößert und damit ebenfalls der Spurabstand erhöht [Buc11, Bre12, Sch12]. Durch den Einsatz eines modulierten 1 kW-Faserlasers mit einem Top Hat Profil ($M^2 = 10$) wird durch das größer werdende Schmelzbad ein vollständiges Aufschmelzen im Überlappungsbereich der einzelnen Spuren gewährleistet [Sch12, Sch15a]. Da jedoch die zunehmende Schmelzbadgröße zu einer Beeinträchtigung der Oberflächenqualität und Maßhaltigkeit bzw. Formgenauigkeit der laseradditiv gefertigten Bauteile führt, wird zur Belichtung der Hülle ein 400 W-Faserlaser mit einer gaußförmigen Intensitätsverteilung eingesetzt [Mei99, Reh10, Sch12, Sch15a].

Zum anderen ist eine Optimierung des Pulverauftrags von Interesse, die zu einer Verkürzung der Beschichtungszeit und somit zu einer Reduzierung der Nebenzeiten beiträgt. Einerseits kann die Bewegung der Beschichtereinheit beschleunigt werden, indem der Beschichter nach unidirektionalem Pulverauftrag auf dem Baufeld in eine schräge Stellung gebracht wird, um mit erhöhter Geschwindigkeit in die Ausgangsposition zurückzukehren [Tru15]. Andererseits können die Beschichtung und das Aufschmelzen des Metallpulvers in einem kontinuierlichen Prozess simultan geschehen, indem in einem einseitig geschlossenen Hohlzylinder bei gleichzeitiger Belichtung eine rotatorische Relativbewegung zwischen der Bauplattform, dem Pulverbehälter und dem Beschichter erfolgt, die zum Auftrag einer gleichmäßigen Pulverschicht führt [Dei14].

Das Prozessergebnis in Form des laseradditiv gefertigten Bauteils lässt sich neben der Oberflächengüte und der Maßhaltigkeit durch weitere Qualitätsmerkmale beschreiben, zu denen die Dichte $\rho_s$ und die Porosität $\phi$, die mechanischen Eigenschaften und die Eigenspannungen zählen [Reh10, Mun13]. In der laseradditiven Fertigung ist es das übergeordnete Ziel, porenfreie Metallbauteile mit einer relativen Dichte $d_s$ von nahezu 100 % herzustellen, die hinsichtlich der mechanischen Eigenschaften Normvorgaben für z. B. Guss-, Walz- oder Schmiedematerial erfüllen. Dazu muss prinzipiell in der Wechselwirkungszone ein stabiles, geschlossenes Schmelzbad erzeugt werden, welches sich aufgrund des Fließ- und Benetzungsverhaltens der Schmelze in ausreichendem Maße ausdehnt, um zwischen den Spuren und Schichten eine schmelzmetallurgische Verbindung zu schaffen [Mei99]. Instabilitäten des laseradditiven Fertigungsprozesses durch ein unterbrochenes Schmelzbad aufgrund zu geringer Energieeinbringung oder durch einen Anstieg der Intensität in der Wechselwirkungszone und damit verbundener Spritzerbildung können eine Porosität der Bauteile zur Folge haben [Thi10, Vil11]. Poren wirken sich als Defekte im Gefüge negativ auf die Härte der Bauteile aus, begünstigen die Rissbildung und -ausbreitung und setzen somit die statischen und vor allem die dynamischen Festigkeitskennwerte der Bauteile herab [Carl16, Mas16, Reh05, Reh10, Wyc14].

Für das statische und dynamische Festigkeitsverhalten der Bauteile ist zudem das im laseradditiven Fertigungsprozess erzeugte Gefüge ausschlaggebend. Während der Bauteilherstellung folgt einer raschen, lokalen Erhitzung des Metallpulvers über die Schmelztemperatur das Abkühlen des schmelzflüssigen Werkstoffs innerhalb eines sehr kurzen Zeitintervalls mit einer hohen Geschwindigkeit und Abkühlraten von $> 10^6$ K/s [Ove03]. Bereits erstarrte Bereiche werden anschließend aufgrund des Fügens der einzelnen aufeinanderfolgenden Schichten erneut erwärmt und somit abermals thermisch beeinflusst. Unter diesen Bedingungen entstehen vornehmlich Nichtgleichgewichtsphasen und ein metastabiles Gefüge, welches im Vergleich zu einem Gussgefüge über sehr feine Körner verfügt [Gu12, Her16]. Laseradditiv gefertigte Metallbauteile weisen im

Allgemeinen Festigkeitseigenschaften auf, die oftmals bereits im Herstellungszustand den normativ geforderten Kennwerten von im Guss-, Walz- oder Schmiedeprozess hergestellten Bauteilen entsprechen bzw. diese übersteigen [Car16, Man14, Pra14, Rie14, Sch11]. Insbesondere bei der Verarbeitung von Titan und Titanlegierungen ist jedoch die im laseradditiven Fertigungsprozess erzielbare Bruchdehnung der Bauteile vergleichsweise geringer [Fac10, Vil11]. Durch eine anschließende Wärmebehandlung lassen sich die Festigkeitseigenschaften allerdings nachträglich beeinflussen und verändern [LeB15, Vil11, Wyc15]. Eine Anisotropie sowohl des Gefüges als auch der Festigkeitseigenschaften, die sich bei einigen laseradditiv gefertigten Bauteilen beobachten lässt, ist auf die schichtweise Fertigung in einem Pulverbett und die damit verbundene höhere Wärmeleitung in Aufbaurichtung zurückzuführen [Thi10, Thi13].

Auf die Dauerfestigkeit der im laseradditiven Fertigungsprozess hergestellten Bauteile wirken sich neben dem Gefüge auch die zuvor genannten Defekte im Bauteilinneren sowie die prozessbedingten rauen Oberflächen aus. Durch den schichtweisen Aufbau lässt sich an Flächen mit einem Neigungswinkel der sogenannte Treppenstufeneffekt beobachten. Dieser beeinträchtigt zusätzlich zu an der Oberfläche anhaftendem Metallpulver die Oberflächengüte [Mei99, Reh05]. Diese hohe Oberflächenrauheit, die im Herstellungszustand in etwa mit einer gemittelten Rautiefe $R_z$ von > 100 μm beziffert werden kann, führt zu Spannungskonzentrationen an der Bauteiloberfläche und damit zu einem vorzeitigen Versagen der Bauteile bei Dauerbeanspruchung [Bra10, Buc13, Wyc14]. Durch eine mechanische Oberflächenbehandlung, beispielsweise durch Reinigungsstrahlen, Kugelstrahlen oder Polieren, werden sowohl die Oberflächengüte als auch das Ermüdungsverhalten verbessert [Wyc12, Wyc13]. Eine nachträgliche Verdichtung laseradditiv gefertigter Bauteile durch heißisostatisches Pressen hat das Schließen von Poren und Fehlstellen im Bauteilinneren zur Folge, was ebenfalls in einer höheren Dauerfestigkeit resultiert [Bra10, Leu13, Wyc15].

Die den Treppenstufeneffekt an gekrümmten Flächen verursachende begrenzte Schichtdicke $D_s$ beeinflusst die minimale Auflösung, die erreichbare Maßhaltigkeit und die realisierbare Formgenauigkeit. Auch sind die Maß- und Formgenauigkeit der Bauteile von der eingesetzten Anlagentechnik, vor allem von der Positionier- und Wiederholgenauigkeit des Ablenksystems und den optischen Komponenten, abhängig, außerdem von einer Schrumpfung der Bauteile sowie deren Verformung infolge von thermischinduzierten Eigenspannungen [Mei99, Ove03, Reh10].

Eigenspannungen entstehen im laseradditiven Fertigungsprozess durch das Zusammenspiel verschiedener spannungsinduzierender Mechanismen, wie dem Temperatur-Gradient-Mechanismus und einer abkühlungsbedingten Bauteilschrumpfung. Dadurch bilden sich Zug- bzw. Druckspannungen in den einzelnen Bauteilschichten aus [Mei99, Mun13, Vol96]. Erfolgt ein Abbau dieser Spannungen durch plastisches Fließen, resultiert daraus ein Verzug während oder nach dem Fertigungsprozess. Die Folgen können sowohl Prozessinstabilitäten als auch Verformungen oder Risse an Bauteilen sein. Zur Reduktion der thermisch-induzierten Eigenspannungen können angepasste Belichtungsstrategien eingesetzt, höhere Schichtdicken verwendet und integrierte Vorheizungen der Bauplattform bis zu Temperaturen von 200 °C oder 550 °C [Mos17] genutzt werden [Mun13]. Diese Maßnahmen führen zu einer Verringerung der auftretenden Temperaturgradienten und verhindern somit Bauteildefekte und -verzug [Kem13].

## 2.2   Eigenschaften von Metallpulvern

In der laseradditiven Fertigung werden Metallpulver verschiedener Legierungen als Ausgangsmaterialien eingesetzt. Bei Pulverwerkstoffen handelt es sich im Allgemeinen um sogenannte disperse Stoffsysteme [Sti09]. In diesem zweiphasigen System bilden die einzelnen Metallpulverpartikel des Kollektivs die disperse Phase, während das die Partikel umgebende Gas die kontinuierliche Phase darstellt.

In Bezug auf die mechanischen Eigenschaften weisen Pulverwerkstoffe gegenüber Festkörpern und Fluiden ein grundsätzlich anderes Verhalten auf. Dieses wird aus dem in Abbildung 2.5 skizzierten Neigungsversuchs eines Behälters deutlich. Während ein freistehender Festkörper die Form beibehält und ein Gas oder eine Flüssigkeit sich der Geometrie des umgebenden Raumes anpassen, nimmt ein Pulverwerkstoff eine Zwischenstellung ein.

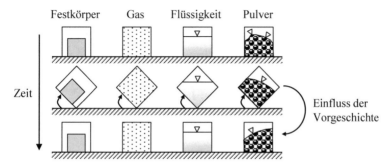

**Abbildung 2.5:** Neigung eines Behälters zum Vergleich von Pulverwerkstoff zu Festkörper, Gas und Flüssigkeit nach [Kal02, Tom03]

In Abhängigkeit von der Beanspruchungsvorgeschichte stellen sich die Spannungsverhältnisse eines Pulvers ein, sodass sich verschiedene Formen der Oberfläche des dispersen Partikelsystems ausbilden können [Kac09, Sch03a, Tom09]. Neben den mechanischen Eigenschaften unterscheiden sich die physikalischen Eigenschaften, wie das Absorptionsverhalten, die Wärmeleitfähigkeit und Wärmekapazität und auch die elektrische Leitfähigkeit von Metallpulvern, von denen der Festkörper, Flüssigkeiten und Gase.

### 2.2.1   Grundlegende charakteristische Eigenschaften

Die Verarbeitbarkeit eines Pulverwerkstoffs ist von dessen Verhalten abhängig. Dieses ergibt sich aus den Wechselwirkungen einer Vielzahl von einzelnen Pulverpartikeln mit unterschiedlichen Eigenschaften. Wesentliche Informationen über das für den laseradditiven Fertigungsprozess vorliegende Partikelkollektiv liefern die nachfolgend beschriebenen charakteristischen Eigenschaften eines Metallpulvers.

#### 2.2.1.1   Partikelform

Die Partikelform dient der Beschreibung der Morphologie einzelner Partikel des Kollektivs und reicht von nadelförmigen, dendritischen, unregelmäßig geformten und spratzigen Partikeln bis hin zu Pulverpartikeln mit nahezu idealer Kugelgestalt. Abbildung 2.6 gibt einen Überblick über verschiedene Formen von Partikeln eines Pulverwerkstoffs.

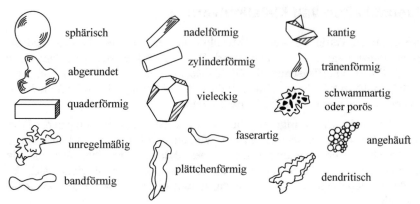

**Abbildung 2.6:** Unterschiedliche Partikelformen eines Pulvers nach [Ger94]

Zur Kennzeichnung der unterschiedlichen Partikelformen eines Pulvers werden Formfaktoren angeführt. Ein Formfaktor ergibt sich aus dem Verhältnis zweier geometrischer Größen eines Einzelpartikels [Rum75, Sti09]. In diesem Zusammenhang ist die Sphärizität $\psi$ von besonderer Bedeutung. Für die Sphärizität nach Wadell $\psi_W$ gilt

$$\psi_W = \frac{\text{Oberfläche einer volumengleichen Kugel}}{\text{tatsächliche Oberfläche des Partikels}} \leq 1 \quad \text{[Sti09]}. \tag{2.7}$$

Je größer der errechnete Wert für die Sphärizität $\psi_W$ ist, desto regelmäßiger ist die Form des Partikels.

Um im laseradditiven Fertigungsprozess einen möglichst homogenen Auftrag der einzelnen Schichten zu erreichen, wird ein Metallpulver mit regelmäßig geformten Partikeln bevorzugt. Der Einsatz eines Pulvers mit sphärischen Partikeln führt zu gleichmäßigeren Pulverschichten und resultiert in Bauteilen mit hoher relativer Dichte und guten Druckfestigkeitseigenschaften [Att15]. Die Verwendung von Pulverwerkstoffen mit unregelmäßig geformten Partikeln ist hingegen nicht erstrebenswert [Sch14]. Pulverpartikel mit einer von der Kugelgestalt abweichenden Form können den Pulverauftrag verschlechtern und das Schmelzverhalten beeinträchtigen, wodurch in Folge Bauteile mit einer geringeren relativen Dichte entstehen können [Ola13].

### 2.2.1.2 Partikelgröße und Partikelgrößenverteilung

Metallpulver werden auch durch die Größe der einzelnen Pulverpartikel und deren Verteilung im Partikelkollektiv charakterisiert. Die Partikelgröße $x$, die üblicherweise in Form eines Längenmaßes, z. B. als statistische Länge oder als Äquivalentdurchmesser, angegeben wird, beeinflusst insbesondere die mechanischen Eigenschaften des Pulvers [Bei13, Sch03a].

Der statistische Durchmesser nach Feret stellt ein Merkmal dar, das häufig bei bildgebenden Verfahren zur Bestimmung der Partikelgröße zugrunde gelegt wird. Der Feretdurchmesser ist von der Orientierung des Partikels abhängig und gibt den Abstand zwischen zwei an die Kontur des Partikels angelegten, parallelen Tangenten an [Sch03a].

Aufschluss über die Abmessungen von unregelmäßig geformten Partikeln gibt der geometrische Äquivalentdurchmesser [Sch03a]. Dieser ist definiert als derjenige Kugel-

bzw. Kreisdurchmesser, der das Volumen oder die Oberfläche bzw. die Projektionsfläche des unregelmäßig geformten Pulverpartikels wiedergibt [Sti09].

Mit der Partikelgröße hängt auch die volumenbezogene spezifische Oberfläche $S_V$ zusammen, die das Verhältnis von Partikeloberfläche zu Partikelvolumen wiedergibt. Die spezifische Oberfläche wird umso kleiner, je größer ein Partikel wird [Sti09].

Bei der laseradditiven Fertigung beeinflusst die Partikelgröße die Dicke einer Pulverschicht [Daw15]. Die minimale Pulverschichtdicke entspricht in etwa der mittleren Partikelgröße des Metallpulvers und wird durch die maximale Partikelgröße des eingesetzten Pulverwerkstoffs begrenzt [Sim04]. Weiterhin wirken sich die Partikelgröße des Pulvers und die erreichbare Schichtdicke auf die Genauigkeit, die Oberflächengüte und die Porosität der Bauteile aus [Sun15].

Ebenso entscheidend für das Verarbeitungsverhalten eines Metallpulvers ist die Verteilung der unterschiedlich großen Partikel in der Gesamtpulvermenge. Dieses Merkmal eines Pulverwerkstoffs wird als Partikelgrößenverteilung bezeichnet. Die Partikelgrößenverteilung ist eine statistische Größe zur Beschreibung der Häufigkeit einer Partikelgröße $x$ in einem Partikelkollektiv und wird durch Mengenverhältnisse in Form der Verteilungssumme $Q_r(x)$ und der Verteilungsdichte $q_r(x)$ ausgedrückt. Über den Index $r$ wird der Bezug zu einer bestimmten Mengenart (Anzahl, Länge, Fläche, Volumen, Masse) dargestellt. Die Verteilungssumme $Q_r(x_i)$ setzt denjenigen Mengenanteil, der kleiner als eine bestimmte Partikelgröße $x_i$ ist, ins Verhältnis zur Gesamtmenge, während die Verteilungsdichte $q_{r,i}(x)$ das Verhältnis der Teilmenge eines bestimmten Intervalls zur Intervallbreite und zur Gesamtmenge erfasst [Sti09, Sch13]. Mathematisch besteht zwischen der Verteilungssumme $Q_{r,i}(x)$ und der Verteilungsdichte $q_{r,i}(x)$ der Zusammenhang

$$q_{r,i} = \frac{Q_r(x_i) - Q_r(x_{i-1})}{\Delta x_i} = \frac{\Delta Q_{r,i}}{\Delta x_i}. \tag{2.8}$$

Die Partikelgrößenverteilung eines Pulverwerkstoffs kann außerdem durch den Modalwert $x_{h,r}$ oder die mittlere Partikelgröße $\bar{x}_r$ beschrieben werden. Der Modalwert entspricht dem Maximum der Verteilungsdichtekurve sowie dem Wendepunkt der Verteilungssummenkurve und kennzeichnet diejenige Partikelgröße mit dem größten Anteil an der Gesamtpulvermenge. Die mittlere Partikelgröße stellt eine über dem Intervall der Partikelgrößenverteilung gewichtete Größe dar, die alle im Kollektiv vorliegenden Partikel entsprechend der Häufigkeit ihres Vorkommens berücksichtigt [Sch13, Sti09].

In der laseradditiven Fertigung werden sowohl normalverteilte als auch rechts- oder linksschief verteilte Pulver mit unterschiedlichen Breiten eingesetzt. Ferner handelt es sich bei den verwendeten Metallpulvern zumeist um Pulverwerkstoffe mit monomodaler Partikelgrößenverteilung, bei der die Verteilungsdichtekurve über nur ein Maximum verfügt. Bei rechtsschiefen Verteilungen ($v > 0$) liegen die meisten ermittelten Partikelgrößen rechts des Modalwerts [Büc07]. Ein solches Metallpulver wird als vergleichsweise gröber eingestuft. Werden Pulverwerkstoffe mit größeren Partikeln eingesetzt, weisen die hergestellten Bauteile eine geringere Oberflächengüte auf [Spi11]. Ein feineres Pulver wird durch eine linksschiefe Verteilung ($v < 0$), bei der eine Häufung von Partikelgrößen linksseitig des Modalwerts zu verzeichnen ist, charakterisiert [Büc07]. Nach Spierings et al. [Spi11] lassen sich kleine Pulverpartikel im laseradditiven Fertigungsprozess leichter aufschmelzen, wodurch die Herstellung von Bauteilen mit höherer Dichte und besserer Oberflächenqualität begünstigt wird. Gürtler et al. [Gür14] stellen fest, dass Fehlstellen im Pulverbett durch die entstehende Schmelzbaddynamik bei der Verwendung von Pulverwerkstoffen mit einer größeren Anzahl kleiner Partikel ausgeglichen werden. Dadurch lassen sich gleichmäßigere Pulverschichten auftragen und Bauteile mit höherer Dichte fertigen [Gür14].

Neben der Schiefe der Verteilungskurve ist auch die Breite der Partikelgrößenverteilung für das Prozessverhalten eines Metallpulvers und die Ausprägung der Bauteileigenschaften von Relevanz. Simchi [Sim04] beobachtet beim Einsatz sehr feiner Pulver (z. B. $\bar{x}_3 = 13$ μm) mit einer engen Partikelgrößenverteilung eine Tendenz zur Agglomeration während des Pulverauftrags, wodurch poröse Bauteile entstehen. Hingegen neigen sehr grobe Pulverwerkstoffe (z. B. $\bar{x}_3 > 125$ μm) mit einer breiten Partikelgrößenverteilung zu Entmischung, was ebenfalls zu einer geringeren Bauteildichte führt [Sim04]. Wird ein Pulver (z. B. $\bar{x}_3 \approx 28$ μm) mit einer breiten Partikelgrößenverteilung gewählt, wird eine vergleichsweise geringere Flächenenergie zur Fertigung von Bauteilen mit hoher Dichte benötigt [Liu11]. Während Bauteile, die aus einem Pulverwerkstoff mit einer breiten Verteilung der Partikelgrößen hergestellt werden, über verminderte Festigkeitskennwerte verfügen [Spi11], lassen sich aus Pulvern mit einer engen Partikelgrößenverteilung Bauteile mit hoher Zugfestigkeit und Härte fertigen [Liu11].

### 2.2.1.3  Fließfähigkeit

Beim Fließen handelt es sich um eine plastische Verformung des Pulverwerkstoffs, bei der sich einzelne Partikel des Kollektivs, aufgrund der auf das Pulver wirkenden Belastung und der damit im Pulver auftretenden Scherspannung, gegeneinander verschieben [Sch07, Sch09]. Die Fließfähigkeit, eine weitere charakteristische Eigenschaft eines Metallpulvers, ist ein Maß dafür, mit wie viel Aufwand ein Pulver zum freien Fließen gebracht werden kann [Sch09].

Grundsätzlich wird das Fließverhalten durch die Form und die Größe der Partikel, deren Oberflächenbeschaffenheit und chemische Zusammensetzung sowie die Partikelgrößenverteilung des betrachteten Kollektivs beeinflusst. Aber auch Umgebungsbedingungen wie die Atmosphäre, die Temperatur und die Feuchtigkeit wirken sich auf das Fließverhalten eines Pulverwerkstoffs aus [Sch09].

**Oberflächen- und Feldkräfte**                                    **Formschluss**

van-der-Waals-Kräfte  elektrostatische Kräfte  magnetische Kräfte

**Materialbrücken**

 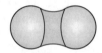  

organische Makromoleküle  Flüssigkeitsbrücken      Versintern        chemische Reaktion

**Abbildung 2.7:** Mechanismen der Haftung zwischen Wechselwirkungspartnern am Beispiel von zwei Pulverpartikeln nach [Sch79, Tom09]

Maßgeblich für die Fließeigenschaften sind dabei Wechselwirkungen zwischen den einzelnen Partikeln des Pulvers. Diese Wechselwirkungen lassen sich durch verschiedene Bindemechanismen und interpartikuläre Haftkräfte beschreiben. Die Haftung zwischen den Wechselwirkungspartnern ist zurückzuführen auf Oberflächen- und Feldkräfte, wie van-der-Waals-Kräfte und elektrostatische Kräfte, auf Materialbrücken zwischen den Kontaktflächen, wie Kapillarkräfte bzw. Kräfte durch Flüssigkeitsbrücken, und/ oder auf formschlüssige Verbindungen zwischen den einzelnen Partnern [Sch03a, Tom09]. Die Größe der genannten Haftkräfte wird durch den Abstand der Wechselwirkungspartner, die Partikelgröße und die Oberflächenrauheit der Partikel bestimmt [Kat06, Sch03a]. Die beschriebenen Mechanismen sind in Abbildung 2.7 dargestellt.

Abbildung 2.8 a) zeigt, dass die van-der-Waals-Kraft, die elektrostatische Kraft für einen Leiter und die Haftkraft durch Flüssigkeitsbrücken vom Abstand $a$ der Partner abhängen. Berühren sich die Wechselwirkungspartner oder ist der Abstand zwischen ihnen kleiner als 1 µm überwiegen die van-der-Waals-Kräfte. Während diese Anziehungskräfte allerdings mit größer werdendem Abstand stark abnehmen, bleiben die im Nahbereich deutlich kleineren elektrostatischen Kräfte auch bei einem Abstand $a > 1$ µm erhalten. Die Haftkraft durch Flüssigkeitsbrücken ist sowohl bei geringen als auch bei zunehmendem Abstand der Wechselwirkungspartner vergleichsweise groß und verschwindet erst durch das Abreißen der Flüssigkeit bei einem bestimmten Verhältnis des Abstands zur Partikelgröße [Rum75, Sch09].

Beim Fließen eines Pulverwerkstoffs, wenn sich die einzelnen Partikel des Kollektivs untereinander berühren, spielen laut Schulze [Sch09] vor allem die van-der-Waals-Kräfte sowie die Haftkräfte durch Flüssigkeitsbrücken eine Rolle. Die elektrostatischen Kräfte sind hingegen von untergeordneter Bedeutung [Sch09].

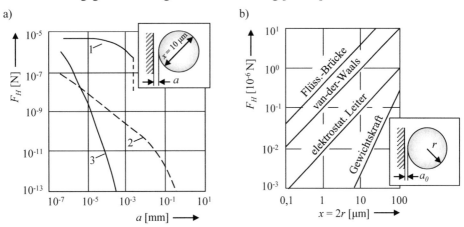

**Abbildung 2.8:** a) Abhängigkeit der Haftkraft $F_H$ vom Abstand $a$ der Wechselwirkungspartner (1: Flüssigkeitsbrücke; 2: elektrostatische Kraft für Leiter; 3: van-der-Waals-Kraft) und b) Einfluss der Partikelgröße $x$ auf die Haftkraft $F_H$ [Rum75, Sch03a, Sch09]

Aus Abbildung 2.8 b) geht das proportionale Verhalten der interpartikulären Haftkräfte $F_H$ und der Partikelgröße $x$ hervor. Es wird deutlich, dass die Gewichtskraft kleiner Pulverpartikel als eine den Haftkräften entgegenwirkende Kraft vernachlässigbar ist, da sich die Gewichtskraft proportional zur dritten Potenz der Partikelgröße verhält [Mul07, Sch09]. Die zwischen den Partikeln wirkenden Haftkräfte werden von der Gewichtskraft nicht überwunden, sodass das Fließverhalten mit zunehmender Feinheit des Metallpulvers beeinträchtigt wird. Eine zunehmende Partikelgröße begünstigt hingegen das Fließverhalten des Kollektivs. Aufgrund der verringerten Anzahl der Kontaktflächen zur Ausbildung von interpartikulären Haftkräften nimmt die Festigkeit des Pulverwerkstoffs ab. Pulverwerkstoffe, die bei geringer Partikelgröße durch die interpartikulären Wechselwirkungen zusammengehalten werden, werden auch als kohäsive Pulver bezeichnet [Sch09].

Mit steigender Oberflächenrauheit nehmen sowohl die van-der-Waals- als auch die elektrostatischen Kräfte eines Leiters ab. Bei einer geringen Rauheit der Partikeloberfläche ist der Abstand der Wechselwirkungspartner zueinander dominierend, bei sehr rauen Oberflächen sind die Oberflächen- und Feldkräfte zwischen den Partnern wieder groß. Die Haftkraft durch Flüssigkeitsbrücken wird durch die Oberflächenrauheit der Pulverpartikel nur wenig beeinflusst [Sch03a, Sch09].

Im laseradditiven Fertigungsprozess wird grundsätzlich eine hohe Fließfähigkeit gefordert, um einen homogenen, flächigen Pulverauftrag zu gewährleisten und eine möglichst gleichmäßige Absorption der durch den Laserstrahl eingebrachten Energie im Pulverbett sicherzustellen [Liu11]. Nach Van der Schueren et al. [VdS95] gilt, dass der Auftrag einer Pulverschicht umso präziser und genauer ist, je besser der eingesetzte Pulverwerkstoff fließt. Metallpulver mit regelmäßig geformten und sphärischen Partikeln weisen eine bessere Fließfähigkeit auf als Pulverwerkstoffe mit unregelmäßig geformten Partikeln [Gu14, Sch14]. Matthes et al. [Mat16] kommen infolge der Untersuchung verschiedener Formfaktoren zu dem Schluss, dass auch eine höhere Oberflächenrauheit der Partikel eine deutliche Beeinträchtigung der Fließfähigkeit des Metallpulvers zur Folge hat. Ferner verfügen Pulver mit einer engeren Partikelgrößenverteilung über ein besseres Fließverhalten, da die Summe der interpartikulären Haftkräfte kleiner ist und eine geringere Reibung zwischen den einzelnen Partikeln auftritt [Liu11, Sch14]. Unregelmäßig geformte, spratzige und kantige Pulverpartikel neigen aufgrund ihrer unebenen Oberfläche zum Verhaken und können sich dadurch beim freien Fließen behindern [Att15]. Nimmt die spezifische Oberfläche eines Pulverwerkstoffs aufgrund von unregelmäßig geformten Partikeln, einem vermehrten Auftreten von an größeren Pulverpartikeln haftenden kleinen Partikeln (Satelliten) oder rauen Partikeloberflächen zu, kann sich die Homogenität der aufgetragenen Pulverschichten verschlechtern [Lyc13]. Auch durch die Bildung von Agglomeraten durch interpartikuläre Haftkräfte können beim Auftrag des Metallpulvers ein ungleichmäßiges Pulverbett und unebene Schichten entstehen [Skr10, Wag03]. Mangelnde Fließeigenschaften eines Pulverwerkstoffs können nicht nur zu einer ungleichmäßigen Verteilung der Pulverpartikel führen, sondern können sich auch auf den Aufschmelzprozess und auf die Qualität der laseradditiv gefertigten Bauteile auswirken [Sun15]. Engeli et al. [Eng16] stellen eine höhere Porosität derjenigen Bauteile fest, die unter Verwendung eines schlecht fließenden Metallpulvers hergestellt werden. Liu et al. [Liu11] ermitteln bei der laseradditiven Fertigung unter Verwendung eines Pulverwerkstoffs mit hoher Fließfähigkeit eine höhere Härte sowie eine höhere Zugfestigkeit der Bauteile.

### 2.2.1.4  Schüttdichte und Stampfdichte

Die Schüttdichte $\rho_b$ eines Pulverwerkstoffs ist eine weitere bedeutsame Eigenschaft zur Charakterisierung eines Metallpulvers und wird durch den Quotienten aus der Masse $m_{Pulver}$ der Pulverpartikel des Kollektivs und dem von dem Pulver eingenommenen Volumen $V_{Pulver}$ gemäß

$$\rho_b = \frac{m_{Pulver}}{V_{Pulver}} = \rho_s \cdot (1 - \varepsilon) \quad \text{mit} \quad \varepsilon = \frac{V_Z + V_H}{V_P} \tag{2.9}$$

berechnet. Aufgrund der Zwischenräume $V_Z$ in einem dispersen Partikelsystem und der Hohlräume $V_H$ der Partikel ist die Schüttdichte $\rho_b$ im Vergleich zur Feststoffdichte $\rho_s$ niedriger. Über die Porosität $\varepsilon$ der Pulverschüttung lässt sich die Schüttdichte mit der Feststoffdichte verknüpfen. Dabei wird die Dichte $\rho_f$ des die Partikel umgebenden Gases vernachlässigt, da $\rho_f \ll \rho_s$ gilt [Sch09, Sti09]. Wird der Pulverwerkstoff durch das Einwirken mechanischer Kräfte verdichtet, wird von der Stampfdichte (auch: Klopfdichte) $\rho_t$ eines Pulvers gesprochen. Das Verhältnis zwischen Stampfdichte $\rho_t$ und Schüttdichte $\rho_b$ wird als Hausner-Faktor $HF$ bezeichnet und wird durch

$$HF = \frac{\rho_t}{\rho_b} \geq 1 \tag{2.10}$$

beschrieben [Hau81]. Dieser drückt die Volumenverminderung des Pulvers durch das Verdichten aus und stellt ein Maß für das Fließverhalten eines Pulverwerkstoffs dar [Hau81].

Die Schüttdichte eines Pulvers wird durch die Partikelform und -größe, die Partikelgrößenverteilung und die Oberflächenrauheit der Pulverpartikel beeinflusst [Sch07]. Aus Abbildung 2.9 geht hervor, dass sphärische Partikel mit glatten Oberflächen zu einer höheren Schüttdichte führen als unregelmäßig geformte Pulverpartikel mit unebenen Oberflächen [Ger94].

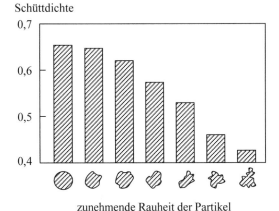

**Abbildung 2.9:** Einfluss der Rauheit von Partikeln auf die Schüttdichte eines Pulvers [Ger94]

Untersuchungen zeigen, dass die relative Schüttdichte für die in der laseradditiven Fertigung eingesetzten Metallpulver in Abhängigkeit von der Partikelform und der Partikelgrößenverteilung zwischen 50 % und 60 % liegt [Liu11, Mei99]. Zhu et al. [Zhu07] weisen den Einfluss der Schüttdichte des Pulverwerkstoffs auf die Bauteilqualität nach und konstatieren, dass die Dichte der hergestellten Bauteile mit zunehmender Schüttdichte des Metallpulvers steigt. Die Verwendung von Pulverwerkstoffen mit einer höheren Anzahl an kleinen, sphärischen Partikeln und einem breiten Intervall der Partikelgrößenverteilung begünstigen eine hohe Packungsdichte $\rho_p$ des im laseradditiven Fertigungsprozess aufgetragenen Pulvers [Gür14, Liu11]. Besteht das eingesetzte Metallpulver hingegen aus einer Vielzahl an größeren und/ oder unregelmäßig geformten, überwiegend nicht sphärischen Partikeln ist eine niedrige Packungsdichte des Pulverbetts die Folge [Eng16, Ola13, Sch14, Spi11]. Die Packungsdichte $\rho_p$ einer aufgetragenen Pulverschicht mit der effektiven Schichtdicke $D_{S,eff}$ wirkt sich im laseradditiven Fertigungsprozess auch auf die Schwindung aus, die durch das Aufschmelzen des Pulvers entsteht. Die effektive Pulverschichtdicke $D_{S,eff}$ ergibt sich nach etwa zehn Schichten bei gleichbleibender Schichtdicke $D_S$ zu

$$D_{S,eff} = \frac{\rho_s}{\rho_p} \cdot D_S \quad . \tag{2.11}$$

Die beim Schmelzen auftretende Volumenänderung bei nahezu konstanter Masse der Pulverpartikel lässt sich näherungsweise durch das Verhältnis der Packungsdichte $\rho_p$ zur Feststoffdichte $\rho_s$ ausdrücken [Mei99, Spi09]. Eine hohe Packungsdichte des Metallpulvers führt zu einer geringeren Schwindung der Schicht infolge der Belichtung des Pulverbetts [Wag03]. Nach Gleichung (2.11) muss bei einer hohen Packungsdichte zum Erreichen der festgelegten Schichtdicke $D_s$ eine geringere Menge Metallpulver pro Schicht aufgetragen werden. Durch die eingebrachte Energie $E_V$ wird das vollständige Schmelzen dieser Pulverschicht gewährleistet. Bei ausreichender Volumenenergie ist die laseradditive Fertigung dichter Bauteile auch bei leicht variierender Packungsdichte möglich [Spi09]. Wird dagegen, z. B. durch die Verwendung eines gröberen Pulverwerkstoffs, eine niedrige Packungsdichte und folglich eine kritische effektive Dicke der Pulverschicht erreicht, die bei konstantem Energieeintrag nicht im Ganzen geschmolzen werden kann, sind Porenbildung und eine niedrige Bauteildichte die Folge [Spi09]. Nach Karapatis et al. [Kar99] hat die Packungsdichte der Partikel im Pulverbett einen entscheidenden Einfluss auf die Bauteilqualität.

## 2.2.2  Mechanische Eigenschaften

Zur Beschreibung der mechanischen Eigenschaften eines Metallpulvers bieten sich im Wesentlichen der kontinuumsmechanische und der partikelmechanische Ansatz an. Wird der Pulverwerkstoff als Kontinuum angesehen, liegt eine makroskopische Betrachtungsweise vor, bei der jeder Punkt eines Volumenelements des Pulvers aus einem Feststoff- und einem Zwischenraumanteil besteht [Sch03a]. Die auf das Pulver wirkenden Kräfte greifen an den Volumenelementen an und führen zu einer Verformung des gesamten Metallpulvers [Sch09]. Demgegenüber steht die mikroskopische Betrachtung auf der Ebene der einzelnen Pulverpartikel und deren Kontakte. Das mechanische Verhalten des Pulverwerkstoffs wird durch die Summe einer Vielzahl von Kontaktereignissen zwischen den Einzelpartikeln beschrieben [Cun79]. Mithilfe der sogenannten *Diskrete-Elemente-Methode* (DEM), einer numerischen Methode nach Cundall und Strack [Cun79], ist es möglich, die verschiedenen Wechselwirkungen der Pulverpartikel aufzugreifen, basierend auf den Newton'schen Bewegungsgleichungen zu berechnen und das Verhalten von Metallpulvern zu simulieren (vgl. Kapitel 7). Nachfolgend werden die mechanischen Eigenschaften von Pulverwerkstoffen unter Einwirkung äußerer Kräfte zunächst unter Berücksichtigung der Methoden der Kontinuumsmechanik erläutert und die Besonderheiten von Pulvern aufgezeigt.

### 2.2.2.1  Übertragung von Kräften und Spannungen

Sowohl ruhend als auch in Bewegung verhält sich ein Metallpulver weder wie eine Newtonsche Flüssigkeit noch wie ein Hookescher Festkörper [Sti09]. Während in einer ruhenden Flüssigkeit ein hydrostatischer Druck herrscht, bei dem in allen Raumrichtungen Druckspannungen gleicher Größe wirken, und ein rein elastischer Festkörper im Ruhezustand aufgrund der inneren Stabilität lediglich vertikale Druckspannungen überträgt, stellen sich bei einem Pulver unterschiedlich große vertikale und horizontale Druckspannungen ein. Infolge einer vertikalen Belastung durch das Eigengewicht können sich die Partikel in horizontale Richtung im Kollektiv begrenzt bewegen [Rum75, Sch09]. Ein Pulverwerkstoff ist demnach in der Lage, in ruhendem Zustand Druck- und Schubspannungen zu übertragen, jedoch in kaum nennenswertem Maße Zugspannungen [Sti09]. Die Druckspannungen wirken als positive Normalspannungen senkrecht zur betrachteten Fläche und die Schubspannungen in deren Ebene. Die Größe der Schubspannungen, die zwischen einzelnen Partikeln und deren Berührungsflächen übertragen werden, hängen maßgeblich von der Reibung zwischen den jeweiligen Kontaktpartnern ab [Sch09].

Im Sinne der Elastizitätstheorie kann die Beanspruchung eines Elements des Pulverwerkstoffs durch eine von außen wirkende Normalspannung $\sigma$ und eine dazugehörige, winkelabhängige Schubspannung $\tau$ im Mohrschen Spannungskreis eindeutig dargestellt werden [Sch03a]. Wie in Abbildung 2.10 skizziert, lassen sich die auftretenden Spannungszustände und die plastische Verformung des Pulverwerkstoffs am Beispiel des Scherversuchs nach Jenike und auch in Analogie zum Gedankenmodell des einachsigen Druckversuchs veranschaulichen. Die Fließgrenze eines Metallpulvers mit einer bestimmten Schüttdichte, der sogenannte Fließort, wird durch die Einhüllende der Gesamtheit aller ermittelten Mohrschen Spannungskreise beschrieben [Rum75, Sti09].

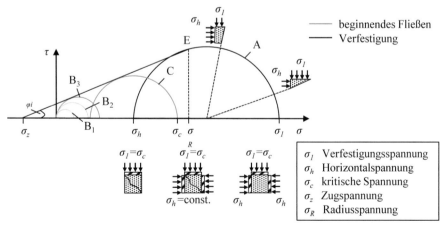

**Abbildung 2.10:** Spannungskreise für die Druckfestigkeit $\sigma_c$ und die Verfestigungsspannung $\sigma_l$ und Fließort nach [Rum75, Sch09, Sti09]

Von besonderer Bedeutung bei der Betrachtung der Mohrschen Spannungskreise sind die Werte der Normalspannung $\sigma$ und der Schubspannung $\tau$ des stationären Fließens und des beginnenden Fließens. Der Vorgang der Verfestigung des Pulverwerkstoffs bis zu einer definierten Schüttdichte unter Wirkung der Verfestigungsspannung $\sigma_l$ wird durch den Spannungskreis A abgebildet. Dieser Spannungskreis, auf dem sich der Endpunkt E des Fließortes befindet, spiegelt den Spannungszustand beim stationären Fließen wider [Sch09]. Wird ein vorverfestigtes Volumenelement mit in horizontaler Richtung freiliegenden Oberflächen ($\sigma_h = 0$) unter zunehmenden vertikalen Normalspannungen belastet, bilden sich die im Koordinatenursprung beginnenden Spannungskreise $B_i$ für jedes betrachtete Spannungsniveau aus. Unterhalb der Druckfestigkeit $\sigma_c$ des Pulvers erfolgt eine elastische Verformung des betrachteten Kollektivs, wie es durch die Spannungskreise $B_1$ und $B_2$ repräsentiert wird. Bei Erreichen der Druckfestigkeit $\sigma_c$ (vgl. Spannungskreis $B_3$) tritt eine irreversible Verformung des Pulverwerkstoffs ein, also ein Fließen. Bei Fließbeginn liegen die Werte der Normalspannung $\sigma$ und der Schubspannung $\tau$ auf dem Fließort, der den Spannungskreis tangiert. Dies gilt ebenso für den für Spannungskreis C gezeigten Fall, bei dem ein Fließen auch bei horizontal wirkenden Spannungen ($\sigma_h \neq 0$) eintritt.

Das Verhältnis zwischen Verfestigungsspannung $\sigma_1$ und Druckfestigkeit $\sigma_c$ gibt Aufschluss über die Fließfähigkeit $ff_c$ eines Pulvers und lässt sich gemäß

$$ff_c = \frac{\sigma_1}{\sigma_c} \tag{2.12}$$

berechnen [Sch09]. Nach Jenike [Jen64] gilt für nicht fließende Pulverwerkstoffe $ff_c < 1$. Beträgt die Kennzahl für die Fließfähigkeit $ff_c > 10$, wird das Pulver als frei fließend charakterisiert [Jen64].

Der jeweils nur für eine konstante Schüttdichte ($\rho_b$ = const.) bestimmte Fließort verläuft schwach gekrümmt und wird häufig durch eine Gerade, den linearisierten Fließort, mit dem Steigungswinkel $\varphi_i$ angenähert [Sch03a, Sch09, Sti09]. Dieser Winkel des Fließorts zur $\sigma$-Achse wird als innerer Reibungswinkel bezeichnet [Sch09, Sti09]. Der Schnittpunkt des Fließorts mit der $\tau$-Achse ist ein Maß für die Kohäsion $\tau_c$ im Pulver und gibt Aufschluss über dessen Scherfestigkeit $c$ [Sch03a, Sti09]. Bedingt durch die Kohäsion überträgt der Pulverwerkstoff auch geringe Zugspannungen. Die Zugfestigkeit $\sigma_t$ eines kohäsiven Pulvers lässt sich durch die Verlängerung des Fließorts zur negativen Normalspannung bei verschwindender Schubspannung ablesen. Für freifließende, d. h. kohäsionslose Pulverwerkstoffe gilt $\tau_c = 0$ und der Fließort verläuft durch den Koordinatenursprung [Sti09].

Aus den vorherigen Betrachtungen wird deutlich, dass der Fließort eines Metallpulvers von dem vorherrschenden Spannungszustand abhängig ist. Wirken auf den Pulverwerkstoff Schubspannungen in ausreichender Höhe, setzt eine plastische Verformung ein. Das Pulver fließt.

### 2.2.2.2 Verformungen

Bei der plastischen Verformung durch das Fließen eines Pulverwerkstoffs verschieben sich die einzelnen Partikel des Kollektivs gegeneinander. Die plastische Deformation der Einzelpartikel an den Kontaktstellen beeinflusst die Verformung des Pulvers dabei kaum [Sch09]. Das Fließen erfolgt unter Volumenzunahme, -abnahme oder -konstanz [Sch03a]. Die Art der plastischen Verformung hängt stets vom Zustand der Verdichtung vor dem Fließen und der Belastung während des Fließens ab [Sch09].

Das Komprimieren eines Pulvers führt beispielsweise zu einer starken Abnahme des Volumens und einer gleichzeitigen Zunahme der Schüttdichte. Eine Volumenzunahme ist insbesondere unter Scherbelastungen zu beobachten, bei denen die makroskopische Scherebene nicht mit den mittleren Tangentialebenen der Partikelkontakte übereinstimmt [Kac09]. Während es sich bei der Scherung eines Festkörpers immer um eine volumentreue Verformung handelt, liegt hier also eine Besonderheit eines Pulverwerkstoffs vor. Wie der Vergleich der Scherverformung eines Pulvers mit und ohne Volumenzunahme in Abbildung 2.11 zeigt, müssen die dicht gepackten Pulverpartikel bei zuvor genannten Bedingungen durch die Schubspannung über die unteren Schichten hinweg nach oben bewegt werden. Die Folge ist eine Ausdehnung des Pulverwerkstoffs, welche als Dilatanz bezeichnet wird [Sch09]. Dilatanz tritt vornehmlich bei kohäsionslosen Pulverwerkstoffen auf, die bereits ohne äußere Verfestigung eine vergleichsweise hohe Schüttdichte aufweisen [Sch09].

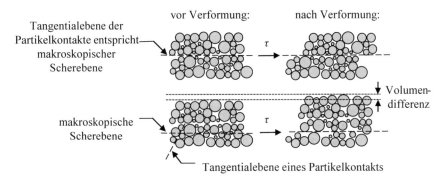

**Abbildung 2.11:** Scherverformung eines Pulverwerkstoffs ohne und mit Volumenzunahme

Ein kohäsives Pulver verfügt hingegen aufgrund interpartikulärer Haftkräfte, die zu Agglomeration der Partikel führen, über eine entsprechend geringere Schüttdichte. Dadurch nimmt das Volumen eines solchen Pulverwerkstoffs beim Fließen ab. Diese Abnahme lässt sich durch die nach unten gerichtete Bewegung der Partikel in vorhandene Zwischenräume erklären.

### 2.2.2.3  Anisotropieentwicklung

Bei den bisherigen Schilderungen der Spannungen und Verformungen eines Pulverwerkstoffs, bei denen das Partikelkollektiv als Kontinuum betrachtet wird, wird die Annahme eines isotropen Verhaltens des Pulvers zugrunde gelegt. Um das Verhalten eines aus einer Vielzahl einzelner Partikel bestehenden Kollektivs näher zu beleuchten, wird nachfolgend der partikelmechanische Ansatz aufgegriffen, bei dem die Übertragung von Kräften zwischen den Pulverpartikeln von Bedeutung ist. Abbildung 2.12 a) – c) veranschaulicht die Übertragung einer Kraft in einem Pulverwerkstoff.

Unter Krafteinwirkung bilden sich im Pulver Kraftlinien aus, die bevorzugt in Belastungsrichtung verlaufen. Die Kraftlinien weisen bei einer einachsigen Verformung durch die Kraft $F$ also eine Vorzugsrichtung parallel zu dieser Kraft auf, wodurch die resultierende Druckfestigkeit des Pulverwerkstoffs in Richtung der vorangegangenen Verdichtung höher ist als quer dazu. Bei einer ungleichen Verformung in den drei Raumrichtungen bildet ein Pulverwerkstoff folglich anisotrope Eigenschaften aus. Die Anisotropie nimmt dabei umso mehr zu, je größer die Abweichungen der bei der Verformung wirkenden Kräfte in den unterschiedlichen Raumrichtungen sind. Im Vergleich zu unregelmäßig geformten Partikeln eines Pulvers ist die Anisotropie für sphärische Pulverpartikel geringer [Sch09].

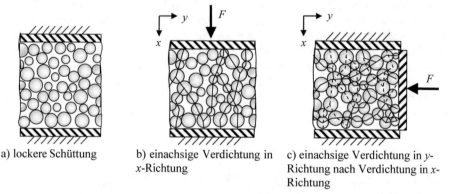

a) lockere Schüttung      b) einachsige Verdichtung in      c) einachsige Verdichtung in *y*-
                          *x*-Richtung                      Richtung nach Verdichtung in *x*-
                                                            Richtung

**Abbildung 2.12:** Kraftübertragung in einem Pulverwerkstoff durch Ausbildung von Kraftlinien [Sch09]

Die anisotrope Verformung wirkt sich nicht nur auf die Festigkeit des Pulverwerkstoffs aus, sondern beeinflusst auch dessen Schüttdichte. Wird das Pulver in vertikaler Richtung verdichtet und wirkt in horizontaler Richtung keine Kraft auf die Partikel kann eine höhere Schüttdichte erreicht werden, da die Zwischenräume im Pulverwerkstoff durch die größere Beweglichkeit der Pulverpartikel besser gefüllt werden können. Wird eine gleichmäßige Verformung in den unterschiedlichen Raumrichtungen zur einheitlichen Verdichtung des Pulvers angestrebt, müssen wesentlich höhere Kräfte auf die Begrenzungsflächen des Kollektivs wirken als bei der einachsigen Verdichtung [Sch09].

## 2.2.3  Thermische Eigenschaften

Zu den thermischen Eigenschaften eines Werkstoffs zählen unter anderem die Wärmekapazität $c$ und die Wärmeleitfähigkeit $\lambda$. Für ein Metallpulver sind diese physikalischen Kennwerte nicht nur von der Temperatur abhängig, sondern werden zusätzlich durch die charakteristischen Eigenschaften des Pulverwerkstoffs, wie die Partikelform, -größe und -größenverteilung und die Schüttdichte beeinflusst [Lut11].

Die Wärmekapazität $c$ gibt im Allgemeinen an, welche Wärmemenge einem Stoff zugeführt werden muss, um dessen Temperatur um ein Kelvin zu erhöhen [Ste13]. Nach Wagner [Wag03] lässt sich die (effektive) spezifische Wärmekapazität $c_{p,Pulver}$ eines in der laseradditiven Fertigung eingesetzten Pulverwerkstoffs näherungsweise aus der Summe der spezifischen Wärmekapazität des Gases $c_{p,Gas}$ für den Massenanteil des Gases $\frac{m_{Gas}}{m_{Pulver}}$ und der spezifischen Wärmekapazität der Pulverpartikel $c_{p,Partikel}$ für den Massenanteil der Feststoffpartikel $\frac{m_{Partikel}}{m_{Pulver}}$, bezogen auf ein Volumenelement im dispersen System, nach

$$c_{p,Pulver} = \frac{m_{Gas}}{m_{Pulver}} \cdot c_{p,Gas} + \frac{m_{Partikel}}{m_{Pulver}} \cdot c_{p,Partikel} \approx c_{p,Partikel} \qquad (2.13)$$

berechnen. Es zeigt sich, dass die spezifische Wärmekapazität des Pulverwerkstoffs $c_{p,Pulver}$ durch die der Metallpulverpartikel $c_{p,Partikel}$ bestimmt wird. Diese Näherung ist zulässig, da die im laseradditiven Fertigungsprozess eingesetzten Schutzgase (z. B. N,

Ar) mit einer geringeren Dichte (z. B. $\rho_N = 1{,}18$ kg/m$^3$ [Lin17], $\rho_{Ar} = 1{,}69$ kg/m$^3$ [Lin17]) im Vergleich zur Dichte der Metallpulver einen vernachlässigbaren Massenanteil im betrachteten Volumenelement besitzen [Sih92, Sih96].

Im laseradditiven Fertigungsprozess erfolgt die Wärmeübertragung im aufgetragenen Metallpulver durch die Transportphänomene Konvektion, Strahlung und Leitung. Zwischen den einzelnen Pulverpartikeln und dem Schutzgas, das sie umgibt, treten an der Pulverbettoberfläche und in den Hohlräumen des Pulverbetts natürliche Konvektion sowie Wärmestrahlung auf [Pet07]. Unter der Annahme, dass die Strömungsgeschwindigkeit des Schutzgases äußerst gering ist und aus diesem Grund außer Acht gelassen werden kann, ist die erzwungene Konvektion zu vernachlässigen [Ott12, Pet07]. Wird ein Zustand vor dem Schmelzen des Pulvers betrachtet, erfolgt die Wärmeleitung lediglich über die einzelnen Partikel des Metallpulvers und deren Kontakte. Ausschlaggebend für die sogenannte effektive Wärmeleitfähigkeit $\lambda_{eff}$ des Pulverbetts sind somit die Anzahl und Größe der Partikelkontaktflächen und die Schüttdichte des Pulvers [Gus03]. Sowohl die zunehmende Größe der Pulverpartikel als auch der Anstieg der Schüttdichte führen zu einer höheren effektiven Wärmeleitfähigkeit [Alk12]. Weiterhin weisen Metallpulver mit unregelmäßig geformten Partikeln und einer breiteren Partikelgrößenverteilung eine höhere effektive Wärmeleitfähigkeit auf [Rom05]. Im Vergleich zu einem Festkörper gleichen Materials ist die Wärmeleitfähigkeit eines Pulverwerkstoffs jedoch sehr gering [Ott12, Sig08]. Auch werden einem Metallpulver in Relation zu einem Festkörper isolierende Eigenschaften zugeschrieben [Lut11]. Mit zunehmender Temperatur im laseradditiven Fertigungsprozess vergrößern sich die Kontakte zwischen den Pulverpartikeln, wodurch sich die Porosität der Schüttung verändert und infolgedessen die Wärmeleitfähigkeit des Pulverbetts ansteigt [Bug99].

## 2.2.4  Optische Eigenschaften

Die Energieeinbringung im laseradditiven Fertigungsprozess erfolgt mittels elektromagnetischer Strahlung. Aus diesem Grund sind die optischen Eigenschaften des eingesetzten Metallpulvers, wie beispielsweise dessen Transparenz, Reflexions- und Absorptionsvermögen, von entscheidender Bedeutung für die laseradditive Fertigung. Grundsätzlich lässt sich die elektromagnetische Energieübertragung mit einer Wellenlänge im NIR, die sogenannte Wärmestrahlung, entsprechend

$$A + R + T = 1 \tag{2.14}$$

in die drei Anteile Absorption $A$, Reflexion $R$ und Transmission $T$ aufteilen, deren Summe 1 ergibt [Her14].

Nutzbar für die laseradditive Fertigung ist die aufgenommene Strahlungsenergie, die in Bewegungs- bzw. Wärmeenergie umgewandelt wird. Das Absorptionsvermögen eines Metallpulvers hängt u. a. von dessen Werkstoffeigenschaften ab, insbesondere von der Partikelform und der Partikelgrößenverteilung, der geometrischen und chemischen Oberflächenbeschaffenheit des Pulvers, der Wellenlänge der eingesetzten Laserstrahlquelle und der während der Belichtung auftretenden Veränderungen des Pulverwerkstoffs [Mei99, Pop05, Tol00, Wag03]. Sowohl ein feines Metallpulver als auch ein Pulverwerkstoff mit unregelmäßig geformten Partikeln verfügen über eine größere Oberfläche bei gleichem Volumen und absorbieren die Laserstrahlung tendenziell besser als größere oder sphärische Pulverpartikel [Mei99, Ola13, Sim04]. Auch eine höhere Packungsdichte des Metallpulvers führt zu einer besseren Absorption der Laserstrahlung [Str13].

Trifft der Laserstrahl auf die Pulverbettoberfläche, wird die einfallende Strahlung von den Pulverpartikeln absorbiert, reflektiert oder tritt durch die Partikel hindurch. Je nach Einfallswinkel verlässt die Strahlung die Pulverschicht wieder oder wird entweder durch Mehrfachreflexionen in sogenannten Strahlfallen vollständig im Metallpulver absorbiert oder in den darunterliegenden, bereits verfestigten Schichten aufgenommen [Mei99]. Für die für die laseradditive Fertigung ausschlaggebende Absorption $A$ gilt somit

$$A = 1 - R \ .$$                                                                                     (2.15)

Die Absorption des Laserstrahls von den Pulverpartikeln ist nur zu Beginn des Schmelz-vorgangs ausschlaggebend. Im weiteren Verlauf des Prozesses dominieren hingegen die optischen Eigenschaften der erzeugten Schmelze.

Neben der Absorption, der Reflexion und der Transmission ist die Strahlausbreitung in der bzw. durch die Pulverschicht von Bedeutung. Infolge der Streuung und Vielfachre-flexion tritt eine Abschwächung der Laserstrahlung auf. Die Abschwächung elektromag-netischer Strahlung beim Durchdringen eines homogenen Materials lässt sich mithilfe des Lambert-Beerschen-Gesetzes gemäß

$$P_L(z) = P_{L0} \cdot e^{-\beta \cdot z}$$                                                          (2.16)

beschreiben [Ped05]. Mit $P_L(z)$ wird der durch das Material mit der Dicke $z$ transmittier-te Anteil der Laserstrahlleistung bezeichnet. $P_{L0}$ steht für die Strahlungsleistung vor dem Eintritt in das Material und $\beta$ gibt den Absorptionskoeffizienten an [Ped05]. Aus dem Kehrwert des Absorptionskoeffizienten $\beta$ ergibt sich die optische Eindringtiefe, die bei Metallen im Bereich von $10^{-8}$ m liegt [Bey98]. Aufgrund der beschriebenen Besonder-heiten eines Pulverwerkstoffs ist eine höhere Absorption an einer Metallpulverschicht im Vergleich zu der absorbierten Strahlungsenergie an einer entsprechenden Festkörper-oberfläche festzustellen [Mei99, Tol00, Wag03, Zha04].

## 2.2.5 Elektrische Eigenschaften

Die elektrische Leitfähigkeit zeigt Parallelen zu der niedrigen Wärmeleitfähigkeit eines Metallpulvers. Im Gegensatz zu metallischen Festkörpern, die eine sehr gute elektrische Leitfähigkeit aufweisen, zeichnen sich die in der laseradditiven Fertigung eingesetzten Metallpulver aufgrund des hohen spezifischen Widerstands durch eine geringe elektri-sche Leitfähigkeit aus [Bar08]. Zurückzuführen ist dies sowohl auf die kleinen Kontakt-flächen zwischen den Pulverpartikeln sowie auf eine Oxidschichtbildung auf deren Oberfläche [Sig08]. Aufgrund der nichtleitenden Eigenschaften des Pulvers ist eine elektrostatische Aufladung des Metallpulvers möglich. Ähnlich eines Isolators können durch Induktion oder Reibung entstandene Ladungen an der Oberfläche der Pulverparti-kel erhalten bleiben [Sta14].

## 2.2.6 Pyrophore Eigenschaften

Eine Vielzahl der in der laseradditiven Fertigung eingesetzten feinen Metallpulver neigt in Verbindung mit Sauerstoff zu explosionsartiger Verbrennung und wird deshalb als pyrophor bezeichnet [Ger94]. Die Ursache für die hohe chemische Reaktivität des Pul-verwerkstoffs ist die mit der Feinheit des Metallpulvers zunehmende spezifische Ober-fläche [Upa02]. Das Risiko und Ausmaß einer Explosion sind umso größer, je feiner die Pulverpartikel eines Kollektivs sind [Boh07]. Um eine Entzündung des metallischen

Pulverwerkstoffs zu verhindern, findet die Belichtung des Pulvers unter Ausschluss von Sauerstoff in einer mit Schutzgas durchströmten Prozesskammer statt.

## 2.3 Herstellung von Metallpulvern

Aus den obigen Schilderungen wird deutlich, dass für den Einsatz eines metallischen Pulverwerkstoffs in der laseradditiven Fertigung spezielle Eigenschaften von Nöten sind. Diese grundlegenden charakteristischen Werkstoffeigenschaften eines Metallpulvers resultieren nicht zuletzt bereits aus dessen Herstellung.

Tabelle 2.1 gibt einen Überblick über eine für diese Arbeit relevante Auswahl verschiedener Verfahren zur Herstellung von Metallpulvern und führt deren besondere Merkmale auf.

**Tabelle 2.1:** Ausgewählte Verfahren zur Herstellung von Metallpulvern

| Herstellungsver- fahren | | Materialien | Besonderheiten | Quelle |
|---|---|---|---|---|
| mechanisch-physikalisch | Wasserver- düsung | nicht- reaktive Eisen- und Nichteisen- metalle, Stahl, Cu | – unregelmäßige Partikelform<br>– Oxidation, Oxidschichtbil- dung<br>– breite Partikelgrößenvertei- lung<br>– Partikelgrößen bis 500 μm<br>– hohe Produktivität<br>– geringe Produktionskosten | [Daw15, Dun13, Ger94, Sch07] |
| | Gasverdüsung | Ti, Al, Co, Ni und Le- gierungen, Sonderstahl, Edelmetalle | – überwiegend sphärische Par- tikelform<br>– Satellitenbildung<br>– breite Partikelgrößenvertei- lung<br>– Partikelgrößen bis 500 μm<br>– geringe Ausbeute im Bereich 20 μm – 150 μm<br>– moderate Produktionskosten | [Daw15, Dun13, Ger94, LPW17, Sch07] |
| | Plasmaver- düsung/ Plas- masphäroidi- sierung | Ti, Ni, Mo, Nb, Ta, Zr und Legie- rungen | – sehr sphärische Partikelform<br>– kaum Satellitenbildung<br>– enge Partikelgrößenvertei- lung<br>– Partikelgrößen zwischen 5 μm – 250 μm<br>– hohe Reinheit | [APC15, Bou12, Ent96, Nei09, Yol15] |
| | Zentrifugal- verdüsung | Ti, Co, Ni und Legie- rungen | – sphärische Partikelform<br>– enge Partikelgrößenvertei- lung<br>– Partikelgrößen zwischen 50 μm – 400 μm<br>– hohe Produktionskosten | [Dun13, Yol15, Cap05, Nei09] |

| | Hydride-dehydride Verfahren | Ti, Zr, V, Ta und Legierungen | – unregelmäßige Partikelform<br>– Partikelgrößen zwischen 45 µm – 500 µm<br>– hohe Ausbeute<br>– geringe Produktionskosten | [AME12 a, Bar15, Cra08] |
|---|---|---|---|---|
| chemisch, elektrochemisch | TiRO™ Prozess | Ti | – unregelmäßige Partikelform<br>– poröse Partikel<br>– Partikelgrößen zwischen 150 µm – 600 µm<br>– hohe Ausbeute<br>– geringe Produktionskosten<br>– geringer Energieverbrauch | [Daw15, Dob12, Dob13] |
| | Metalysis Prozess | Ta, Ti und Legierungen | – basiert auf FFC® Prozess<br>– unregelmäßige Partikelform<br>– poröse Partikel<br>– hohe Reinheit<br>– enge Partikelgrößenverteilung<br>– Partikelgrößen zwischen 20 µm – 250 µm<br>– hohe Ausbeute<br>– geringe Produktionskosten<br>– geringer Energieverbrauch | [Gop09, Mel15, Met17] |

Die Gewinnung von Metallpulvern kann auf mechanisch-physikalischem Weg, auf chemischem Weg, z. B. durch Reduktionsverfahren, oder auf elektrochemischem Weg durch die Elektrolyse von Metallen erfolgen.

Das Verdüsen einer Schmelze mit Wasser oder reaktionsträgen Gasen zählt zu den Hauptverfahren zur Erzeugung metallischer Pulverwerkstoffe [Ber09a, Cap05, Sch07]. Diesem Prozess liegt unabhängig von der Art des eingesetzten Verdüsungsmediums folgender physikalischer Wirkmechanismus zugrunde: Ein Schmelzstrahl wird mithilfe einer Flüssigkeits- oder Gasströmung, die durch eine oder mehrere Düse/n zugeführt wird, zerkleinert und die zerstäubte Schmelze erstarrt im ausströmenden Medium in der Verdüsungskammer. Dabei bestimmen u. a. der Druck des einströmenden Verdüsungsmediums, die Art und die Temperatur der Schmelze und die Abkühlgeschwindigkeit bei Erstarrung den Grad der Zerkleinerung der Schmelze, die Morphologie des Pulvers und das Gefüge der einzelnen Partikel [Ber09a, Sch07].

Die Wasserverdüsung ist eine vergleichsweise wirtschaftliche Methode zur Metallpulverherstellung. Wasserverdüste Pulverwerkstoffe zeichnen sich durch Partikel mit unregelmäßiger Form und rauen Oberflächen aus, da die zerkleinerte Schmelze durch das Verdüsungsmedium abgeschreckt wird und schnell abkühlt [Ger94, Pin05]. Die Reaktion der Metallschmelze mit dem Wasserdampf führt zur Bildung von ungleichmäßig dicken Oxidschichten auf der Oberfläche der Pulverpartikel, sodass wasserverdüste Pulver prozessbedingt über einen Sauerstoffgehalt von 1000 ppm – 4000 ppm verfügen [Nei09].

Der Einsatz der durch Wasserverdüsung hergestellten Metallpulver in der laseradditiven Fertigung resultiert oftmals in Bauteilen mit hoher Porosität [Eng16, Li10, Mat16]. Zum einen wird dies auf die ungleichförmigen Partikel zurückgeführt, die die Fließfähigkeit des Pulvers verringern und somit den flächigen Pulverauftrag sowie die Ausbildung der Pulverschicht beeinträchtigen können [Eng16]. Zum anderen wird festgestellt, dass der hohe Sauerstoffgehalt das Benetzungsverhalten der Schmelze durch eine Veränderung der Oberflächenspannung beeinflusst, sodass ein vollständiges Aufschmelzen des Metallpulvers bzw. die Verbindung der geschmolzenen Pulverschichten nicht erreicht wird [Hau99, Li10, Sim04]. Bauteile mit geringen statischen Festigkeitskennwerten sind die Folge [Mat16].

Durch die Wasserverdüsung bei einem hohen Druck von etwa 45 MPa und einem geringen Verhältnis von Wasser zu Metall lassen sich jedoch Eisen- und Stahlpulver herstellen, die eine für die laseradditive Fertigung geeignete Partikelform und Partikelgrößenverteilung aufweisen [Hoe16, Sch14]. Allerdings zeigen derartige Metallpulver den für dieses Herstellverfahren typischen hohen Sauerstoffgehalt, welcher die Festigkeitseigenschaften der Bauteile beeinträchtigt [Hoe16]. Der Sauerstoffgehalt von wasserverdüsten Pulverwerkstoffen auf Eisenbasis lässt sich sowohl durch die Wahl der Verdüsungsparameter als auch durch eine entsprechende Nachbehandlung, reduzieren, z. B. durch Wärmebehandlung im Vakuum, wodurch sich auch die Schweißeignung des Pulvers verbessert [Pel12].

Die teurere Gasverdüsung wird in verschiedenen Ausprägungen vor allem zur Herstellung von hochlegierten und reaktiven Metallpulvern für die laseradditive Fertigung eingesetzt [Sch07, Slo15]. Als Verdüsungsmedien kommen vorwiegend die inerten Gase Stickstoff, Argon und Helium zum Einsatz, wodurch einer Oxidation des Pulverwerkstoffs vorgebeugt wird [Ger94]. Untersuchungen von gasverdüsten Metallpulvern in der laseradditiven Fertigung zeigen, dass die Wahl des Gases zu Unterschieden im Kristalllaufbau der Pulverpartikel führt, sodass das sich entwickelnde Gefüge der einzelnen Partikel beeinflusst wird [Mur12, Sta12]. Um Pulver mit einem hohen Reinheitsgrad herzustellen, besteht einerseits die Möglichkeit, den zu verdüsenden Rohstoff induktiv im Vakuum oder in einer inerten Atmosphäre aufzuschmelzen [ALD16]. Andererseits wird empfohlen, auf keramikhaltige Schmelztiegel und Zwischenbehälter zu verzichten, um Verunreinigungen der Schmelze durch die keramische Beschichtung zu vermeiden [Ant03]. Aus diesem Grund wird zur Herstellung von hochreinen und reaktiven Metallpulvern wie bspw. Aluminium, Titan, Nickel und deren Legierungen vielfach das EIGA-Verfahren (*Electrode Induction Gas Atomization*) eingesetzt, welches sich durch das tiegellose Schmelzen des jeweiligen Halbzeugs auszeichnet [TLS16]. Die Schmelze des mithilfe einer Induktionsspule berührungslos und durch Rotation gleichmäßig aufgeschmolzenen Metalls fällt durch eine Ringdüse, wird dort von einem Inertgasstrom zerstäubt und erstarrt frei schwebend in der Verdüsungskammer [Sch07].

Die im Allgemeinen bei der Inertgasverdüsung in der Gasströmung frei fallenden und damit vergleichsweise weniger rasch abkühlenden Partikel können aufgrund der Oberflächenspannung der Schmelze den energetisch günstigsten Zustand einnehmen [Bei13, Sch07]. Es bilden sich vorwiegend Pulverpartikel mit einer regelmäßigen, kugeligen Gestalt und gleichmäßiger, glatter Oberfläche [Pin05]. Treten im Verdüsungsprozess Turbulenzen auf, z. B. nahe der Düse, ist ein Wiedereintritt von kleinen Partikeln in die Verdüsungszone die Folge. Gelangen diese Partikel in die Flugbahn der zerstäubten

Schmelze, bilden sich sogenannte Satelliten und Agglomerate durch Verbindung der Schmelztröpfchen mit den bereits erstarrten Pulverpartikeln [Ger94].

Der Einsatz gasverdüster Pulver führt im Vergleich zur Verwendung von wasserverdüsten Pulverwerkstoffen zu einer höheren Bauteildichte [Li10]. Li et al. [Li10] führen dies auf eine höhere Schüttdichte und einen geringeren Sauerstoffgehalt der gasverdüsten Metallpulver zurück.

Die Plasmaverdüsung und die Sphäroidisierung im induktiv gekoppelten Plasma, die nachfolgend auch als Plasmasphäroidisierung bezeichnet wird, sind weitere Verfahren zur Herstellung von Metallpulvern mit sphärischen Partikeln und werden vorwiegend zur Produktion von Pulverwerkstoffen aus Titan und dessen Legierungen eingesetzt [Qui15]. Bei der Plasmaverdüsung wird ein drahtförmiger Ausgangswerkstoff mithilfe von Plasmabrennern geschmolzen und gleichzeitig zerstäubt, wobei Argon als Plasmagas eingesetzt wird [Bea11]. Da der Draht berührungslos geschmolzen und in einer inerten Atmosphäre verdüst wird, ist ein hoher Reinheitsgrad für plasmaverdüste Pulver charakteristisch [Ant03]. Durch eine geringe Konzentration frei schwebender Partikel in der Verdüsungskammer wird die Bildung von Satelliten verhindert [APC15]. Im Vergleich zu wasser- oder gasverdüsten Pulverwerkstoffen sind die Partikel der plasmaverdüsten Pulver insgesamt kleiner, weisen eine mittlere Partikelgröße von 40 µm auf und besitzen eine engere Partikelgrößenverteilung [Ent96].

Während bei der Plasmaverdüsung mit einem Gleichstrom-Plasma gearbeitet wird, wird bei der Plasmasphäroidisierung vielfach ein induktiv gekoppeltes Plasma eingesetzt. Da zur Erzeugung eines induktiv gekoppelten Plasmas keine Elektroden notwendig sind, entsteht ein sehr reines Plasma, welches technisch bislang häufig für Analysemethoden wie die Emissionsspektrometrie genutzt wird [Dzu02]. Den Ausgangswerkstoff für die Sphäroidisierung im induktiv gekoppelten Plasma bilden Feststoffe wie z. B. aus anderen Herstellverfahren stammende Metallpulver mit unregelmäßig geformten Partikeln [Bou12, LPW17, Ver14]. Diese werden im Plasmasphäroidisierungsprozess geschmolzen und in Pulverpartikel mit kugeliger Gestalt und glatter Oberfläche umgewandelt. Gleichzeitig werden poröse Partikel verdichtet und die Pulverreinheit durch das Verdampfen von Verunreinigungen erhöht. Gegenüber den Ausgangsmaterialien zeigen plasmasphäroidisierte Pulver eine höhere Fließfähigkeit und eine höhere Schüttdichte [Bou12, Ver14].

Beim sogenannten PREP-Verfahren (*Plasma Rotating Electrode Process*), einem Prozess zur Zentrifugalverdüsung von hochlegierten oder oxidationsempfindlichen Metallen, wird eine schnell rotierende Elektrode des zu verdüsenden Werkstoffs mithilfe eines Plasmas geschmolzen und durch Wirkung der Zentrifugalkraft zerstäubt [Sch07]. Die Schmelztropfen erstarren in einer inerten Atmosphäre zu Partikeln mit sphärischer Gestalt [Gop09]. Obwohl im PREP-Verfahren hergestellte Pulverpartikel gegenüber Partikeln von gasverdüsten Pulvern eine geringere Porosität zeigen, erweist sich die Tatsache, dass nur sehr wenige kleine Pulverpartikel mit Größen < 50 µm produziert werden als nachteilig für den Einsatz dieser Metallpulver in der laseradditiven Fertigung [Ash11, Ash12, Yol15].

Neben den zuvor erläuterten mechanisch-physikalischen Prozessen zur Herstellung von metallischen Pulverwerkstoffen gewinnen chemische und elektrochemische Verfahren, insbesondere zur kostengünstigen Herstellung von Titanpulvern, zunehmend an Bedeutung. Pulver aus dem HDH-Verfahren (*Hydride-Dehydride*), dem TiRO™-Prozess und dem Metalysis-Prozess werden gegenwärtig für den Einsatz in der laseradditiven Fertigung entwickelt und erprobt [Raj14, Sun15, Mel15].

Im HDH-Verfahren wird bei hohen Temperaturen aus Titan zunächst mithilfe von Wasserstoff Titanhydrid erzeugt [Gop09]. Das spröde Titanhydrid wird mechanisch zerkleinert, bevor das entstandene Pulver erneut erhitzt wird, um den Wasserstoff wieder zu entziehen [Cra08]. Eine Untersuchung des Pulverauftrags unter Verwendung eines im HDH-Verfahren hergestellten Titanpulvers zeigt gegenüber der Beschichtung bei Einsatz von gas- und plasmaverdüsten Pulverwerkstoffen ein sehr ungleichmäßiges Pulverbett [Raj14]. Es bildet, aufgrund von Vertiefungen und Agglomeraten, keine geeignete Ausgangsbasis für den laseradditiven Fertigungsprozess. Zurückzuführen ist dies auf die unregelmäßige Morphologie der im HDH-Verfahren durch mechanische Zerkleinerung gewonnenen Pulverpartikel. Durch eine Kombination des HDH-Prozesses mit anschließender Plasmasphäroidisierung lassen sich preisgünstige Titanpulver mit kugelförmigen Partikeln für die Anwendung in der laseradditiven Fertigung herstellen [AME12b].

Beim TiRO™-Prozess handelt es sich um ein aus zwei Schritten bestehendes kontinuierliches Verfahren zur Herstellung von Titanpulvern. Durch die Reaktion von Titanchlorid mit Magnesiumpulver in einem Wirbelschichtreaktor werden zuerst Magnesiumchlorid und Titan gebildet, wobei die entstandenen Titanpartikel in größere Magnesiumchloridpartikel eingebettet sind. Im zweiten Schritt wird das Magnesiumchlorid durch Destillation im Vakuum abgetrennt, sodass nur die miteinander verbundenen, porösen Titanpartikel mit einer mittleren Partikelgröße von etwa 200 µm zurückbleiben [Dob12, Dob13]. Aufgrund der aus diesem Prozess resultierenden Partikelmorphologie und Partikelgröße erscheint das Titanpulver ungeeignet für die laseradditive Fertigung [Daw15, Sun15]. Mit einer sich an die Herstellung anschließenden Umwandlung des Pulverwerkstoffs, der sogenannten *Powder Manipulation Technology* (PMT), lassen sich jedoch aus dem Ausgangswerkstoff Partikel mit geringerer Größe, kugelähnlicher Gestalt und glatter, dichter Oberfläche erzeugen, die für den notwendigen flächigen Pulverauftrag genutzt werden können [Sun15].

Der Metalysis-Prozess ist ein elektrochemisches Verfahren zur Gewinnung von Metallpulvern, welches auf dem Prinzip des FFC® Cambridge-Prozesses basiert [Rao15]. Bei diesem Prozess wird ein Metalloxid durch Elektrolyse zu einem Metall reduziert, welches anschließend zu einem Pulver zerkleinert, ausgewaschen, getrocknet und weiterverarbeitet wird [Ber10]. Durch Plasmasphäroidisierung können die im Metalysis-Prozess hergestellten Pulverwerkstoffe für die laseradditive Fertigung nutzbar gemacht und zu nahezu vollständig dichten Bauteilen verarbeitet werden [Mel15].

Den beschriebenen Herstellverfahren schließen sich üblicherweise Sieb- und Mischprozesse an. Diese Folgeverfahren dienen u. a. dazu, die für den Einsatz in der laseradditiven Fertigung geeignete Partikelgrößenverteilung einzustellen und/ oder homogene Eigenschaften des jeweils gewonnenen Metallpulvers zu erreichen [APC16, Daw15, Sch07].

# 3 Zielsetzung und Lösungsweg

Die laseradditive Fertigung hat sich in den letzten Jahren zu einer interessanten Alternative für die Herstellung funktionaler Endprodukte aus Metall entwickelt. Das fortwährende Wachstum und das sich stetig erweiternde Anwendungsspektrum dieser Fertigungstechnologie haben auch im Bereich der Herstellung von Metallpulvern neue Marktteilnehmer in Erscheinung treten lassen. Die verschiedenen Lieferanten, zu denen Pulverhersteller ebenso zählen wie Anlagenhersteller und Drittanbieter, beeinflussen die für die Metallpulver aufgerufenen Marktpreise. Diese hängen weiterhin u. a. von der Art des Werkstoffs, dem Herstellungsprozess, dem geforderten Eigenschaftsprofil des Pulvers und der benötigten Losgröße ab. Durch das Herstellungsverfahren werden die grundlegenden charakteristischen Pulvereigenschaften festgelegt, wie beispielsweise die Partikelform und -größenverteilung. Um Kosten bei der Pulverbeschaffung einzusparen, zugleich aber die Qualität des laseradditiven Fertigungsprozesses und dessen Ergebnisses sicherstellen zu können, müssen die Anforderungen an das Metallpulver bekannt sein.

Zusätzlich macht der Einsatz der laseradditiven Fertigung für industrielle Anwendungen in Hochtechnologiebranchen, wie in der Luftfahrt und der Medizintechnik, eine zuverlässige Qualitätssicherung entlang der gesamten Prozesskette notwendig. Dies schließt neben der Prozessbeherrschung ebenfalls das Verständnis des Pulverwerkstoffs ein, dessen Verhalten durch ein hochkomplexes Zusammenwirken einer Vielzahl von Einzelpartikeln geprägt wird.

Aus dem Stand von Wissenschaft und Technik lässt sich ableiten, dass die Ausprägungen der Pulvereigenschaften sowohl für einen robusten laseradditiven Fertigungsprozess als auch für eine hohe Bauteilqualität entscheidend sind. Dennoch fehlen wichtige Erkenntnisse, um die für den Einsatzzweck erforderliche Qualität eines Pulverwerkstoffs festlegen zu können. Darüber hinaus muss berücksichtigt werden, dass das Pulver nach der Herstellung, z. B. beim Transport und der Lagerung, im laseradditiven Fertigungsprozess und beim Recycling atmosphärischen, klimatischen und mechanischen Einflüssen unterliegt. Auf Basis der bislang gesammelten Erfahrungen ist nicht auszuschließen, dass sich die Pulvereigenschaften in Abhängigkeit der Dauer und der Intensität des Einwirkens von u. a. Temperatur, Feuchtigkeit und äußeren Kräften verändern. Diese Einflüsse stellen Faktoren dar, die sich ungewollt und in bisher unvorhersehbarer Weise auf den Fertigungsprozess und die Qualität der Bauteile auswirken können. Insgesamt bestätigen die wenigen wissenschaftlichen Arbeiten die Relevanz des Pulverwerkstoffs für das Fertigungsergebnis. Eine ganzheitliche Betrachtung des Pulverwerkstoffs bietet großes Potenzial, die Zuverlässigkeit und die Produktivität des laseradditiven Fertigungsprozesses zu verbessern.

Daher ist es das Hauptziel der Arbeit, ein grundlegendes und umfassendes Verständnis des Werkstoff- und Prozessverhaltens von Metallpulvern in der laseradditiven Fertigung zu schaffen. Dieses wird am Beispiel von Ti-6Al-4V-Pulverwerkstoffen erarbeitet, die für zahlreiche Anwendungen in den zuvor genannten Branchen von besonderer Bedeutung sind. Um die genannte Zielsetzung zu erreichen, wird das in Abbildung 3.1 skizzierte methodische Vorgehen gewählt.

© Springer-Verlag GmbH Deutschland, ein Teil von Springer Nature 2018
V. Seyda, *Werkstoff- und Prozessverhalten von Metallpulvern in der laseradditiven Fertigung*, Light Engineering für die Praxis, https://doi.org/10.1007/978-3-662-58233-6_3

Zunächst wird eine systematische Analyse durchgeführt mit dem Ziel, die qualitätsrelevanten Einflussfaktoren auf das Metallpulver in der laseradditiven Fertigung zu identifizieren. Diese theoretische Betrachtung bildet den Ausgangspunkt für die weiterführenden Untersuchungen.

Zum einen werden aus verschiedenen Herstellungsverfahren stammende Ti-6Al-4V-Pulverwerkstoffe hinsichtlich der grundlegenden charakteristischen Eigenschaften analysiert. Diese Eigenschaften werden zum Prozessverhalten der Pulver und den Qualitätsmerkmalen der Bauteile korreliert. Zur Bestimmung der Pulvereigenschaften kommen dabei unterschiedliche Prüfverfahren zum Einsatz. Mit den Untersuchungen wird das Ziel verfolgt, die zu messenden Pulvermerkmale mit geeigneten Prüfverfahren zu ermitteln und die Anforderungen an den Pulverwerkstoff festzustellen, welche gemäß DIN EN ISO 9000 [DIN15] zur Definition der Qualität erforderlich sind.

Zum anderen werden die Verarbeitung und Handhabung des Pulverwerkstoffs untersucht, um die Auswirkungen der identifizierten Einflussfaktoren auf das Eigenschaftsprofil des Pulvers, auf dessen Prozessverhalten und auf die Bauteilqualität in Erfahrung zu bringen. Schwerpunkte bilden der Pulverauftrag in der laseradditiven Fertigung, der Transport und die Lagerung sowie das Recycling von Pulverwerkstoffen.

Aus den gewonnenen Erkenntnissen, den erzielten Untersuchungsergebnissen und mithilfe des erweiterten Verständnisses werden Handlungsempfehlungen für den Pulverwerkstoff abgeleitet. Diese tragen zur Qualitätssicherung von Metallpulvern in der laseradditiven Fertigung bei und sollen helfen, die Qualität des Pulvers über die Einsatzdauer sicherzustellen und aufrechtzuerhalten.

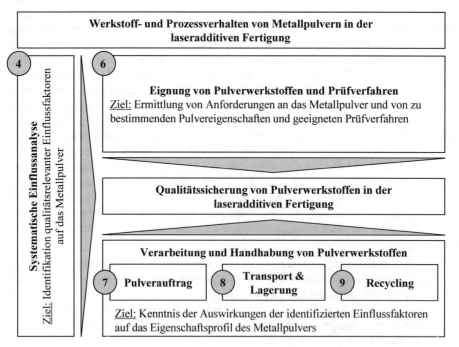

**Abbildung 3.1:** Methodisches Vorgehen im Rahmen der Arbeit

# 4 Systematische Einflussanalyse

Zur Identifizierung qualitätsrelevanter Einflussfaktoren und deren Auswirkungen auf das Metallpulver in der laseradditiven Fertigung werden, bedingt durch die Komplexität des Gesamtprozesses, zunächst theoretische Überlegungen vorangestellt. Diese Betrachtungen werden in Anlehnung an eine Fehler-Möglichkeits- und Einfluss-Analyse (*Failure Mode and Effect Analysis*, FMEA) vorgenommen. Bei einer FMEA handelt es sich um eine Qualitätsmanagementmethode, die im Allgemeinen zur vorbeugenden Risikoanalyse und zur präventiven Qualitätssicherung eingesetzt wird [Brü11, Sch15b, Wer11]. Mithilfe dieser Methode können funktionelle Zusammenhänge dargestellt, Schwachstellen und Mängel frühzeitig identifiziert sowie Ursachen und Auswirkungen von Fehlern erkannt und bewertet werden [Brü11]. Das Ziel einer FMEA ist eine Verbesserung der Prozesse und Produkte sowie eine strukturierte Dokumentation [Wer11].

Die systematische Einflussanalyse wird im Sinne einer Prozess-FMEA durchgeführt, bei der alle zur Herstellung eines Produkts notwendigen Abläufe bzw. Prozesse betrachtet werden [Brü11, Sch15b]. Dabei dient das nach VDA [VDA12] vorgeschlagene Vorgehen als Orientierung. Die nachfolgend zusammengestellten Ergebnisse der Einflussanalyse beruhen sowohl auf Erfahrungswissen und eigenen Beobachtungen als auch auf in der Literatur dokumentierten Erkenntnissen. Zunächst wird gemäß einer Strukturanalyse der Kreislauf des Metallpulvers in der laseradditiven Fertigung durch die Erstellung einer Systemstruktur beschrieben. Durch eine Unterteilung der verschiedenen Abschnitte dieses Pulverkreislaufs in einzelne Schritte und deren Verknüpfung mit verschiedenen Einflussfaktoren erfolgt anschließend nach dem Vorbild der Funktionsanalyse eine Beschreibung der Kausalzusammenhänge zur Vervollständigung der Struktur. Darauf aufbauend werden die Einflussfaktoren zum Eigenschaftsprofil des Metallpulvers durch die Identifizierung aller potenziellen Fehler, Fehlerfolgen und Fehlerursachen der Einzelschritte, entsprechend einer Fehleranalyse, in Beziehung gesetzt. Es schließt sich eine Bewertung und Priorisierung der Fehler als Ergebnis der Maßnahmenanalyse an, aus der zuletzt Handlungsbedarf für die experimentellen Untersuchungen der vorliegenden Arbeit abgeleitet wird.

## 4.1 Strukturierung des betrachteten Systems

Um das zu betrachtende System des Pulverkreislaufs in der laseradditiven Fertigung zu strukturieren, wird eine modellhafte Darstellung in Form einer materialflussorientierten Prozesskette gewählt. Abbildung 4.1 veranschaulicht dieses Gesamtsystem als Ergebnis der Strukturanalyse. Die einzelnen, übergeordneten Systemelemente werden durch die untereinander in Beziehung gesetzten Prozessabschnitte abgebildet, deren Abfolge einen ganzheitlichen Prozessablauf ergibt. Die Systemgrenze legt den Betrachtungsbereich der Einflussanalyse fest. Die zu untersuchenden Prozessabschnitte betreffen zum einen die Handhabung des Metallpulvers und zum anderen den laseradditiven Fertigungsprozess. Sowohl die Abschnitte der Pulverhandhabung wie der Transport, die Lagerung und die Aufbereitung als auch der laseradditive Fertigungsprozess lassen sich wiederum in einzelne Prozessschritte unterteilen. Hervorzuheben sind insbesondere das Sieben und Mischen zur Aufbereitung des Metallpulvers sowie die sich wiederholenden Prozessschritte des Pulverauftrags und der Belichtung der Pulverschicht. Eine ausführliche Beschrei-

© Springer-Verlag GmbH Deutschland, ein Teil von Springer Nature 2018
V. Seyda, *Werkstoff- und Prozessverhalten von Metallpulvern in der laseradditiven Fertigung*, Light Engineering für die Praxis, https://doi.org/10.1007/978-3-662-58233-6_4

bung der einzelnen Prozessabschnitte erfolgt in Zusammenhang mit der Ermittlung von handhabungs-, anlagen- und prozessseitigen Einflussfaktoren (vgl. Kapitel 4.2). Der Prozessabschnitt der Herstellung, dessen Prozessschritte und die Faktoren, welche die charakteristischen Eigenschaften des Metallpulvers bei der Herstellung beeinflussen, wie beispielsweise die Reinheit des Ausgangswerkstoffs, die eingesetzten Verdüsungsmechanismen oder die Umgebungsatmosphäre, werden aufgrund des beträchtlichen Umfangs in dieser Einflussanalyse nicht berücksichtigt.

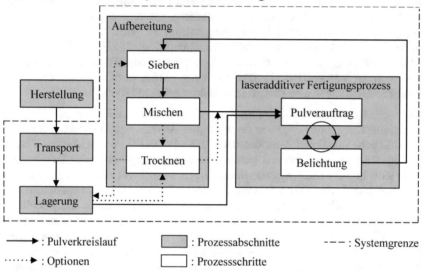

**Abbildung 4.1:** Materialflussorientierte Prozesskette

## 4.2  Handhabungs-, anlagen- und prozessseitige Einflussfaktoren

Die in Kapitel 4.1 erarbeitete Systemstruktur dient als Voraussetzung zur umfassenden Identifizierung von Einflussfaktoren, die das Eigenschaftsprofil eines Metallpulvers in der laseradditiven Fertigung verändern und sich infolgedessen auch auf die Qualität laseradditiv gefertigter Bauteile auswirken können. Für eine detaillierte Untersuchung werden unterschiedliche Ebenen eingeführt, die im Folgenden als Haupt- sowie als primäre, sekundäre und tertiäre Einflussfaktoren bezeichnet werden. Die Haupteinflussfaktoren, auch Hauptursachen, auf der untersten Ebene werden von den 5 M – Maschine, Material, Mensch, Methode und Mitwelt – gebildet [Pfe14, Wer11]. Aufgrund des eingegrenzten Betrachtungsbereichs der Einflussanalyse finden die weiteren Kategorien Management und Messung keine Berücksichtigung. Die verschiedenen Prozessabschnitte werden als primäre Einflussfaktoren auf der nächsthöheren Ebene aufgeführt und die den Abschnitten zugeordneten Prozessschritte stellen die sekundären Einflussfaktoren auf einer weiteren Untersuchungsebene dar. Die tertiären Einflussfaktoren ergeben sich aus der differenzierten Analyse der Prozessabschnitte bzw. -schritte hinsichtlich der auf das Metallpulver wirkenden Einflüsse sowie der sich auf die Bauteilqualität auswirkenden Faktoren. Es wird dabei ermittelt, welche einstellbaren und/ oder messbaren Größen, Prozessgrößen oder Störgrößen in welchen Prozessschritten eine Veränderung des Pulverwerkstoffs bewirken und somit ggf. die Eigenschaften der Bauteile beeinflussen können. Die Einflussfaktoren auf dieser letzten Ebene sind demnach als Parameter zu verstehen.

Aus Gründen der Übersichtlichkeit wird auf die typische Darstellung der Ursachen bzw. Einflussfaktoren in Form eines Ishikawa-Diagramms und auf die für eine Funktionsanalyse übliche Erstellung eines Funktionsbaumes verzichtet. Stattdessen wird eine tabellarische Zusammenfassung der handhabungs-, anlagen- und prozessseitigen Einflussfaktoren gewählt (vgl. Tabelle 4.1 und Tabelle 4.2). Eine ausführliche Zusammenstellung von Einflussfaktoren auf den laseradditiven Fertigungsprozess und deren Zuordnung zu den Haupteinflussfaktoren findet sich in Form von Ishikawa-Diagrammen in [Eis10, Reh10, Seh10, Skr10].

Tabelle 4.1 gibt neben den bereits bekannten Prozessabschnitten einen detaillierten Überblick über die wesentlichen Prozessschritte zur Handhabung eines Metallpulvers. Es werden auch scheinbar unwichtige und selbstverständliche Schritte aufgeführt, da auch diese die Eigenschaften des Pulvers beeinflussen können.

Eine Untersuchung der einzelnen Prozessschritte hinsichtlich der auf das Pulver wirkenden Einflussfaktoren hat als Gemeinsamkeit aller Abschnitte die während des Transports, der Lagerung und der Aufbereitung herrschende Temperatur und Luftfeuchtigkeit sowie die den Pulverwerkstoff umgebende Atmosphäre zum Resultat. In der für den Transport und die Lagerung gewählten Verpackung kann das Pulver sowohl von Luft als auch von einer Schutzgasatmosphäre umgeben sein. Typische Verpackungen für das Metallpulver sind Weithalsfässer oder -flaschen aus, häufig durchfärbtem weißem, Kunststoff sowie Trichterflaschen, seltener auch Eimer, aus Weißblech. Diese Behälter haben ein Fassungsvermögen zwischen etwa 1 l, 6 l oder 10 l und beinhalten gewöhnlich 2,5 kg, 5 kg oder 10 kg Pulver je nach Art des Werkstoffs. Die Fässer und Flaschen verfügen über einen Schraubverschluss, z. T. mit Gummidichtung, der eine gute Dichtigkeit gegenüber Luft und Wasser gewährleistet. Der Weißblecheimer wird mit einem Spannringdeckel luft- und wasserdicht verschlossen. Weiterhin werden für die Kunststoffbehälter und die Blechflaschen teilweise Kunststoffplomben mit Plombierdraht respektive metallische Plombierplättchen zur Versiegelung der jeweiligen Verpackungen eingesetzt. Außerdem werden vielfach Trockenmittelbeutel, welche Kieselgel, ein amorphes Siliziumdioxid, beinhalten, zur Absorption von Feuchtigkeit zugegeben. Die meisten eingesetzten Verpackungen des Metallpulvers besitzen ferner eine Gefahrgut-Zulassung.

Die Lagerung des Metallpulvers erfolgt bei Nichtnutzung im laseradditiven Fertigungsprozess zumeist in den zuvor genannten oder in von z. B. Anlagenherstellern zum Zwecke der Lagerung vorgesehenen Behältern in einem feuerfesten Sicherheitsschrank. Auch wird eine Metallpulverlagerung unter Schutzgasatmosphäre empfohlen [Con12]. Nach Beendigung eines laseradditiven Fertigungsprozesses oder bei Stillstand der Fertigungsanlage verbleibt der Pulverwerkstoff häufig für einige Zeit in der Bevorratung. Während dieser Stillstandszeiten kann sich das Metallpulver entweder unter Umgebungsluft oder in einer inertisierten Atmosphäre befinden.

Die die Pulveraufbereitung dominierenden Prozessschritte sind das Sieben und das Mischen des Metallpulvers. Dabei ist nicht nur die Mitwelt in Form der Atmosphäre und des Klimas von Bedeutung. Auch die gewählte Siebmaschenweite, die Siebart, der Siebzustand und die Siebparameter sowie die Art des Mischens, die Mischparameter, das

Mischungsverhältnis und der Verdichtungsgrad des Pulvers werden als Einflussfaktoren identifiziert.

**Tabelle 4.1:** Zusammenfassung der handhabungsseitigen Einflussfaktoren

| Hauptein-flussfaktoren | Primäre Einflussfaktoren Prozessabschnitt | Sekundäre Einflussfaktoren Prozessschritt | Tertiäre Einflussfaktoren Parameter |
|---|---|---|---|
| Mensch Material Methode Mitwelt | Transport | Verladung, Beförderung | Transportklima, Transportatmosphäre, Transportdauer, Art der Verpackung, Vibration |
| | Lagerung | Einlagerung, Verbleib, Entnahme | Lagerungsklima, Lagerungsatmosphäre, Lagerungsdauer, Art der Verpackung |
| | Aufbereitung | Öffnen des Transport- oder Lagerbehältnisses | Umgebungsklima, Umgebungsatmosphäre |
| | | Trocknung | Trocknungsklima, Trocknungsatmosphäre |
| | | Umfüllung, Mischen, Verdichtung | Umgebungsklima, Umgebungsatmosphäre, Sauberkeit, Art des Mischens, Mischungsverhältnis, Verdichtungsgrad |
| | | Befüllung des Siebes, Betrieb des Siebes, Einfüllen des Siebguts, Entsorgung des Grobguts, Mischen, Verdichtung | Umgebungsklima, Umgebungsatmosphäre, Sauberkeit, Art des Siebens, Siebparameter, Siebzustand, Siebmaschenweite, Art des Mischens, Mischparameter, Mischungsverhältnis, Verdichtungsgrad |

Um den in der Arbeitsebene und im Überlauf verbliebenen, ungeschmolzenen Pulverwerkstoff erneut einsetzen zu können, wird dieses Pulver im Anschluss an den laseradditiven Fertigungsprozess aus der Fertigungsanlage entfernt und gesiebt. Zuvor werden Prozessnebenprodukte, wie z. B. Kondensat und Schweißspritzer, mithilfe eines Nassabscheiders beseitigt.

Das Sieben ist den Klassierverfahren der mechanischen Verfahrenstechnik zum Trennen eines pulverförmigen Werkstoffs in Kollektive mit unterschiedlichen Partikelgrößenverteilungen zuzuordnen [Sch09]. Grundsätzlich werden also verschiedene Eigenschaften eines Partikelkollektivs durch das Sieben verändert. Beim Siebprozess wird das aufgegebene Metallpulver, das Aufgabegut, in Grobgut, oberhalb einer bestimmte Trennpartikelgröße $x_t$ und in Feingut, kleiner dieser Trennpartikelgröße $x_t$, zerlegt [Sti09]. Die Trennpartikelgröße $x_t$ stellt die Trenngrenze dar und entspricht somit der Größe der Siebmaschenweite $w$. Die Maschenweite der Siebe, die zum Klassieren eines in der laseradditiven Fertigung eingesetzten Pulvers verwendet werden, liegt zwischen 63 μm [Con12, EOS12] und 100 μm [MTT09]. Zum Sieben des Metallpulvers können sowohl Siebaufsätze über der Bevorratung als auch (teil-) automatisierte Siebmaschinen eingesetzt werden. Die Zufuhr des Pulverwerkstoffs zur Siebmaschine wird durch eine manuelle Bereitstellung des Pulvers aus Flaschen oder Behältern, durch ein teilautomatisiertes Befüllen mittels spezieller Fördergeräte oder durch eine automatisierte Beschickung mithilfe von Schneckenförderern oder pneumatischen Einrichtungen realisiert. Dabei kann das zu siebende Pulver aus dem Überlauf, der Arbeitsebene und/ oder der Bevorratung stammen. Je nach Systemkonfiguration wird das Pulver zwischen der Fertigungsanlage und der Siebmaschine unter Schutzgas gefördert. Aufgrund der Partikelgröße der Metallpulver finden neben Wurfsieben vor allem die für eine Feinstsiebung häufig verwendeten Plansiebe Anwendung. Dabei handelt es sich zum einen um Linearschwingsiebe, bei denen sich die Schwingebene linear hin und her bewegt, und zum anderen um Taumelsiebe, bei denen eine dreidimensionale Siebbewegung durch die Überlagerung einer Kreisschwingung in der Ebene mit einer vertikalen Hubkomponente erreicht wird [Sch03b]. Diese Bewegung entspricht einer Kombination eines Plan- und eines Wurfsiebes [Sti09]. Um Brände und Explosionen durch das Aufwirbeln der Pulverpartikel zu verhindern, erfolgt das Klassieren des Metallpulvers bei einigen Siebmaschinen in einer Schutzgasumgebung mit einem Restsauerstoffgehalt von < 2 % [MTT09] bzw. < 1 % [Con12].

Mithilfe des Siebens wird das Grobgut, z. B. Spritzer, miteinander versinterte Pulverpartikel oder Verunreinigungen, vom Feingut getrennt. Gleichzeitig erfolgt durch die zufällige Bewegung der Partikel während des Siebvorgangs eine Durchmischung des Pulverwerkstoffs [EOS17d]. Während das Feingut für einen nachfolgenden Fertigungsprozess zur Verfügung gestellt wird, wird das Grobgut entsorgt. Die Rückführung des gesiebten Pulvers in die Bevorratung der Fertigungsanlage wird wie die Zufuhr entweder manuell oder teil- bzw. vollautomatisiert realisiert. In der Bevorratung kann sich zum Zeitpunkt der Pulverzugabe Metallpulver (un-) bekannter Menge befinden, das nicht im laseradditiven Fertigungsprozess eingesetzt wurde. Das Trocknen des Pulvers vor dem Gebrauch kann als Zwischenschritt ergänzt werden.

Wird zum Füllen der Bevorratung Metallpulver zugegeben, schließt sich vielfach ein Mischprozess an. Dabei ist es unerheblich, ob es sich bei dem hinzugefügten Pulverwerkstoff um (un-) gesiebtes Neupulver oder um recyceltes Metallpulver aus dem Überlauf und Bauraum handelt. Das Vermischen der Pulverwerkstoffe wird erfahrungsgemäß häufig durch eine manuelle Rührbewegung, seltener durch ein Umwälzen, mithilfe eines Werkzeugs erzielt. Trotz der überwiegend rotierenden Werkzeugbewegung soll mit diesem Vorgehen ein Feststoffmischen im Sinne der mechanischen Verfahrenstechnik umgesetzt werden. Das Ziel des Feststoffmischens ist es, eine homogene Verteilung der Eigenschaften der Partikelkollektive, z. B. hinsichtlich der Partikelgrößenverteilung, zu erreichen [Sch03a]. Somit wird durch das Mischen eine Veränderung der charakteristischen Eigenschaften des Metallpulvers herbeigeführt.

Wird das Metallpulver in der Fertigungsanlage seitlich des Baufelds bevorratet, empfiehlt es sich zum Auftrag einer gleichmäßigen Pulverschicht, das Pulver vor dem laseradditiven Fertigungsprozess zu verdichten und glattzustreichen [Con15, EOS11a]. Zum Verdichten wird in der Praxis mit einem Werkzeug so lange mehrfach in den Pulverwerkstoff gestochen, bis ein schwergängiges Einstechen und somit keine offensichtliche Volumenabnahme mehr zu verzeichnen ist.

Die dem laseradditiven Fertigungsprozess zuzuordnenden Prozessschritte und die identifizierten anlagen- und prozessseitigen Einflussfaktoren, die sich sowohl auf das Eigenschaftsprofil des Metallpulvers als auch auf die Bauteilqualität auswirken können, sind Tabelle 4.2 zu entnehmen.

**Tabelle 4.2:** Zusammenfassung der anlagen- und prozessseitigen Einflussfaktoren

| Hauptein-flussfaktoren | Primäre Einflussfaktoren Prozessabschnitt | Sekundäre Einflussfaktoren Prozessschritt | Tertiäre Einflussfaktoren Parameter |
|---|---|---|---|
| Mensch Maschine Material Methode Mitwelt | laseradditiver Fertigungsprozess | Einschalten der Schutzgasregelung, Einschalten der Plattformheizung, Bereitstellung des Metallpulvers, Schichtauftrag, Ablage des Pulvers auf der Arbeitsebene, Sammlung des überschüssigen Pulvers, Belichtung der Bauteilschicht, Aufschmelzen des Pulvers, Verfestigen des Werkstoffs, Absenken der Bauplattform, Rückfahrbewegung des Beschichters | Strömungsrichtung und -geschwindigkeit des Schutzgases, Reinheit des Schutzgases, Atmosphäre im Bauraum, Pulverbetttemperatur, Klima im Bauraum, Art der Bereitstellung, Art des Beschichters, Auftragsgeschwindigkeit, Pulvermenge, Schichtdicke, Größe der beschichteten Fläche, Prozessparameter, Prozesskenngrößen, Belichtungsstrategie, Größe der belichteten Fläche bzw. des Volumens, Absorptionsverhalten, Wärmeleitungsverhalten |

Wie auch in den Prozessabschnitten des Transports, der Lagerung und der Aufbereitung spielen die Einflüsse durch die atmosphärischen und klimatischen Gegebenheiten im laseradditiven Fertigungsprozess eine wichtige Rolle. Zur Vorbereitung des laseradditiven Fertigungsprozesses wird innerhalb der Anlage eine Schutzgasatmosphäre erzeugt, die durch eine stetige Gaszufuhr auch während der Bauteilherstellung aufrechterhalten wird. Dazu wird das Gas, üblicherweise Stickstoff oder Argon, in den Bauraum eingelassen. Je nach Fertigungsanlage überströmt das Gas die Arbeitsebene von oben, schräg oder parallel zum Baufeld, bevor es über einen Auslass wieder austritt und nach der Reinigung durch einen Filter erneut zugeführt wird. In diesem geschlossenen Kreislauf ergibt sich in der Prozesskammer eine gerichtete oder ungerichtete Schutzgasströmung mit einer bestimmten Strömungsgeschwindigkeit. Stickstoff wird entweder durch einen in der Fertigungsanlage integrierten Stickstoffgenerator erzeugt [EOS11a] oder wie Argon von außen aus Gasflaschen, -bündeln oder -tanks zugeleitet. Die technische Reinheit der eingesetzten Gase sollte über 99,5 % liegen [Con15]. Gewöhnlich werden Stickstoff 5.0 mit einem Anteil von Fremdgasen $\leq$ 10 ppm und Argon 4.6 und 4.8 mit einem Anteil von Fremdgasen $\leq$ 40 ppm bzw. $\leq$ 20 ppm verwendet. Im Schutzgas enthaltene Fremdgase können Feuchtigkeit ($H_2O$), Bestandteile der Luft ($O_2$ und $N_2$), Kohlenwasserstoff (KW), Kohlenmonoxid (CO) oder Kohlendioxid ($CO_2$) sein, die auf die Herstellung des jeweiligen Gases zurückzuführen sind. Durch die Erzeugung der Schutzgasatmosphäre werden die Umgebungsluft und -feuchtigkeit nahezu vollständig aus der Fertigungsanlage verdrängt.

Vor dem Start des laseradditiven Fertigungsprozesses entspricht die Temperatur in der Prozesskammer je nach eingesetzter Fertigungsanlage entweder der Umgebungstemperatur oder beträgt bis zu 200 °C. Hochtemperaturheizungen, durch die eine Temperatur von über 500 °C an der Oberfläche der auf der Bauplattform montierten Substratplatte erreichbar ist, stellen bei der derzeit kommerziell verfügbaren Anlagentechnik eine Ausnahme dar [Mos17]. Durch die Heizung der Bauplattform wird nicht nur das Gas in der Prozesskammer erwärmt, sondern auch das Metallpulver auf der Substratplatte vorgeheizt.

Weitere Einflussfaktoren im laseradditiven Fertigungsprozess ergeben sich aus dem Prozessschritt des Pulverauftrags. Der Auftrag einer Metallpulverschicht lässt sich in verschiedene Phasen unterteilen, die in Abbildung 4.2 schematisch dargestellt sind. Diese Phasen zeichnen sich u. a. durch unterschiedliche Spannungszustände im Pulverwerkstoff aus.

In der ersten Phase vor dem Pulverauftrag befindet sich das Pulver in leicht verdichteter, jedoch unterverfestigter Form in der Bevorratung. Neben den aufgrund der horizontalen Begrenzungsflächen der Bevorratung auf das Pulver wirkenden Spannungen und dem Eigengewicht des Partikelkollektivs unterliegen die einzelnen Pulverpartikel keinen weiteren, von außen aufgeprägten Kräften und Spannungen, die die Partikel zusammendrücken oder zusätzlich verdichten.

Die Bereitstellung des Pulverwerkstoffs für den Auftrag der jeweiligen Schicht erfolgt in der zweiten Phase. Die zum Pulverauftrag erforderliche Pulvermenge richtet sich nach der Größe der zu beschichtenden Fläche. Unabhängig von der Art der Pulverbereitstellung müssen die zwischen den einzelnen Partikeln sowie die zwischen den Pulverpartikeln und Wänden wirkenden Haftkräfte überwunden werden, um die zum Auftrag notwendige Pulvermenge in Bewegung zu versetzen. Wird der Pulverwerkstoff von einem trichterförmigen Pulverbehälter abgegeben, muss das Fließen des Metallpulvers unter der Wirkung der Schwerkraft eintreten. Wird das Pulver durch das Anheben eines Vorratssystems vorgelegt, muss die durch den Beschichter bzw. das Pulverauftragssystem eingeleitete Kraft ausreichen, um das Pulver zum Fließen zu bringen.

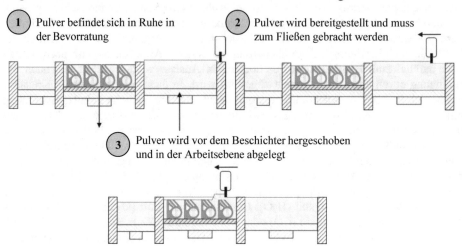

**Abbildung 4.2:** Phasen des Pulverauftrags in der laseradditiven Fertigung

Während des Pulverauftrags in der dritten Phase wird das Pulver vor dem Beschichter hergeschoben und mithilfe verschiedener Auftragssysteme und unterschiedlicher Auftragsgeschwindigkeiten auf der Arbeitsebene verteilt. Dabei wird der durch das Absenken der Bauplattform entstandene Leerraum von dem zugeführten Pulverwerkstoff aufgefüllt. Dieser Leerraum weist unter der Annahme einer effektiven Schichtdicke $D_{s,eff}$ von etwa 50 µm und einer lateralen Ausdehnung der Arbeitsebene von 250 mm ein Aspektverhältnis von 0,0002:1 auf. In dieser Phase muss sich das Pulver gut verstreichen lassen und gleichzeitig an Ort und Stelle in der bereits aufgetragenen, nächstunteren Schicht verbleiben. Überschüssiger Pulverwerkstoff wird in einem an das Baufeld angrenzenden Überlauf gesammelt.

Dem Pulverauftrag schließt sich die Belichtung einer Pulverschicht an. Maßgeblich für das Aufschmelzen des Pulverwerkstoffs sind die Prozessparameter, die Prozesskenngrößen und die Belichtungsstrategie, wie in Kapitel 2.1 erläutert. Zusätzlich beeinflussen die optischen und thermischen Pulvereigenschaften den Zustand des vorliegenden Partikelkollektivs.

In den zuvor beschriebenen Prozessabschnitten können die Eigenschaften des Pulverwerkstoffs durch die Wirkung der benannten tertiären Einflussfaktoren verändert werden. Dadurch können sich im laseradditiven Fertigungsprozess unmittelbar Folgen für die Bauteilqualität ergeben.

## 4.3   Korrelation zum Eigenschaftsprofil des Metallpulvers

Um die in Tabelle 4.1 und Tabelle 4.2 zusammengefassten tertiären Einflussfaktoren mit dem Eigenschaftsprofil eines Metallpulvers zu verknüpfen, werden nachfolgend in den einzelnen Prozessschritten potenzielle Fehler sowie deren Ursachen und Folgen ermittelt. Im Rahmen dieser Fehleranalyse beschreiben die potenziellen Fehler diejenigen Vorgänge, die eine Veränderung der Eigenschaften eines Pulverwerkstoffs bewirken.

Die potenziellen Fehlerursachen erfassen diejenigen Voraussetzungen bzw. Bedingungen, unter welchen eine Beeinflussung der Pulvereigenschaften infolge der Handhabung, der eingesetzten Anlagentechnik oder des laseradditiven Fertigungsprozesses erfolgt. Die potenziellen Fehlerfolgen zeigen schließlich diejenigen Eigenschaften eines Pulverwerkstoffs auf, die eine Veränderung erfahren können. Betrachtet werden dabei die in Kapitel 2.2.1 aufgeführten grundlegenden kennzeichnenden Eigenschaften: die Partikelform, die Partikelgröße und -größenverteilung, die Fließfähigkeit und die Schüttdichte bzw. die Packungsdichte ergänzt um die chemische Zusammensetzung eines Pulvers.

Es ist bereits bekannt, dass sich die Partikelform, die Partikelgröße und -größenverteilung, aber auch die chemische Zusammensetzung eines Metallpulvers sowohl auf dessen Fließfähigkeit und Schüttdichte als auch auf dessen optische und thermische Eigenschaften auswirken und somit indirekt die Qualitätsmerkmale laseradditiv gefertigter Bauteile beeinflussen. Ein unmittelbarer Einfluss auf den laseradditiven Fertigungsprozess und das Prozessergebnis geht von der Fließfähigkeit und der Packungsdichte sowie von der Wärmeleitfähigkeit und dem Absorptionsvermögen eines Pulverwerkstoffs aus. Während die Fließfähigkeit für den Prozessschritt des Pulverauftrags von Bedeutung ist, spielen die Packungsdichte sowie die chemische Zusammensetzung und somit die Wärmeleitfähigkeit und das Absorptionsvermögen für das Schmelzverhalten des Pulvers eine wichtige Rolle.

In Tabelle 4.3 werden die Ergebnisse der Fehleranalyse beim Transport und der Lagerung eines Metallpulvers zusammengefasst. In diesen beiden Prozessabschnitten kann es unter bestimmten Bedingungen zur Oxidation und zur Feuchtigkeitsaufnahme des Pulverwerkstoffs kommen.

Bei Undichtigkeit oder Beschädigung der Verpackung oder bei der Lagerung in einem geöffneten Behältnis sowie an der Atmosphäre tritt das Pulver mit den Bestandteilen der Umgebungsluft (z.B. $O_2$ und $H_2O$) in Kontakt. Die Reaktion des Sauerstoffs aus der Luft mit dem Pulverwerkstoff kann zur Bildung von Oxiden führen. An der Oberfläche der einzelnen Pulverpartikel entsteht durch laterales und mediales Wachstum eine dünne, stabile Oxidschicht [Pet02]. Durch diese Oxidation nimmt die interpartikuläre Reibung ab, wodurch sich die Fließfähigkeit des Pulvers erhöht [Ger94].

Bei einer Veränderung der Temperatur oder der Luftfeuchtigkeit während des Transports oder der Lagerung kann infolge einer Übersättigung des Wasserdampfes in der Luft Kondensation auftreten. Die den Pulverwerkstoff umgebende Luft vermag umso mehr Wasserdampf aufzunehmen, je höher deren Temperatur ist. Der in der Umgebungsluft enthaltene Wasserdampf kondensiert auf den Oberflächen der einzelnen Pulverpartikel oder anderer Objekte, wenn die jeweilige Oberflächentemperatur unterhalb der Taupunkttemperatur der umgebenden Luft liegt. Am Taupunkt ist der Dampfdruck gleich dem Sättigungsdampfdruck, was einer relativen Luftfeuchtigkeit von 100 % entspricht [Bae12]. Die Art und der Verlauf der Kondensation werden u. a. von der Oberflächenbeschaffenheit, der Hydrophilie und den thermodynamischen Eigenschaften des Werkstoffs beeinflusst [Hel08].

Auch die Wassermoleküle der (ungesättigten) feuchten Luft können sich an der Oberfläche der Pulverpartikel anlagern. Die Anhaftung der Moleküle ist entweder auf chemische Bindungen (Chemisorption) oder auf physikalische Kräfte (Physisorption) zurückzuführen [IUP17].

**Tabelle 4.3:** Zusammenfassung der Fehleranalyse bei Transport und Lagerung des Metallpulvers

| Prozess-schritt | Potenzielle Fehler | Potenzielle Fehlerfolgen | Potenzielle Fehlerursachen |
|---|---|---|---|
| Verladung Beförderung | Oxidation | Veränderung der chemischen Zusammensetzung (z. B. Sauerstoffaufnahme, Oxidschichtbildung), Veränderung der Fließfähigkeit | ungeeignete Verpackung, beschädigte Verpackung, Undichtigkeit der Verpackung, Transporttemperatur zu niedrig/ hoch, schwankende Luftfeuchtigkeit und Temperatur, mangelnde Sauberkeit |
| | Feuchtigkeitsaufnahme | Bildung von Agglomeraten, Veränderung der Fließfähigkeit und der Packungsdichte, Veränderung der chemischen Zusammensetzung | |
| | Verunreinigung | Veränderung der chemischen Zusammensetzung (z. B. Eintrag von Fremdkörpern) | |
| | Entmischung | inhomogene Verteilung der Pulverpartikel, Veränderung der Fließfähigkeit und der Packungsdichte | Erschütterungen bzw. Vibration, Perkolation |
| Zwischenlagerung und Verbleib im Lager/ in der Anlage bei Stillstand | Oxidation | Veränderung der chemischen Zusammensetzung (z. B. Sauerstoffaufnahme, Oxidschichtbildung), Veränderung der Fließfähigkeit | ungeeignete Verpackung, beschädigte Verpackung, Undichtigkeit der Verpackung, Lagerung unter Umgebungsatmosphäre, Lagerungsluftfeuchte zu hoch, Lagerungstemperatur zu niedrig/ hoch, schwankende Luftfeuchtigkeit und Temperatur, mangelnde Sauberkeit |
| | Feuchtigkeitsaufnahme | Bildung von Agglomeraten, Veränderung der Fließfähigkeit und der Packungsdichte, Veränderung der chemischen Zusammensetzung | |
| | Verunreinigung | Veränderung der chemischen Zusammensetzung (z. B. Eintrag von Fremdkörpern) | |
| | Zeitverfestigung | Bildung von Agglomeraten, Beeinträchtigung der Fließfähigkeit | Lagerungsdauer zu lang, Perkolation |

Schon bei einer geringen relativen Luftfeuchtigkeit können sich Adsorptionsschichten bilden. Berühren und überlagern sich die Adsorptionsschichten benachbarter Pulverpartikel infolge einer steigenden relativen Luftfeuchtigkeit, bilden sich konkav gekrümmte Flüssigkeitsoberflächen. Da gemäß der Kelvin-Gleichung der Dampfdruck über den konkav gekrümmten Menisken im Vergleich zu ebenen Oberflächen niedriger ist, kondensiert Wasserdampf. Bei diesem Vorgang der Kapillarkondensation schlägt sich also Feuchtigkeit aus der Umgebungsluft auf den Pulverpartikeln bereits bei einem Dampfdruck nieder, der niedriger als der Sättigungsdampfdruck ist. Kapillarkondensation tritt in einem Pulverwerkstoff bei einer relativen Luftfeuchtigkeit oberhalb von 60 % auf [Sch09].

Durch aufgenommene Feuchtigkeit können sich Flüssigkeitsbrücken zwischen den Pulverpartikeln ausbilden [Sch09]. Die auftretenden Adhäsionskräfte sind sowohl von der relativen Luftfeuchtigkeit als auch von der Partikelgröße abhängig, wobei die Kapillarkraft mit zunehmender Partikelgröße ansteigt [Dör15]. Da bei zunehmendem Feuchtigkeitsgehalt von größeren interpartikulären Haftkräften auszugehen ist, verringern sich die Fließfähigkeit und die Schüttdichte des Metallpulvers [Sch09].

Oxidiert oder nimmt das Pulver Feuchtigkeit auf, verändert sich die Oberflächenchemie der Pulverpartikel bzw. die chemische Zusammensetzung des Pulverwerkstoffs. Insbesondere bei der laseradditiven Fertigung von Aluminiumbauteilen werden infolge von Feuchtigkeitsaufnahme die Entstehung einer übersättigten Schmelze und die Ausbildung von Poren im Bauteil beobachtet [Li16, Wei15]. Sowohl Weingarten et al. [Wei15] als auch Li et al. [Li16] führen dies auf die sogenannte Wasserstoffporosität zurück. Dabei wird entweder gelöster Wasserstoff bei der Erstarrung der Schmelze ausgeschieden oder die in der Schmelze vorhandenen Metalloxide werden durch den Wasserstoff unter Bildung von Wasserdampf reduziert [Dro09].

Die während des Transports auftretenden Erschütterungen können zu einer Entmischung durch Perkolation führen. Dabei wird der Pulverwerkstoff in der Verpackung verformt, sodass Hohlräume im Kollektiv entstehen, die vorwiegend von kleinen Partikeln gefüllt werden. Diese Pulverpartikel bewegen sich bei anhaltender Vibration im Pulver nach unten, während größere Partikel nach oben gelangen [Wei95]. Der beschriebene Effekt der Entmischung ist auch als Paranuss-Effekt bekannt [Ulr07]. Eine Entmischung wirkt sich vor allem auf die Verteilung der unterschiedlich großen Partikel im Metallpulver aus. Bei einer langen Lagerung kann sich das Pulver aufgrund der mangelnden Bewegung verfestigen. Dies wird als Zeitverfestigung bezeichnet [Sch09].

Tabelle 4.4 zeigt die Ergebnisse für die Fehleranalyse bei der Aufbereitung des Metallpulvers. In den verschiedenen Prozessschritten sind die Oxidation und die Aufnahme von Feuchtigkeit durch die Handhabung an der Umgebungsluft nicht auszuschließen. Dadurch können sich das Fließ- und das Schmelzverhalten des Pulverwerkstoffs verändern [Heb16]. Eine mangelnde Sorgfalt beim Umgang mit dem Metallpulver kann zu einem Werkstoffverlust führen, welcher die grundlegenden Eigenschaften des Partikelkollektivs verändern kann.

Beim in allen Prozessschritten erforderlichen Um- und Einfüllen kann sich das Pulver aufgrund verschiedener Flugbahnen der Partikel entmischen. Feines Metallpulver mit einer Partikelgröße < 100 μm verfügt über eine geringe Sinkgeschwindigkeit und wird von der Luft leicht weggetragen. Große Pulverpartikel besitzen bei Bewegung in der Luft einen geringeren Strömungswiderstand im Verhältnis zur Gewichtskraft und werden im Vergleich zu feinem, leichtem Pulver über eine größere Distanz befördert. Ein weiterer Mechanismus wird als Siebeffekt bezeichnet und beschreibt eine Entmischung nach der Partikelgröße auf Böschungen. Die sich infolge des Um- und Einfüllens ausbildende Böschung verhält sich wie ein Sieb. Während größere Pulverpartikel auf dem Abhang nach unten gleiten, gelangen kleinere Partikel durch Hohlräume in das Innere des sich beim Füllen bildenden Schüttkegels [Sch09].

Da häufig mehrere Anlagen zur laseradditiven Fertigung von Bauteilen aus unterschiedlichen Metallpulvern in unmittelbarer Nähe zueinander betrieben oder verschiedene
Pulver nacheinander in einer Fertigungsanlage genutzt werden, ist eine Verunreinigung
des Pulverwerkstoffs als ein weiterer potenzieller Fehler zu nennen. Ursächlich dafür
können sowohl die Übertragung von während der Handhabung aufgewirbelten Partikeln
als auch eine unzureichende Reinigung von Werkzeugen, Behältnissen und anderen
Gegenständen bei einem Wechsel der Pulver sein.

**Tabelle 4.4:** Zusammenfassung der Fehleranalyse bei der Aufbereitung des Metallpulvers

| Prozess-schritt | Potenzielle Fehler | Potenzielle Fehlerfolgen | Potenzielle Fehlerursachen |
|---|---|---|---|
| Öffnen des Transport- oder Lagerbe-hältnisses und Umfüllung sowie Ent-nahme des Pulvers oder Befül-lung der An-lage bzw. eines Lager-behältnisses | Entmischung | Veränderung der Partikel-größenverteilung, Veränderung der Fließfähigkeit und der Packungsdichte | Bewegung des Pulvers zu stark |
| | Werk-stoffverlust | Veränderung der Partikel-größenverteilung, Veränderung der Fließfähigkeit und der Packungsdichte | mangelnde Sorgfalt bei der Um- und Befüllung |
| | Oxidation | Veränderung der chemischen Zusammensetzung (z. B. Sauerstoffaufnahme, Oxidschichtbildung), Veränderung der Fließfähigkeit | Handhabung an Umgebungsluft, Umgebungsluft-feuchte zu hoch, Umgebungstempera-tur zu niedrig/ hoch, schwankende Umgebungsluftfeuchte und -temperatur |
| | Feuchtig-keitsauf-nahme | Bildung von Agglomeraten, Veränderung der Fließfähig-keit und der Packungsdichte, Veränderung der chemischen Zusammensetzung | |
| | Verunreini-gung | Veränderung der chemischen Zusammensetzung (z. B. Eintrag von Fremd-körpern) | mangelnde Sauber-keit, Verwendung des falschen Lager-behältnisses |
| Trocknen des Pulvers | Oxidation | Veränderung der chemischen Zusammensetzung (z. B. Sauerstoffaufnahme, Oxidschichtbildung), Veränderung der Fließfähigkeit | Trocknen unter Umgebungsbedin-gungen, Trock-nungstemperatur zu hoch, Abkühlen an Umgebungsluft |
| | Feuchtig-keitsauf-nahme | Bildung von Agglomeraten, Veränderung der Fließfähig-keit und der Packungsdichte, Veränderung der chemischen Zusammensetzung | |
| | Verunreini-gung | Veränderung der chemischen Zusammensetzung (z. B. Eintrag von Fremd-körpern) | mangelnde Sauber-keit, Verwendung des falschen Trock-nungsbehältnisses |

| | | | |
|---|---|---|---|
| Entfernung des Pulvers aus dem Bauraum, Befüllung und Betrieb des Siebes, Einfüllen des gesiebten Pulvers | Entmischung | Veränderung der Partikelgrößenverteilung, Veränderung der Fließfähigkeit und der Packungsdichte | Bewegung des Pulvers zu stark |
| | Werkstoffverlust | Veränderung der Partikelgrößenverteilung, Veränderung der Fließfähigkeit und der Packungsdichte | mangelnde Sorgfalt bei der Entfernung und Befüllung |
| | Oxidation | Veränderung der chemischen Zusammensetzung (z. B. Sauerstoffaufnahme, Oxidschichtbildung), Veränderung der Fließfähigkeit | Handhabung an Umgebungsluft, Umgebungsluftfeuchte zu hoch, Umgebungstemperatur zu niedrig/ hoch, schwankende Umgebungsluftfeuchte und -temperatur |
| | Feuchtigkeitsaufnahme | Bildung von Agglomeraten, Veränderung der Fließfähigkeit und der Packungsdichte, Veränderung der chemischen Zusammensetzung | |
| | Verunreinigung | Veränderung der chemischen Zusammensetzung (z. B. Eintrag von Fremdkörpern) | mangelnde Sauberkeit, Verwendung des falschen Siebes oder Behältnisses |
| | Eintrag von Grobgut | Veränderung der Partikelgrößenverteilung, Veränderung der Fließfähigkeit und der Packungsdichte | Beschädigung des Siebes, Maschenweite zu klein/ groß, zugesetzte Siebmaschen, Siebdauer zu kurz/ lang, Siebfrequenz und –amplitude zu niedrig/ hoch, ungeeignete Siebart |
| | Verlust von Feingut | Veränderung der Partikelgrößenverteilung, Veränderung der Fließfähigkeit und der Packungsdichte | |
| Mischen und Verdichtung | Entmischung | inhomogene Verteilung der Pulverpartikel, Veränderung der Fließfähigkeit und der Packungsdichte | Bewegung des Pulvers zu stark |
| | unzureichende Mischung | inhomogene Verteilung der Pulverpartikel, Veränderung der Fließfähigkeit und der Packungsdichte | kein oder ungleichmäßiges Mischen, unbekanntes oder falsches Mischungsverhältnis, zu kurze/ zu lange Mischdauer, Verwendung keines oder eines ungeeigneten Mischers |

| | | | |
|---|---|---|---|
| | Oxidation | Veränderung der chemischen Zusammensetzung (z. B. Sauerstoffaufnahme, Oxidschichtbildung), Veränderung der Fließfähigkeit | Handhabung an Umgebungsluft, Umgebungsluftfeuchte zu hoch, Umgebungstemperatur zu niedrig/ hoch, schwankende Umgebungsluftfeuchte und -temperatur |
| | Feuchtigkeitsaufnahme | Bildung von Agglomeraten, Veränderung der Fließfähigkeit und der Packungsdichte, Veränderung der chemischen Zusammensetzung | |
| | Verunreinigung | Veränderung der chemischen Zusammensetzung (z. B. Eintrag von Fremdkörpern) | mangelnde Sauberkeit, Verwendung des falschen Pulvers |
| | Verdichtungsgrad | inhomogene Verteilung der Pulverpartikel, Veränderung der Packungsdichte | keine oder ungleichmäßige Verdichtung |

Potenzielle Folgen einer Kontamination während der Aufbereitung ergeben sich durch den Eintrag von Fremdkörpern für die chemische Zusammensetzung des Metallpulvers. Untersuchungen von Lutter-Günther et al. [Lut16] belegen in diesem Zusammenhang zwar eine Verunreinigung des Pulvers nach einem Materialwechsel, zeigen aber auch, dass sich eine Kontamination mit Fremdpartikeln nicht zwingend auf die Bauteilqualität auswirkt, obwohl das vollständige Schmelzen dieser Pulverpartikel im Gefüge nachzuweisen ist.

Um vorhandene Feuchtigkeit in einem Metallpulver zu vermindern und somit Gasporosität vorzubeugen, kann das Trocknen einen zusätzlichen Prozessschritt zur Aufbereitung darstellen [Li16, Wei16]. Obwohl ein Erwärmen des Pulvers zum Trocknen dient, wird eine Feuchtigkeitsaufnahme während dieses Prozessschritts als potenzieller Fehler identifiziert. Dabei kann die Feuchtigkeitsbildung beispielsweise auf Kondensationsvorgänge in der Abkühlphase zurückgeführt werden. Auch kann der Pulverwerkstoff bei einem Trocknungsprozess bei erhöhten Temperaturen oxidieren, wodurch die Oberflächenchemie der Pulverpartikel beeinflusst wird. Um das Fließverhalten einer für die laseradditive Fertigung eingesetzten Titanlegierung Ti-6Al-4V zu verändern, schlagen Marcu et al. [Mar12] eine Oberflächenvorbehandlung in Form einer Wärmebehandlung bei Temperaturen > 400 °C unter Umgebungsluft vor. Durch eine mit zunehmenden Temperaturen vermehrte Bildung von Aluminiumoxid ($Al_2O_3$) auf der Titandioxid ($TiO_2$)-Oberflächenschicht der einzelnen Partikel werden die Fließeigenschaften des Pulvers verbessert [Mar12].

Im Prozessschritt des Siebens können die Pulvereigenschaften vor allem dadurch beeinflusst werden, dass entweder agglomerierte Partikel oder Schweißspritzer, die im laseradditiven Fertigungsprozess entstehen, in das Feingut eingetragen oder kleine Partikel des aufgegebenen Pulvers nicht recycelt werden. Untersuchungen zur Wiederverwendung von unterschiedlichen Metallpulvern in der laseradditiven Fertigung zeigen eine Veränderung der Partikelgrößenverteilung infolge mehrfachen Einsatzes [Ard14, Skr10, Slo14, Str14, Str15]. Neben einer Beschädigung oder Verschmutzung des Siebes können die genannten potenziellen Fehler möglicherweise auf die für den Siebvorgang gewählten Parameter zurückgeführt werden. Auch die Nutzung von unzweckmäßigem Equipment kann eine mögliche Ursache darstellen. Obwohl sich die Partikelgrößenverteilung auf die Fließfähigkeit und Packungsdichte des Pulverwerkstoffs auswirkt, wird kein signifikanter Einfluss dieser Veränderung auf die mechanischen Eigenschaften laseradditiv gefertigter Bauteile festgestellt [Ard14, Skr10, Str14, Str15].

Das Mischen vor oder nach dem Sieben ist ein zusätzlicher Arbeitsschritt, der häufig optional vorgenommen wird. Wird auf einen Mischprozess verzichtet oder erfolgt dieser nicht gleichmäßig, kann eine unzureichende Mischung des Pulvers vorliegen. Eine daraus resultierende inhomogene Verteilung der unterschiedlich großen Pulverpartikel kann das Fließverhalten und die Packungsdichte beeinflussen und sich somit auf die Bauteilqualität auswirken.

Aus Tabelle 4.5 gehen die beim Pulverauftrag und der Belichtung im laseradditiven Fertigungsprozess ermittelten potenziellen Fehler, Fehlerfolgen und Fehlerursachen hervor. Wird in der Fertigungsanlage vor dem Prozessbeginn eine Schutzgasatmosphäre erzeugt, besteht die Möglichkeit, dass der Pulverwerkstoff aufgrund von feuchten Filterelementen, vorhandener Feuchte im Umluftfiltersystem oder verunreinigtem Schutzgas Feuchtigkeit aufnimmt [Sän15]. Wie zuvor bereits ausführlich erläutert, ergeben sich durch eine Feuchtigkeitsaufnahme potenzielle Folgen für die Pulver- und Bauteileigenschaften.

**Tabelle 4.5:** Zusammenfassung der Fehleranalyse beim Pulverauftrag und der Belichtung

| Prozess-schritt | Potenzielle Fehler | Potenzielle Fehlerfolgen | Potenzielle Fehlerursachen |
|---|---|---|---|
| Einschalten der Schutzgas-regelung, Einschalten der Plattform-heizung | Feuchtig-keitsauf-nahme | Bildung von Agglomeraten, Veränderung der Fließfähigkeit und der Packungsdichte, Veränderung der chemischen Zusammensetzung | feuchte Filterelemente, vorhandene Feuchtigkeit im Umluftfiltersystem, verunreinigtes Schutzgas |
| Bereitstellung des Pulvers, Schichtauftrag und Ablage des Pulvers | Entmischung | inhomogene Verteilung der Pulverpartikel, Veränderung der Fließfähigkeit und der Packungsdichte | Perkolation, Auftreten des Flugbahneffekts, Transport von Partikeln in den Überlauf |
| | abweichende Schichtdicke | Veränderung der Packungsdichte | dosierte Pulvermenge zu niedrig, Verdichtung des Pulvers zu niedrig/ hoch, Auftragsgeschwindigkeit zu niedrig/ hoch, ungeeignete, abgenutzte oder beschädigte Beschichterklinge, zu beschichtende Fläche zu groß |
| | ungleichmäßiges Pulverbett | inhomogene Verteilung der Pulverpartikel, geringe oder variierende Packungsdichte, Veränderung der Absorption und Wärmeleitfähigkeit | |

| | | | |
|---|---|---|---|
| Belichtung der Schichtflächen | Oxidation | Veränderung der chemischen Zusammensetzung (z. B. Sauerstoffaufnahme, Oxidschichtbildung), Veränderung der Fließfähigkeit | Restsauerstoff und Feuchtigkeit in der Prozesskammer zu hoch, Sauerstoffgehalt im Pulver zu hoch, vorhandene Oxidschichten |
| | vermehrtes Auftreten von Schweißspritzern | Vergröberung des Pulvers, inhomogene Verteilung der Pulverpartikel, Veränderung der Partikelgrößenverteilung, Veränderung chemischen Zusammensetzung, Veränderung der Absorption und Wärmeleitfähigkeit | eingestellte Prozessparameter zu niedrig/ hoch, große/ kleine belichtete Fläche, Art der Belichtung unpassend, Schutzgasströmung inhomogen, Geschwindigkeit der Gasströmung zu niedrig/ hoch |
| | vermehrte Bildung von Versinterungen | Veränderung der Partikelform, Vergröberung des Pulvers, inhomogene Verteilung der Pulverpartikel, Veränderung der Partikelgrößenverteilung, Veränderung der Absorption und Wärmeleitfähigkeit | eingestellte Prozessparameter, große/ kleine belichtete Fläche, hohe Wärmeleitfähigkeit |
| | starke Kondensat- und Schweißrauchbildung | Absetzen im Pulverbett, inhomogene Verteilung der Pulverpartikel, Entmischung, Verunreinigung des Pulverbetts | Auftreten des Gasströmungseffekts infolge der Schutzgaszufuhr, Schutzgasströmung inhomogen, Geschwindigkeit der Gasströmung zu niedrig/ hoch |
| | Verdampfen von Legierungsbestandteilen | Veränderung der chemischen Zusammensetzung | eingestellte Prozessparameter bzw. Temperatur zu hoch |
| Aufschmelzen des Pulvers und Verfestigen des Werkstoffs | Instabilität des Schmelzbades | Vermehrte Bildung von Spritzern, ungeschmolzenes Pulver, Sinterhalsbildung, Bildung von Agglomeraten | eingestellte Prozessparameter fehlerhaft, Absorption zu niedrig / hoch, Wärmleitfähigkeit zu niedrig/ hoch |
| | kein durchgängiges Aufschmelzen | | |

| Absenken der Bauplattform und Rückfahrbewegung des Beschichters | abweichende Schichtdicke | Veränderung der Packungsdichte | Verklemmen der Bauplattform |
|---|---|---|---|
| | Entmischung | inhomogene Verteilung der Pulverpartikel, Veränderung der Packungsdichte | starke Bewegung des Pulvers, Erschütterung bzw. Vibration |
| | Verdichtung | Veränderung der Packungsdichte | |
| | Herunterrieseln von Kondensat | Absetzen im Pulverbett, inhomogene Verteilung der Pulverpartikel, Verunreinigung des Pulverbetts | Bewegung des Beschichterschlittens |

Im Prozessschritt des Pulverauftrags werden im Wesentlichen drei potenzielle Fehler identifiziert, die eine Veränderung der Eigenschaften der jeweiligen Pulverschicht und des erzeugten Pulverbetts bewirken können. Werden kleine Pulverpartikel aufgewirbelt und beispielsweise von der Schutzgasströmung fortgetragen oder werden große Partikel des abzulegenden Pulvers vom Beschichter über das Baufeld hinweg in den Überlauf transportiert [Sey12], kann dies zu einer Entmischung des Pulverwerkstoffs in der Arbeitsebene führen. Eine abweichende Schichtdicke und ein ungleichmäßiges Pulverbett können auch durch eine nicht angepasste Auftragsgeschwindigkeit und/ oder einen ungeeigneten, abgenutzten oder beschädigten Beschichter verursacht werden. Wird die zu dosierende Pulvermenge nicht auf die Größe der zu beschichtenden Fläche bzw. auf den infolge des Aufschmelzens zu füllenden Leerraum abgestimmt, kann ein homogener Schichtauftrag nicht sichergestellt werden. Die Anordnung der einzelnen Partikel des Kollektivs kann sich sowohl auf das Absorptionsverhalten als auch auf die effektive Wärmeleitfähigkeit der Pulverschicht bzw. des Pulverbetts auswirken.

Während der selektiven Belichtung der Pulverschicht und des lokalen Schmelzens der Pulverpartikel werden vor allem die Qualitätsmerkmale der Bauteile bestimmt. Darüber hinaus hat die Wechselwirkung zwischen dem aufgetragenen Metallpulver und der Laserstrahlung einen Einfluss auf das Pulverbett, welches die jeweils generierte Bauteilschicht umgibt.

Sind der Gehalt an Restsauerstoff oder Feuchtigkeit in der Prozesskammer während des laseradditiven Fertigungsprozesses zu hoch, kann es zu einer Oxidation des Pulvers kommen. Wird der Pulverwerkstoff in einer sauerstoffhaltigen Atmosphäre durch den Laserstrahl erwärmt und geschmolzen, bilden sich Oxide an der Partikeloberfläche, infolge derer sich das Verhalten des erzeugten Schmelzbades verändert [Hau99].

Bei der Belichtung des Metallpulvers bilden sich Spritzer und Schweißrauch. Spritzer entwickeln sich im Allgemeinen dann, wenn geschmolzenes Metall explosionsartig verdampft [Mei99]. Durch den dabei entstehenden Druck wird flüssiges Metall aus dem Schmelzbad ausgeworfen [All98]. Dabei scheint die Spritzeraktivität sowohl von der Größe der zu belichtenden Fläche abhängig zu sein als auch davon, ob ein Pulver- oder Festkörperwerkstoff geschmolzen wird. Untersuchungen von Meiners [Mei99] belegen ferner eine Abhängigkeit der Bildung von Spritzern von den gewählten Prozessparametern sowie von dem in der Prozesskammer herrschenden Umgebungsdruck. Bei einer inhomogenen Schutzgasströmung oder bei einer über dem Baufeld variierenden Strömungsgeschwindigkeit des zugeführten Gases können sich die entstandenen Spritzer auf dem Pulverbett sowie auf bereits belichteten Bauteilschichten absetzen [Lad16]. Dies gilt ebenso für eine Ablagerung des im Schweißrauch neben gasförmigen Bestandteilen enthaltenen Kondensats. Während die partikelförmigen Stoffe im Schweißrauch über eine Größe zwischen 10 nm und 500 nm verfügen [Ber09b], besitzen die vorwiegend sphärischen Spritzer üblicherweise deutlich größere Abmessungen als die in der laseradditiven Fertigung eingesetzten Pulver [Liu15, Mei99, Sim15]. Dadurch erfährt der Pulverwerkstoff eine Vergröberung. Lokal kann dies zu einer höheren Schichtdicke des Pulverbetts führen. Wird diese Pulverschicht nicht vollständig geschmolzen, können Poren im Bauteil und eine geringe Bauteilfestigkeit die Folge sein [Liu15]. Gehen herabfallende Spritzer eine schmelzmetallurgische Verbindung mit einer bereits belichteten Bauteilschicht ein, haften diese an der Bauteiloberfläche an und bilden dort eine Überhöhung relativ zur aufzutragenden Pulverschicht. Bei einem erneuten Pulverauftrag können die verschweißten Partikel aus der Bauteilschicht herausgerissen werden, sodass Fehlstellen zurückbleiben, die Defekte im laseradditiv gefertigten Bauteil hervorrufen können [Gon13]. Auch die Homogenität des Pulverbetts kann durch das Vorhandensein von Spritzerpartikeln beeinträchtigt werden. Darüber hinaus können sich das Kondensat und die Spritzer auf die chemische Zusammensetzung eines Metallpulvers auswirken. Im Vergleich zu dem eingesetzten Pulverwerkstoff wird für Spritzerpartikel, insbesondere an deren Oberfläche, ein höherer Sauerstoffgehalt bestimmt bzw. die Bildung von Oxidschichten nachgewiesen [Liu15, Sim15].

Neben Spritzern und Schweißrauch kann davon ausgegangen werden, dass sich infolge des Schmelzens des Pulvers Agglomerate, die aus mehreren miteinander versinterten Partikeln bestehen, bilden. Es ist anzunehmen, dass diese Partikelversinterungen zum einen im Zuge der Spritzerbildung zustande kommen und zum anderen in unmittelbarer Nähe zum Schmelzbad aufgrund von Wärmeleitung in das umgebende Pulver entstehen. Da sich die Agglomerate durch die Verbindung mehrerer Einzelpartikel in Form und Größe von dem pulverförmigen Ausgangswerkstoff unterscheiden, sind Folgen für die Packungsdichte und das Schmelzverhalten nicht auszuschließen.

Ein verändertes Eigenschaftsprofil des Pulverwerkstoffs kann ebenso wie fehlerhaft eingestellte Prozessparameter zu Instabilitäten des Schmelzbades oder zu einem unvollständigen Aufschmelzen der Pulverschicht führen. Die vermehrte Bildung von Spritzern und Versinterungen können als potenzielle Fehlerfolgen genannt werden, die wiederum die grundlegenden kennzeichnenden Eigenschaften eines Metallpulvers beeinflussen.

Im laseradditiven Fertigungsprozess ist das Verdampfen von Material bei der Interaktion von Laserstrahlung und Pulverwerkstoff nicht außer Acht zu lassen und bei üblicherweise gewählten Prozessparametern zu berücksichtigen [Ver09]. Ein ungleichmäßiges Verdampfen von Bestandteilen einer Legierung ist jedoch als potenzieller Fehler einzustufen, der die chemische Zusammensetzung des Pulvers verändert.

Bevor nach der Belichtung Pulver auf der Arbeitsebene verteilt wird, wird die Bauplattform abgesenkt und der Beschichter in die Ausgangsposition für den Pulverauftrag gebracht. Aufgrund der in diesen Vorgängen auftretenden Erschütterungen und Bewegungen kann es zu einer von den Einstellungen abweichenden Schichtdicke, einer Entmischung oder Verdichtung des Pulvers sowie zu weiteren Ablagerungen von Kondensat im Pulverbett kommen. Diese potenziellen Fehler üben einen Einfluss auf die Verteilung der Partikel im Kollektiv und somit die Packungsdichte des aufgetragenen Metallpulvers aus.

## 4.4   Bewertung der Einflussfaktoren

Nachdem die ermittelten potenziellen Fehler, Fehlerfolgen und Fehlerursachen erläutert wurden, erfolgt eine Beurteilung des aktuellen Stands in Anlehnung an eine Maßnahmenanalyse. Dazu werden zunächst die in der laseradditiven Fertigung existierenden Maßnahmen zur Vermeidung und Entdeckung der Fehlermöglichkeiten bzw. der eigentlichen Fehler und deren Folgen ergänzt. Es werden Vermeidungsmaßnahmen, mithilfe derer verhindert werden soll, dass die jeweilige Fehlerursache auftritt, hinzugefügt. Ferner werden Entdeckungsmaßnahmen analysiert. Entdeckungsmaßnahmen erfüllen den Zweck, sowohl die möglichen Fehler und deren Folgen ausfindig zu machen als auch die Fehlerursachen zu finden, die sich trotz vorhandener Vermeidungsmaßnahmen einstellen. Der Erweiterung der Einflussanalyse um die Maßnahmen schließt sich eine Bewertung nach folgenden Kriterien an [Pfe14, Wer11]:

– Bedeutung (B) der Fehlerfolge bzw. des Fehlers
– Wahrscheinlichkeit des Auftretens (A) der Fehlerursache bzw. des Fehlers
– Wahrscheinlichkeit der Entdeckung (E) der Fehlerursache, des Fehlers oder der Fehlerfolge

Darauf basierend werden diejenigen Einflussfaktoren bestimmt, die im Rahmen dieser Arbeit vertiefend betrachtet werden. Darüber hinaus wird aus den Ergebnissen der systematischen Einflussanalyse weiterer Handlungsbedarf für die Untersuchungen der vorliegenden Arbeit abgeleitet.

Die Ergebnisse der Maßnahmenanalyse und Bewertung werden für die Prozessabschnitte des Transports und der Lagerung in Tabelle 4.6 zusammengefasst. Einer Veränderung der chemischen Zusammensetzung des Metallpulvers aufgrund von Feuchtigkeitsaufnahme, Oxidation und Verunreinigung ist eine große Bedeutung beizumessen. Ein Auftreten der Faktoren, die zu dieser Veränderung der Pulvereigenschaften führen, ist während des Transports unter Berücksichtigung von Vermeidungsmaßnahmen jedoch als gering einzustufen. Obwohl anzunehmen ist, dass der Transport des Pulvers unter nicht geregelten klimatischen Bedingungen durchgeführt wird, werden die Einflüsse von Temperatur und Feuchtigkeit bei Verwendung der zuvor beschriebenen Verpackungen minimiert. Zusätzlich vermindern die Verpackung des Pulverwerkstoffs unter Schutzgasatmosphäre sowie die Zugabe von Trockenmittelbeutel eine Feuchtigkeitsaufnahme und eine Oxidation während des Transports. Um allerdings z. B. die Beschädigung oder Undichtigkeit der Verpackung zu erkennen, sollte eine Wareneingangskontrolle durchgeführt werden. Neben diesen beiden Fehlerursachen, die vergleichsweise leicht zu entdecken sind, werden teilweise auch ausgewählte Pulvereigenschaften nach Wareneingang überprüft. Erfolgt lediglich eine optische Inspektion des Pulvers, können möglicherweise eine Feuchtigkeitsaufnahme oder eine Verunreinigung entdeckt werden. Die Bestimmung der Eigenschaften des Pulverwerkstoffs hinsichtlich der zu prüfenden Merkmale und der Prüfverfahren ist anwenderspezifisch. Allgemeine Empfehlungen zur Prüfung von Pulverwerkstoffen in der laseradditiven Fertigung finden sich in [VDI13] und [ASTM14a].

Auch wenn eine Überprüfung der Pulvereigenschaften durchgeführt wird, ist vor allem eine Entmischung nicht leicht zu entdecken. Üblicherweise wird nur eine Stichprobe zur Eigenschaftsanalyse entnommen. Weiterhin ist eine Bestimmung der Verteilung der Partikel im gesamten Kollektiv vor Einsatz des Pulvers im laseradditiven Fertigungsprozess nicht vorgeschrieben. Erschütterungen und Vibrationen sind während des Transports nicht zu vermeiden. Diese werden nicht oder nur kaum durch die Art der Verpackung gedämpft, sodass eine Entmischung des Pulverwerkstoffs vermutet wird. Da das transportierte Metallpulver erst nach Umfüllvorgängen im laseradditiven Fertigungsprozess eingesetzt wird, ist eine Entmischung in diesem Prozessabschnitt als mittelschwerer Fehler einzustufen.

**Tabelle 4.6:** Zusammenfassung der Maßnahmenanalyse bei Transport und Lagerung des Metallpulvers

| Pro- zessab- schnitt | Potenzielle Fehler | Vermeidungs-/ Entdeckungs- maßnahmen | B | A | E |
|---|---|---|---|---|---|
| Transport | Oxidation | Einsatz geeigneter Verpackungen, Verpackung unter Ausschluss der Umgebungsatmosphäre, Zugabe von Trockenmittelbeuteln, Wareneingangskontrolle | ● | ○ | ○ |
| Transport | Feuchtigkeitsaufnahme | | ● | ○ | ◑ |
| Transport | Verunreinigung | | ● | ○ | ◑ |
| Transport | Entmischung | | ◑ | ● | ○ |
| Lagerung | Oxidation | Lagerung unter Ausschluss der Umgebungsatmosphäre, Lagerung in geeigneten Behältern | ● | ◑ | ○ |
| Lagerung | Feuchtigkeitsaufnahme | | ● | ◑ | ◑ |
| Lagerung | Verunreinigung | | ● | ○ | ◑ |
| Lagerung | Zeitverfestigung | | ◑ | ○ | ◑ |

B = Bedeutung, A = Wahrscheinlichkeit des Auftretens, E = Wahrscheinlichkeit der Entdeckung;

●: hoch, ◑: mäßig, ○: gering

Eine Oxidation, eine Feuchtigkeitsaufnahme und eine Verunreinigung stellen auch bei der Lagerung potenzielle Fehler dar, die, ebenso wie die sich daraus ergebenden Folgen, von großer Bedeutung sind. Als Vermeidungsmaßnahme wird die Lagerung in geeigneten Behältern unter Ausschluss der Umgebungsatmosphäre empfohlen. Wenn auch die Auswirkungen einer Lagerung der in der laseradditiven Fertigung eingesetzten Pulver unter Umgebungsbedingungen nicht bekannt sind, ist jedoch, basierend auf den Erkenntnissen der Partikeltechnologie, das Auftreten der potenziellen Fehler bei Nichtbeachtung der Empfehlung anzunehmen. Die Wahrscheinlichkeit der Entdeckung ist, insbesondere im Hinblick auf die potenziellen Fehler und Fehlerfolgen, von einer Prüfung der Pulvereigenschaften abhängig. Eine Zeitverfestigung des Pulvers und die damit verbundene Bildung von Agglomeraten stellen im Prozessabschnitt der Lagerung einen mittelschweren Fehler dar. Da allerdings auf die einzelnen Partikel nur das Eigengewicht des Kollektivs wirkt, ist das Auftreten einer Zeitverfestigung als vergleichsweise unwahrscheinlich einzuschätzen.

Tabelle 4.7 zeigt die Ergebnisse der Maßnahmenanalyse und die Bewertung der Einflussfaktoren für den Prozessabschnitt der Aufbereitung des Metallpulvers. Bei der Aufbereitung kann der Pulverwerkstoff in einem geschlossenen Kreislauf in einer inerten Atmosphäre gehandhabt werden. Hierbei stehen vor allem Sicherheitsaspekte im Umgang mit dem Metallpulver im Vordergrund. Der Ausschluss von Umgebungsluft kann aber auch als Vermeidungsmaßnahme gesehen werden, um einer Oxidation und Feuchtigkeitsaufnahme vorzubeugen. Dennoch kann der Pulverwerkstoff vor allem bei Ein- und Umfüllvorgängen mit der Umgebungsluft in Kontakt treten. Unabhängig davon, ob die Handhabung des Pulvers in unmittelbarer Nähe der Fertigungsanlage erfolgt (z. B. Rüstprozesse) oder in einem von der Fertigungsumgebung getrennten Bereich vorgenommen wird (z. B. Sieben), herrschen dabei häufig keine Laborbedingungen. Da somit eine Handhabung häufig in einer nicht klimatisierten Umgebung vonstattengeht, ist bei der Aufbereitung insgesamt mit einer mittleren Wahrscheinlichkeit zu rechnen, dass sich z. B. Schwankungen des Umgebungsklimas auf die Pulvereigenschaften auswirken. Die Folgen für die laseradditive Fertigung sind bislang nur wenig erforscht. Die Entdeckungswahrscheinlichkeit der Fehler und Fehlerfolgen, die von besonderer Tragweite sind, ist davon abhängig, ob und womit eine Prüfung der Eigenschaften des Pulvers vor Einsatz im laseradditiven Fertigungsprozess vorgenommen wird.

**Tabelle 4.7:** Zusammenfassung der Maßnahmenanalyse bei der Aufbereitung des Metallpulvers

| Prozessabschnitt | Potenzielle Fehler | Vermeidungs-/ Entdeckungsmaßnahmen | B | A | E |
|---|---|---|---|---|---|
| Aufbereitung | Oxidation | Handhabung und Aufbereitung des Pulvers unter Ausschluss der Umgebungsatmosphäre | ● | ◐ | ○ |
| | Feuchtigkeitsaufnahme | | ● | ◐ | ◐ |
| | Verunreinigung | Vermeidung von Materialwechseln, Verwendung werkstoffspezifischer Behälter und Geräte | ● | ◐ | ◐ |
| | Entmischung | | ◐ | ● | ○ |
| | Werkstoffverlust | | ○ | ○ | ● |
| | Eintrag von Grobgut | Überprüfung des Siebes, Reinigung des Siebes | ◐ | ● | ○ |
| | Verlust von Feingut | | ◐ | ● | ○ |
| | unzureichende Mischung | manuelles Rühren oder Umwälzen, Durchmischung während des Siebens | ◐ | ● | ○ |
| | Verdichtungsgrad | manuelles Verdichten | ◐ | ◐ | ◐ |

B = Bedeutung, A = Wahrscheinlichkeit des Auftretens, E = Wahrscheinlichkeit der Entdeckung;
●: hoch, ◐: mäßig, ○: gering

Um Verunreinigungen des Pulverwerkstoffs zu verhindern, wird vorgeschlagen, werkstoffspezifische Fertigungsanlagen, Behälter, Geräte und Werkzeuge zu verwenden. Mindestens jedoch ist vor einem Wechsel des Pulverwerkstoffs eine komplette Reinigung der Anlagentechnik und der Peripherie erforderlich. Dennoch ist eine vollständige Pulverentfernung kaum sicherzustellen. Auch die Tatsache der oft in räumlicher Nähe zueinander aufgestellten Fertigungsanlagen, die unterschiedliche Pulver verarbeiten, birgt ein Risiko der Kontamination. Verunreinigungen durch andere Fremdkörper, die insbesondere während der Rüstprozesse in das Pulver gelangen können, sind vergleichsweise leicht zu entdecken und werden oft, z. B. durch das Sieben, entfernt. Da allerdings der Eintrag von Fremdpartikeln zu einer Veränderung der chemischen Zusammensetzung führen kann, ist von einem bedeutenden Fehler mit ernst zu nehmenden Folgen für das Eigenschaftsprofil des Pulverwerkstoffs und der laseradditiv gefertigten Bauteile auszugehen.

Trotz einer regelmäßigen Überprüfung und Reinigung des Siebes, ist eine Veränderung der Eigenschaften eines Metallpulvers, insbesondere dessen Vergröberung, durch den Eintrag von Spritzern und/ oder Sinteragglomeraten sowie durch den Verlust von feinem Pulver nicht auszuschließen. Obgleich einige Untersuchungen der Vergangenheit zu diesem Ergebnis kommen [Ard14, Skr10, Slo14, Str14, Str15], sind sowohl die genauen Ursachen als auch die Folgen für diese potenziellen Fehler nicht in Gänze bekannt. Auf Basis des aktuellen Stands erscheint das Auftreten der als mittelschwer einzuordnenden Fehler als sehr wahrscheinlich. Zur Entdeckung bedarf es außerdem geeigneter Prüfverfahren.

Das Mischen bei Zugabe oder Rückführung des Pulvers in die Bevorratung wird in der laseradditiven Fertigung gegenwärtig nur in Ausnahmefällen bedacht. Angaben zum Mischungsverhältnis von z. B. Neupulver und recyceltem Pulverwerkstoff, zur Dauer des Mischens oder Empfehlungen zu geeigneten Mischern stehen bislang kaum zur Verfügung. Das Mischen des Pulvers mit dem Ziel, eine möglichst gleichmäßige Verteilung der unterschiedlich großen Partikel im Kollektiv zu erreichen, erfolgt lediglich während des Siebens oder durch ein manuelles Rühren bzw. Umwälzen des Pulverwerkstoffs in der Bevorratung. Es kann abgeleitet werden, dass eine unzureichende Mischung wahrscheinlich ist. Ferner ist zu vermuten, dass dieser Fehler und dessen Folgen in der laseradditiven Fertigung mittelschwer ins Gewicht fallen.

**Tabelle 4.8:** Zusammenfassung der Maßnahmenanalyse beim Pulverauftrag und der Belichtung

| Prozessabschnitt | Potenzielle Fehler | Vermeidungs-/ Entdeckungsmaßnahmen | B | A | E |
|---|---|---|---|---|---|
| laseradditive Fertigung | Feuchtigkeitsaufnahme | Trocknen der Filterelemente, Verwendung von hochreinem Schutzgas, Überwachung der Luftfeuchtigkeit und Temperatur | ● | ◑ | ○ |
| | Entmischung | | ● | ● | ○ |
| | abweichende Schichtdicke | Überprüfung des Zustands des Beschichters, Überwachung des Pulverbetts | ● | ◑ | ◑ |
| | ungleichmäßiges Pulverbett | | ● | ◑ | ◑ |
| | Oxidation | Überwachung des Sauerstoffgehalts und der Luftfeuchtigkeit, Prozessunterbrechung | ● | ● | ○ |
| | Schweißspritzer | Überwachung der Laserleistung | ◑ | ● | ◑ |
| | Kondensat und Schweißrauch | | ◑ | ● | ◑ |
| | Instabilität des Schmelzbades | Überwachung der Laserleistung und des Schmelzbades | ● | ◑ | ◑ |
| | kein durchgängiges Aufschmelzen | | ● | ◑ | ◑ |

B = Bedeutung, A = Wahrscheinlichkeit des Auftretens, E = Wahrscheinlichkeit der Entdeckung;

●: hoch, ◑: mäßig, ○: gering

Aktuelle Vermeidungs- und Entdeckungsmaßnahmen beim laseradditiven Fertigungsprozess sowie die Bewertung der potenziellen Fehler, Fehlerfolgen und Fehlerursachen
gehen aus Tabelle 4.8 hervor. Um dem Einbringen feuchter Filterelemente vorzubeugen,
wird von Jahn et al. [Jah15a] vorgeschlagen, die Filter vor Einsatz einer Ofentrocknung
zu unterziehen. Zur Vermeidung von Feuchtigkeit im Gesamtsystem wird empfohlen,
hochreines Schutzgas zu verwenden und dieses möglichst über metallische Leitungen
zuzuführen [Jah15a]. Im Allgemeinen erfolgt in kommerziellen Fertigungsanlagen eine
Überwachung der Atmosphärenparameter, wobei der Sauerstoffgehalt, die Temperatur
und der Druck kontrolliert werden. Da die Luftfeuchtigkeit nicht immer überwacht wird,
ist es nicht leicht, Feuchtigkeit im laseradditiven Fertigungsprozess zu erkennen.

Um einen homogenen Pulverauftrag zu gewährleisten, ist die Überprüfung des Beschich-
terzustands vor dem Beginn des laseradditiven Fertigungsprozesses als Vermeidungsmaßnahme zu nennen. Die Überwachung der aufgetragenen Pulver- und bearbeiteten
Bauteilschichten mithilfe von Kameras im sichtbaren und infraroten Spektralbereich
stellt eine Entdeckungsmaßnahme im Prozess dar [Ber 12, Cra11, Grü13, Kle12, Nee14].
Es wird die Beschaffenheit der Pulverschicht aufgenommen, um eine gleichmäßige Pul-
verbedeckung der Arbeitsebene und eine intakte Pulverschicht sicherzustellen. Außerdem kann die dosierte Pulvermenge automatisch angepasst werden, sodass der aufzube-
reitende Pulverwerkstoff reduziert wird [Con15]. Um Bauteildefekte zu vermeiden, wird
ein gleichmäßiger Pulverauftrag gefordert, weswegen der Qualität der Pulverschicht eine
große Bedeutung beigemessen wird. Die Wechselwirkungen zwischen der flächigen
Pulververteilung, der Packungsdichte des Pulverbetts und den Qualitätsmerkmalen der
Bauteile sind allerdings nur voneinander isoliert betrachtet Gegenstand von Untersuchungen in der laseradditiven Fertigung. Eine ganzheitliche Betrachtung der Einflussfaktoren in Bezug auf das Prozessergebnis liegt für diesen Prozessschritt nicht vor.

Während des laseradditiven Fertigungsprozesses wird der Sauerstoffgehalt in der mit
dem Schutzgas gefüllten Prozesskammer kontinuierlich gemessen. Wird ein anlagenspe-
zifischer Grenzwert unterschritten, wird die Bauteilherstellung unterbrochen. Damit soll
eine exotherme Reaktion und eine Oxidation des Pulverwerkstoffs unterbunden werden.
Trotzdem wird aus den Untersuchungen zur Spritzerbildung deutlich, dass sich eine
Oxidation beim Schmelzvorgang in inerter Atmosphäre nicht vermeiden lässt. Die Pulverpartikel nehmen Sauerstoff auf oder werden von einer Oxidschicht überzogen, was zu
einer bedeutenden Veränderung der Pulvereigenschaften führt [Liu15, Sim15].

Zusätzlich zur Protokollierung der Systematmosphäre und zur Kontrolle der Schichten
kann auch das Schmelzbad überwacht werden. Entdeckungsmaßnahmen dieser Art können Rückschlüsse auf die eingestellten Prozessparameter zulassen und Bauteildefekte
erkennen helfen. Der Zustand des Schmelzbads kann mittels Sensoren wie Halbleiterfo-
todioden oder Pyrometern, die die Emissionen des Schmelzbads empfangen, oder mithilfe von Kameras, aus deren Bildern Kenngrößen des Schmelzbads abgleitet werden, ermittelt werden [Bec12, Kru07a, Nee14, Tho14]. Auch besteht die Möglichkeit, die Laserleistung während des Fertigungsprozesses zu messen, wodurch Abweichungen zum
eingestellten Wert festgestellt werden können [Con15, EOS17e]. Durch diese Maßnahmen lassen sich im laseradditiven Fertigungsprozess auftretende schwerwiegende Fehler
gut erkennen. Eine Bestimmung der Fehlerursachen und eine entsprechende Korrelation
sind nur bedingt möglich. Erkannte Fehlerzustände erfordern meist ein Eingreifen in den
Prozess und können oftmals nicht unmittelbar behoben werden. Daher ist zwar eine
Qualitätssicherung laseradditiv gefertigter Bauteile gewährleistet. Eine Veränderung der

Pulvereigenschaften wird lediglich minimiert, jedoch nicht verhindert. Tabelle 4.9 gibt abschließend einen Überblick über die Wahrscheinlichkeit der Entdeckung ausgewählter Fehlerursachen, Fehler oder Fehlerfolgen durch aktuelle Maßnahmen im laseradditiven Fertigungsprozess.

**Tabelle 4.9:** Entdeckungsmaßnahmen im laseradditiven Fertigungsprozess

| Fehler, Fehlerfolge, Fehlerursache | System-überwa-chung | Schicht-überwa-chung | Schmelz bad-überwa-chung |
|---|:---:|:---:|:---:|
| Restsauerstoff in der Prozesskammer zu hoch | ● | ○ | ◑ |
| Schutzgasströmung verändert | ● | ○ | ◑ |
| dosierte Pulvermenge zu niedrig/ hoch | ◑ | ● | ◑ |
| abweichende Schichtdicke durch Materialüberhöhungen oder Verformung in Aufbaurichtung | ○ | ◑ | ◑ |
| unregelmäßiges Pulverbett (z.B. Riefen, Rillen) | ○ | ● | ◑ |
| große Spritzer und Agglomerate im Pulverbett | ○ | ◑ | ◑ |
| Instabilität des Schmelzbades | ○ | ○ | ● |
| kein durchgängiges Aufschmelzen | ○ | ◑ | ● |

●: eindeutige Entdeckung, ◑: mögliche Entdeckung, ○: keine Entdeckung

Der Maßnahmenanalyse und der Bewertung der Einflussfaktoren folgt eine Optimierung, um den betrachteten Prozess zu verbessern. Dabei werden üblicherweise weitere Maßnahmen ermittelt, die entweder den Ausschluss oder die Minimierung des Auftretens der Fehlerursache ermöglichen oder zu einer höheren Entdeckungswahrscheinlichkeit führen [Pfe14].

Die Beurteilung der Notwendigkeit der aufgeführten, theoretisch möglichen Maßnahmen setzt, ebenso wie die Entwicklung zusätzlicher Mittel, zum einen ein besseres Verständnis der Bedeutung der Fehlerfolge bzw. des Fehlers sowie der Wahrscheinlichkeit des Auftretens der Fehlerursache bzw. des Fehlers voraus. Die Bewertung zeigt, dass insbesondere die Einflussfaktoren in den Prozessabschnitten des Transports, der Lagerung und der Aufbereitung, aber auch im Prozessschritt des Pulverauftrags nicht vollständig erfasst und verstanden sind. Aus diesem Grund werden im Folgenden ausgewählte Einflussfaktoren analysiert:

–  Die Einflussfaktoren beim Pulverauftrag werden bei einer ganzheitlichen Betrachtung dieses Prozessschritts ermittelt.

–  Der Einfluss von Erschütterungen auf eine Entmischung wird am Beispiel des Transports eines Metallpulvers untersucht.

–  Der Einfluss der Temperatur, der Luftfeuchtigkeit und der Atmosphäre wird am Beispiel der Lagerung eines Metallpulvers studiert.

–  Die Einflussfaktoren in den Prozessschritten des Siebens und Mischens werden am Beispiel der Wiederverwendung eines Metallpulvers betrachtet.

Zum anderen wird aus den vorherigen Schilderungen deutlich, dass die Wahrscheinlichkeit der Entdeckung der Fehlerursache, des Fehlers oder der Fehlerfolge von der Prüfung der Eigenschaften eines Metallpulvers abhängig ist. Da es keine festgelegten Prüfverfahren für die Eigenschaften von Metallpulvern in der laseradditiven Fertigung gibt, besteht der Bedarf, geeignete Maßnahmen für die zuverlässige Entdeckung der Pulvercharakteristika zu identifizieren. Dazu ist es erforderlich, die zu prüfenden Pulvereigenschaften zu erfassen und deren typische Ausprägungen zu analysieren. Zusätzlich besteht die Notwendigkeit, die Eignung verschiedener Prüfverfahren für die in der laseradditiven Fertigung eingesetzten Pulver zu untersuchen. Aus diesen Erkenntnissen können Vorschläge für die Qualitätssicherung eines Metallpulvers in den dem laseradditiven Fertigungsprozess vor- und nachgelagerten Schritten abgeleitet werden.

# 5 Versuchsbedingungen und Messmethoden

Zur Analyse der herausgestellten Einflussfaktoren auf das Eigenschaftsprofil eines Pulverwerkstoffs und auf die Qualitätsmerkmale der laseradditiv gefertigten Bauteile werden verschiedene experimentelle und numerische Untersuchungen durchgeführt. Nachfolgend wird zunächst der gewählte Versuchswerkstoff betrachtet und analysiert. Anschließend wird die eingesetzte Anlagentechnik beschrieben. Ferner werden die zur Charakterisierung des Pulverwerkstoffs verwendeten Methoden vorgestellt und die Verfahren zur Bestimmung der Bauteilqualität erläutert.

## 5.1 Versuchswerkstoff

Das Werkstoff- und Prozessverhalten eines Metallpulvers in der laseradditiven Fertigung werden im Folgenden am Beispiel der Titanlegierung Ti-6Al-4V (Grade 5) detailliert untersucht. Für eine ausführliche Beschreibung der eingesetzten Pulverwerkstoffe sowie der mechanisch-technologischen Eigenschaften der aus diesen Pulvern laseradditiv gefertigten Bauteile sei an dieser Stelle auf Kapitel 6 ff. verwiesen.

Im Allgemeinen wird die Titanlegierung Ti-6Al-4V aufgrund der hohen spezifischen Festigkeit bei einer Dichte von 4,430 g/cm$^3$, der ausgeprägten Korrosionsbeständigkeit und der guten Biokompatibilität häufig in der Luftfahrt und in der Medizintechnik eingesetzt [Pet02]. Ti-6Al-4V ist eine ($\alpha + \beta$)-Legierung, die im Gleichgewichtszustand bei Raumtemperatur aus einer hexagonalen $\alpha$-Phase und einer kubisch-raumzentrierten $\beta$-Phase besteht. Das Legierungselement Aluminium, das zu etwa 6 % enthalten ist, stabilisiert die $\alpha$-Phase und erweitert den $\alpha$-Phasenbereich zu höheren Temperaturen. Das Legierungselement Vanadium, dessen Massenanteil ungefähr 4 % beträgt, fungiert als $\beta$-Stabilisator und stellt den Erhalt der $\beta$-Phase bei niedrigeren Temperaturen sicher, sodass diese Phase auch bei Raumtemperatur vorhanden ist. Die in der Legierung enthaltenen Verunreinigungen Sauerstoff, Kohlenstoff und Stickstoff dienen als $\alpha$-Stabilisatoren, während Wasserstoff und Eisen zu den die $\beta$-Phase stabilisierenden Elementen zählen [Sma99]. Aus Tabelle 5.1 geht die chemische Zusammensetzung der Ti-6Al-4V-Legierung nach DIN 17851 [DIN90] hervor. Durch die Legierungselemente wird die Umwandlungstemperatur $T_\beta$ des Titans ($T_\beta = 882$ °C) für die Titanlegierung Ti-6Al-4V zu einer höheren Temperatur auf 995 °C verschoben [Pet02].

**Tabelle 5.1:** Chemische Zusammensetzung der Titanlegierung Ti-6Al-4V (Grade 5) nach DIN 17851 [DIN90]

| Metallische und nichtmetallische Legierungsbestandteile in Gew.-% | | | | | | | |
|------|-----------|-----------|--------|---------|----------|---------|---------|
| Ti | Al | V | Fe | O | H | N | C |
| Rest | 5,5 – 6,75 | 3,5 – 4,50 | < 0,30 | < 0,20 | < 0,015 | < 0,05 | < 0,08 |

Titan und Titanlegierungen zeichnen sich durch eine hohe Affinität zu Sauerstoff und Stickstoff aus [Bar08, Pop05]. In Anwesenheit von Sauerstoff bildet sich bei Raumtemperatur an der Oberfläche eines Festkörpers aus Titan bzw. Titanlegierungen wie Ti-6Al-4V eine Oxidschicht aus $TiO_2$ und $Al_2O_3$ [Pet02]. Die Oxidschicht ist fest haftend, resistent und hat einen passivierenden Schutzcharakter [Bar08]. Die Dicke der Oxidschicht liegt zwischen 2 nm und 7 nm und ist abhängig von der Temperatur und der Atmosphäre der Umgebung sowie der chemischen Zusammensetzung des Werkstoffs [Lau90,

© Springer-Verlag GmbH Deutschland, ein Teil von Springer Nature 2018
V. Seyda, *Werkstoff- und Prozessverhalten von Metallpulvern in der laseradditiven Fertigung*, Light Engineering für die Praxis, https://doi.org/10.1007/978-3-662-58233-6_5

Osh07]. Mit steigender Temperatur nimmt die Geschwindigkeit der Oxidschichtbildung zu. In Titan bzw. Titanlegierungen enthaltener Sauerstoff und Stickstoff führen zu anisotropen Gitterspannungen, die die Versetzungsbewegungen und das Gleitverhalten behindern. Daraus resultieren eine Härtesteigerung und eine Versprödung der Randschicht [Pet02].

**Tabelle 5.2:** Statische Festigkeitskennwerte für gegossenes (ASTM F1108), geschmiedetes (ASTM F1472) und laseradditiv gefertigtes (ASTM F2924) Ti-6Al-4V-Material

| Kennwert | ASTM F1108 [ASTM14b] | ASTM F1472 [ASTM14c] | ASTM F2924 [ASTM14d] |
|---|---|---|---|
| Zugfestigkeit $R_m$ | 860 MPa | 930 MPa | 895 MPa |
| 0,2 %-Dehngrenze $R_{p0,2}$ | 785 MPa | 860 MPa | 825 MPa |
| Bruchdehnung $A$ | > 8 % | > 10 % | 6 % – 8 % |

Durch die nichtmetallischen Bestandteile der Legierung werden die mechanischen Eigenschaften des Ti-6Al-4V-Werkstoffs beeinflusst. Sauerstoff, Stickstoff und Kohlenstoff können einerseits zu einer Festigkeitssteigerung führen, sich jedoch andererseits durch die Versprödung negativ auf die Bruchdehnung auswirken [Boy94]. In Tabelle 5.2 sind die nach ASTM geforderten statischen Festigkeitskennwerte für gegossenes, geschmiedetes und laseradditiv gefertigtes Ti-6Al-4V-Material zusammengestellt.

a)                                                              b)

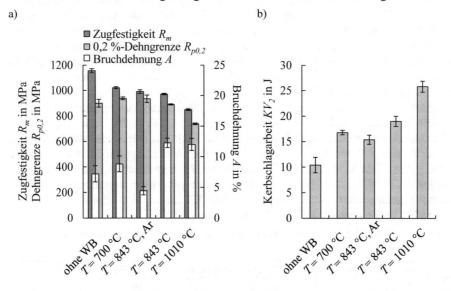

a) Zugfestigkeit $R_m$, 0,2 %-Dehngrenze $R_{p0,2}$ und Bruchdehnung $A$ sowie b) Kerbschlagarbeit $KV_2$ infolge unterschiedlicher Wärmebehandlung (WB) (ohne WB, 700 °C/ Vakuum/ 2 h/ Ofen, 843 °C/ Vakuum/ 4,5 h/ Ofen, 843 °C/ Argon/ 4,5 h/ Ofen, 1010 °C/ Vakuum/ 0,75 h/ Ofen)

**Abbildung 5.1:** Festigkeitskennwerte von laseradditiv gefertigten Ti-6Al-4V-Proben infolge unterschiedlicher Wärmebehandlung

Im Rahmen der Arbeit durchgeführte Analysen des Versuchswerkstoffs zeigen, dass sich laseradditiv gefertigtes Ti-6Al-4V durch eine hohe Festigkeit und ein sprödes Werkstoffverhalten auszeichnet. Durch eine sich dem laseradditiven Fertigungsprozess anschließende Wärmebehandlung lassen sich die mechanischen Eigenschaften verändern (vgl. [Jah13, Jah14, Jah15b, Jah16, Sey15]). Dabei beeinflussen u. a. die Temperaturen und Haltezeiten sowie die Ofenatmosphäre das sich ausbildende Eigenschaftsprofil des Werkstoffs. Diese Aspekte gehen aus den in Abbildung 5.1 a) und b) dargestellten Kennwerten des Zugversuchs und des Kerbschlagbiegeversuchs exemplarisch für aus recyceltem Ti-6Al-4V-Pulverwerkstoff laseradditiv gefertigte Probekörper hervor. Sowohl die Zugfestigkeit $R_m$ als auch die 0,2 %-Dehngrenze $R_{p0,2}$ des unbehandelten, laseradditiv gefertigten Ti-6Al-4V übersteigen die in den ASTM-Standards angegebenen Werte deutlich. Die Bruchdehnung $A$ ist vergleichsweise niedrig, erfüllt dennoch die normativen Vorgaben nach ASTM F2924 [ASTM14d]. Die ermittelten Festigkeitseigenschaften sind das Resultat des sich aufgrund der Abkühlbedingungen im laseradditiven Fertigungsprozess ausbildenden Gefüges. Aus den untersuchten Querschliffen wird deutlich, dass laseradditiv gefertigtes Ti-6Al-4V eine sehr feine, lamellare Gefügestruktur aufweist. Es handelt sich um ein metastabiles Gefüge bestehend aus α-Phase und/oder α′-Martensit. Charakteristisch ist das über mehrere Schichten reichende Wachstum der Körner (vgl. Abbildung 5.2 a) – c)).

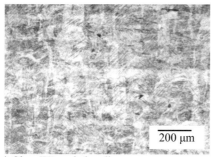

a) Ohne Wärmebehandlung

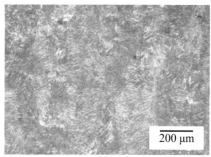

b) Wärmebehandlung bei $T = 700$ °C im Vakuum für 2 h, Abkühlen im Ofen

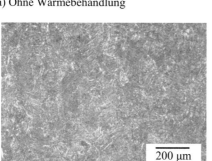

c) Wärmebehandlung bei $T = 843$ °C im Vakuum für 4,5 h, Abkühlen im Ofen

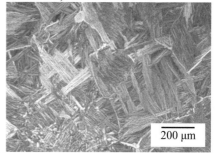

d) Wärmebehandlung bei $T = 1010$ °C im Vakuum für 0,75 h, Abkühlen im Ofen

**Abbildung 5.2:** Querschliffe zur Analyse des Gefüges von laseradditiv gefertigtem Ti-6Al-4V infolge unterschiedlicher Wärmebehandlung

Mit zunehmenden Temperaturen $T$ bei der Wärmebehandlung verringern sich die Zugfestigkeit $R_m$ und die 0,2 %-Dehngrenze $R_{p0,2}$, während die Bruchdehnung $A$ und die Kerbschlagarbeit $KV_2$ ansteigen. Bei einer Wärmebehandlung bei einer Temperatur $T$ von 700 °C im Vakuum erfolgt ein Spannungsarmglühen, bei dem die inneren Spannungen, die aufgrund des ungleichmäßigen, raschen Abkühlens entstanden sind, abgebaut werden. Aus Abbildung 5.2 b) wird ersichtlich, dass die beschriebene Gefügestruktur, bestehend aus lamellarem α′-Martensit, im Wesentlichen erhalten bleibt. Auch bei einem Lösungsglühen bei einer Temperatur $T$ von 843 °C unterhalb der Umwandlungstemperatur erfolgt nur ein geringes Wachstum der Lamellen und es ergibt sich eine gute Kombination aus Festigkeit und Duktilität. Abbildung 5.1 a) und b) zeigt darüber hinaus einen Einfluss der Atmosphäre während der Wärmebehandlung auf die Festigkeit und das Zähigkeitsverhalten. Die Wärmebehandlung in einer Argonatmosphäre führt zu einem veränderten Wärmeaustausch aufgrund von Konvektion. Die unter Schutzgas wärmebehandelten Proben erwärmen sich schneller und kühlen rascher ab als Probekörper, die im Vakuum wärmebehandelt werden. Das schnellere Abkühlen hat eine vergleichsweise höhere Festigkeit und niedrigere Duktilität zur Folge. Bei einem Lösungsglühen oberhalb der Umwandlungstemperatur kommt es zu einem erheblichen Kornwachstum und der Auflösung des $\alpha'$-Martensits. Die in Abbildung 5.2 d) erkennbare Vergröberung des Gefüges infolge der Wärmebehandlung bei einer Temperatur $T$ von 1010 °C bewirkt eine deutliche Verringerung der Zugfestigkeit $R_m$ und 0,2 %-Dehngrenze $R_{p0,2}$ sowie einen Anstieg der Kerbschlagarbeit $KV_2$.

## 5.2 Anlagentechnik

Bei der im Rahmen dieser Arbeit eingesetzten Anlagentechnik handelt es sich um ein kommerziell verfügbares, industriell etabliertes System mit der Bezeichnung EOS M270 Xtended eines marktführenden Anbieters zur laseradditiven Fertigung metallischer Bauteile. In der verwendeten Fertigungsanlage wird ein Yb-Faserlaser vom Typ YLR-200 SM der Firma IPG LASER GMBH mit einer Leistung $P_L$ von bis zu 200 W eingesetzt. Die Wellenlänge $\lambda$ der emittierten Laserstrahlung beträgt 1070 nm. Die Strahlqualität des verwendeten Lasers wird mit $M^2 < 1,1$ angegeben. Der Laserstrahl wird mithilfe eines Galvonometer-Scanners über eine Arbeitsebene mit einer Kantenlänge von 250 mm geführt und mit einem F-Theta-Objektiv aus Quarzglas fokussiert. Der Laserstrahldurchmesser $d_L$ im Fokus ist variabel einstellbar.

Mithilfe dieser Anlagentechnik erfolgt die laseradditive Fertigung aller im Rahmen dieser Arbeit hergestellten Ti-6Al-4V-Probekörper unter Verwendung der in Tabelle 5.3 zusammengefassten Laserparameter mit einer Schichtdicke $D_S$ von 30 µm.

**Tabelle 5.3:** Parameter zur laseradditiven Fertigung von Ti-6Al-4V-Probekörpern

| Parameter | Schichtflächen | Kontur |
|---|---|---|
| Laserleistung $P_L$ | 170 W | 150 W |
| Belichtungsgeschwindigkeit $v_s$ | 1250 mm/s | 1250 mm/s |
| Spurabstand $h_s$ | 0,1 mm | – |
| Laserstrahldurchmesser $d_L$ | 0,1 mm | |
| Fokuslage $f$ | auf der Pulverbettoberfläche (0 mm) | |
| Schichtdicke $D_S$ | 30 µm | |
| Belichtungsstrategie | Streifen | Kontur nach Füllung |
| Pulverauftragsgeschwindigkeit $v_B$ | 150 mm/s | |
| Dosierfaktor | 130 % | |
| Atmosphäre | Argon 4.8 ($O_2$-Gehalt in der Prozesskammer < 0,1 %) | |
| Abmessungen der Arbeitsebene $x \times y$ | 250 mm × 250 mm | |

Der Wert der Volumenenergie $E_V$, die für das vollständige Aufschmelzen eines Ti-6Al-4V-Pulvers eingetragen wird, ergibt sich nach Gleichung (2.5) zu 45,3 J/mm³. Das Füllen der Schichtflächen wird durch eine in $x$-Richtung verlaufende und von Schicht zu

Schicht um einen 45°-Winkel rotierende, streifenförmige Anordnung der Spuren erzielt. Die Breite der Streifen beträgt 5 mm. Bei einer Fokussierung des Laserstrahls auf der Arbeitsebene ($f = 0$ mm) ergibt sich der Laserstrahldurchmesser $d_L$ zu 0,1 mm.

Der Fertigungsprozess findet in einer Argonatmosphäre mit einem Sauerstoffgehalt < 0,1 % statt. Das benötigte Schutzgas wird von oben durch einen Strömungseinlass unterhalb des Schutzglases sowie durch eine Ringdüse zugeführt und umspült infolgedessen sowohl das Schutzglas als auch die Arbeitsebene.

## 5.2.1 Pulverauftragssysteme

Innerhalb der beschriebenen Fertigungsanlage wird das Ti-6Al-4V-Pulver in einem Reservoir neben der Arbeitsebene bevorratet. Zum Auftrag einer Schicht wird die benötigte Menge des Pulverwerkstoffs durch das Anheben des Vorratsbehälters bereitgestellt. Der Dosierfaktor, der die zugeführte Pulvermenge für eine Schicht reguliert, wird unter Berücksichtigung der Schwindung durch den Schmelzprozess derart gewählt, dass mehr Pulver vorgelegt wird als infolge des Absenkens der Bauplattform zum Auffüllen des im Pulverbett entstandenen Volumens benötigt würde. Bei der horizontalen Überfahrt der Beschichtereinheit wird der Pulverwerkstoff auf dem Baufeld verteilt. Die Pulverbeschichtung der Arbeitsebene verläuft in eine Richtung und wird üblicherweise mit einer Geschwindigkeit $v_B$ von 150 mm/s vorgenommen. Die maximale Geschwindigkeit der translatorischen Bewegung der Beschichtereinheit liegt bei 500 mm/s. Überschüssiger Pulverwerkstoff, welcher beim Auftrag nicht auf der Arbeitsebene verbleibt, wird in den an das Baufeld angrenzenden Überlauf geschoben.

Die Beschichtereinheit besteht aus dem linear beweglichen Schlitten, in den verschiedene Beschichterklingen zum Pulverauftrag eingebracht werden können. Die für die Untersuchungen eingesetzten Pulverauftragssysteme, auch Beschichter genannt, werden nachfolgend beschrieben.

### 5.2.1.1 Kohlenstofffaserbürste

Bei der Kohlenstofffaserbürste, die in dieser Arbeit im Allgemeinen zum Auftrag des Pulverwerkstoffs eingesetzt wird, handelt es sich um eine flexible Beschichterklinge, bei der zwei Bürstenleisten aus Kohlenstofffasern hintereinander angeordnet sind. Abbildung 5.3 zeigt dieses Pulverauftragssystem und dessen Abmessungen.

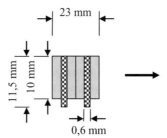

**Abbildung 5.3:** Kohlenstofffaserbürste zum Pulverauftrag im laseradditiven Fertigungsprozess (Die Richtung des Pulverauftrags ist durch einen schwarzen Pfeil gekennzeichnet.)

Da dieses Pulverauftragssystem biegsam ist, gleitet die Kohlenstofffaserbürste über Unebenheiten und Überhöhungen im Pulverbett sowie über inhomogene Bauteilschichten hinweg, wodurch eine Bauteilbeschädigung oder ein Prozessabbruch verhindert werden [Zha04]. Nach Zhang [Zha04] ergibt sich bei Einsatz einer Kohlenstofffaserbürste eine zum größten Teil gleichmäßige, jedoch unebene Pulverschicht.

### 5.2.1.2  Elastomerklinge

Die Elastomerklinge, z. B. in Form einer Silikonlippe oder eines Scheibenwischergummis, stellt eine weitere flexible Beschichterklinge dar, welche vorwiegend in den industriell verfügbaren Fertigungsanlagen der Firmen SLM SOLUTIONS GMBH und CONCEPT LASER GMBH zum Pulverauftrag Verwendung findet. Abbildung 5.4 zeigt die im Rahmen dieser Arbeit für vergleichende Versuche unter Verwendung der vorgestellten Anlagentechnik eingesetzte Elastomerklinge.

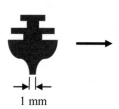

**Abbildung 5.4:** Elastomerklinge zum Pulverauftrag im laseradditiven Fertigungsprozess (Die Richtung des Pulverauftrags ist durch einen schwarzen Pfeil gekennzeichnet.)

Die elastisch federnde Klinge bewegt sich, ähnlich wie die flexible Kohlenstofffaserbürste, über unebene Schichtflächen und überhöhte Kanten hinweg, ohne die Bauteile zu beschädigen oder einen Abbruch des Fertigungsprozesses zu verursachen. Trifft die Elastomerklinge bei der Bewegung über das Baufeld allerdings auf Hindernisse, wie z. B. anhaftende Pulverpartikel oder hervorstehende Bauteilkanten, wird aufgrund der Rückfederung der elastischen Beschichterklinge nach der Berührung Metallpulver fortgeschleudert. Dies führt zu einer ungleichmäßigen Beschichtung und einer inhomogenen Pulverschicht. Wegen der geringen Festigkeit im Vergleich zu einer Stahlklinge und einer Kohlenstofffaserbürste unterliegt die Elastomerklinge bei Kontakt mit Unebenheiten und Überhöhungen im Pulverbett einem hohen abrasiven Verschleiß.

### 5.2.1.3  Stahlklinge

Der Einsatz eines starren Auftragssystems, wie beispielsweise einer Stahlklinge, ermöglicht aufgrund der hohen Steifigkeit des Klingenmaterials einen sehr präzisen Pulverauftrag und die Erzeugung einer homogenen Pulverschicht. Allerdings birgt die Verwendung einer Stahlklinge die Gefahr einer Kollision mit an Bauteiloberflächen haftenden Pulverpartikeln oder aus dem Pulverbett herausragenden Bauteilkanten [Zha04]. Dies führt sowohl zur Beschädigung des Bauteils oder zum Abbruch des Bauprozesses als auch zu Schäden am Pulverauftragssystem [Mei99]. Darüber hinaus werden Unregelmäßigkeiten im Pulverwerkstoff, z. B. Spritzerpartikel oder Agglomerate, beim Pulverauftrag von der Stahlklinge über die Arbeitsebene hinweg transportiert, wodurch die Homogenität des Pulverbetts beeinträchtigt wird [VdS95]. Die verwendete Stahlklinge, welche in Abbildung 5.5 dargestellt ist, besteht aus Schnellarbeitsstahl und besitzt einen rautenförmigen Querschnitt.

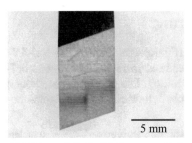
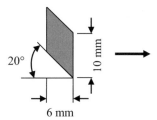

**Abbildung 5.5:** Stahlklinge zum Pulverauftrag im laseradditiven Fertigungsprozess (Die Richtung des Pulverauftrags ist durch einen schwarzen Pfeil gekennzeichnet.)

## 5.2.2 Pulverwerkstoffaufbereitung

Nach Ende eines jeden laseradditiven Fertigungsprozesses werden das nicht geschmolzene Pulver, das die Bauteile im Bauraum umgibt, und der überschüssige Pulverwerkstoff aus dem Überlauf recycelt. Durch einen anschließenden Siebvorgang wird der Pulverwerkstoff dabei für eine erneute Verwendung aufbereitet.

Zum Sieben des Pulvers wird in dieser Arbeit ein über der Bevorratung in die Fertigungsanlage eingelegter Siebaufsatz verwendet, welcher durch kontinuierliche Vibration in Bewegung versetzt wird. Bei dem Siebboden des Aufsatzes handelt es sich um ein aus Quadratmaschen bestehendes Drahtgewebe mit Leinwandbindung. Die Nennmaschenweite $w$ dieses Siebes beträgt 80 µm bei einer Nenndrahtdicke $d$ der Siebmaschen von 40 µm. Mit einer mittleren Maschenweite $\bar{w}$ von $81,31_{-0,87}^{+0,53}$ µm werden die nach DIN ISO 9044 [DIN11a] vorgegebenen Toleranzen für Drahtgewebe eingehalten.

Für das verwendete Sieb lässt sich der Sieböffnungsgrad $F_0$, der das Verhältnis der offenen Siebfläche zur gesamten Fläche des Siebes darstellt, gemäß

$$F_0 = \frac{w^2}{(w+d)^2} \tag{5.1}$$

zu 44,4 % bestimmen [Sti09].

Die Wahrscheinlichkeit, mit welcher ein Pulverpartikel durch die Siebmaschen fällt, die sogenannte Durchtrittswahrscheinlichkeit $W$, wird neben der Form und der Orientierung der Partikel von dem Verhältnis der Partikelgröße $x$ zur Maschenweite $w$ bestimmt. Unter der Annahme sphärischer Pulverpartikel gilt für die Durchtrittswahrscheinlichkeit

$$W = \frac{(w-x)^2}{(w+d)^2} \quad \text{[Sti09]}. \tag{5.2}$$

Pulverpartikel, deren Größe $x$ zwischen $0,8 \cdot w$ und $1,4 \cdot w$ liegt, werden als siebschwierige Partikel klassifiziert, deren Durchtrittswahrscheinlichkeit gering ist [Sti09].

In Abhängigkeit des Sieböffnungsgrades $F_0$ und der Durchtrittswahrscheinlichkeit $W$ lässt sich die Anzahl $N$ der erforderlichen Siebwürfe, damit Pulverpartikel erfolgreich durch die Sieböffnungen fallen, nach

$$N = \frac{1}{F_0(1-x/w)^2} = \frac{(w+d)^2}{(w-x)^2} = \frac{1}{W} \tag{5.3}$$

berechnen [Sti09]. Der Siebprozess erfolgt unter Umgebungsbedingungen.

## 5.3  Methoden zur Pulvercharakterisierung

Um Erkenntnisse über den für die laseradditive Fertigung eingesetzten Ti-6Al-4V-Pulverwerkstoff zu gewinnen, werden dessen grundlegende kennzeichnende Eigenschaften unter Zuhilfenahme verschiedener Prüfverfahren ermittelt. Die gewählten Methoden zur umfassenden Charakterisierung der Pulvereigenschaften werden nachfolgend beschrieben.

Zur Bewertung der Morphologie bzw. der Partikelform des Pulverwerkstoffs werden Aufnahmen mit einem Rasterelektronenmikroskop (REM) LEO GEMINI 1530 der Firma ZEISS angefertigt. Die mit 500-facher Vergrößerung erfassten Bilder stellen Übersichtsaufnahmen des Pulvers dar. Über die Partikeloberfläche geben Bilder Aufschluss, die mit 2500-facher Vergrößerung gemacht werden.

Aus Querschliffen der Pulverpartikel ergeben sich u. a. Erkenntnisse über mögliche Hohlräume innerhalb der Partikel. Zu diesem Zweck wird das Pulver unter Verwendung einer STRUERS CITOPRESS-1 in Acryl warmeingebettet. Das Feinschleifen der Proben mit SiC-Papier mit einer Körnung von 2000 erfolgt ebenso wie das anschließende Polieren mit Oxidpoliersuspension (OP-U) auf dem Schleif- und Poliersystem TEGRAMIN der Firma STRUERS. Für die mikroskopische Untersuchung wird ein Lichtmikroskop OLYMPUS GX51 der Firma OLYMPUS EUROPA HOLDING GMBH eingesetzt.

Die Partikelgrößenverteilung des Pulvers wird vorrangig nach ISO 13320 [ISO11] durch Laserbeugung bestimmt. Hierzu wird ein Laserbeugungsspektrometer der Firma BECKMAN COULTER mit der Typbezeichnung LS 13320 eingesetzt, bei dem die geometrische Größe der Partikel mittels statischer Lichtstreuung gemessen wird. Die zu untersuchende Pulvermenge wird direkt aufgegeben und in destilliertem Wasser dispergiert. Um die Partikelgrößenverteilung zu berechnen, wird das vereinfachte Modell der Fraunhofer-Näherung herangezogen.

Zum besseren Verständnis der ermittelten Partikelgröße wird neben der Laserbeugung die dynamische Bildanalyse angewendet. Diese Partikelmessung wird von der SYMPATEC GMBH mithilfe des sogenannten QICPIC-Bildanalysesystems durchgeführt. Der Pulverwerkstoff wird mit dem Suspensionsdispergierer LIXELL in destilliertem Wasser und einem Tensid als Dispergierhilfsmittel nassdispergiert. Zur Auswertung der Partikelgrößenverteilung wird der Durchmesser eines Kreises bestimmt, dessen Projektionsfläche der Projektionsfläche des gemessenen Partikels entspricht (EQPC) [Sym17]. Im Rahmen der Formanalyse werden das Seitenverhältnis $f_{ar}$ und die Zirkularität $f_c$ der Pulverpartikel ermittelt. Die Zirkularität wird analog zur Sphärizität verwendet und ist für die Bildanalyse von Bedeutung. Im Gegensatz zur Sphärizität ist die Zirkularität das Ergebnis der zweidimensionalen Betrachtung eines Partikels, bei der der Umfang eines projektionsflächengleichen Kreises zum tatsächlichen Umfang der Partikelprojektion ins Verhältnis gesetzt wird [Sti09]. Mithilfe von Binärbildern werden weiterhin unterschiedliche Erscheinungsformen typischer Pulverpartikel illustriert.

Zur Ermittlung des Feuchtigkeits- bzw. des Wassergehalts des Pulverwerkstoffs wird die Ofentrocknung eingesetzt. Dazu werden die Proben für eine Dauer von 24 h bei einer Temperatur von 105 °C in einem Universalklimaschrank vom Typ MEMMERT ULM 400 gelagert und der Gewichtsunterschied des Pulvers vor und nach der Trocknung durch Wägung bestimmt. Das Abkühlen der Proben vor der Wägung erfolgt bis zum vollständigen Erkalten in einem Exsikkator unter Zugabe von Kieselgel, um Feuchtigkeitsaufnahme während des Abkühlvorganges zu vermeiden.

Die chemische Zusammensetzung des Pulvers wird zum einen durch eine energiedispersive Röntgenspektroskopie (REM-EDX) mithilfe des Rasterelektronenmikroskops LEO GEMINI 1530 der Firma ZEISS untersucht. Zum anderen wird die Elementzusammensetzung des Pulverwerkstoffs mit Methoden der Nasschemie und der Festkörperanalytik von der GFE FREMAT GMBH bestimmt. Dabei werden die Elemente Ti, Al und V nach Aufschluss mittels Atomemissionsspektrometrie im induktiv gekoppelten Plasma (ICP-OES) ermittelt. Eingesetzt wird dazu ein Gerät der Firma PERKIN ELMER mit der Bezeichnung OPTIMA 7300 DV. Der Fe-Gehalt der Legierung wird mithilfe des Geräts AAS 1100B von PERKIN ELMER durch Atomabsorptionsspektrometrie (Flammen-AAS) festgestellt. Die Untersuchung der Elemente O, H und N wird mittels Trägergas-Heißextraktion (TGHE) (LECO TCH 600 CR) durchgeführt. Der C-Gehalt wird unter Verwendung des Geräts CS230 der Firma LECO in einem Verbrennungsverfahren bestimmt.

Zur Bestimmung der Fließfähigkeit werden in dieser Arbeit verschiedene Prüfverfahren eingesetzt, weil sich die Fließeigenschaften eines Pulverwerkstoffs nur unzureichend mithilfe eines einzigen Kennwerts oder unter Anwendung eines einzelnen Verfahrens beurteilen lassen [Kra09, Let14]. Diese Beobachtung ist darauf zurückzuführen, dass sich infolge der Beanspruchung verschiedene Spannungszustände in einem Pulver einstellen [Lum12]. Daher sollte das zur Bewertung des Fließverhaltens gewählte Prüfverfahren die Prozessbedingungen beim Einsatz des Pulvers widerspiegeln, sodass eine prozessangepasste Charakterisierung vorgenommen wird [Kra09]. Die verschiedenen Methoden zur Ermittlung der Fließeigenschaften lassen sich in Abhängigkeit der Spannungszustände einteilen, wie es in Abbildung 5.6 skizziert ist. Eine ausführliche Beschreibung sowie einen allgemeingültigen Vergleich verschiedener Prüfverfahren liefert u. a. Schulze [Sch09].

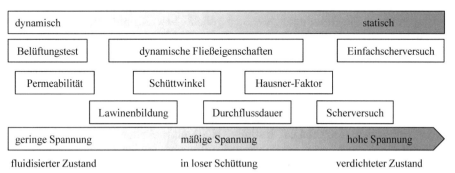

**Abbildung 5.6:** Spannungszustand des Pulverwerkstoffs bei verschiedenen Methoden zur Bestimmung der Fließeigenschaften unter Berücksichtigung von [Aum16, Fre07, Kra09, Let14, Lum12, Sch15c, Spi15b, Yab15]

Zur Analyse des Fließverhaltens eines Pulvers für die laseradditive Fertigung wird zum einen die Durchflussdauer $t_D$ des Pulvers in Anlehnung an DIN EN ISO 4490 [DIN14a] (*Hall flowmeter*) gemessen. Zum anderen wird der Schüttwinkels $\alpha$ des Pulverwerkstoffs ähnlich dem in ISO 4324 [ISO83] dokumentierten Vorgehen ermittelt.

Darüber hinaus wird die Lawinenbildung des Pulvers, auch Avalanching genannt [Sch09], mithilfe des REVOLUTION POWDER ANALYZERs der Firma MERCURY SCIENTIFIC INC analysiert. Das Funktionsprinzip des REVOLUTION POWDER ANALY-ZERs wird in Abbildung 5.7 veranschaulicht. Es wird ein Pulvervolumen von 8 ml je Messung locker in eine mit Glasscheiben verschlossene Messtrommel gegeben, die mit einer Umdrehungsgeschwindigkeit von 0,005 s$^{-1}$ rotiert. Während der Messdauer von 250 Lawinen wird mithilfe einer CCD Kamera das Abrutschen des Pulvers von der sich bildenden Böschung dokumentiert. Daraus werden verschiedene Messgrößen abgeleitet. Amado et al. [Ama11] und Spierings et al. [Spi15b] schlagen zur Bewertung der Lawi-nenbildung den Lawinenwinkel $\alpha_{dyn}$ (*avalanche angle*, auch: dynamischer Böschungs-winkel [Sch09]) und das Oberflächen-Fraktal (*surface fractal*) vor. Mithilfe dieser Kenngrößen lassen sich Aussagen zum dynamischen Fließverhalten des Pulverwerk-stoffs unter geringen Spannungen treffen (vgl. Abbildung 5.6).

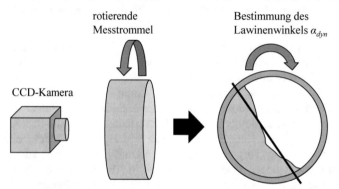

**Abbildung 5.7:** Funktionsprinzip des REVOLUTION POWDER ANALYZERs in Anlehnung an [Ama11, Mer17, Spi15b]

Die Schüttdichte $\rho_b$ des Pulverwerkstoffs wird in Anlehnung an DIN EN ISO 3923-1 [DIN10a] ermittelt. Zur Bestimmung der Stampfdichte bzw. Klopfdichte $\rho_t$ wird entspre-chend DIN EN ISO 3953 [DIN11b] vorgegangen. Ferner wird aus dem Verhältnis der ermittelten Klopfdichte $\rho_t$ zur Schüttdichte $\rho_b$ der Hausner-Faktor *HF* errechnet.

Zur Charakterisierung des Scherverhaltens des Pulvers wird der aus der Bodenmechanik stammende Einfachscherversuch (*Simple Shear*) nach ASTM D6528-07 [ASTM07] eingesetzt. Die diesem Versuch zugrundeliegenden Mechanismen wurden erstmals vom Swedish Geotechnical Institute (SGI) beschrieben [Kje51] und sind mit dem Wirkprinzip des vom Norwegian Geotechnical Institute (NGI) entwickelten Gerätes vergleichbar [Bje66]. Für die Versuche wird der Pulverwerkstoff locker in eine zylindrische Form mit einem Durchmesser von 50 mm und einer Höhe von 20 mm gefüllt. Die Form wird ge-bildet aus einer Bodenplatte und einer Latexmembran, die durch teflonbeschichtete Me-tallringe seitlich begrenzt wird. Unter Verwendung eines Prüfgeräts der Firma GDS INSTRUMENTS mit der Bezeichnung EMDCSS wird das Pulver anschließend mit einer Normalspannung $\sigma$ von 50 kPa, 100 kPa und 200 kPa vertikal belastet und nach Auf-bringen der jeweiligen Axiallast bei gleichbleibender Normalspannung mit einer kon-stanten Geschwindigkeit von 0,1 mm/min horizontal geschert. Die Scherspannung $\tau$ und die horizontale Verschiebung, der sogenannte Scherweg $s$, werden u. a. aufgezeichnet. Die Auswertung der Versuchsergebnisse wird in Anlehnung an DIN 18137-3 [DIN02] vorgenommen. Dabei wird das Coulombsche Fließkriterium der Bodenmechanik

$$\tau = \sigma \cdot tan\, \varphi + \tau_c \tag{5.4}$$

zugrunde gelegt [Rum75]. Aus dem jeweiligen Scherspannungs-Scherweg-Diagramm wird zunächst die kritische Scherfestigkeit $\tau_{krit}$ bestimmt. Die ermittelten Versuchspunkte werden dann in ein $\sigma$-$\tau$-Diagramm eingetragen und durch eine Ausgleichsgerade verbunden, die aufgrund der Annahme vernachlässigbarer Kohäsion $\tau_c$ durch den Ursprung verläuft. Aus der Steigung der Ausgleichsgeraden lässt sich der Reibungswinkel $\varphi$ errechnen, welcher ein Maß für die Fließfähigkeit des Pulverwerkstoffs darstellt.

Im Vergleich zum Einfachscherversuch werden zusätzlich Scherversuche mithilfe des FT4 POWDER RHEOMETER®s von FREEMAN TECHNOLOGY LTD durchgeführt. Für eine ausführliche Beschreibung der Funktionsweise dieses Prüfgeräts sei u. a. auf [Cla15a, Fre16, Fre17a] verwiesen. Verschiedene Funktionsprinzipien des FT4 POWDER RHEOMETER®s sind in Abbildung 5.8 skizziert. Im Scherversuch wird das Pulver bei Normalspannungen $\sigma$ von 9 kPa, 7 kPa, 6 kPa, 5 kPa, 4 kPa und 3 kPa geschert, wobei jeweils die dazugehörige Schubspannung $\tau$ ermittelt wird. Die Werte der Normalspannungen und der gemessenen Schubspannungen werden im $\sigma$-$\tau$-Diagramm gegeneinander aufgetragen. Durch die Konstruktion der Mohrschen Spannungskreise lassen sich die Verfestigungsspannung $\sigma_1$ und die Druckfestigkeit $\sigma_c$ bestimmen. Aus diesen beiden Größen wird die Fließfähigkeit $ff_c$ berechnet. Weiterhin wird der Schnittpunkt der durch die Punkte der Wertepaare $(\sigma, \tau)$ verlaufenden Geraden mit der $\tau$-Achse ermittelt, welcher der Kohäsion $\tau_c$ im Pulver entspricht.

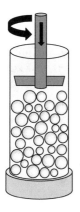 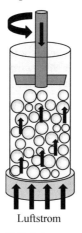 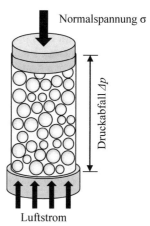

a) Grundprinzip zur Bestimmung der dynamischen Fließeigenschaften

b) Belüftungstest

c) Bestimmung des Druckabfalls im Pulverbett $\Delta p$

**Abbildung 5.8:** Funktionsprinzipien des FT4 POWDER RHEOMETER®s nach [Fre16, Fre17a, Mil16]

Zur Beurteilung des dynamischen Fließverhaltens des Pulvers wird ebenfalls das FT4 POWDER RHEOMETER® verwendet. In verschiedenen Untersuchungen zum dynamischen Fließen werden die Basis-Fließfähigkeitsenergie (*Basic Flowability Energy*) $E_{BFE}$, die spezifische Energie (*Specific Energy*) $E_{SE}$ und die konditionierte Schüttdichte (*Conditioned Bulk Density*) $\rho_{CBD}$ bestimmt. Außerdem wird mithilfe eines Belüftungstests die Belüftungsenergie (*Aerated Energy*) $E_{AE}$ festgestellt.

Vor jeder Messung mit dem FT4 POWDER RHEOMETER® erfolgt eine Vorkonditionierung, bei der der in ein zylindrisches Gefäß eingefüllte Pulverwerkstoff durch die Drehbewegung einer Klinge im Uhrzeigersinn homogenisiert wird. Anschließend wird die
konditionierte Schüttdichte $\rho_{CBD}$ errechnet, indem der Quotient aus Pulvermasse und
Pulvervolumen gebildet wird [Fre17b]. Um die Basis-Fließfähigkeitsenergie $E_{BFE}$ zu
ermitteln, durchquert eine Klinge in einer dem Uhrzeigersinn entgegengesetzten Ab-
wärtsbewegung den vorkonditionierten Pulverwerkstoff. Die spezifische Energie $E_{SE}$
entspricht der Energie, die bei der Bewegung der sich drehenden Klinge vom Boden des
Prüfgefäßes zur Oberfläche zur Verdrängung des homogenisierten Pulvers benötigt wird
[Cla15b]. Um das Verhalten des Pulverwerkstoffs bei sehr geringen Spannungen zu
bewerten, wird ein Belüftungstest durchgeführt. Dabei wird am Boden des pulvergefüllten Gefäßes ein Luftstrom eingeleitet, während sich die Klinge zeitgleich durch das
Pulver hindurchbewegt. Der Widerstand, den die Klinge bei dieser Bewegung erfährt,
wird in Form der Belüftungsenergie $E_{AE}$ ausgedrückt [Fre17c].

Darüber hinaus wird der Druckabfall im Pulverbett (*Pressure Drop across the powder
bed*) $\Delta p$ als Kenngröße für die Permeabilität des Pulvers ermittelt [Mil16]. Dazu wird
dem pulvergefüllten Gefäß von unten Luft zugeführt. Gleichzeitig wirken auf einen
durchlässigen Kolben, der das Gefäß verschließt und gleichzeitig ein Entweichen der im
Pulver eingeschlossenen Luft ermöglicht, Normalspannungen zwischen 1 kPa und
15 kPa, sodass das Pulver verdichtet wird. Der Druckabfall ergibt sich aus dem zur Auf-
rechterhaltung des konstanten Luftstroms benötigten Druck in Abhängigkeit zur aufgebrachten Normalspannung.

Abschließend erfolgt eine optische Beurteilung $\varphi_{opt}$ des Fließverhaltens des Pulverwerkstoffs in Anlehnung an eine Methode nach Eisen [Eis10]. Das Pulver wird auf ein Papier
aufgegeben. Durch das Anheben einer Papierecke wird der Pulverwerkstoff zum Fließen
gebracht und dessen Zustand nach dem Absenken des Papiers fotografisch dokumentiert.

Zur Ermittlung der Packungsdichte $\rho_p$ des Pulverbetts werden im laseradditiven Fertigungsprozess einseitig geschlossene Hohlzylinder mit einer Höhe von 15 mm aufgebaut,
deren Volumen $V_{Zylinder}$ von 2,610 cm$^3$ infolge des Pulverauftrags über 500 Schichten
gefüllt wird. Durch Wägung der pulvergefüllten und ungefüllten Zylinder unter Verwendung der Analysenwaage UNI BLOCK AUW 220D der Firma SHIMADZU CORPORATION
wird die Pulvermasse $m_{Pulver}$ bestimmt. Nach

$$\rho_p = \frac{m_{Pulver}}{V_{Zylinder}} \qquad\qquad\qquad\qquad (5.5)$$

lässt sich somit aus dem Quotienten der Masse des Pulvers und dem bekannten Volumen
des gefertigten Zylinders die im laseradditiven Fertigungsprozess erreichbare Packungsdichte $\rho_p$ des Pulverwerkstoffs errechnen.

Um einen Eindruck über die Wechselwirkungen der Laserstrahlung mit dem Pulverwerkstoff zu gewinnen, werden die optischen Eigenschaften des Pulvers betrachtet. Zur
Charakterisierung des Absorptionsverhaltens wird die optische Eindringtiefe $l_{opt}$ zugrunde gelegt. Auf einen Objektträger wird manuell mittels einer Metallklinge Pulver mit
effektiven Schichtdicken $D_{S,eff}$ von 20 μm bis 100 μm mit einer Schrittweite von 10 μm
aufgezogen. Die präparierten Pulverproben werden im Strahlengang eines Nd:YAG-
Lasers ($\lambda$ = 1064 nm) platziert. Anschließend wird mit sehr niedriger Laserleistung $P_{L0}$
von etwa 1,5 W eine flächige Belichtung der Pulverschicht vorgenommen, um das Erhit-
zen und Aufschmelzen zu vermeiden. Dabei wird mit dem Leistungsmessgerät GENTEC-

EO SOLO 2 der Firma GENTEC-EO die Laserstrahlleistung $P_L(D_{S,eff})$ gemessen, die den Objektträger und die jeweilige Pulverschicht durchdringt. Die ermittelten Datenpunkte werden mit einer exponentiellen Trendfunktion approximiert, auf deren Basis die optische Eindringtiefe $l_{opt}$ bestimmt wird. Weiterhin geben die Messungen Aufschluss über die mittlere Flächenporosität der aufgetragenen Pulverschichten und somit näherungsweise über den Transmissionsgrad $T$ bei unterschiedlichen Schichtdicken.

## 5.4 Methoden zur Festkörpercharakterisierung

Die unter Verwendung der bereits vorgestellten Anlagentechnik hergestellten Ti-6Al-4V-Festkörper werden im Anschluss an den laseradditiven Fertigungsprozess hinsichtlich verschiedener Qualitätsmerkmale wie Dichte und Porosität, Oberflächenrauheit, Härte und mechanische Festigkeit analysiert. Weiterhin werden das Gefüge der Proben studiert und die chemische Zusammensetzung der Festkörper ermittelt. Im Folgenden wird ein Überblick über die zur Charakterisierung eingesetzten Methoden und Geräte gegeben.

Die Festkörperdichte $\rho_s$ der laseradditiv gefertigten Probekörper wird nach dem Archimedischen Prinzip entsprechend DIN EN ISO 3369 [DIN10b] bestimmt. Zur Ermittlung der Masse des Probekörpers wird eine Analysenwaage UNI BLOCK AUW 220D der Firma SHIMADZU CORPORATION verwendet. Als Referenzflüssigkeit dient destilliertes Wasser. Zur Vermeidung von an der Oberfläche anhaftenden Luftblasen bei der Wägung in Wasser werden die rauen Probenoberflächen zuvor mit Schleifpapier bearbeitet.

Die Analyse von Schliffbildern der Proben gibt Aufschluss über die Porosität $\phi$. Dazu werden Querschliffe der Proben erzeugt. Die Probekörper werden zunächst mithilfe einer SECOTOM 50 Präzisionstrennmaschine der Firma STRUERS getrennt. Um eine Überhitzung während des Trennvorgangs zu vermeiden, wird eine gekühlte Trennscheibe aus Siliziumkarbid verwendet. Der Schnitt des Festkörpers wird senkrecht zur $x$-$y$-Ebene der Probe gelegt, sodass eine Betrachtung entlang der in $z$-Richtung aufeinander gefügten Schichten ermöglicht wird. Danach erfolgt je nach Anzahl ein Warmeinbetten der Proben in Acryl unter Verwendung einer STRUERS CITOPRESS-1 oder ein Kalteinbetten der Probekörper ebenfalls in Acryl. Für die mechanische Präparation wird ein Gerät der Firma STRUERS mit der Bezeichnung TEGRAMIN eingesetzt, mit welchem die Proben zuerst geschliffen und abschließend mit einer Oxidpoliersuspension (OP-S, OP-U) chemisch-mechanisch poliert werden. Die derart präparierten Querschliffe werden dann für die Untersuchung der Porosität mithilfe des Lichtmikroskops OLYMPUS GX51 und der zur Verfügung stehenden Bildbearbeitungssoftware OLYMPUS STREAM verwendet. Die Porositätsbestimmung wird in Anlehnung an DIN ISO 4505 [DIN91] vorgenommen, indem die gesamte Prüffläche mit einer 125-fachen Vergrößerung hinsichtlich des Porenanteils untersucht wird. Aufgrund der ungleichmäßigen Verteilung der Poren scheint die Auswahl eines einzelnen, repräsentativen Gebiets nicht sinnvoll. Zur weiterführenden Analyse der angefertigten Aufnahmen wird das Bildbearbeitungsprogramm IMAGEJ genutzt. Neben einem Mittelwert für die gesamte Porenverteilung der Querschnittsfläche des Festkörpers werden Erkenntnisse über die Form und Größe der vorhandenen Poren gewonnen.

Die Bestimmung der chemischen Zusammensetzung der Festkörper erfolgt unter Verwendung der für die Ermittlung der Elementzusammensetzung des Pulverwerkstoffs

eingesetzten Methoden der Nasschemie (ICP-OES, Flammen-AAS) und Festkörperanalytik (TGHE, Verbrennungsverfahren) bei der GFE FREMAT GMBH.

Durch Kontrastierung präparierter Querschliffe wird das Gefüge der laseradditiv gefertigten Festkörper sichtbar gemacht. Dazu wird die Probe mit einer Mischung aus Fluss-
säure, Salpetersäure und destilliertem Wasser nach Kroll geätzt und anschließend mithilfe des Lichtmikroskops OLYMPUS GX51 mit verschiedenen Vergrößerungen betrachtet.

Zur Messung der Oberflächenrauheit wird ein Laserkonfokalmikroskop KEYENCE VK-
8710 der Firma KEYENCE eingesetzt. Die ausgewählte Probenoberfläche wird mit 200-
facher Vergrößerung aufgenommen und berührungslos vermessen. Mithilfe der Software
VK ANALYSE werden die Aufnahmen ausgewertet. Dazu wird die Linienrauheit an mindestens fünf zufällig gewählten Messstellen einer Aufnahme bestimmt. Die ermittelten
Werte für die arithmetische Mittenrauheit $R_a$ und die gemittelte Rautiefe $R_z$ werden entsprechend ausgelesen.

Die Härte der laseradditiv gefertigten Festkörper wird nach Vickers entsprechend DIN
EN ISO 6507-1 [DIN06] bestimmt. Zur Prüfung der Härte wird ein System DURASCAN-
70 der Firma STRUERS eingesetzt, wobei die Prüfkraft 9,807 N (HV 1) beträgt und die
Einwirkdauer der Prüfkraft pro Messpunkt bei 30 s liegt. Die Härteprüfung erfolgt an
den präparierten Querschliffen, da die zu prüfende Oberfläche eben sein muss [DIN06].

Zur Bestimmung der mechanischen Festigkeit werden zunächst in Anlehnung an DIN
50125 [DIN16] konstruierte Zugproben (Probenform 50125 B 2,2 × 11) ausgerichtet im
90°-Winkel zur Aufbaurichtung laseradditiv gefertigt und im statischen Zugversuch nach
DIN EN ISO 6892-1 [DIN09a] getestet. Bei Raumtemperatur werden dabei die Zugfestigkeit $R_m$, die 0,2 %-Dehngrenze $R_{p0,2}$ sowie die Bruchdehnung $A$ der Proben mit einer
Belastungsgeschwindigkeit von 2,5 kN/min mithilfe einer elektromechanischen Materi-
alprüfmaschine der Firma INSTRON GMBH mit der Typbezeichnung INSTRON 4411 vom
IFW JENA ermittelt. Eine Wärmebehandlung der Zugproben und eine Nachbearbeitung
der Probenoberflächen werden vor den Zugversuchen nicht vorgenommen.

# 6 Eignung von Pulverwerkstoffen und Prüfverfahren

Zur Erzeugung von Ti-6Al-4V-Pulvern für den Einsatz in der laseradditiven Fertigung werden unterschiedliche Verfahren verwendet. Gegenwärtig industriell übliche Herstellungsverfahren sind die (tiegelfreie) Gasverdüsung, die Plasmaverdüsung im Gleichstrom-Plasma sowie die Verdüsung im induktiv gekoppelten Plasma (vgl. Kapitel 2.3). In den nachfolgenden Ausführungen werden die in dieser Arbeit untersuchten Ti-6Al-4V-Pulver vorgestellt. In Bezug auf die Pulverwerkstoffe wird eine Anonymisierung gewählt, um weniger auf hersteller- und lieferantenspezifische Charakteristika einzugehen. Vielmehr werden die Einflüsse der verschiedenen Herstellungsverfahren auf das Eigenschaftsprofil des Pulvers herausgestellt und dessen Eignung für die laseradditive Fertigung bewertet. Dabei wird neben der Ermittlung der Pulvercharakteristika der Vergleich verschiedener Prüfverfahren zur Analyse der Werkstoffeigenschaften erläutert. Darüber hinaus werden die Ergebnisse der Festkörperuntersuchungen der aus den verschiedenen Pulverwerkstoffen im laseradditiven Fertigungsprozess hergestellten Bauteile beschrieben (vgl. [Sey16]).

## 6.1 Werkstoffeigenschaften der verwendeten Pulver

Im Rahmen der Untersuchungen dieser Arbeit wird vornehmlich ein (inert-) gasverdüstes (IGA) Ti-6Al-4V-Pulver betrachtet, das von einem Anlagenhersteller (A) bezogen wurde und im Weiteren mit IGA-A bezeichnet wird (vgl. Abbildung 6.1). Da sich der Zeitraum der Untersuchungen zur Handhabung und Verarbeitung der Pulverwerkstoffe über mehrere Jahre erstreckt, werden Pulver unterschiedlicher Chargen desselben Lieferanten verwendet. Exemplarisch für die in diesem Zeitraum eingesetzten Pulverchargen werden im Folgenden die Ergebnisse der Pulveranalyse des Produktionsloses IGA-A1 erläutert.

| Inertgasverdüsung (IGA) | Plasmaverdüsung (PA) | |
| :---: | :---: | :---: |
| | im Gleichstrom-Plasma (DC) | im induktiv gekoppelten Plasma (IC) |
| IGA-A1 IGA-B IGA-C | DCPA-D1 DCPA-D2 DCPA-E | ICPA-F1 ICPA-F2 |

**Abbildung 6.1:** Bezeichnung der untersuchten Ti-6Al-4V-Pulver

Neben dem IGA-A1-Pulver werden weitere gasverdüste Pulverwerkstoffe untersucht. Zur Kennzeichnung des Pulvers, das von einem Anlagenhersteller (B) geliefert wurde, dient die Bezeichnung IGA-B (vgl. Abbildung 6.1). Für den von einem Pulverhersteller (C) stammenden Pulverwerkstoff wird analog die Bezeichnung IGA-C gewählt (vgl. Abbildung 6.1).

Darüber hinaus werden Ti-6Al-4V-Pulverwerkstoffe analysiert, welche durch Plasmaverdüsung im Gleichstrom-Plasma (DCPA) gewonnen wurden. Die in diesem Zusammenhang untersuchten Pulver wurden bei einem Pulverhersteller (D) sowie bei einem Drittanbieter (E) erworben. Diese Pulverwerkstoffe werden nachstehend durch die

© Springer-Verlag GmbH Deutschland, ein Teil von Springer Nature 2018
V. Seyda, *Werkstoff- und Prozessverhalten von Metallpulvern in der laseradditiven Fertigung*, Light Engineering für die Praxis, https://doi.org/10.1007/978-3-662-58233-6_6

Benennungen DCPA-D1, DCPA-D2 und DCPA-E kenntlich gemacht (vgl. Abbildung 6.1).

In Ergänzung zu den mittels Gas- und Plasmaverdüsung hergestellten Pulvern sind ebenfalls im induktiv gekoppelten Plasma (ICPA) verdüste Ti-6Al-4V-Pulverwerkstoffe Gegenstand der Betrachtungen. Die nachfolgend mit ICPA-F1 und ICPA-F2 bezeichneten Pulver wurden von einem Pulverhersteller (F) bezogen (vgl. Abbildung 6.1).

## 6.1.1 Partikelmorphologie und –größenverteilung

Wie in Kapitel 2.3 bereits erläutert, ist die **Morphologie der Pulverpartikel** ein Resultat des gewählten Herstellungsverfahrens. Aus den in Abbildung 6.2 a) und b) dargestellten REM-Aufnahmen wird deutlich, dass das gasverdüste Pulver IGA-A1 im Wesentlichen über eine nahezu sphärische Partikelform verfügt.

a) Partikelform (REM) IGA-A1    b) Partikeloberfläche (REM) IGA-A1

c) Partikelform (REM) IGA-B     d) Partikeloberfläche (REM) IGA-B

e) Partikelform (REM) IGA-C     f) Partikeloberfläche (REM) IGA-C

**Abbildung 6.2:** Partikelform und -oberfläche der gasverdüsten Ti-6Al-4V-Pulver IGA-A1 (a, b), IGA-B (c, d) und IGA-C (e, f)

Es sind jedoch auch einige längliche, abgerundete und unregelmäßig geformte Partikel sowie Agglomerate durch die Anhäufung von vorwiegend sehr kleinen Partikeln an der Oberfläche größerer Partikel zu erkennen. In dem vergrößerten Bildausschnitt der nicht ganz ebenen Partikeloberflächen des IGA-A1-Pulvers sind, neben der Sinterhalsbildung zwischen Einzelpartikeln, Satelliten an größeren Pulverpartikeln zu sehen, deren Auftreten für gasverdüste Pulver im Herstellungsprozess, je nach gewählten Prozessparametern, nicht ungewöhnlich ist [Ger94]. Die Übersichtsaufnahme dieses Pulvers zeigt weiterhin einen hohen Anteil an Partikeln mit einer Größe < 20 µm.

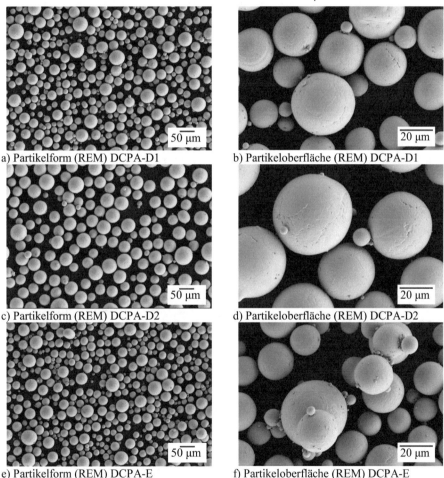

a) Partikelform (REM) DCPA-D1      b) Partikeloberfläche (REM) DCPA-D1

c) Partikelform (REM) DCPA-D2      d) Partikeloberfläche (REM) DCPA-D2

e) Partikelform (REM) DCPA-E      f) Partikeloberfläche (REM) DCPA-E

**Abbildung 6.3:** Partikelform und -oberfläche der im Gleichstrom-Plasma verdüsten Ti-6Al-4V-Pulver DCPA-D1 (a, b), DCPA-D2 (c, d) und DCPA-E (e, f)

Aus den REM-Aufnahmen in Abbildung 6.2 c) und d) geht die Morphologie des IGA-B-Pulvers hervor, welche mit der Gestalt der Partikel des in Abbildung 6.2 e) und f) dargestellten IGA-C-Pulvers vergleichbar ist. In diesen beiden gasverdüsten Pulverwerkstoffen finden sich annähernd sphärische und abgerundete Pulverpartikel sowie Partikel mit einer unregelmäßigen, asymmetrischen Form. Auch gebrochene Pulverpartikel sind zu erkennen. Die leicht kantige Form einiger Partikel erinnert bei genauerer Betrachtung

beinahe an Polygone. Die Partikeloberfläche des Pulverwerkstoffs IGA-B weist Unebenheiten auf, ist nicht regelmäßig geformt und erscheint zum Teil schuppig. Auch die
Oberfläche der Partikel des IGA-C-Pulvers wirkt uneben und rau, wenngleich auch weniger mit schuppenähnlichen Plättchen bedeckt. Nicht nur hinsichtlich der Partikelform,
sondern auch im Hinblick auf die Größe der Pulverpartikel sind sich die Pulver IGA-B
und IGA-C sehr ähnlich. Im Vergleich zu dem IGA-A1-Pulverwerkstoff sind in diesen
Pulvern offensichtlich weniger kleine Partikel vorhanden.

Abbildung 6.3 a) – f) veranschaulicht die mithilfe des REM erfasste Partikelmorphologie
in Form der Partikelform und -oberfläche der analysierten Pulver DCPA-D1, DCPA-D2
und DCPA-E, welche durch Plasmaverdüsung im Gleichstrom-Plasma hergestellt wurden. Die einzelnen Partikel dieser drei Pulverwerkstoffe sind äußerst sphärisch und die
Partikeloberfläche erscheint nahezu eben und vergleichsweise glatt. Auch sind kaum
Satelliten zu sehen. Während die aufgenommenen Bilder des DCPA-D1- und DCPA-E-
Pulvers Partikel ähnlicher Größe zeigen, verfügt der Pulverwerkstoff DCPA-D2 über
deutlich weniger kleine und einen höheren Anteil großer Pulverpartikel mit einer Größe
> 20 μm.

Die Partikel der durch Verdüsung im induktiv gekoppelten Plasma gewonnenen Pulverwerkstoffe sind ebenfalls sehr kugelförmig. Dies ist den REM-Aufnahmen in Abbildung
6.4 a) – d) für das ICPA-F1- und das ICPA-F2-Pulver zu entnehmen.

a) Partikelform (REM) ICPA-F1               b) Partikeloberfläche (REM) ICPA-F1

c) Partikelform (REM) ICPA-F2               d) Partikeloberfläche (REM) ICPA-F2

**Abbildung 6.4:** Partikelform und -oberfläche der im induktiv gekoppelten Plasma verdüsten Ti-
6Al-4V-Pulver ICPA-F1 (a, b) und ICPA-F2 (c, d)

Die Pulver ICPA-F1 und ICPA-F2 weisen im Vergleich zu den durch Gasverdüsung und
Verdüsung im Gleichstrom-Plasma hergestellten Pulverwerkstoffen eine weitaus größere
Anzahl an Satellitenpartikeln auf, die dazu bedeutend kleiner sind. Verglichen mit den
im Gleichstrom-Plasma verdüsten Pulvern ist auch eine deutliche Struktur der Partikeloberfläche erkennbar, die die Partikel rauer wirken lässt. Hinsichtlich der Partikelgröße

zeigen die beiden Übersichtsaufnahmen dieser Pulverwerkstoffe kaum einen erkennbaren Unterschied.

Die abgebildeten REM-Aufnahmen verdeutlichen den Einfluss der verschiedenen Herstellungsverfahren auf die Partikelform der analysierten Metallpulver. In Anbetracht der Partikelform scheinen die gasverdüsten Pulverpartikel schneller abzukühlen als die Partikel der durch Plasmaverdüsung gewonnenen Pulverwerkstoffe. Darauf deuten auch die unterschiedlich ausgeprägten Oberflächenstrukturen der einzelnen Pulverpartikel hin. Ferner ist anzunehmen, dass während der Verdüsung im induktiv gekoppelten Plasma stärkere Turbulenzen auftreten, welche die vermehrte Bildung von Satelliten und Agglomeraten verursachen.

Abbildung 6.5 a) – h) zeigt exemplarische Querschliffe einer Vielzahl einzelner Partikel der acht verschiedenen Pulverwerkstoffe. Mithilfe der Analyse derartiger Schliffbilder lassen sich neben einem Eindruck über die Partikelform vor allem Erkenntnisse über **Hohlräume** wie Poren oder Fehlstellen **im Inneren der Pulverpartikel** gewinnen. Die Kenntnis der innenliegenden, eingeschlossenen Poren ist insofern von Bedeutung, als dass diese die Schüttdichte und somit ebenfalls die Packungsdichte eines Metallpulvers vermindern [Ger94].

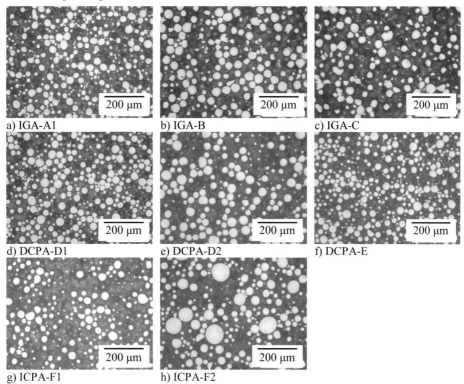

**Abbildung 6.5:** Querschliffe der Ti-6Al-4V-Pulverpartikel

In allen Pulverwerkstoffen sind nur vereinzelt Fehlstellen und Poren innerhalb der Partikel festzustellen. In den Mikroskopaufnahmen sind diese kaum zu erkennen, da ihre Größe nicht mehr als wenige μm beträgt. Auch von Slotwinski et al. [Slo14] durchgeführte Untersuchungen von in der laseradditiven Fertigung eingesetzten Metallpulvern mit verschiedenen bildgebenden Verfahren zeigen keine deutlichen Hinweise auf eine Porosität der Partikel. Zusätzliche Analysen unter Verwendung von Helium-Pyknometrie bestätigen diese Eindrücke [Slo14]. Daher wird auf eine vertiefende Betrachtung der Porosität der Ti-6Al-4V-Pulverpartikel im Rahmen dieser Arbeit verzichtet.

Die **Partikelgrößenverteilung der Pulverwerkstoffe** wird in Abbildung 6.6 a) und b) durch die volumenbezogenen Verteilungsfunktionen, die Verteilungssumme $Q_3(x)$ und die Verteilungsdichte $q_3(x)$ dargestellt. Ergänzend sind in Tabelle 6.1 zur weiteren Charakterisierung der Partikelgrößenverteilung die mittlere Partikelgröße $\bar{x}_3$, der Modalwert $x_{h,3}$ sowie der Wert $x_{10,3}$, der Medianwert $x_{50,3}$ und der Wert $x_{90,3}$ gegenübergestellt. Die letztgenannten Kennwerte ergeben sich durch Ablesen der Partikelgröße $x$ am Schnittpunkt der 10 %-, 50 %- und 90 %-Horizontalen mit der Verteilungssummenkurve $Q_3(x)$ und liefern eine Information über diejenige Partikelgröße $x$, unterhalb derer sich 10 %, 50 % oder 90 % aller im Kollektiv vorhandenen Pulverpartikel befinden.

Die Verteilungsdichte des gasverdüsten Pulvers IGA-A1 ist nahezu gaußförmig mit einer Linksschiefe ($v = -0,4 < 0$). Der Pulverwerkstoff besitzt einen erhöhten Anteil an Partikeln, die kleiner als 25 µm sind. Die maximale Partikelgröße $x_{max}$ liegt bei etwa 76 µm.

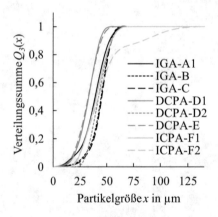 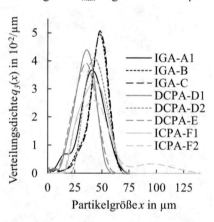

a) Verteilungssumme $Q_3(x)$ der Pulver          b) Verteilungsdichte $q_3(x)$ der Pulver

**Abbildung 6.6:** Partikelgrößenverteilung der Ti-6Al-4V-Pulverwerkstoffe

Sowohl die Verteilungssummen- als auch die Verteilungsdichtekurven der Pulverwerkstoffe IGA-B und IGA-C verlaufen nahezu identisch. Dieses Ergebnis deckt sich mit dem Eindruck, der bei der Betrachtung der REM-Aufnahmen gewonnen wurde, dass die Partikelgrößen der Pulver des Anlagenherstellers (B) und des Pulverherstellers (C) beinahe übereinstimmen. Ähnlich des IGA-A1-Pulvers ist auch die Verteilungsdichte der Pulverwerkstoffe IGA-B und IGA-C linksschief ($v = -0,9 < 0$), was für einen höheren Anteil an feinen Partikeln mit einer Partikelgröße $x < 30$ µm spricht. Im Vergleich zum Pulver, welches vom Anlagenhersteller (A) bezogen wurde, wird allerdings aus dem Verlauf der Verteilungssummen- und Verteilungsdichtekurven in Abbildung 6.6 a) und b) sowie aus den in Tabelle 6.1 zusammengefassten Kennwerten bereits deutlich, dass es sich bei den Pulverwerkstoffen IGA-B und IGA-C um insgesamt gröbere Pulver handelt. Die maximale Partikelgröße $x_{max}$ beider Pulver wird zu etwa 70 µm bestimmt. Die Gegenüberstellung der Analyseergebnisse zeigt jedoch auch, dass das Pulver IGA-B tendenziell feiner ist als das IGA-C-Pulver.

Die bei der Analyse der REM-Aufnahmen der Pulverwerkstoffe DCPA-D1 und DCPA-E festgestellte Ähnlichkeit der Größe der Pulverpartikel geht ebenfalls aus dem Vergleich der volumenbezogenen Verteilungsfunktionen in Abbildung 6.6 a) und b) hervor. Beide Pulver weisen eine leicht linksschiefe, nahezu gaußförmige Verteilungsdichtefunktion auf. Die Schiefe $v$ beträgt $-0,4$ für das DCPA-D1-Pulver und ist mit $-0,2$ für den DCPA-E-Pulverwerkstoff ein wenig geringer. Das Pulver DCPA-E besitzt leicht höhere Anteile an Pulverpartikeln mit einer Größe kleiner 30 μm sowie größer 45 μm. Zwischen Partikelgrößen von 30 μm bis 45 μm ist der Anteil der Partikel im Kollektiv vergleichsweise geringer. Als maximale Partikelgröße $x_{max}$ werden 57,8 μm bzw. 63,4 μm für die Pulverwerkstoffe DCPA-D1 und DCPA-E gemessen. Insgesamt sind diese beiden plasmaverdüsten Pulverwerkstoffe gegenüber den zuvor beschriebenen gasverdüsten Pulvern als feiner zu bewerten.

Auch die Verteilungssumme und die Verteilungsdichte, die für das DCPA-D2-Pulver gemessen werden, zeigen gegenüber den Pulverwerkstoffen DCPA-D1 und DCPA-E ein gröberes Pulver. Die für diesen Pulverwerkstoff aus Tabelle 6.1 hervorgehenden Kennwerte verdeutlichen diese Aussage. Obwohl die Werte $x_{10,3}$, $x_{50,3}$ und $x_{90,3}$ mit den Kennwerten der gasverdüsten Pulver IGA-B und IGA-C vergleichbar erscheinen, unterscheiden sich die in Abbildung 6.6 b) aufgetragenen Verteilungsdichtekurven deutlich. Die Partikelgrößenverteilung des analysierten DCPA-D2-Pulverwerkstoffs lässt sich zwar näherungsweise durch eine gauß'sche Glockenkurve. Allerdings handelt es sich mit $v = 0,2 > 0$ um eine rechtsschiefe Verteilung. Im vorliegenden Kollektiv beträgt die minimale Partikelgröße des DCPA-D2-Pulvers 20,7 μm und die maximale Größe der Pulverpartikel beläuft sich auf etwa 76,4 μm. Verglichen mit den Pulverwerkstoffen IGA-B und IGA-C besitzt das DCPA-D2-Pulver einen höheren Anteil an Partikeln mit einer Größe zwischen 25 μm und 45 μm. Hingegen ist der Anteil an Pulverpartikeln mit einer Partikelgröße 45 μm $< x <$ 65 μm im Pulverwerkstoff DCPA-D2 geringer. Mit dem DCPA-D2-Pulverwerkstoff liegt ein gegenüber den Pulvern DCPA-D1 und DCPA-E gröberes Pulver vor.

**Tabelle 6.1:** Vergleich der mittleren Partikelgröße $\bar{x}_3$, des Modalwerts $x_{h,3}$ sowie der Kennwerte $x_{10,3}$, $x_{50,3}$ und $x_{90,3}$ für die gasverdüsten und plasmaverdüsten Ti-6Al-4V-Pulver

| Kennwert | IGA-A1 | IGA-B | IGA-C | DCPA-D1 | DCPA-D2 | DCPA-E | ICPA-F1 | ICPA-F2 |
|---|---|---|---|---|---|---|---|---|
| mittlere Partikelgröße $\bar{x}_3$ in μm | 38,2 | 43,4 | 44,2 | 32,3 | 42,6 | 32,1 | 40,0 | 47,2 |
| Modalwert $x_{h,3}$ in μm | 41,7 | 47,8 | 47,8 | 36,3 | 43,7 | 35,4 | 43,7 | bimodal |
| 10 %-Partikelgröße $x_{10,3}$ in μm | 22,5 | 30,6 | 32,0 | 20,3 | 31,0 | 19,1 | 25,4 | 24,9 |
| Medianwert $x_{50,3}$ in μm | 38,9 | 44,7 | 45,3 | 32,9 | 42,2 | 32,5 | 40,1 | 42,1 |
| 90 %-Partikelgröße $x_{90,3}$ in μm | 53,0 | 54,5 | 55,0 | 43,4 | 55,1 | 44,8 | 54,7 | 84,0 |

Die Partikelgrößenanalyse der im induktiv gekoppelten Plasma verdüsten Pulver ICPA-F1 und ICPA-F2, deren Ergebnis ebenfalls in Abbildung 6.6 a) und b) veranschaulicht ist, ergibt einen anderen Verlauf der Verteilungssummen- und der Verteilungsdichtekurven. Gegenüber den Pulverwerkstoffen IGA-B, IGA-C und DCPA-D2 weisen die Pulver eine erkennbar breitere Verteilung auf. Darüber hinaus zeigt das Pulver ICPA-F2 eine bimodale Partikelgrößenverteilung mit zwei Maxima. Dieses Pulver zeichnet sich durch einen beinahe separaten Anteil an Partikeln mit Größen zwischen etwa 70 µm und > 120 µm aus. 90 % aller im Kollektiv vorhandenen Pulverpartikel sind kleiner oder gleich 84 µm (vgl. Tabelle 6.1). Der größte Teil der Pulverpartikel dieses Kollektivs findet sich folglich in einem Größenbereich zwischen etwa 15 µm und etwa 70 µm. Die mit dem REM erstellten Übersichtsaufnahmen erfassen offensichtlich Partikel aus diesem Größenbereich. Da über dem genannten Intervall ebenfalls die Verteilungsdichtekurve des Pulverwerkstoff ICPA-F1 verläuft, entsteht der Eindruck ähnlicher Partikelgrößen in beiden Pulvern. Die maximale Partikelgröße $x_{max}$ des ICPA-F1-Pulvers beträgt etwa 76,4 µm. Im Vergleich zu den gasverdüsten Pulvern IGA-B und IGA C sowie zu dem plasmaverdüsten Pulverwerkstoff DCPA-D2 verfügt das ICPA-F1-Pulver über einen höheren Anteil an feinen Partikeln im Bereich 15 µm < $x$ < 35 µm. Aufgrund des Anteils größerer Pulverpartikel handelt es sich bei dem Pulverwerkstoff ICPA-F2 um ein gröberes Pulver.

Die beschriebenen Unterschiede der Partikelgrößenverteilungen der acht verschiedenen Pulverwerkstoffe sind wahrscheinlich nicht nur auf die Art der Herstellung zurückzuführen. Es ist auch anzunehmen, dass sich aus dem Klassieren und dem Mischen im Anschluss an die Pulverherstellung Unterschiede hinsichtlich der Partikelgrößenverteilung der Pulver ergeben. So lässt sich die Ursache für die bimodale Verteilung des ICPA-F2-Pulvers in dem Mischen unterschiedlicher Fraktionen des Pulverwerkstoffs vermuten.

Aus den ausführlichen Schilderungen der Ergebnisse der Partikelgrößenanalyse geht hervor, dass die in Materialzertifikaten übliche Angabe der Kennwerte $x_{10,3}$, $x_{50,3}$ und $x_{90,3}$ zur vollständigen Beschreibung eines Pulvers nicht ausreichend ist. Da diese Kennwerte keine Aussage über den Verlauf der Verteilung erlauben, werden wesentliche Unterschiede, insbesondere hinsichtlich des Fein- und Grobanteils eines Partikelkollektivs, nicht deutlich.

Die Darstellung der Messergebnisse der Partikelgrößenverteilung unter Verwendung der dynamischen Bildanalyse findet sich im Anhang A.1. Die dort abgebildeten Verteilungssummen- und Verteilungsdichtekurven verdeutlichen, dass die unterschiedlichen physikalischen Messprinzipien zu voneinander abweichenden Ergebnissen führen, die somit nicht miteinander vergleichbar sind. Im Vergleich zur dynamischen Bildanalyse, die durch die Pixelgröße limitiert ist, lassen sich mithilfe der Laserbeugung kleinere Pulverpartikel detektieren. Hinzu können auch Unterschiede in der Probenvorbereitung bzw. Dispergierung kommen, die zu verschiedenen Resultaten führen können.

In Abbildung 6.7 a) und b) sind die mithilfe der dynamischen Bildanalyse ermittelten Formfaktoren über der Partikelgröße $x$ aufgetragen. Bei der Bestimmung der **Zirkularität** $f_c$ wird auch die Ebenheit des Umfanges berücksichtigt. Somit gibt dieser Formfaktor sowohl über die Form als auch über die Oberflächenbeschaffenheit eines Pulverpartikels Auskunft. Zur Ermittlung des **Seitenverhältnisses** $f_{ar}$ wird der kleinste Durchmesser zu dem größten Durchmesser eines Partikels ins Verhältnis gesetzt. Der Wert für diesen Formfaktor ist umso geringer, je gestreckter ein Pulverpartikel ist [Sym17].

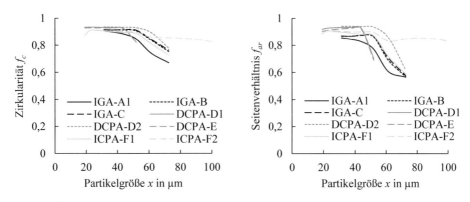

a) Zirkularität $f_c$ der Pulverpartikel                    b) Seitenverhältnis $f_{ar}$ der Pulverpartikel

**Abbildung 6.7:** Verläufe der Formfaktoren über der Partikelgröße $x$ der Ti-6Al-4V-Pulverwerkstoffe

Die Kurvenverläufe der Formfaktoren über der Partikelgröße zeigen für alle analysierten Pulverwerkstoffe, dass die Form der Partikel umso mehr von der idealen Kugelgestalt abweicht, je größer die Pulverpartikel sind. Die für die Zirkularität $f_c$ aufgetragenen Werte machen deutlich, dass die Pulverpartikel der durch Gasverdüsung hergestellten Pulver weniger sphärisch sind als die Partikel plasmaverdüster Pulver. Aus der Gegenüberstellung der Kurven für das Seitenverhältnis $f_{ar}$ geht darüber hinaus hervor, dass die Partikel der gasverdüsten Pulver weniger regelmäßig geformt sind als die Partikel der durch Plasmaverdüsung gewonnenen Pulverwerkstoffe. Diese Ergebnisse der Formanalyse entsprechen den Eindrücken der Partikelmorphologie der verschiedenen Pulver, die mithilfe der REM-Aufnahmen gewonnen werden.

Die Partikel des IGA-A1-Pulvers weisen im Vergleich zu den Partikeln der gasverdüsten Pulverwerkstoffe IGA-B und IGA-C eine weniger kugelförmige Gestalt auf und verfügen über eine länger gestreckte Form.

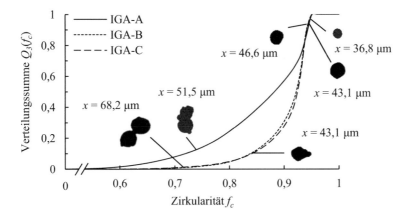

**Abbildung 6.8:** Verteilungssumme der Zirkularität $f_c$ und Partikelillustrationen der gasverdüsten Ti-6Al-4V-Pulver

Abbildung 6.8, welche die Verteilungssumme $Q_3(f_c)$ der Zirkularität für die gasverdüsten Pulverwerkstoffe veranschaulicht, ist zu entnehmen, dass der Anteil an unrunden und länglichen Partikeln im IGA-A1-Pulver insgesamt höher ist. 50 % aller Pulverpartikel besitzen eine Zirkularität $f_{c,\,50}$, die kleiner oder gleich einem Wert von 0,882 ist. Demgegenüber beträgt dieser Wert für die Partikel der Pulverwerkstoffe IGA-B und IGA-C 0,922 und 0,924. Mithilfe von ausgewählten Partikelillustrationen werden die Unterschiede in der Partikelform in Abbildung 6.8 exemplarisch dargestellt. Die Ähnlichkeit der Partikelgestalt der Pulver IGA-B und IGA-C, die anhand der REM-Aufnahmen festzustellen ist, wird durch die nahezu deckungsgleichen Kurvenverläufe der Formfaktoren in Abbildung 6.7 a) und b) bestätigt. Bis zu einer Größe von etwa 50 μm sind die Partikel der beiden Pulverwerkstoffe nahezu sphärisch. Allerdings wird die Form der einzelnen Partikel mit zunehmender Partikelgröße unregelmäßiger. Abbildung 6.8 zeigt beispielhaft längliche sowie miteinander zu einem größeren Pulverpartikel verbundene Einzelpartikel. Partikel mit dieser oder ähnlich unregelmäßiger Form sind jedoch nur zu geringen Anteilen im Kollektiv zu finden

Wie auch anhand der REM-Aufnahmen in Abbildung 6.3 a) – f) zu erkennen ist, ergibt die Formanalyse der Pulver DCPA-D1, DCPA-D2 und DCPA-E, dass durch die Verdüsung im Gleichstrom-Plasma Pulverwerkstoffe mit äußerst sphärischen Partikeln und glatten Oberflächen hergestellt werden. In den Verläufen der Zirkularität $f_c$ und des Seitenverhältnisses $f_{ar}$ für die Pulver DCPA-D1 und DCPA-E sind erwartungsgemäß lediglich geringe Unterschiede festzustellen (vgl. Abbildung 6.7 a) und b)). Die DCPA-D1- und DCPA-E-Pulverpartikel verfügen bis zu einer Größe von etwa 45 μm über eine im Wesentlichen kugelförmige Gestalt. Über einer Größe von 45 μm treten miteinander verwachsene Partikel auf, die eine lang gestreckte Form aufweisen.

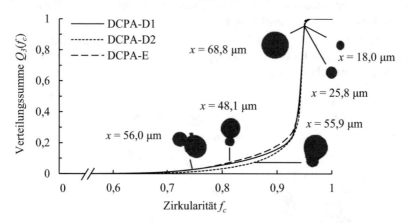

**Abbildung 6.9:** Verteilungssumme der Zirkularität $f_c$ und Partikelillustrationen der im Gleichstrom-Plasma verdüsten Ti-6Al-4V-Pulver

Auch die in Abbildung 6.9 dargestellten Verteilungssummenkurven der Zirkularität $Q_3(f_c)$ sind für diese beiden Pulverwerkstoffe beinahe deckungsgleich. Ferner wird aus Abbildung 6.7 a) und b) deutlich, dass die Partikel des DCPA-D2-Pulvers sehr kugelförmig sind. Gegenüber den Partikeln der anderen Pulverwerkstoffe zeigen auch größere Pulverpartikel eine ausgeprägte sphärische Form mit annähernd gleichen Abmessungen.

Insgesamt zeichnet sich das Pulver DCPA-D2 durch einen geringen Anteil an nicht sphärischen Partikeln aus (vgl. Abbildung 6.9).

Obwohl die Partikel der im induktiv gekoppelten Plasma verdüsten Pulverwerkstoffe ICPA-F1 und ICPA-F2 auf den mithilfe des REMs aufgenommenen Bildern recht kugelförmig erscheinen, deuten die in Abbildung 6.7 a) und b) dargestellte ermittelte Zirkularität $f_c$ und das bestimmte Seitenverhältnis $f_{ar}$ eine von der idealen Kugelgestalt abweichende Form der einzelnen Pulverpartikel an. Dies ist zum einen durch die Satelliten auf der Partikeloberfläche zu erklären. Diese Unebenheiten vergrößern den tatsächlichen Partikelumfang und führen zu ungleichen Abmessungen. Zum anderen finden sich auch längliche, unregelmäßig geformte Partikel in den beiden Pulvern.

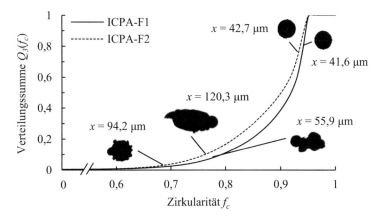

**Abbildung 6.10:** Verteilungssumme der Sphärizität und Partikelillustrationen der im induktiv gekoppelten Plasma verdüsten Ti-6Al-4V-Pulver

Dies veranschaulichen die Partikelillustrationen in Abbildung 6.10. Wenn auch das ICPA-F2-Pulver im Bereich von Partikelgrößen von 60 μm < $x$ < 100 μm regelmäßigere, rundere Partikel aufweist, wird aus dem Vergleich der Verteilungssummenkurven der Zirkularität $Q_3(f_c)$ ersichtlich, dass dieser Pulverwerkstoff insgesamt jedoch über einen höheren Anteil an unregelmäßig geformten Partikeln verfügt.

Die zur Charakterisierung der Partikelmorphologie und -größenverteilung eingesetzten Prüfverfahren werden nachfolgend vergleichend gegenübergestellt. Die Eignung dieser Verfahren zur Analyse von Pulverwerkstoffen für die laseradditive Fertigung wird anhand der in Tabelle 6.2 aufgelisteten Kriterien bewertet.

Die Verfahren der statischen Bildanalyse, wie die lichtmikroskopische Untersuchung von Pulverschliffen oder die Erzeugung von Aufnahmen der Pulverpartikel mithilfe eines REMs, verfügen im Vergleich zur Laserbeugung und der dynamischen Bildanalyse lediglich über einen begrenzten Messbereich. In diesem werden jeweils nur wenige Partikel des Kollektivs erfasst. Obwohl die dynamische Bildanalyse die Untersuchung einer hohen Anzahl von Pulverpartikeln ermöglicht, wird der Messgrößenbereich, der für die Pulverwerkstoffe in der laseradditiven Fertigung maßgeblich ist, bei den durchgeführten Untersuchungen besser durch das Verfahren der Laserbeugung abgedeckt. Dies ist nicht zuletzt auf die höhere Auflösung der Laserbeugung im Bereiche kleinerer Partikel zurückzuführen, die bei der dynamischen Bildanalyse durch die Kameraauflösung begrenzt ist [Düf14]. Um Informationen über die Form einzelner Pulverpartikel zu gewinnen, ist das REM aufgrund der höheren Auflösung dem Lichtmikroskop vorzuziehen. REM-Aufnahmen vermitteln zudem einen Eindruck über die Oberflächenbeschaffenheit der Partikel. Die dynamische Bildanalyse ermöglicht eine auf das einzelne Partikel bezogene Auswertung der Form und Größe, während das Ergebnis der Laserbeugung eine Aussage über das insgesamt betrachtete Partikelkollektiv zulässt. Weiterhin wird bei der Laserbeugung zur Bestimmung der Partikelgröße eine ideale Kugelgestalt angenommen [Fer06]. Darüber hinaus werden bei diesem Messprinzip zur Auswertung der Partikelgrößenverteilung verschiedene Theorien zugrunde gelegt, die das Ergebnis beeinflussen können.

Der Informationsgehalt eines jeden Prüfverfahrens ist als mäßig bis gering zu bewerten. Keines der betrachteten Verfahren gestattet eine gleichzeitige und zufriedenstellende Beurteilung der Partikelform und -größenverteilung eines Pulvers für die laseradditive Fertigung. Diese grundlegenden kennzeichnenden Pulvereigenschaften können nur durch die Kombination verschiedener Prüfungen vollumfänglich erfasst werden.

**Tabelle 6.2:** Bewertung der Verfahren für die Bestimmung der Partikelmorphologie und Partikelgrößenverteilung der Ti-6Al-4V-Pulver

| Bewertungs-kriterium | Prüfverfahren | | | |
|---|---|---|---|---|
| | Pulver-schliff | REM | Laserbeu-gung | dynamische Bildanalyse |
| Messbereich | ○ | ○ | ● | ◐ |
| Auflösung | ○ | ● | ● | ◐ |
| Formanalyse | bedingt möglich | möglich | nicht möglich | möglich |
| Einzelpartikelanalyse | bedingt möglich | möglich | nicht möglich | möglich |
| Norm (exemplarisch) | – | – | ISO 13320 [ISO11] | ISO 13222-2 [ISO06] |
| Informationsgehalt | ○ | ◐ | ◐ | ◐ |
| Reproduzierbarkeit | ○ | ○ | ● | ● |
| Aufwand | ◐ | ● | ◐ | ◐ |

●: hoch, ◐: mäßig, ○: gering
– : nicht vorhanden

Sollen Prüfverfahren zum Zwecke der laufenden Qualitätssicherung eines Pulvers eingesetzt werden, sind auch die Reproduzierbarkeit sowie der Zeit- und Kostenaufwand zu berücksichtigen. Die Laserbeugung und die dynamische Bildanalyse zeichnen sich durch eine höhere Reproduzierbarkeit aus. Der Aufwand ist als moderat einzustufen, wobei der Zeitbedarf zur Durchführung der Analyse gering ist. Die Kosten, vor allem für eine Anschaffung der benötigten Analysegeräte, sind jedoch vergleichsweise hoch. Die Ermittlung der Partikelform mithilfe von REM-Aufnahmen ist hinsichtlich Zeit und Kosten mit größerem Aufwand verbunden. Weniger aufwendig, aber auch von geringerer Aussagekraft, sind demgegenüber Pulverschliffe.

## 6.1.2 Chemische Zusammensetzung und Feuchtigkeit

Wie in Kapitel 4 herausgestellt wurde, ist die chemische Zusammensetzung eines Pulvers eine Eigenschaft, die in der laseradditiven Fertigung von hoher Relevanz ist. Ferner ist der Einfluss von Feuchtigkeit auf einen Pulverwerkstoff nicht zu vernachlässigen.

Zur Bestimmung der **chemischen Zusammensetzung** wird in Richtlinie VDI 3405 Blatt 2 [VDI13] eine Analyse mittels REM-EDX empfohlen. Diese Empfehlung orientiert sich an der ASTM F1375 [ASTM12]. Ausgewählte Ergebnisse der Untersuchungen unter Zuhilfenahme dieser Methode sind im Anhang A.2 aufgeführt. Aufgrund der Nachweisgrenzen dieses Verfahrens sind lediglich die Hauptlegierungsbestandteile Al und V quantitativ zutreffend zu ermitteln.

Zur qualitativen Analyse und zum Nachweis von Elementen mit niedrigen Ordnungszahlen werden Methoden der Nasschemie und der Festkörperanalytik eingesetzt. Die in Tabelle 6.3 zusammengefassten Ergebnisse zeigen, dass alle Pulverwerkstoffe die Anforderungen an die chemische Zusammensetzung nach DIN 17851 [DIN90] (vgl. Tabelle 5.1) sowie nach ASTM F2924 [ASTM14d] für Ti-6Al-4V-Pulver für die laseradditive Fertigung erfüllen. Die Pulver IGA-A1, DCPA-E und ICPA-F1 besitzen einen vergleichsweise niedrigen Sauerstoffgehalt, während sich die durch Verdüsung im Gleichstrom-Plasma gewonnenen Pulver des Herstellers (D) durch einen verhältnismäßig hohen Gehalt an Sauerstoff auszeichnen.

**Tabelle 6.3:** Chemische Zusammensetzung der Ti-6Al-4V-Pulverwerkstoffe

| | | **Metallische und nichtmetallische Legierungsbestandteile in Gew.-%** | | | | | | |
|---|---|---|---|---|---|---|---|---|
| | Ti | Al | V | Fe | O | H | N | C |
| IGA-A1 | Rest | 6,25 | 3,86 | 0,17 | 0,091 | 0,002 | 0,013 | 0,006 |
| IGA-B | Rest | 6,39 | 4,08 | 0,19 | 0,122 | 0,002 | 0,009 | 0,005 |
| IGA-C | Rest | 6,34 | 4,06 | 0,17 | 0,106 | 0,002 | 0,011 | 0,007 |
| DCPA-D1 | Rest | 6,49 | 4,09 | 0,21 | 0,145 | 0,002 | 0,010 | 0,008 |
| DCPA-D2 | Rest | 6,50 | 4,06 | 0,21 | 0,139 | 0,002 | 0,011 | 0,006 |
| DCPA-E | Rest | 6,46 | 3,93 | 0,21 | 0,095 | 0,002 | 0,013 | 0,006 |
| ICPA-F1 | Rest | 6,27 | 4,1 | 0,2 | 0,073 | 0,002 | 0,010 | 0,015 |
| ICPA-F2 | Rest | 6,17 | 4,09 | 0,19 | 0,111 | 0,002 | 0,014 | 0,009 |
| ASTM F2924 [ASTM14d] | Rest | 5,5 – 6,75 | 3,5 – 4,5 | < 0,3 | < 0,2 | < 0,015 | < 0,05 | < 0,08 |

Da sich die Oberfläche von Ti-6Al-4V-Pulverpartikeln an Umgebungsluft bei Raumtemperatur schnell mit einer Oxidschicht überzieht, ist anzunehmen, dass bei der durchgeführten Analyse sowohl der an der Partikeloberfläche gebundene als auch der im Inneren der Pulverpartikel vorhandene Sauerstoff erfasst wird. Über den Sauerstoffgehalt an der Oberfläche der Partikel kann die Röntgenphotoelektronenspektroskopie (XPS) Aufschluss geben. XPS-Messungen zeigen, dass die Erkenntnisse über Ti-6Al-4V-Festkörperoberflächen hinsichtlich der Dicke und der chemischen Zusammensetzung einer Oxidschicht weitestgehend mit den Resultaten übereinstimmen, die an für die laseradditive Fertigung typischen Ti-6Al-4V-Pulverpartikeln gewonnen werden [Axe12]. Für die in der vorliegenden Arbeit betrachteten Ti-6Al-4V-Pulver ist nicht von grundlegend abweichenden Ergebnissen auszugehen, sodass auf zusätzliche Untersuchungen mittels XPS verzichtet wird.

Hinsichtlich der maximal zulässigen **Feuchtigkeit** in Ti-6Al-4V-Pulvern für den Einsatz in der laseradditiven Fertigung führen Uhlmann et al. [Uhl15] einen Grenzwert von 0,025 % auf. Der für die acht Pulverwerkstoffe mithilfe des verwendeten Prüfverfahrens ermittelte Wassergehalt liegt deutlich unter diesem Wert, sodass die untersuchten Pulver als nicht feucht eingeordnet werden.

## 6.1.3 Fließeigenschaften

In der laseradditiven Fertigung stellt insbesondere das Fließverhalten eines Pulverwerkstoffs eine zentrale Eigenschaft dar. Eine Kenngröße zur Charakterisierung der Fließeigenschaften ist die **Durchflussdauer $t_D$** (*hall flow rate*), die mit zunehmender Fließfähigkeit eines Pulvers abnimmt.

Abbildung 6.11 zeigt die Ergebnisse der mithilfe des Trichters ermittelten Durchflussdauer $t_D$. Für die Pulverwerkstoffe IGA-A1, ICPA-F1 und ICPA-F2 ist die Durchflussdauer mit dem eingesetzten Prüfverfahren nicht zu bestimmen. Weder das gasverdüste IGA-A1-Pulver noch die durch Verdüsung im induktiv gekoppelten Plasma hergestellten Pulver ICPA-F1 und ICPA-F2 verlassen den Metalltrichter nach dem Öffnen des Auslasses. Auch ein mehrmaliges, leichtes Klopfen gegen die Trichterwand führt nicht zum Ausfließen dieser drei Pulverwerkstoffe.

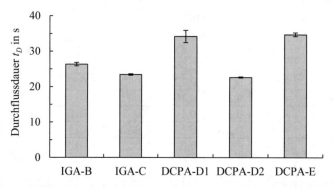

**Abbildung 6.11:** Durchflussdauer $t_D$ der Ti-6Al-4V-Pulverwerkstoffe

Das gasverdüste Pulver IGA-B beginnt nach einmaligem Klopfen gegen die Wand des Trichters zu fließen. Für das IGA-C-Pulver ist hingegen ein Klopfen gegen die Trichterwand nicht notwendig. Das Pulver fließt sofort durch die Auslassöffnung. Trotz der ähnlichen Morphologie der Pulver des Anlagenherstellers (B) und des Pulverherstellers (C) ergibt sich für das IGA-B-Pulver eine um 2,9 s längere Durchflussdauer $t_D$. Dies ist vermutlich dadurch zu erklären, dass das Pulver IGA-B gegenüber dem IGA-C-Pulverwerkstoff tendenziell kleinere und weniger runde Partikel aufweist.

Hinsichtlich des Fließverhaltens zeigen die beiden plasmaverdüsten Pulverwerkstoffe DCPA-D1 und DCPA-E ein ähnliches Ergebnis, während sich das Ergebnis des DCPA-D2-Pulvers deutlich davon unterscheidet. Erst nach einmaligem bzw. mehrmaligem Klopfen gegen den Metalltrichter wird das Fließen der untersuchten Pulver DCPA-D1 respektive DCPA-E in Gang gebracht. Das Pulver DCPA-D2 beginnt hingegen sofort nach dem Öffnen des Auslasses zu fließen. Für diesen Pulverwerkstoff wird die kürzeste

Durchflussdauer ermittelt und somit das günstigste Fließverhalten festgestellt. Dieses Ergebnis ist darauf zurückzuführen, dass das DCPA-D2-Pulver der im Vergleich gröbste Pulverwerkstoff ist, der den größten Anteil an Partikeln mit kugelförmiger Gestalt und regelmäßigen Abmessungen besitzt.

Die Ergebnisse verdeutlichen, dass die Form der Pulverpartikel und die Partikelgrößenverteilung des Pulvers von entscheidender Bedeutung für das Fließverhalten sind. Nach dem Einfüllen des Pulverwerkstoffs in den Metalltrichter berühren sich die einzelnen Pulverpartikel. Die Abstände zwischen den Partikeln verringern sich infolge der Belastung durch das Eigengewicht des Pulvers. Zwischen unregelmäßig geformten Pulverpartikeln können durch ein Verhaken formschlüssige Verbindungen entstehen und zwischen den Partikeln unterschiedlicher Größen können sich Oberflächenkräfte in Form von vander-Waals-Kräften ausbilden.

Mit abnehmender Partikelgröße verringern sich diese Kräfte im Kontakt zweier Pulverpartikel (vgl. Abbildung 2.8). Gegenüber großen Pulverpartikeln verfügen kleine Partikel jedoch über eine größere Anzahl benachbarter Pulverpartikel bzw. der Partikelkontakte. Auf einer betrachteten Fläche befinden sich also umso mehr Partikel, je kleiner diese sind. Durch die zunehmende Anzahl der Kontaktflächen zur Ausbildung von Haftkräften der einzelnen Partikelkontakte können höhere Kräfte übertragen werden und die Festigkeit des Pulvers steigt (vgl. Kapitel 2.2.1.3). Die aufgrund der Schwerkraft auf das Pulver wirkenden Spannungen verändern sich nach dem Öffnen des Auslasses des Trichters nicht, sodass ein Fließen nur dann eintritt, wenn diese Spannungen größer als die Festigkeit des Pulverwerkstoffs sind [Sch09].

Im Falle des gasverdüsten Pulvers des Anlagenherstellers (A) sowie der plasmaverdüsten Pulver des Herstellers (F) scheint die Festigkeit das Pulververhalten zu dominieren. Fließt das Pulver aus dem Metalltrichter aus, wird die Zeit gestoppt, in der die Pulverpartikel in Bewegung sind.

Aus einer Betrachtung der Beziehungen zwischen der Partikelgrößenverteilung und der Durchflussdauer der verschiedenen Pulver wird deutlich, dass mit niedrigeren Kennwerten $x_{10,3}$, $x_{50,3}$ und $x_{90,3}$ eine längere Durchflussdauer für die gasverdüsten und plasmaverdüsten Pulver bestimmt wird. Auch nimmt die Durchflussdauer mit breiter werdender Partikelgrößenverteilung zu. Im Gegensatz zu den durch den Trichter fließenden Pulverwerkstoffen verfügen die Pulver IGA-A1, ICPA-F1 und ICPA-F2 nicht nur über eine tendenziell breitere Partikelgrößenverteilung, sondern auch über einen höheren Anteil an unrunden Partikeln. Jeweils 10 % der Pulverpartikel in den drei Partikelkollektiven weisen eine Zirkularität $f_c$ auf, deren Wert < 0,8 ist (vgl. Abbildung 6.8 und Abbildung 6.10). Basierend auf der Tatsache, dass für die durch Gasverdüsung hergestellten Pulverwerkstoffe IGA-B und IGA-C eine kürzere Durchflussdauer gemessen wird als für die plasmaverdüsten DCPA-D1 und DCPA-E-Pulver, ist anzunehmen, dass sich insgesamt die Verteilung der unterschiedlich großen Partikel im Kollektiv stärker auf die Durchflussdauer auswirkt als die Form der Pulverpartikel.

Eine weitere Möglichkeit, eine Aussage über das Fließverhalten eines Pulverwerkstoffs zu treffen, bietet die Bestimmung des **Schüttwinkel**s $\alpha$. Im Allgemeinen ist ein geringerer Schüttwinkel gleichbedeutend mit einer höheren Fließfähigkeit eines Pulvers.

In Abbildung 6.12 sind die Ergebnisse der Schüttwinkelmessungen einander gegenübergestellt. Aus dieser Darstellung geht hervor, dass die Unterschiede zwischen den errechneten Schüttwinkeln zwar gering, tendenziell aber größer sind als die Abweichungen zwischen den einzelnen Messungen für ein Pulver.

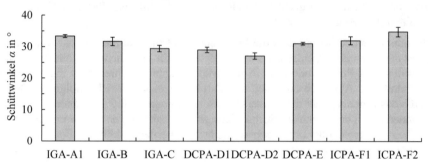

**Abbildung 6.12:** Schüttwinkel $\alpha$ der Ti-6Al-4V-Pulverwerkstoffe

Für das Pulver des Anlagenherstellers (A) und die Pulverwerkstoffe des Pulverherstellers (F) werden die größten Schüttwinkel ermittelt. Der Schüttwinkel $\alpha$ des IGA-A1-Pulverkegels beträgt 33,4°. Für den plasmaverdüsten Pulverwerkstoff ICPA-F1 wird ein Schüttwinkel $\alpha$ von 32,0° berechnet. Der Kegel des ICPA-F2-Pulvers besitzt einen Schüttwinkel $\alpha$ mit einem Wert von 34,8°. In Verbindung zur Durchflussdauer bedeutet dies, dass für die untersuchten Pulver bei einem Schüttwinkel $\alpha \geq 32°$ kein Ausfließen mehr aus dem verwendeten Trichter unter Wirkung der Schwerkraft zu verzeichnen ist. Eine mögliche Ursache für die steileren Schüttkegel sind die weniger regelmäßige Partikelform und die vergleichsweise rau erscheinenden Partikeloberflächen, z. B. durch vorhandene Satelliten.

Wie Abbildung 6.12 zu entnehmen ist, liegen die Werte der Schüttwinkel der gasverdüsten Pulver IGA-B und IGA-C in etwa in der gleichen Größenordnung wie die Werte, die für die Schüttwinkel der plasmaverdüsten Pulverwerkstoffe DCPA-D1 und DCPA-E ermittelt werden. Für die Ausbildung der Schüttkegel der durch Gasverdüsung gewonnenen, vergleichsweise groben Pulver scheinen Haft- und Reibungskräfte aufgrund der Größe, der Form und der Oberfläche der Partikel ausschlaggebend zu sein. Hingegen dominieren bei den durch Verdüsung im Gleichstrom-Plasma hergestellten Pulverwerkstoffen vermutlich die aufgrund der geringen Partikelgrößen herrschenden Oberflächenkräfte die Entstehung des Schüttkegels. Die kugelförmigen Partikel gleiten zudem besser auf der Böschung des Schüttkegels herab, während die weniger sphärischen Pulverpartikel mit sehr rauen Oberflächen zum Verhaken neigen. Ferner können die kleinen runden Partikel in Hohlräume des Kegels gelangen, die sich bilden.

Für das Pulver DCPA-D2 ergibt sich der geringste Schüttwinkel. Auch gemäß diesem Prüfverfahren zeigt das DCPA-D2-Pulver die beste Fließfähigkeit. Die Entstehung eines flacheren Schüttkegels ist auf das Verhältnis der Haftkräfte der einzelnen Partikelkontakte zur Gewichtskraft der vergleichsweise großen und sehr sphärischen Partikeln zurückzuführen.

Zur Beurteilung des Fließverhaltens von Pulverwerkstoffen in der laseradditiven Fertigung wird gegenwärtig häufig eine Bewertung der sich in einer pulvergefüllten, rotierenden Trommel ausbildenden Lawinen gewählt [Ama11, Aum16, Gu14, Hoe16, Spi15b, Yab15]. Es wird angenommen, dass diese Methode die Prozessbedingungen beim Pulverauftrag am besten abzubilden vermag, da das in loser Schüttung vorliegende Partikelkollektiv dynamisch belastet wird [Ama11, Sch15c, Spi15b].

Für die Bewertung des Fließverhaltens der acht Pulverwerkstoffe wird der **Lawinen-winkel** $\alpha_{dyn}$ herangezogen. Zusätzliche Kenngrößen sind der Vollständigkeit halber im Anhang A.3 der Arbeit angeführt. Der Lawinenwinkel wird am höchsten Stand des Pulvers in der Trommel vor dem Abgang einer Lawine bestimmt [Mer17]. Zur Darstellung der Ergebnisse bieten sich verschiedene Möglichkeiten. Zum einen kann aus dem für jede der 250 Lawinen gemessenen Lawinenwinkel der Mittelwert $\bar{\alpha}_{dyn}$ gebildet werden. Zum anderen können alle ermittelten Lawinenwinkel erfasst und mithilfe einer Verteilungsfunktion dargestellt werden. Dies ergibt die in Abbildung 6.13 a) aufgetragene kumulierte Häufigkeitsverteilung $F(\alpha_{dyn})$ für die Lawinenwinkel $\alpha_{dyn}$ eines jeden Pulverwerkstoffs. Grundsätzlich weisen ein kleiner Lawinenwinkel und eine enge Verteilung auf eine hohe Fließfähigkeit hin [Ama11].

a)                                              b)

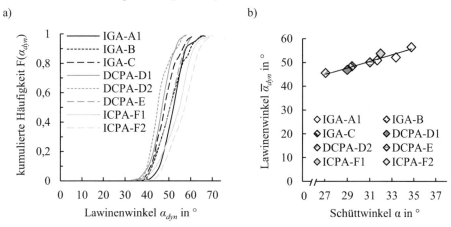

**Abbildung 6.13:** a) Kumulierte Häufigkeit des Lawinenwinkels $F(\alpha_{dyn})$ der Ti-6Al-4V-Pulver und b) Beziehung des Lawinenwinkels $\bar{\alpha}_{dyn}$ zum Schüttwinkel $\alpha$

Dementsprechend zeigen die plasmaverdüsten Pulverwerkstoffe des Pulverherstellers (D) sehr gute Fließeigenschaften. Aus der Verteilungsfunktion in Abbildung 6.13 a) geht hervor, dass für den Pulverwerkstoff DCPA-D2 infolge der 250 Lawinen die kleinsten Winkel ermittelt werden. Der Mittelwert des Lawinenwinkels $\bar{\alpha}_{dyn}$ ergibt sich zu 45,5°. In Übereinstimmung mit der Messung der Durchflussdauer und der Bestimmung des Schüttwinkels weist auch die Analyse der Lawinenwinkel auf das hervorragende Fließverhalten des DCPA-D2-Pulvers hin. Der Verlauf der Verteilungsfunktion des plasmaverdüsten Pulvers des Lieferanten (E) weicht von der kumulierten Häufigkeitsverteilung des DCPA-D1-Pulvers deutlich ab. Für das DCPA-E-Pulver werden häufiger größere Lawinenwinkel bestimmt. Die Messung ergibt für den Lawinenwinkel einen Mittelwert $\bar{\alpha}_{dyn}$ von 50°. Dieses Resultat entspricht den Ergebnissen der Schüttwinkelbestimmung. Aufgrund des vergleichsweise höheren Anteils feiner Partikel mit weniger regelmäßiger Form existiert eine größere Anzahl an Partikelkontakten. Auf einer Fläche befinden sich mehr Partikel, zwischen denen sich interpartikuläre Haftkräfte ausbilden, sodass in Summe verhältnismäßig höhere Haftkräfte wirken. Zusätzlich erscheint es unter der Annahme, dass sich der höhere Sauerstoffgehalt des DCPA-D1-Pulvers (vgl. Tabelle 6.3) auch in einer Oxidation der Partikeloberfläche widerspiegelt, möglich, dass eine geringe interpartikuläre Reibung aufgrund der veränderten Oberflächenbeschaffenheit zu dem vergleichsweise besseren Fließverhalten des DCPA-D1-Pulverwerkstoffs beiträgt.

Die Verteilungsfunktionen des plasmaverdüsten DCPA-E-Pulvers und des gasverdüsten Pulverwerkstoffs IGA-B sind im Bereich von Winkeln $\alpha_{dyn} < 50°$ beinahe deckungsgleich. Die Winkel der Lawinen $\alpha_{dyn}$ bei Verwendung des IGA-B-Pulvers sind jedoch häufiger größer als 60°, sodass die Werte insgesamt breiter verteilt sind und sich ein höherer Mittelwert ($\bar{\alpha}_{dyn} = 50,9°$) errechnet. Die ausschließliche Angabe der Mittelwerte der Lawinenwinkel lässt den Schluss zu, dass die beiden Pulver über vergleichbare Fließeigenschaften verfügen. Dieses Ergebnis verdeutlicht darüber hinaus, dass Pulver eine ähnliche Fließfähigkeit haben können, obwohl hinsichtlich der Partikelform und der Partikelgrößenverteilung erhebliche Unterschiede bestehen.

Der für das mittels Gasverdüsung hergestellte Pulver IGA-C ermittelte Lawinenwinkel $\bar{\alpha}_{dyn}$ ist mit einem Wert von 48,4° um 2,5° kleiner als der Lawinenwinkel, der sich für den IGA-B-Pulverwerkstoff ergibt. Das IGA-C-Pulver weist folglich aufgrund einer engeren Partikelgrößenverteilung mit tendenziell größeren Partikeln, die zudem über eine vergleichsweise regelmäßigere Form verfügen, ein besseres Fließverhalten auf. Die für das ebenfalls gasverdüste IGA-A1-Pulver in Abbildung 6.13 a) dargestellte kumulierte Häufigkeitsverteilung $F(\alpha_{dyn})$ der Lawinenwinkel ist im Vergleich zu der Verteilung für den Pulverwerkstoff IGA-B ein wenig enger, liegt allerdings in einem Bereich $40° < \alpha_{dyn} < 68°$. Damit wird für das IGA-A1-Pulver ein größerer mittlerer Lawinenwinkel $\bar{\alpha}_{dyn}$ von 52,1° bestimmt.

Für die im induktiv gekoppelten Plasma verdüsten Pulverwerkstoffe ICPA-F1 und ICPA-F2 werden die vergleichsweise größten Lawinenwinkel ermittelt. Der Mittelwert des Lawinenwinkels $\bar{\alpha}_{dyn}$, der für das ICPA-F1-Pulver berechnet wird, liegt bei 53,7°. Der größte Mittelwert des Lawinenwinkels $\bar{\alpha}_{dyn}$ wird mit einem Wert von 56,4° für das ICPA-F2-Pulver bestimmt. Während die Verteilungsfunktionen der kumulierten Häufigkeit der Lawinenwinkel für die gasverdüsten und die im Gleichstrom-Plasma verdüsten Pulver, mit Ausnahme des IGA-B-Pulvers, untereinander eine ähnliche Breite zeigen, weisen die im induktiv gekoppelten Plasma verdüsten Pulverwerkstoffe eine tendenziell breitere Verteilung auf. Für das ICPA-F1- und das ICPA-F2-Pulver wird mithilfe des REVOLUTION POWDER ANALYZER eine im Vergleich unzureichende Fließfähigkeit festgestellt. Auch diese Erkenntnis deckt sich mit den Ergebnissen der Prüfverfahren zur Ermittlung der Durchflussdauer und des Schüttwinkels. Wie auch bei den genannten Untersuchungen lässt sich das Fließverhalten der im induktiv gekoppelten Plasma verdüsten Pulver durch die Morphologie der Partikel und die breite bzw. bimodale Partikelgrößenverteilung erklären.

Werden allein die errechneten Mittelwerte der Lawinenwinkel betrachtet, ergibt sich eine gute Korrelation zwischen diesen und den jeweils ermittelten Schüttwinkeln (vgl. Abbildung 6.13 b)). In beiden Prüfverfahren bildet sich eine Böschung infolge der Bewegung des Pulvers, deren Ausprägung u. a. von den interpartikulären Wechselwirkungen im Pulverwerkstoff abhängig und auf geringe, oberflächennahe Spannungen im Böschungsbereich zurückzuführen ist [Sch09]. In Hinblick auf die Durchflussdauer ist festzustellen, dass das Fließen der Pulver mit einem mittleren Lawinenwinkel $\bar{\alpha}_{dyn} \geq 52°$ auch durch mehrmaliges Klopfen an die Trichterwand nicht in Gang gebracht werden kann.

Der **Hausner-Faktor *HF*** ist eine Kennzahl, die sich als Maß zur Charakterisierung der Fließfähigkeit von Pulverwerkstoffen etabliert hat. Je geringer der Wert des Hausner-Faktors ist, desto besser ist das Fließverhalten eines Pulvers zu bewerten [Sch09]. Zur Berechnung des Hausner-Faktors *HF* ist es notwendig, die Schüttdichte $\rho_b$ und die Klopfdichte $\rho_t$ des Pulvers zu ermitteln. Die Ergebnisse der Schütt- und Klopfdichtebestimmung sind, ebenso wie die für die acht Pulverwerkstoffe berechneten Hausner-Faktoren, in Abbildung 6.14 veranschaulicht.

Aus diesem Säulendiagramm geht hervor, dass sowohl die Schüttdichte als auch die Klopfdichte der gasverdüsten Pulver geringer sind als die Schütt- und Klopfdichte der plasmaverdüsten Pulverwerkstoffe. Bezogen auf die Ti-6Al-4V-Festkörperdichte ($\rho_s$ = 4,430 g/cm³ [Pet02]) ergibt sich für die durch Gasverdüsung gewonnenen Pulver eine relative Schüttdichte $d_b$ zwischen etwa 49,15 % und 51,44 %. Die aus dem jeweiligen Verhältnis von Klopfdichte $\rho_t$ zu Schüttdichte $\rho_b$ berechneten Hausner-Faktoren *HF* liegen für die Pulver IGA-A1, IGA-B und IGA-C bei Werten von 1,16 bzw. 1,17. Das Fließverhalten der gasverdüsten Pulver ist entsprechend als *gut* zu bewerten [Gho13]. Die gegenüber den Pulvern IGA-B und IGA-C niedrigere Schüttdichte des IGA-A1-Pulvers ist auf die unregelmäßigere Partikelform und die kleineren Pulverpartikel zurückzuführen. Bedingt durch das Produkt der Anzahl der Partikelkontakte und der Haftkräfte zwischen diesen werden vergleichsweise größere Kräfte hervorgerufen, wodurch sich bezogen auf eine bestimmte Fläche eine höhere Festigkeit ergibt. Da das Pulver IGA-B im Vergleich zum IGA-C-Pulver tendenziell über kleinere Partikel verfügt und einen geringfügig höheren Anteil an nicht regelmäßig geformten Pulverpartikeln besitzt, ergibt sich auch für dieses Pulver eine niedrigere Schüttdichte. Die beschriebenen Beobachtungen gelten ebenso für die jeweils ermittelte Klopfdichte. Insgesamt lässt sich feststellen, dass die Schütt- und Klopfdichte mit zunehmender Sphärizität der Partikel ansteigen.

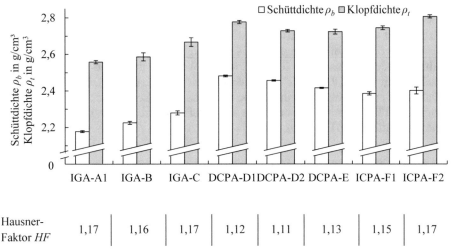

**Abbildung 6.14:** Schüttdichte $\rho_b$ und Klopfdichte $\rho_t$ sowie Hausner-Faktor *HF* der Ti-6Al-4V-Pulverwerkstoffe,

Die durch Verdüsung im Gleichstrom-Plasma hergestellten Pulver DCPA-D1, DCPA-D2 und DCPA-E zeichnen sich durch niedrigere Hausner-Faktoren aus, was für ein günstigeres Fließverhalten dieser Pulverwerkstoffe spricht. Während die Fließfähigkeit des DCPA-D1-Pulvers und des DCPA-E-Pulvers in die Kategorie *gut* einzuordnen sind, weist der PA-D2-Pulverwerkstoff ein *ausgezeichnetes* Fließverhalten auf [Gho13]. Aufgrund der sphärischen Partikelform bilden die plasmaverdüsten Pulver schon infolge des Schüttvorgangs dichtere Packungen. Die relative Schüttdichte $d_b$ nimmt für diese Pulverwerkstoffe Werte zwischen 54,54 % und 56,02 % an. Die Schüttdichte $\rho_b$ des DCPA-D1-Pulvers ist um 0,066 g/cm$^3$ höher als die Schüttdichte $\rho_b$ des DCPA-E-Pulverwerkstoffs. Ursächlich dafür können die im Vergleich zu dem DCPA-E-Pulver tendenziell regelmäßigeren und größeren Pulverpartikel sein, aufgrund derer sich sowohl die Reibungskräfte zwischen den einzelnen Partikeln als auch die Summe der Haftkräfte im Pulver verringern. Da das DCPA-D1-Pulver über eine im Vergleich zum Pulver DCPA-D2 breitere Partikelgrößenverteilung verfügt, stellen sich eine höhere Schütt- und Klopfdichte ein. Kleine Partikel des DCPA-D1-Pulvers können in die Zwischenräume zwischen größere Pulverpartikeln gelangen. Vor allem die infolge des Klopfens entstehenden Hohlräume können von kleineren Partikeln des Pulvers DCPA-D1 gut aufgefüllt werden.

Die Gegenüberstellung der Ergebnisse in Abbildung 6.14 zeigt weiterhin, dass für die gasverdüsten Pulver die Differenz zwischen Klopfdichte und Schüttdichte größer ist als der für die im Gleichstrom-Plasma verdüsten Pulverwerkstoffe bestehende Unterschied zwischen diesen beiden Messgrößen. Es lässt sich schlussfolgern, dass zwischen den einzelnen Partikeln der durch Gasverdüsung hergestellten Pulver höhere Wechselwirkungskräfte herrschen, die das Entstehen einer möglichst dichten Packung der Pulverpartikel schon während des Füllens des Bechers behindern. Durch das Klopfen erfolgt für die gasverdüsten Pulver eine im Vergleich stärkere Verdichtung.

Auch für die durch Verdüsung im induktiv gekoppelten Plasma gewonnenen Pulver ist eine verhältnismäßig starke Verdichtung infolge des Klopfens festzustellen. Die Schüttdichte der plasmaverdüsten Pulver des Herstellers (F) liegt leicht unterhalb der Schüttdichte der durch Verdüsung im Gleichstrom-Plasma hergestellten Pulverwerkstoffe DCPA-D1, DCPA-D2 und DCPA-E, während für die Klopfdichte tendenziell höhere Werte ermittelt werden. Die relative Schüttdichte $d_b$ der im induktiv gekoppelten Plasma verdüsten Pulverwerkstoffe beträgt etwa 54 %. Aufgrund der bimodalen Partikelgrößenverteilung werden für das Pulver ICPA-F2 höhere Werte für die Schütt- und Klopfdichte ermittelt. Auch das ICPA-F1-Pulver zeichnet sich durch ein vergleichsweise breites Intervall der Partikelgrößenverteilung aus, was eine hohe Schütt- und Klopfdichte begünstigt. Das Fließverhalten dieser Pulver ist gemäß den errechneten Hausner-Faktoren als *gut* einzustufen [Gho13].

Der Einfachscherversuch liefert Erkenntnisse über das Scherverhalten der Pulverwerkstoffe bei sehr hohen Spannungen. Die Verformung des Pulvers wird bei dieser Untersuchung anhand des **Reibungswinkels** $\varphi$ beurteilt. Für ein Pulver mit guten Fließeigenschaften ist ein geringer Reibungswinkel zu erwarten. Für die zur Auswertung der Einfachscherversuche erstellten Diagramme, welche die Berechnungsgrundlage für den Reibungswinkel bilden, sei auf den Anhang A.4 verwiesen. Die für die Pulverwerkstoffe ermittelten Reibungswinkel $\varphi$, die in Abbildung 6.15 dargestellt sind, zeigen nur geringe Unterschiede.

Unter Berücksichtigung des jeweiligen Herstellungsverfahrens der Pulver kann dennoch eine Klassifizierung der Ergebnisse vorgenommen werden. Der sich jeweils bildende Reibungswinkel scheint vornehmlich von der Partikelmorphologie abhängig zu sein, die aus dem gewählten Herstellungsverfahren resultiert. Aufgrund der weniger sphärischen und tendenziell unregelmäßigeren Partikelform der gasverdüsten Pulver steigt die An-zahl der Partikelkontakte, wodurch ebenfalls die Haft- und Reibungskräfte zunehmen, sodass sich die höchsten Werte für die Reibungswinkel ergeben. Dabei ist auch die Oberflächenrauheit der Pulverpartikel von Bedeutung. Bei größeren interpartikulären Wechselwirkungen tritt erst bei höheren Schubspannungen eine Scherverformung ein. Die geringeren Reibungswinkel für die plasmaverdüsten Pulver deuten hingegen an, dass eine Verformung dieser Pulver früher eintritt. Die Partikel mit nahezu idealer Kugelge-stalt und ebener Oberfläche gleiten besser übereinander ab.

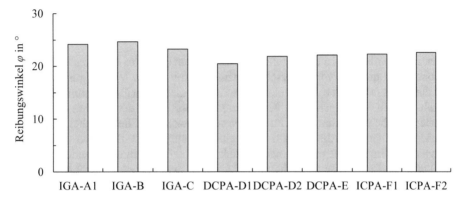

**Abbildung 6.15:** Reibungswinkel $\varphi$ der Ti-6Al-4V-Pulverwerkstoffe

Aus den Verläufen der im Anhang A.4 dargestellten Scherspannungs-Scherweg-Diagramme lässt sich schließen, dass sich die jeweils locker eingefüllten Pulver beim Fließen wahrscheinlich verdichten. Dies legt die Vermutung eines kontraktanten Verhal-tens der Pulverwerkstoffe nahe. Lediglich die in Abhängigkeit des Scherwegs gemesse-nen Schubspannungen bei einer vertikalen Belastung von 200 kPa deuten, insbesondere für die Pulver DCPA-D1 und DCPA-D2, auf ein Fließen unter Volumenzunahme an. Diese beiden Pulverwerkstoffe, die über eine vergleichsweise höhere Schüttdichte verfü-gen, könnten sich bis zum Erreichen der Scherfestigkeit auflockern.

Weiterhin spielt die vor dem Abscheren erfolgte Verfestigung der Pulverwerkstoffe eine Rolle. Durch die Belastung mit einer Normalkraft wird das Pulver verdichtet. Dieser Zustand unterscheidet sich von der Form, in der das Pulver bei den zuvor beschrieben Prüfverfahren vorliegt. Gegenüber der Belastung durch die Schwerkraft wird durch die zusätzliche Krafteinwirkung eine dichtere Packung der Pulverpartikel erzwungen. Die Porosität der Pulverschüttung nimmt ab, sodass sich je nach Pulverwerkstoff die Menge der Pulverpartikel auf einer Fläche und die Anzahl der Partikelkontakte erhöhen können. In der Folge nehmen die interpartikulären Wechselwirkungen zu, die in Summe das Fließverhalten eines Pulvers beeinflussen. Während beispielsweise die Pulverwerkstoffe IGA-B und IGA-C nach dem Öffnen des Auslasses den Trichter verlassen, tritt ein Flie-ßen der im induktiv gekoppelten Plasma verdüsten Pulver unter Wirkung der Schwer-kraft nicht ein. Werden die Pulver jedoch zunächst verdichtet und die Partikel gegenei-nandergedrückt, zeigen die Pulver ICPA-F1 und ICPA-F2 eine bessere Fließfähigkeit.

Abschließend ist der Vollständigkeit halber anzumerken, dass der Einfachscherversuch bzw. das Coulombsche Fließkriterium aufgrund der vergleichsweise hohen Spannungen in der Bodenmechanik und der nicht zu vernachlässigenden Abhängigkeit des Fließver-haltens von der Schüttdichte in der Partikeltechnologie im Allgemeinen keine Anwendung findet [Rum75, Sch09]. Die Durchführung der Untersuchungen ist in dieser Arbeit dennoch von Interesse, da es das Ziel ist, das Fließverhalten der für die laseradditive Fertigung üblicherweise eingesetzten Pulver über einen breiten Spannungsbereich zu verstehen und zu bewerten.

Während die Verformung des Pulvers im Einfachscherversuch durch eine Translationsbewegung erreicht wird, erfolgt im Rotationsschergerät des FT4 POWDER RHEOMETER®s eine Scherverformung durch eine kreisförmige Relativbewegung. Ferner wirken im Vergleich zum Einfachscherversuch deutlich niedrigere Normalspannungen (3 kPa – 9 kPa) auf den Pulverwerkstoff. Bei der Messung der Fließeigenschaften mit beiden Schergeräten handelt es sich um quasistatische Prüfungen, in denen das Pulver stark verdichtet und gewissermaßen in Ruhe ist.

Aus den in Abbildung 6.16 dargestellten Verläufen der Fließorte für jeden Pulverwerkstoff lassen sich mithilfe von Mohrschen Spannungskreisen die Verfestigungsspannung $\sigma_1$ und die Druckfestigkeit $\sigma_c$ ermitteln. Diese Größen dienen zur Bestimmung der **Fließfähigkeit** $ff_c$. Am Schnittpunkt des verlängerten Fließortes mit der $\tau$-Achse ($\sigma = 0$) lässt sich außerdem die **Kohäsion** $\tau_c$ im Pulver ablesen. Sowohl die Fließfähigkeit $ff_c$ als auch die Kohäsion $\tau_c$ sind in Abbildung 6.16 tabellarisch aufgeführt. Bei allen untersuchten Pulverwerkstoffen handelt es sich nach Schulze [Sch09] um frei fließende Pulver, da $ff_c > 10$ gilt. Die Ergebnisse des Scherversuchs zeigen eine bessere Fließfähigkeit der im Gleichstrom-Plasma verdüsten Pulver im Vergleich zu den gasverdüsten und im induktiv gekoppelten Plasma verdüsten Pulverwerkstoffen. Dieses Ergebnis entspricht im Wesentlichen den Resultaten der Einfachscherversuche. Auch die ermittelten Werte für die Kohäsion im Pulver stimmen mit den aus dem Einfachscherversuch berechneten Reibungswinkeln weitestgehend überein.

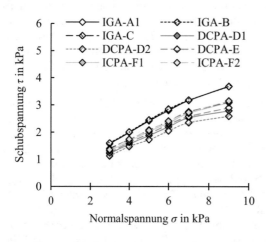

| Pulver | Fließfähigkeit $ff_c$ | Kohäsion $\tau_c$ in kPa |
|--------|-----------------------|--------------------------|
| IGA-A1 | 10,99 | 0,39 |
| IGA-B | 10,13 | 0,42 |
| IGA-C | 11,32 | 0,37 |
| DCPA-D1 | 17,30 | 0,24 |
| DCPA-D2 | 18,00 | 0,23 |
| DCPA-E | 15,33 | 0,27 |
| ICPA-F1 | 14,83 | 0,28 |
| ICPA-F2 | 12,55 | 0,34 |

**Abbildung 6.16:** Scherfestigkeit der Ti-6Al-4V-Pulverwerkstoffe

Zusätzlich zum Scherversuch wird das FT4 POWDER RHEOMETER® für weitere Untersuchungen zur Beurteilung des Fließverhaltens der acht Pulverwerkstoffe verwendet. Um eine Aussage über die **dynamischen Fließeigenschaften** zu treffen, werden die Basis-Fließfähigkeitsenergie $E_{BFE}$, die konditionierte Schüttdichte $\rho_{CBD}$ und die spezifische Energie $E_{SE}$ der Pulver bestimmt. Die Höhe der Basis-Fließfähigkeitsenergie drückt aus, wie viel Kraft benötigt wird, um einen Pulverwerkstoff in Bewegung zu versetzen [Fre07]. Tendenziell deutet ein geringer Wert der Basis-Fließfähigkeitsenergie auf bessere Fließeigenschaften eines Pulverwerkstoffs hin [Cla14]. Die konditionierte Schüttdichte $\rho_{CBD}$ entspricht einer charakteristischen Eigenschaft eines Pulvers. Mit zunehmender konditionierter Schüttdichte steigt die notwendige Kraft an, um ein Pulver zum Fließen zu bringen. Die spezifische Energie $E_{SE}$ stellt ein Maß für die interpartikulären Wechselwirkungen dar und kann als Indikator für die Kohäsion in einem Pulverwerkstoff angesehen werden [Mil16].

In Abbildung 6.17 werden die dynamischen Fließeigenschaften der Pulverwerkstoffe veranschaulicht. Zunächst fällt auf, dass die gemessene konditionierten Schüttdichte $\rho_{CBD}$ den gleichen Trend zeigt wie die in Anlehnung an DIN EN ISO 3923-1 [DIN10a] ermittelte Schüttdichte $\rho_b$ (vgl. Abbildung 6.14). Zur Bewertung der für die Pulver ermittelten Basis-Fließfähigkeitsenergien und der bestimmten spezifischen Energien bedarf es einer ausführlichen Analyse der dargestellten Ergebnisse.

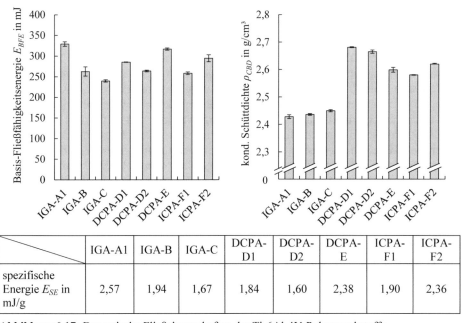

| | IGA-A1 | IGA-B | IGA-C | DCPA-D1 | DCPA-D2 | DCPA-E | ICPA-F1 | ICPA-F2 |
|---|---|---|---|---|---|---|---|---|
| spezifische Energie $E_{SE}$ in mJ/g | 2,57 | 1,94 | 1,67 | 1,84 | 1,60 | 2,38 | 1,90 | 2,36 |

**Abbildung 6.17:** Dynamische Fließeigenschaften der Ti-6Al-4V-Pulverwerkstoffe

Obwohl das gasverdüste Pulver des Anlagenherstellers (A) den niedrigsten Wert für die konditionierte Schüttdichte zeigt, werden die höchste Basis-Fließfähigkeitsenergie und die höchste spezifische Energie ermittelt. Aus diesen Ergebnissen lässt sich schlussfolgern, dass das IGA-A1-Pulver die schlechtesten dynamischen Fließeigenschaften aufweist. Zwischen den einzelnen Pulverpartikeln treten aufgrund der Partikelform und -größe hohe Wechselwirkungskräfte auf, die eine Bewegung dieses Pulverwerkstoffs erschweren und die die Bildung einer gleichmäßigen, dichten Packung der Pulverpartikel verhindern. Im Vergleich zum IGA-A1-Pulver scheinen die interpartikulären Wechselwirkungen im Pulver IGA-B weniger stark ausgeprägt zu sein, was sich in einer geringeren spezifischen Energie widerspiegelt. Allerdings ist auch für den gasverdüsten Pulverwerkstoff des Anlagenherstellers (B) verhältnismäßig viel Kraft notwendig, um dieses Pulver, das über eine relativ geringe konditionierte Schüttdichte verfügt, zum Fließen zu bringen. Auf Basis dieser Ergebnisse zeigt auch das IGA-B-Pulver kein gutes Fließverhalten. Hingegen deuten der niedrigste Wert der Basis-Fließfähigkeitsenergie, die geringe konditionierte Schüttdichte und der niedrige Wert der spezifischen Energie auf ein gutes Fließverhalten des IGA-C-Pulvers hin. Im Vergleich zum Pulverwerkstoff IGA-B sind geringe Haft- und Reibungskräfte zwischen den Pulverpartikeln zu verzeichnen, die nicht nur auf tendenziell größere und regelmäßiger geformte Partikel zurückzuführen sind, sondern vermutlich auch auf einer raueren Oberfläche der Partikel des IGA-B-Pulvers beruhen. Infolge der Vorkonditionierung stellt sich eine dichtere Packung der Partikel im Pulver IGA-C ein. Trotz der höheren konditionierten Schüttdichte setzt das Fließen dieses Pulvers bei geringerer Krafteinwirkung ein.

Da die konditionierte Schüttdichte der gasverdüsten Pulver deutlich geringer ist als die konditionierte Schüttdichte der plasmaverdüsten Pulverwerkstoffe wird auch tendenziell weniger Kraft benötigt, um die einzelnen Pulverpartikel gegeneinander zu bewegen. Dies ist eine mögliche Erklärung dafür, dass die jeweils ermittelte Basis-Fließfähigkeitsenergie der Pulver IGA-B und IGA-C geringer ist als die Basis-Fließfähigkeitsenergien, die für die Pulver der Pulverhersteller (D) und (F) sowie für den Pulverwerkstoff des Drittanbieters (E) bestimmt werden.

Das Pulver DCPA-D1 zeichnet sich durch eine relativ dichte Packung der Partikel aus, was aus der höchsten konditionierten Schüttdichte hervorgeht und u. a. durch das vergleichsweise breite Intervall der Partikelgrößenverteilung zu erklären ist. Aufgrund der hohen konditionierten Schüttdichte und der interpartikulären Wechselwirkungen zwischen den Einzelpartikeln muss viel Kraft aufgewendet werden, um das Fließen des DCPA-D1-Pulvers in Gang zu bringen. Dies zeigt sich sowohl in einer verhältnismäßig hohen Basis-Fließfähigkeitsenergie als auch in einem in mittlerer Größenordnung einzustufenden Wert für die spezifische Energie. Gegenüber dem Pulverwerkstoff DCPA-D1 treten im DCPA-E-Pulver aufgrund der höheren Anzahl an Partikelkontakten höhere Haft- und Reibungskräfte zwischen den Partikeln des Kollektivs auf. Darüber hinaus wird bei geringerer konditionierter Schüttdichte mehr Kraft benötigt, um das Pulver DCPA-E zu bewegen. Das Pulver DCPA-E verfügt im Vergleich zum DCPA-D1-Pulver über ungünstigere dynamische Fließeigenschaften.

Für das gröbere DCPA-D2-Pulver wird die geringste spezifische Energie ermittelt und es wird eine hohe konditionierte Schüttdichte bestimmt. In dem dicht gepackten Pulverwerkstoff wirken vergleichsweise die niedrigsten Haftkräfte, sodass eine verhältnismäßig niedrige Kraft benötigt wird, um die Partikel gegeneinander zu verschieben und das Pulver zum Fließen zu bringen. Insgesamt ergibt sich für das DCPA-D2-Pulver ein gutes Fließverhalten. Diese Beobachtungen entsprechen weitestgehend den Erkenntnissen, die unter Zuhilfenahme der zuvor erläuterten Prüfverfahren gewonnen werden.

Die in Abbildung 6.17 dargestellten Ergebnisse für die durch Plasmaverdüsung hergestellten Pulverwerkstoffe des Herstellers (F) lassen den Schluss zu, dass das ICPA-F1-Pulver über eine mittelmäßige Fließfähigkeit verfügt, während die dynamischen Fließeigenschaften des Pulverwerkstoffs ICPA-F2 als unbefriedigend zu bewerten sind. Letzteres ist dadurch zu begründen, dass zur Bewegung des ICPA-F2-Pulvers mit relativ hoher konditionierter Schüttdichte vergleichsweise viel Kraft benötigt wird. Des Weiteren ist der hohe Wert der spezifischen Energie ein Indikator für nicht zu vernachlässigende Haftkräfte zwischen den Wechselwirkungspartnern des Partikelkollektivs ICPA-F2.

Auch für die Ausprägungen der dynamischen Fließeigenschaften sind die Partikelform und die Partikelgrößenverteilung der Pulverwerkstoffe ausschlaggebend. Es ist festzustellen, dass die zur Bewegung des Pulvers benötigen Kräfte mit größer werdender Breite der Partikelgrößenverteilung sowie mit zunehmender Abweichung der Partikelform von der idealen Kugelgestalt tendenziell ansteigen.

Neben der Basis-Fließfähigkeitsenergie $E_{BFE}$, der konditionierten Schüttdichte $\rho_{CBD}$ und der spezifischen Energie $E_{SE}$ gibt auch die Belüftungsenergie $E_{AE}$ Aufschluss über die dynamischen Fließeigenschaften eines Pulvers. In einem Belüftungstest wird die Fluidisierbarkeit des Pulverwerkstoffs analysiert. Darüber hinaus wird der Druckabfall über dem Pulverbett $\Delta p$ bestimmt. Mithilfe dieser Größe kann eine Aussage über die Permeabilität des Pulverwerkstoffs getroffen werden.

a) b)

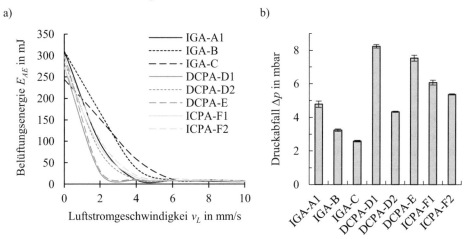

**Abbildung 6.18:** a) Fluidisierbarkeit und b) Permeabilität (bei $\sigma = 15$ kPa) der Ti-6Al-4V-Pulver

Den in Abbildung 6.18 a) skizzierten Verläufen der Belüftungsenergie $E_{AE}$ über der Luftstromgeschwindigkeit $v_L$ ist zu entnehmen, dass bei einer Luftstromgeschwindigkeit $v_L$ von 10 mm/s für alle acht Pulverwerkstoffe eine Belüftungsenergie $E_{AE} < 10$ mJ ermittelt wird. Dies bedeutet, dass jedes der analysierten Pulver in einen fluidisierten Zustand gebracht werden kann. Allerdings dauert es bei der Untersuchung der gasverdüsten Pulver IGA-B und IGA-C länger, diesen Zustand zu erreichen, was aus dem flacheren Verlauf der Kurven dieser beiden Pulverwerkstoffe hervorgeht. Erst bei einer Luftstromgeschwindigkeit $v_L$ von > 6 mm/s sinken die Werte der Belüftungsenergie $E_{AE}$ auf etwa 10 mJ ab. Hingegen deutet der steilere Abfall der Kurvenverläufe für die Pulver DCPA-D1 und DCPA-E darauf hin, dass diese beiden Pulver schon bei niedrigen Luftstromgeschwindigkeiten ($v_L \approx 3$ mm/s) in einen fluidähnlichen Zustand versetzt werden können. Mögliche Ursachen für die Beobachtungen sind die Unterschiede hinsichtlich der Partikelform und der Partikelgrößenverteilung. Während die plasmaverdüsten Pulverwerkstoffe über sehr sphärische Partikel mit Größen im Bereich 10 µm < $x$ < 60 µm verfügen, weisen die gasverdüsten Pulver weniger regelmäßig geformte und einen höheren Anteil größerer Partikel auf, die die Fluidisierbarkeit erschweren. Durch den die Pulverschüttung passierenden Luftstrom wird das Pulver aufgelockert. Die interpartikulären Haftkräfte setzen dieser Auflockerung einen Widerstand entgegen, sodass die Belüftungsenergie als ein Maß für die Kohäsion im Pulver gesehen werden kann. Folglich werden die Partikel der durch Gasverdüsung hergestellten Pulver stärker durch Haftkräfte zusammengehalten als die Pulverpartikel der plasmaverdüsten Pulverwerkstoffe.

Die gasverdüsten Pulverwerkstoffe zeigen gegenüber den plasmaverdüsten Pulvern, mit Ausnahme des Pulvers DCPA-D2, einen geringeren Druckabfall $\Delta p$ über dem Pulverbett. Ein geringerer Druckabfall weist darauf hin, dass die im Pulver eingeschlossene Luft gut entweichen kann. Dies ist gleichbedeutend mit einer hohen Permeabilität des Pulvers. Der geringe Druckabfall bzw. die hohe Permeabilität der durch Gasverdüsung gewonnenen Pulver ist vermutlich auf die geringe Schüttdichte zurückzuführen. Aufgrund der sphärischen und großen Partikel des DCPA-D2-Pulvers verfügt dieser Pulverwerkstoff über weniger Pulverpartikel auf einer bestimmten Fläche und eine geringere Anzahl an Partikelkontakten, was ebenfalls für eine vergleichsweise hohe Porosität der Pulverschüttung spricht und in einer hohen Permeabilität resultiert. Die feineren Pulver DCPA-D1 und DCPA-E nehmen infolge des Schüttvorgangs eine hohe Dichte an. Aufgrund der geringeren Porosität der Pulverschüttungen, ergibt sich ein hoher Druckabfall bzw. eine niedrige Permeabilität dieser Pulverwerkstoffe. Auch bei den im induktiv gekoppelten Plasma verdüsten Pulvern führen die vergleichsweise hohe Schüttdichte und somit die geringere Porosität der Pulverschüttung  zu einer verhältnismäßig niedrigen Permeabilität, wie aus den in Abbildung 6.18 b) dargestellten Werten für den Druckabfall über dem Pulverbett deutlich wird.

Die Permeabilität ist eine Pulvereigenschaft, die möglicherweise auch zur Erklärung der ermittelten Durchflussdauer herangezogen werden kann. Nach dem Öffnen des Auslasses, strömt dem ausfließenden Pulver von unten her Luft entgegen [Sch09]. Da die Luft die gasverdüsten Pulver gut durchdringen kann, wird eine im Vergleich zu den Pulverwerkstoffen DCPA-D1 und DCPA-E kürzere Durchflussdauer bestimmt (vgl. Abbildung 6.11). Aufgrund der niedrigeren Permeabilität stellt die entgegenströmende Luft für diese plasmaverdüsten Pulver einen größeren Widerstand da.

Zuletzt erfolgt eine **optische Beurteilung** $\varphi_{opt}$ des Fließverhaltens der Pulverwerkstoffe. Das Ergebnis dieser Bewertung wird in Abbildung 6.19 a) – h) veranschaulicht. Durch das Anheben des Papiers beginnt das aufgegebene IGA-A1-Pulver nicht zu fließen und fein zu verrutschen. Vielmehr gleitet der gesamte Pulverhaufen unter Bildung von Schollen hinab. Ein ähnliches Bild ergibt sich ebenfalls für die beiden plasmaverdüsten Pulverwerkstoffe des Herstellers (F). Die Pulver ICPA-F1 und ICPA-F2 werden durch die Summe der Haftkräfte im Kollektiv zusammengehalten, welche ein freies Fließen behindern. Obwohl das Aussehen der in Abbildung 6.19 a), g) und h) dargestellten Schüttungen ebenfalls Feuchtigkeit als Ursache für die Agglomeratbildung vermuten lässt, wird kein Feuchtigkeits- bzw. Wassergehalt nach der gewählten Messmethode festgestellt (vgl. Kapitel 6.1.2). In Anlehnung an Spierings et al. [Spi15b] ist das Fließverhalten der Pulver IGA-A1, ICPA-F1 und ICPA-F2 als kritisch bis unzureichend ($\varphi_{opt} = 3 - 4$) einzustufen.

Die im Vergleich zu dem IGA-A1-Pulver höhere Fließfähigkeit der beiden anderen gasverdüsten Pulverwerkstoffe wird auch in Abbildung 6.19 b) und c) dokumentiert. Sowohl das aufgegebene IGA-B-Pulver als auch das abgelegte IGA-C-Pulver beginnen beim Anheben einer Ecke des Papiers sofort zu fließen, wobei sich kaum Agglomerate ausbilden. Das Verhalten der Pulverwerkstoffe lässt sich mit der ermittelten Partikelgrößenverteilung erklären. Die beiden Pulver zeigen eine enge Verteilung, verfügen über einen vergleichsweise geringen Anteil an kleinen Partikeln und sind insgesamt als gröber

zu bezeichnen, was sich begünstigend auf die Fließfähigkeit des Pulverwerkstoffs auswirkt.

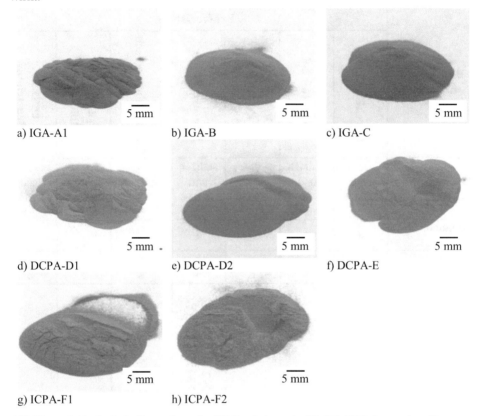

a) IGA-A1      b) IGA-B      c) IGA-C

d) DCPA-D1      e) DCPA-D2      f) DCPA-E

g) ICPA-F1      h) ICPA-F2

**Abbildung 6.19:** Optische Beurteilung des Fließverhaltens der Ti-6Al-4V-Pulverwerkstoffe

Abbildung 6.19 d) – f) zeigt die Ergebnisse der optischen Beurteilung des Fließverhaltens der drei plasmaverdüsten Pulver DCPA-D1, DCPA-D2 und DCPA-E. Die Beobachtungen dieses Fließversuchs bekräftigen die zuvor geschilderten Resultate. Während die
Pulver DCPA-D1 und DCPA-E nach dem Anheben der Ecke des Papiers unter leichter
Ausbildung von Schollen hinabgleiten, fließt das Pulver DCPA-D2 äußerst schnell und
gleichmäßig. Die Ausbildung von Agglomeraten in den Pulverwerkstoffen DCPA-D1
und DCPA-E ist auf Wechselwirkungen im Pulver zurückzuführen, die aufgrund kleiner
und z. T. auch weniger runder Partikel entstehen. Das DCPA-D1-Pulver und der DCPA-
E-Pulverwerkstoff zeigen laut Spierings et al. [Spi15b] eine für die laseradditive Fertigung ausreichende Fließfähigkeit ($\varphi_{opt} = 2$). Ein gutes Fließverhalten ($\varphi_{opt} = 1 - 2$) ergibt
sich für das plasmaverdüste Pulver DCPA-D2 sowie für die durch Gasverdüsung herge-
stellten Pulverwerkstoffe IGA-B und IGA-C [Spi15b]. Im Wesentlichen repräsentiert die
optische Beurteilung der Pulverwerkstoffe die Resultate, die mithilfe der verschiedenen
Prüfverfahren erzielt wurden.

Eine abschließende Gegenüberstellung der zur Bestimmung des Fließverhaltens eingesetzten Prüfverfahren ist Tabelle 6.4 zu entnehmen. Zusammenfassend lässt sich angesichts der gewonnenen Erkenntnisse festhalten, dass die angewendeten Methoden zu im
Detail unterschiedlichen Ergebnissen für ein untersuchtes Pulver führen können.

**Tabelle 6.4:** Bewertung der Verfahren für die Bestimmung der Fließeigenschaften der Ti-6Al-4V-Pulver

| Bewertungskriterium | Prüfverfahren | | | | | | |
|---|---|---|---|---|---|---|---|
| | Durchflussdauer | Schüttwinkel | REVOLUTION POWDER ANALYZER | Hausner-Faktor | Einfachscherversuch | FT4 POWDER RHEOMETER® | optische Beurteilung |
| Bewegungszustand | dynamisch | statisch und dynamisch | statisch und dynamisch | statisch und dynamisch | quasistatisch | statisch bis dynamisch | statisch und dynamisch |
| Spannungszustand | ◑ | ○ | ○ | ◑ | ●● | ○○ bis ● | ○ |
| Messbereich | ● | ● | ● | ● | ● | ● | ● |
| Auflösung | ● | ● | ● | ● | ● | ● | ● |
| Norm (exemplarisch) | DIN EN ISO 4490 [DIN14a] | ISO 4324 [DIN83] | − | $\rho_b$: DIN EN ISO 3923-1 [DIN10a], $\rho_t$: DIN EN ISO 3953 [DIN11] | ASTM D6528-07 [ASTM07] | − | − |
| Informationsgehalt | ○ | ○ | ● | ◑ | ● | ●● | ○○ |
| Reproduzierbarkeit | ◑ | ◑ | ● | ◑ | ● | ● | ◑ |
| Aufwand | ○ | ○ | ● | ◑ | ● | ●● | ○○ |

●●: sehr hoch, ●: hoch, ◑: mäßig, ○: gering, ○○: sehr gering
− : nicht vorhanden

Die größten Unterschiede ergeben sich aus den je nach Prüfverfahren in anderer Höhe auf den Pulverwerkstoff wirkenden Spannungen (vgl. Abbildung 5.6). Ein Pulverwerkstoff, welcher in loser Schüttung oder unter Belastung durch das Eigengewicht eine gute Fließfähigkeit zeigt, besitzt nicht notwendigerweise auch ein günstiges Fließverhalten in (stark) verdichteter Form. Dies wird insbesondere bei einer Betrachtung der Fließeigenschaften des IGA-C-Pulvers deutlich. Wirken nur geringe bis mäßige Spannungen auf den Pulverwerkstoff wie beispielsweise bei der Bestimmung des Lawinen- und Schüttwinkels oder bei der Messung der Durchflussdauer wird eine verhältnismäßig gute Fließfähigkeit beobachtet. Allerdings kann dieses Pulver infolge einer Verdichtung und Verfestigung durch die Belastung mit einer Normalspannung im Scherversuch nur noch relativ schwer zum Fließen gebracht werden. In Bezug auf den Pulverauftrag im laseradditiven Fertigungsprozess ist davon auszugehen, dass der Spannungsbereich, der in Scherversuchen abgedeckt wird, nicht von Relevanz ist, da das Pulver in der Bevorratung in losem oder lediglich leicht verdichtetem Zustand vorliegt (vgl. Kapitel 4.2 ff.).

Aus den Ergebnissen lässt sich weiterhin ableiten, dass auch der Bewegungszustand, in dem sich die untersuchten Pulver während der Messung der Fließeigenschaften befinden, zu berücksichtigen ist. Pulverwerkstoffe, auf die während des Prüfverfahrens Spannungen in gleicher Größenordnung wirken und bei denen die Bestimmung der jeweiligen Kenngröße in ähnlichem Bewegungszustand erfolgt, liefern vergleichbare Resultate für das Fließverhalten. Dies geht u. a. aus der Gegenüberstellung der Schütt- und Lawinenwinkel (vgl. Abbildung 6.13 b)) hervor. Sowohl die Ermittlung des Schüttwinkels als auch die Bestimmung des Lawinenwinkels werden vorgenommen, sobald das Pulver aus einem dynamischen Prozess (Ausfließen aus dem Trichter, Drehung der Trommel) heraus in die Ruhelage gelangt. Im Vergleich zur Bestimmung des Schüttwinkels bietet die Ermittlung des Lawinenwinkels den Vorteil einer weniger fehlerbehafteten Messung.

Alle Verfahren zeigen teilweise zwar nur geringe, aber größtenteils reproduzierbare Unterschiede in den Fließeigenschaften der verschiedenen Pulverwerkstoffe. Sowohl der jeweilige Messbereich als auch die Auflösung eines jeden Verfahrens ermöglichen eine Detektion von geringfügigen Abweichungen und erlauben es, eine Aussage über die Fließfähigkeit der analysierten Pulver zu treffen. Im Vergleich ist das Fließverhalten der durch Verdüsung im Gleichstrom-Plasma hergestellten Pulverwerkstoffe als besser zu bewerten. In allen Prüfverfahren zeigen die Pulver des Herstellers (D) überdurchschnittlich gute Fließeigenschaften, wobei die Fließfähigkeit des DCPA-D2-Pulvers tendenziell günstiger ist. Auch die Fließeigenschaften des IGA-C-Pulvers sind vergleichsweise gut. Trotz der auf den ersten Blick festzustellenden Ähnlichkeit hinsichtlich der Partikelmorphologie und der Partikelgrößenverteilung zwischen den gasverdüsten Pulvern IGA-B und IGA-C sowie zwischen den plasmaverdüsten DCPA-D1- und DCPA-E-Pulverwerkstoffen ist das Fließverhalten der Pulver IGA-B und DCPA-E insgesamt lediglich als befriedigend einzuordnen. Daraus lässt sich schlussfolgern, dass bereits geringe Unterschiede in der Partikelform, im Feinanteil eines Pulvers und/ oder in dessen Oberflächenbeschaffenheit einen Einfluss auf das Fließverhalten haben können. Betrachtet über alle Prüfverfahren ist die Fließfähigkeit der im induktiv gekoppelten Plasma verdüsten Pulver des Herstellers (F) sowie des gasverdüsten Pulverwerkstoffs IGA-A1 relativ zu den anderen untersuchten Pulvern als mäßig bis unzureichend zu bewerten.

Wenngleich die in Tabelle 6.4 aufgeführten Prüfverfahren zur Bestimmung des Fließverhaltens geeignet zu sein scheinen, ist für spezielle Anwendungszwecke gegebenenfalls zu berücksichtigen, dass insbesondere die Analyse des Pulvers mit dem REVOLUTION POWDER ANALYZER sowie die Untersuchungen mithilfe des FT4 POWDER RHEOMETER®s nicht genormt sind. Gegenüber den anderen Prüfverfahren lassen sich mit den genannten Methoden zahlreiche Kenngrößen gewinnen, die Aufschluss über die Fließeigenschaften eines Pulvers geben. So liefern die reproduzierbaren Messungen mithilfe des FT4 POWDER RHEOMETER®s die detailreichsten Ergebnisse und die umfangreichsten Erkenntnisse. Allerdings erfordert die vergleichsweise komplizierte Methode ein hohes Maß an Verständnis der Eigenschaften und des Verhaltens eines Pulverwerkstoffs zur Auswertung und Interpretation der Messergebnisse.

Auch der Durchführung der optischen Beurteilung liegt keine genormte Vorgehensweise zugrunde. Die visuelle Bewertung einer auf ein Papier aufgegebenen Pulvermenge ist mit sehr geringem Aufwand verbunden und vermittelt einen subjektiven Eindruck von dem zu analysierenden Pulverwerkstoff, der weitgehend mit den gewonnenen Erkenntnissen der anderen Prüfverfahren übereinstimmt. Die Beurteilung der Fließfähigkeit des Pulvers basiert allerdings auf Erfahrungen oder kann nur mithilfe von Vergleichen vorgenommen werden.

Mithilfe der genormten Prüfverfahren zur Bestimmung der Durchflussdauer und des Schüttwinkels sowie zur Ermittlung der Schütt- und Klopfdichte lassen sich ein oder mehrere Kennwerte ermitteln, die die Bewertung des Fließverhaltens eines Pulvers ermöglichen. Es ist zu beachten, dass diese Methoden u. a. einem nicht zu vernachlässigendem Einfluss des Prüfers unterliegen, sodass sich die Messergebnisse nur eingeschränkt reproduzieren lassen.

## 6.2  Prozessverhalten der verwendeten Pulver

Die untersuchten Ti-6Al-4V-Pulverwerkstoffe werden im laseradditiven Fertigungsprozess zur Herstellung von Probekörpern eingesetzt. Für die Ausprägung der Bauteileigenschaften ist u. a. die Beschaffenheit des Pulverbetts von Bedeutung. Deshalb wird zunächst die **Packungsdichte** $\rho_p$ des Pulverbetts bei Verwendung der gas- und plasmaverdüsten Pulver analysiert.

Beim Pulverauftrag lassen sich nur in den ersten Schichten geringe Unterschiede hinsichtlich der Homogenität der jeweils auf dem Baufeld verteilten Pulver erkennen. Dies ist vermutlich sowohl auf die charakteristischen Eigenschaften der acht Pulverwerkstoffe zurückzuführen als auch mit der Oberflächenbeschaffenheit der jeweils verwendeten Substratplatte zu begründen. Weiterhin ist bekannt, dass sich in Abhängigkeit der Schüttdichte des Pulvers erst nach dem Auftrag von bis zu zehn oder mehr Pulverschichten eine einheitliche Schichtdicke ergibt [Mei99, Min16]. Nach einigen aufgetragenen Schichten sind mit bloßem Auge keine Unterschiede mehr wahrzunehmen. Es treten bei keinem der verwendeten Pulver Auffälligkeiten wie die Bildung von Riefen, Rillen oder Agglomeraten im Pulverbett auf. Allerdings ist bei der flächigen Verteilung der Pulver IGA-A1, DCPA-D1 und DCPA-E eine vermehrte Staubentwicklung und die Ablagerung feinster Pulverpartikel um die Arbeitsebene herum sowie vor und an der Schutzglasscheibe der Prozesskammertür zu beobachten. Die drei genannten Pulverwerkstoffe besitzen vergleichsweise feinere Partikel (vgl. Abbildung 6.6). Diese kleinen Pulverpartikel werden allem Anschein nach durch die Beschichterbewegung aufgewirbelt, von der Schutzgasströmung fortgetragen und sinken außerhalb des Pulverbetts wieder ab.

Es wird festgestellt, dass die Fließfähigkeit aller untersuchten Pulverwerkstoffe ausreichend ist, um einen flächigen, makroskopisch homogen erscheinenden Pulverauftrag mithilfe der Kohlenstofffaserbürste im laseradditiven Fertigungsprozess umzusetzen. Auch die durch das flexible Pulverauftragssystem eingeleitete Kraft genügt, um das vorgelegte Pulver zum Fließen zu bringen und über das Baufeld zu transportieren. Dabei wird der auf der Arbeitsebene entstandene Leerraum aufgefüllt. Die sich unter Verwendung der acht Pulver über 500 Schichten ergebende Packungsdichte des Pulverbetts ist in Abbildung 6.20 dargestellt.

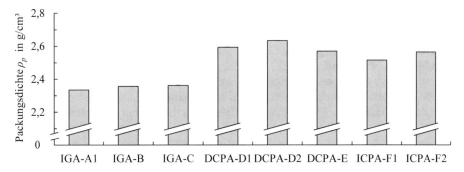

**Abbildung 6.20:** Packungsdichte $\rho_p$ der Ti-6Al-4V-Pulverwerkstoffe

Ein Vergleich dieser Ergebnisse mit den in Abbildung 6.14 aufgetragenen Dichtewerten zeigt zum einen einen ähnlichen Trend in Bezug auf die Größenordnungen der Packungsdichte, die für die durch Gasverdüsung und Plasmaverdüsung hergestellten Pulver ermittelt wird. Zum anderen macht die vergleichende Betrachtung deutlich, dass die Packungsdichte für alle Pulver zwischen der Schütt- und Klopfdichte liegt. Bezogen auf die Ti-6Al-4V-Festkörperdichte ($\rho_s$ = 4,430 g/cm$^3$ [Pet02]) nimmt die relative Packungsdichte $d_p$ der gasverdüsten Pulverwerkstoffe Werte zwischen 52,70 % und 53,33 % an. Für die durch Verdüsung im Gleichstrom-Plasma gewonnenen Pulver ergibt sich eine relative Packungsdichte $d_p$ zwischen etwa 58,02 % und 59,47 %. Die relative Packungsdichte $d_p$ der durch Verdüsung im induktiv gekoppelten Plasma erzeugten Pulver beträgt 56,79 % für den ICPA-F1-Pulverwerkstoff und 57,89 % für das Pulver ICPA-F2. Infolge des Pulverauftrags stellt sich, unter der Annahme, dass der Pulverwerkstoff in der Bevorratung einen der Schüttdichte entsprechenden Packungszustand annimmt, eine leichte Verdichtung des jeweiligen Pulvers um 4 % bis 7 % ein. Eine stärkere Verdichtung der gasverdüsten und im induktiv gekoppelten Plasma verdüsten Pulver gegenüber den Pulverwerkstoffen des Herstellers (D) sowie des Drittanbieters (E) wie sie durch das Klopfen erreicht wird, ist allerdings beim Pulverauftrag nicht zu verzeichnen. Dies lässt den Schluss zu, dass die unterschiedlichen Pulver ein ähnliches Fließverhalten beim Pulverauftrag im laseradditiven Fertigungsprozess aufweisen. Dies entspricht dem optischen Eindruck bei der Beobachtung der Pulverbeschichtung der Arbeitsebene.

Eine ausschließliche Abhängigkeit der sich bildenden Packungsdichte von der Fließfähigkeit scheint für die analysierten Pulver auf den ersten Blick nicht eindeutig vorhanden zu sein. Die Gegenüberstellung der Fließeigenschaften und der Packungsdichte des gasverdüsten Pulvers IGA-C und des plasmaverdüsten Pulverwerkstoffs ICPA-F1 verdeutlichen diese Aussage. Das IGA-C-Pulver verfügt über eine relativ gute Fließfähigkeit, besitzt jedoch eine vergleichsweise geringe Packungsdichte. Für das Pulver ICPA-F1 gilt dieser Sachverhalt in umgekehrter Weise. Dieses Ergebnis stimmt mit den Erkenntnissen von Gu et al. [Gu14] überein, die trotz signifikanter Unterschiede im Lawinenwinkel von drei verschiedenen Ti-6Al-4V-Pulvern zu dem Schluss kommen, dass die Fließfähigkeit nicht ausschlaggebend für die Packungsdichte des Pulverbetts in der laseradditiven Fertigung ist.

Allerdings lässt sich unter Berücksichtigung der zuvor diskutierten Pulvereigenschaften feststellen, dass dennoch ein Einfluss des Fließverhaltens auf die ermittelte Packungsdichte gegeben ist. Insbesondere scheinen die den Fließeigenschaften zugrundeliegenden Pulvercharakteristika, wie beispielsweise Haftkräfte, die Packungsdichte zu beeinflussen. Bei Verwendung der gasverdüsten Pulver ist es, bedingt durch die sich aufgrund der Partikelmorphologie ergebenden interpartikulären Wechselwirkungen, nicht möglich, eine Packungsdichte zu erreichen, die in der Größenordnung der Packungsdichte der plasmaverdüsten Pulver liegt. Eine Gruppierung der im Säulendiagramm in Abbildung 6.20 aufgetragenen Ergebnisse nach Herstellungsverfahren zeigt für die durch Gas- und Plasmaverdüsung gewonnenen Pulver, dass, entsprechend der Herstellung, Pulverwerkstoffe mit vergleichsweise günstigeren Fließeigenschaften tendenziell eine höhere Packungsdichte einnehmen. Das ICPA-F2-Pulver stellt in diesem Zusammenhang eine Ausnahme dar. Dieser Pulverwerkstoff verfügt über eine bimodale Partikelgrößenverteilung, die bekanntermaßen die Fließfähigkeit einschränkt, jedoch das Erreichen einer möglichst dichten Packung begünstigt [Ger89].

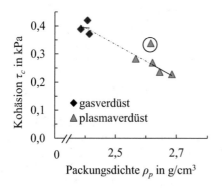
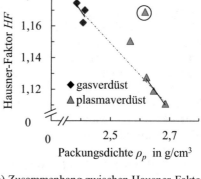

a) Zusammenhang zwischen Kohäsion $\tau_c$ und Packungsdichte $\rho_p$ (statisch, hohe Spannungen)

b) Zusammenhang zwischen Hausner-Faktor $HF$ und Packungsdichte $\rho_p$ (statisch & dynamisch, mittlere Spannungen)

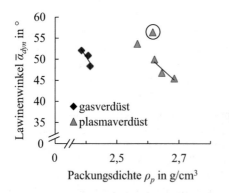
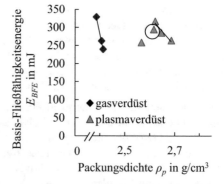

c) Zusammenhang zwischen Mittelwert des Lawinenwinkels $\bar{\alpha}_{dyn}$ und Packungsdichte $\rho_p$ (statisch & dynamisch, geringe Spannungen)

d) Zusammenhang zwischen Basis-Fließfähigkeitsenergie $E_{BFE}$ und Packungsdichte $\rho_p$ (dynamisch, mittlere Spannungen)

**Abbildung 6.21:** Zusammenhang zwischen der Fließfähigkeit und der Packungsdichte $\rho_p$ der Ti-6Al-4V-Pulverwerkstoffe

Um die Beziehung zwischen der Fließfähigkeit und der Packungsdichte näher zu untersuchen, werden die Ergebnisse ausgewählter Prüfverfahren in Abbildung 6.21 a) – d)

über der Packungsdichte der acht Pulverwerkstoffe aufgetragen. Die nach Herstellungsverfahren gruppierten Messwerte werden jeweils mit einer linearen Ausgleichsgerade approximiert. Darüber hinaus wird in Abbildung 6.21 a) und Abbildung 6.21 b) zusätzlich die Gesamtheit der Messpunkte der gas- und plasmaverdüsten Pulver linear angenähert. Die Messwerte für das ICPA-F2-Pulver, die bei dieser Bertachtung nicht berücksichtigt werden, werden durch einen Kreis um den Datenpunkt kenntlich gemacht.

Aus dem in Abbildung 6.21 a) veranschaulichten Zusammenhang zwischen der im Scherversuch ermittelten Kohäsion $\tau_c$ und der Packungsdichte $\rho_p$ geht ein sehr ähnlicher Verlauf der linearen Trendfunktionen für die gas- und plasmaverdüsten Pulver und der alle Datenpunkte approximierenden Ausgleichsgeraden hervor. Dieses Ergebnis ergibt sich auch für die in Abbildung 6.21 b) dargestellte Beziehung zwischen dem Hausner-Faktor $HF$ und der Packungsdichte $\rho_p$ der Pulverwerkstoffe. Unabhängig von dem jeweiligen Herstellungsverfahren der Pulver deutet eine mithilfe der entsprechenden Prüfverfahren ermittelte hohe Fließfähigkeit auf eine hohe Packungsdichte infolge der Pulverbeschichtung hin. Für die untersuchten Pulverwerkstoffe können demnach die Kohäsion $\tau_c$ und der Hausner-Faktor $HF$ als Kenngrößen zur Charakterisierung der Packungsdichte des Pulverbetts infolge des Pulverauftrags herangezogen werden.

Die in Abbildung 6.21 c) und Abbildung 6.21 d) skizzierten Zusammenhänge zwischen dem Mittelwert der Lawinenwinkel $\bar{\alpha}_{dyn}$ und der Packungsdichte $\rho_p$ sowie zwischen der Basis-Fließfähigkeitsenergie $E_{BFE}$ und der Packungsdichte $\rho_p$ zeigen keinen gemeinsamen Trend. Die individuellen Trendfunktionen für die verschieden hergestellten Pulver weisen zwar die bereits zuvor erwähnte Abhängigkeit der Packungsdichte von der Fließfähigkeit auf. Sowohl die durch die Mittelwerte des Lawinenwinkels $\bar{\alpha}_{dyn}$ indizierte Fließfähigkeit als auch die dynamischen Fließeigenschaften (z. B. Basis-Fließfähigkeitsenergie $E_{BFE}$) scheinen aber nicht geeignet zu sein, um die Höhe der Packungsdichte des Pulverbetts für die analysierten Pulver vorherzusagen.

Insgesamt lässt sich aus diesen Erkenntnissen für die untersuchten Pulver ableiten, dass die im Scherversuch und bei der Ermittlung des Hausner-Faktors vorherrschenden Bewegungs- und Spannungszustände, anscheinend die Bedingungen, unter denen sich infolge des Pulverauftrags die Packungsdichte des Pulverbetts ausbildet, besser widerspiegeln. In der auf der Arbeitsebene verteilten Schicht befinden sich die Pulverpartikel zunächst in Ruhe. Während des Pulverauftrags werden durch die Beschichterklinge und durch das von dieser transportierte Pulver Kräfte auf die bereits abgelegten Partikel ausgeübt, die das Pulver vermutlich sowohl vertikal belasten als auch horizontal scheren. Es erfolgen eine Verdichtung und eine Verformung des Pulverwerkstoffs, die jeweils umso größer ist, je geringer die Wechselwirkungen zwischen den Partikeln sind. Dies wiederholt sich beim Auftrag der einzelnen Pulverschichten, vergleichbar mit den Klopfereignissen zur Ermittlung der Klopfdichte.

Neben der zuvor erläuterten Beschaffenheit des Pulverbetts ist auch das Verhalten der Pulverwerkstoffe während der Belichtung von Interesse. Die Wechselwirkungen des Laserstrahls mit dem Pulver prägen die Eigenschaften laseradditiv gefertigter Bauteile. Daher werden im Folgenden Betrachtungen zum **Transmissions- und Absorptionsverhalten** der acht Pulverwerkstoffe ergänzt. Die Ergebnisse der Transmissionsmessungen sind in Abbildung 6.22 visualisiert.

Generell lässt sich erkennen, dass die transmittierte Laserstrahlleistung $P_L(D_{S,eff})$ mit zunehmender Pulverschichtdicke $D_{S,eff}$ der analysierten Proben aller Pulver sinkt. Bei einer Schichtdicke $D_{S,eff}$ von 20 µm ist es für die Pulverwerkstoffe IGA-B, IGA-C, DCPA-D2 und ICPA-F2 aufgrund deren Partikelgrößenverteilung nicht möglich, einen zufriedenstellenden Pulverauftrag mithilfe der Metallklinge zu realisieren. Insgesamt gestaltet sich die flächige Verteilung dieser Pulver bis zu einer Schichtdicke von einschließlich 40 µm schwierig, wodurch sich die relativ großen Abweichungen der Messwerte von der exponentiellen Trendfunktion erklären lassen.

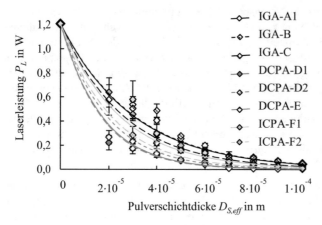

**Abbildung 6.22:** Transmissions- und Absorptionsverhalten der Ti-6Al-4V-Pulverwerkstoffe bei λ = 1064 nm

Die plasmaverdüsten Pulverwerkstoffe weisen mit optischen Eindringtiefen $l_{opt} < 20$ µm ein günstiges Absorptionsverhalten auf. Die höchsten optischen Eindringtiefen ($l_{opt} > 30$ µm) werden für die durch Gasverdüsung hergestellten Pulver ermittelt. In Korrelation zur Packungsdichte des Pulverbetts zeigt sich den Erwartungen entsprechend, dass eine dichtere Packung der Pulverpartikel tendenziell zu einer geringeren Eindringtiefe der Laserstrahlung führt.

Es ist anzumerken, dass Einflüsse auf die Messwerte durch z. B. Umgebungsstrahlung, Reflexionen des Pulvers und thermische Strahlungsemission unter Berücksichtigung der Genauigkeit des eingesetzten Leistungsmessgerätes zu vernachlässigen sind. Auch ist zu erwähnen, dass die Anwendung des Lambert-Beerschen-Gesetzes auf heterogene Medien streng genommen unzulässig ist, da durch Streustrahlung, die zu Mehrfachreflexionen führt, die Absorption deutlich erhöht wird [Rom06]. Aufgrund der Tatsache, dass die experimentellen Untersuchungen den Zweck verfolgen, das Prozessverhalten der Pulverwerkstoffe anzunähern und der Gegenüberstellung der Pulver aus unterschiedlichen Herstellungsverfahren dienen, scheint der gewählte Versuchsaufbau dennoch geeignet. Eine zusammenfassende Beschreibung von Modellen zur Absorption von Laserstrahlung im Pulverbett findet sich u. a. in [Rom06].

## 6.3  Qualität der gefertigten Bauteile

Nach der umfassenden Analyse der Pulvereigenschaften werden die Pulverwerkstoffe zur laseradditiven Fertigung von Probekörpern eingesetzt. Bei den dabei zur Anwendung kommenden Laserparametern handelt es sich um einen zur Verarbeitung des IGA-A1-Pulvers entwickelten Prozessparametersatz (vgl. Tabelle 5.3). Um den Einfluss der Eigenschaften der Pulverwerkstoffe auf die Bauteilqualität zu analysieren, wird auf eine

Variation dieser Parameter verzichtet. Der laseradditive Fertigungsprozess stellt somit eine *Black Box* dar, für den im Rahmen dieses Teils der vorliegenden Arbeit keine weiteren Untersuchungen vorgenommen werden. Zur eindeutigen Zuordnung wird die für die Pulverwerkstoffe eingeführte Benennung für die hergestellten Probekörper in den nachfolgenden Schilderungen beibehalten.

Wie bei den Beobachtungen während des Pulverauftrags sind auch während des Belichtungsprozesses der acht Pulver mit bloßem Auge keine Unterschiede oder Anomalien zu erkennen. Es tritt bei der Belichtung der Pulverwerkstoffe weder eine über das normale Maß hinausgehende Schweißrauchentwicklung auf noch sind ein unruhiges, flackerndes Schmelzbad oder eine vermehrte Bildung von Spritzern festzustellen. Lediglich bei der Verarbeitung der Pulver IGA-A1, DCPA-D1 und DCPA-E kommt es, wie in Kapitel 6.2 bereits beschrieben, zu einer vermehrten Ablagerung feinster Partikel um die Arbeitsebene herum sowie vor und an der Schutzglasscheibe der Prozesskammertür.

## 6.3.1 Dichte und Porosität

Die mithilfe des Archimedischen Prinzips ermittelte **Dichte** $\rho_s$ der im Anschluss an den laseradditiven Fertigungsprozess untersuchten Probekörper ist in Abbildung 6.23 wiedergegeben. Ähnlich den Ergebnissen der Untersuchungen der Pulvereigenschaften ergeben sich nur geringe Abweichungen zwischen den errechneten Dichtewerten. Alle aus den verschiedenen Pulverwerkstoffen hergestellten Probekörper weisen jeweils eine Dichte auf, die den in [EOS11b] aufgeführten Grenzwert von 4,407 g/cm$^3$ überschreitet.

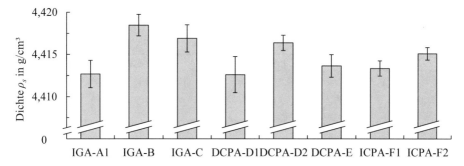

**Abbildung 6.23:** Dichte $\rho_s$ der laseradditiv gefertigten Bauteile aus den Ti-6Al-4V-Pulverwerkstoffen

Für die Probekörper IGA-A1, DCPA-D1 und DCPA-E, die aus Pulverwerkstoffen hergestellt werden, die sich durch einem höheren Anteil an kleineren Partikeln auszeichnen, wird tendenziell eine geringere Dichte bestimmt als für die aus vergleichsweise gröberem Pulver gefertigten Proben IGA-B, IGA-C und DCPA-D2. Bezogen auf die Festkörperdichte der Legierung Ti-6Al-4V ($\rho_s$ = 4,430 g/cm$^3$ [Pet02]) liegt die relative Dichte $d_s$ der analysierten Proben zwischen 99,61 % und 99,74 %.

Abbildung 6.24 a) – h) zeigt die Ergebnisse der Bestimmung der **Porosität** $\phi$ anhand der mithilfe des Lichtmikroskops aufgenommenen Querschliffe der laseradditiv gefertigten Probekörper. Die auf Basis der Mikroskopaufnahmen berechnete Dichte der Proben bewegt sich zwischen 99,30 % und 99,75 %. Der Vergleich der beiden Methoden zur Dichtebestimmung macht deutlich, dass sich für beide Prüfverfahren ein ähnlicher Ergebnistrend ergibt. Die Porositätsmessung anhand der Querschliffe führt jedoch für einige Proben zu vergleichsweise niedrigeren Dichtewerten. Dies ist möglicherweise dadurch zu erklären, dass bei der lichtmikroskopischen Untersuchung angenommen wird, dass der in den einzelnen Schnittebenen ermittelte Porenanteil die Porosität der Probe widerspiegelt. Hingegen wird beim Archimedischen Prinzip die Dichte der Probekörper unter Berücksichtigung des Gesamtvolumens bestimmt. Insgesamt finden sich in allen untersuchten Probekörpern nur wenige Poren, die sowohl in kreisrunder als auch in unregelmäßiger Form in Erscheinung treten. Obwohl die eingesetzten Pulverwerkstoffe über unterschiedliche Eigenschaften verfügen, ist es mithilfe der gewählten Prozessparameter möglich, Bauteile ohne signifikante Porosität laseradditiv zu fertigen.

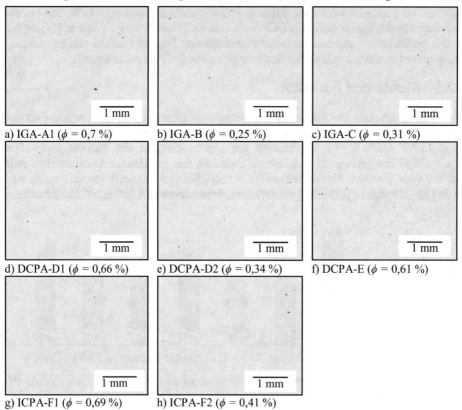

a) IGA-A1 ($\phi = 0{,}7\ \%$)   b) IGA-B ($\phi = 0{,}25\ \%$)   c) IGA-C ($\phi = 0{,}31\ \%$)

d) DCPA-D1 ($\phi = 0{,}66\ \%$)   e) DCPA-D2 ($\phi = 0{,}34\ \%$)   f) DCPA-E ($\phi = 0{,}61\ \%$)

g) ICPA-F1 ($\phi = 0{,}69\ \%$)   h) ICPA-F2 ($\phi = 0{,}41\ \%$)

**Abbildung 6.24:** Porosität $\phi$ der laseradditiv gefertigten Bauteile aus den Ti-6Al-4V-Pulverwerkstoffen anhand exemplarischer Ausschnitte der Querschliffe

Korrelationsanalysen zwischen der Fließfähigkeit und der Packungsdichte $\rho_p$ der Pulverwerkstoffe und der Dichte $\rho_s$ und der Porosität $\phi$ der Bauteile zeigen keine eindeutigen Zusammenhänge. Anders als bei der Ermittlung der Packungsdichte, bei der Pulverschichten übereinander aufgetragen werden, wird das Pulver bei der laseradditiven Fertigung der Probekörper auf einer verfestigten Bauteilschicht abgelegt. Es ist zu vermuten, dass sich dabei eine Anordnung der Pulverpartikel einstellt, die von dem Packungsverhalten der Partikel infolge des Pulverauftrags über 500 Schichten abweicht.

Die ermittelte Packungsdichte $\rho_p$ kann jedoch zur Hilfe genommen werden, um unter Berücksichtigung der gemessenen Dichtewerte $\rho_s$ die effektive Schichtdicke $D_{S,eff}$ nach

Gleichung (2.11) zu berechnen. Diese liegt zwischen 50 µm und 60 µm, wobei die durch Gasverdüsung hergestellten Pulver gegenüber den plasmaverdüsten Pulverwerkstoffen eine höhere effektive Dicke der Pulverschicht aufweisen.

Abbildung 6.25 a) ist der Zusammenhang zwischen dem Transmissionsgrad $T$ und dem Druckabfall $\Delta p$ über dem Pulverbett zu entnehmen. Analog zum Vorgehen bei der Untersuchung der Beziehung zwischen dem Fließverhalten und der Packungsdichte werden die nach Pulverherstellungsverfahren gruppierten Datenpunkte durch eine lineare Trendfunktion angenähert. Zusätzlich erfolgt die lineare Approximation aller acht aufgetragenen Messwerte. Der Transmissionsgrad $T$ gibt die im Transmissionsversuch für die 50 µm bzw. 60 µm dicken Pulverschichten bestimmte Durchlässigkeit für Laserstrahlung wieder (vgl. Abbildung 6.22). Der mithilfe des FT4 POWDER RHEOMETER®s gemessene Druckabfall $\Delta p$ über dem Pulverbett (vgl. Abbildung 6.18 b)) zeigt, als Kenngröße der Permeabilität des Pulvers, die Luftdurchlässigkeit des Pulverwerkstoffs an.

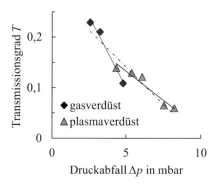
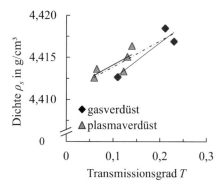

a) Zusammenhang zwischen Transmissionsgrad $T$ und Druckabfall $\Delta p$

b) Zusammenhang zwischen Bauteildichte $\rho_s$ und Transmissionsgrad $T$

**Abbildung 6.25:** Zusammenhang zwischen Prozessverhalten der Ti-6Al-4V-Pulverwerkstoffe und der Bauteildichte

Bei einem hohen Druckabfall über dem Pulverbett, d. h. bei einer geringen Permeabilität des Pulverwerkstoffs, durchdringt bei den betrachteten Schichtdicken von 50 µm und 60 µm weniger Laserstrahlung das Pulver. Infolge des Pulverauftrags der gasverdüsten Pulver IGA-B und IGA-C scheinen sich die Partikel weniger dicht anzuordnen. Hingegen ist davon auszugehen, dass sich bei der flächigen Verteilung der DCPA-D1-und DCPA-E-Pulver Schichten mit höherer Packungsdichte bilden.

Weiterhin ergibt sich zwischen dem Transmissionsverhalten der Pulverwerkstoffe bei $D_{S,eff} \approx 50$ µm - 60 µm und der im laseradditiven Fertigungsprozess erreichten Bauteildichte $\rho_s$ der in Abbildung 6.25 b) dargestellte Zusammenhang. Die analysierten Probekörper weisen tendenziell eine umso höhere Dichte auf, je mehr Laserstrahlung durch die Pulverschicht transmittiert. Dies ist vermutlich auf die gewählten Prozessparameter zurückzuführen. Die Laserparameter sind scheinbar für einen Pulverwerkstoff optimiert, für den eine vergleichsweise geringe Packungsdichte der Partikel in einer Pulverschicht anzunehmen ist. Unter diesen Annahmen würden eine zunehmend unregelmäßige Partikelform (z.B. IGA-A1-Pulver), eine abnehmende Partikelgröße (z.B. DCPA-D1 und DCPA-E-Pulver) und eine ansteigende Packungsdichte zu einer veränderten Absorption und effektiven Wärmeleitfähigkeit des aufgetragenen Pulvers führen. Dies würde möglicherweise in einem zu hohen oder zu niedrigen Energieeintrag bezogen auf das jeweils zu schmelzende Feststoffvolumen resultieren. Die Folge können Poren im laseradditiv gefertigten Bauteil sein, die die Bauteildichte herabsetzen.

## 6.3.2   Chemische Zusammensetzung und Mikrostruktur

Aus den in Tabelle 6.5 zusammengefassten Ergebnissen der Analysen mithilfe von Methoden der Nasschemie und Festkörperanalytik geht hervor, dass die **chemische Zusammensetzung** der laseradditiv gefertigten Probekörper den nach ASTM F2924 [ASTM14d] geforderten Vorgaben entspricht. Allerdings weisen alle Festkörperproben gegenüber dem jeweiligen pulverförmigen Ausgangswerkstoff (vgl. Tabelle 6.3) eine Veränderung der chemischen Zusammensetzung auf.

**Tabelle 6.5:** Chemische Zusammensetzung der laseradditiv gefertigten Bauteile aus den Ti-6Al-4V-Pulverwerkstoffen

| | Metallische und nichtmetallische Legierungsbestandteile in Gew.-% | | | | | | | |
|---|------|------|------|-------|-------|-------|-------|-------|
| | Ti | Al | V | Fe | O | H | N | C |
| IGA-A1 | Rest | 6,22 | 3,94 | 0,17 | 0,113 | 0,003 | 0,027 | 0,009 |
| IGA-B | Rest | 6,36 | 4,17 | 0,19 | 0,131 | 0,003 | 0,021 | 0,009 |
| IGA-C | Rest | 6,13 | 4,18 | 0,17 | 0,117 | 0,002 | 0,021 | 0,010 |
| DCPA-D1 | Rest | 6,37 | 4,11 | 0,20 | 0,162 | 0,002 | 0,018 | 0,012 |
| DCPA-D2 | Rest | 6,22 | 4,04 | 0,21 | 0,156 | 0,003 | 0,021 | 0,009 |
| DCPA-E | Rest | 6,26 | 3,96 | 0,21 | 0,111 | 0,003 | 0,026 | 0,007 |
| ICPA-F1 | Rest | 6,35 | 4,17 | 0,20 | 0,083 | 0,002 | 0,021 | 0,018 |
| ICPA-F2 | Rest | 6,23 | 4,14 | 0,18 | 0,119 | 0,002 | 0,027 | 0,012 |
| Toleranzbereich [ASTM14d] | – | ± 0,4 | ± 0,15 | ± 0,1 | ± 0,02 | ± 0,002 | ± 0,02 | ± 0,02 |

Für die Probekörper, die aus gasverdüsten Pulvern hergestellt werden, ist eine Zunahme des prozentualen Gehalts an Vanadium infolge des laseradditiven Fertigungsprozesses zu beobachten. Die Proben DCPA-D1, DCPA-D2 und DCPA-E zeichnen sich gegenüber den jeweils durch Gasverdüsung und Verdüsung im induktiv gekoppelten Plasma gewonnenen Pulverwerkstoffen durch eine Abnahme des Aluminiumgehalts aus. Es ist anzunehmen, dass Aluminium bei einem zu hohen Energieeintrag verdampft.

Im Vergleich zu dem jeweiligen Pulver ist für alle Probekörper eine Zunahme der prozentualen Gehalte an Kohlenstoff, Stickstoff und Sauerstoff zu verzeichnen. Für die aus gas- und plasmaverdüsten Pulverwerkstoffen laseradditiv gefertigten Proben ist auch ein Anstieg des Wasserstoffgehalts festzustellen. Eine Anreicherung der im laseradditiven Fertigungsprozess erzeugten Schmelze mit C, N, O und H ist möglicherweise auf die im verwendeten Schutzgas enthaltenen Verunreinigungen zurückzuführen sowie auf den Restsauerstoffgehalt, die Umgebungsluft und Feuchtigkeit in der Prozesskammer.

Entsprechend den Pulverwerkstoffen, aus denen die Probekörper laseradditiv gefertigt werden, verfügen die Proben IGA-A1, DCPA-E und ICPA-F1 über einen vergleichsweise niedrigen Sauerstoffgehalt. Die Probekörper DCPA-D1 und DCPA-D2 besitzen hingegen einen verhältnismäßig hohen Gehalt an Sauerstoff.

Die beobachteten Veränderungen der chemischen Zusammensetzung bei der Umwandlung der Pulver in Festkörper liegen innerhalb des in ASTM F2924 [ASTM14d] angegebenen Toleranzbereichs, welcher die maximal zulässigen Abweichungen der chemischen Elemente angibt. Der Vollständigkeit halber ist anzumerken, dass die Streuung der einzelnen Messungen in Tabelle 6.5 nicht aufgeführt wird. Aus diesem Grund entsteht bei einem alleinigen Vergleich der zusammengefassten Zahlenwerte mit den in Tabelle 6.3 dargestellten Analysenergebnisse der Eindruck von über die genannten Veränderungen hinausgehenden Unterschieden. Aus messtechnischer Sicht liegen jedoch keine weiteren signifikanten Abweichungen vor.

Abbildung 6.26 a) – h) veranschaulicht die **Mikrostruktur** der hergestellten Probekörper im unbehandelten Zustand unmittelbar nach dem laseradditiven Fertigungsprozess. Anhand der lichtmikroskopischen Aufnahmen sind keine signifikanten Unterschiede im Gefüge der Festkörper, die aus den verschiedenen Pulvern hergestellt werden, festzustellen.

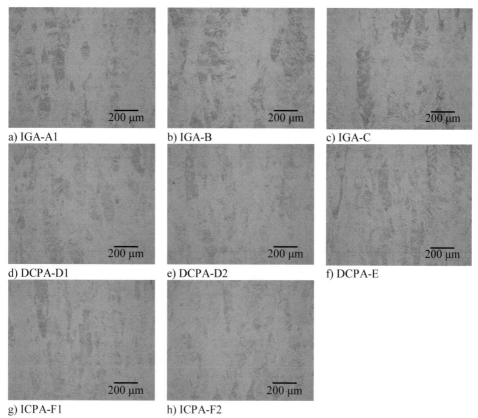

a) IGA-A1          b) IGA-B          c) IGA-C

d) DCPA-D1         e) DCPA-D2        f) DCPA-E

g) ICPA-F1         h) ICPA-F2

**Abbildung 6.26:** Mikrostruktur der laseradditiv gefertigten Bauteile aus Ti-6Al-4V-Pulverwerkstoffen

Alle untersuchten Proben zeigen eine sehr feine lamellare Gefügestruktur mit feinen, kleinen Körnern, die sich während des Fertigungsprozesses ausbildet. Es handelt sich um ein metastabiles Gefüge, bestehend aus α-Ti und/ oder α′-Martensit. Das Gefüge weist insgesamt eine für die laseradditive Fertigung charakteristische Zeilenstruktur auf und zeigt ein Kornwachstum über mehrere Schichten in Aufbaurichtung. Diese Struktur ist sowohl auf den schichtweisen Aufbau der Probekörper als auch auf die im Prozess herrschenden Schmelz- und Abkühlbedingungen zurückzuführen.

### 6.3.3  Oberflächenrauheit

Als ein weiteres Qualitätsmerkmal wird die Oberflächengüte der laseradditiv gefertigten Bauteile betrachtet. Eine Veränderung der Oberfläche, z. B. durch Mikrostrahlen, wird vor der Untersuchung nicht vorgenommen. Die Rauheit der Seitenflächen der im Herstellungszustand analysierten Probekörper sind in Form der **gemittelten Rautiefe $R_z$** und der **arithmetischen Mittenrauheit $R_a$** in Abbildung 6.27 dargestellt.

Die für die gemittelte Rautiefe $R_z$ bestimmten Werte liegen sehr dicht beieinander. Dennoch ist festzustellen, dass an Probekörpern, die aus Pulvern mit gröberen Partikeln ($x_{90} \approx 55$ μm) gefertigt werden, verhältnismäßig höhere $R_z$-Werte gemessen werden. Den Seitenflächen haften größere Pulverpartikel an, sodass bei diesen Proben der Mittelwert der Differenz aus maximal und minimal ermittelten Rauheitswerten größer ist ($R_z > 185$ μm).

Der Vergleich der aufgetragenen arithmetischen Mittenrauwerte $R_a$ der einzelnen Proben zeigt ebenfalls kaum Unterschiede. Zwar ist die Tendenz erkennbar, dass die aus Pulverwerkstoffen mit kleineren Partikeln hergestellten Probekörper über eine bessere Oberflächengüte ($R_a \approx 21$ μm) verfügen. Die Verwendung kleinerer Pulverpartikel führt zu einem gleichmäßigeren Anhaften an der Oberfläche. Insgesamt ist jedoch die mittlere Abweichung der gemessenen Werte zur mittleren Linie des gesamten Rauheitsprofils für alle Probekörper ähnlich.

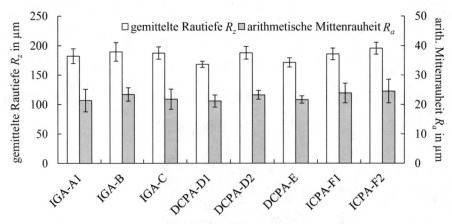

**Abbildung 6.27:** Oberflächenrauheit $R_a$ und $R_z$ der Seitenfläche der laseradditiv gefertigten Bauteile aus Ti-6Al-4V-Pulverwerkstoffen

### 6.3.4  Härte und mechanische Festigkeit

Abschließend werden die Probekörper hinsichtlich der Härte und der statischen Festigkeitseigenschaften analysiert. Zur Bewertung der erhaltenen Ergebnisse ist zu erwähnen, dass auf eine Wärmebehandlung der Proben im Anschluss an den laseradditiven Fertigungsprozess verzichtet wird. Dadurch bleiben ggf. vorhandene Unterschiede der Proben hinsichtlich der mechanischen Festigkeit bestehen.

Das Säulendiagramm in Abbildung 6.28 zeigt die Ergebnisse der Vickers-**Härte**prüfung der Proben. Die gemessenen Härtewerte bewegen sich zwischen 362 HV1 und 392 HV1 und liegen somit im oberen Bereich der in der Literatur für die Ti-6Al-4V-Legierung angegebenen Spanne von 300 HV – 400 HV [Pet02]. Zwischen dem Sauerstoffgehalt der Pulverwerkstoffe bzw. der Festkörper und den ermittelten Härtewerten ergibt sich eine positive Korrelation. Sowohl die zur laseradditiven Fertigung eingesetzten Pulverwerkstoffe IGA-A1, DCPA-E und ICPA-F1 als auch die zugeordneten Probekörper verfügen über einen geringen Sauerstoffgehalt und zeichnen sich durch eine relativ niedrige Härte aus. Der geringste Gehalt an Sauerstoff wird für das ICPA-F1-Pulver bzw. den Probekörper ICPA-F1 mit 0,073 Gew.-% respektive 0,083 Gew.-% bestimmt. Die ICP-F1-Probe weist mit einem Wert von 362 HV1 die niedrigste Härte auf.

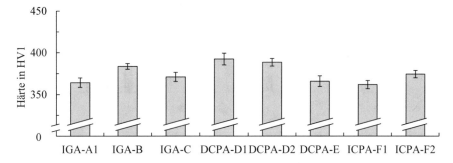

**Abbildung 6.28:** Härte der laseradditiv gefertigten Bauteile aus Ti-6Al-4V-Pulverwerkstoffen

Hingegen wird für die durch Verdüsung im Gleichstrom-Plasma hergestellten Pulverwerkstoffe und die aus diesen Pulvern gefertigten Proben ein vergleichsweise hoher Sauerstoffgehalt von 0,145 Gew.-% und 0,162 Gew.-% (DCPA-D1) bzw. 0,139 Gew.-% und 0,156 Gew.-% (DCPA-D2) festgestellt. Entsprechend werden die vergleichsweise höchsten Härtewerte ermittelt. Die Härte des DCPA-D1-Probekörpers beträgt 392 HV1, die der Probe 389 HV1.

Mithilfe des quasi-statischen Zugversuchs werden die statischen Festigkeitskennwerte **Zugfestigkeit $R_m$, 0,2 %-Dehngrenze $R_{p0,2}$** und **Bruchdehnung $A$** bestimmt. Die ermittelten Kennwerte sind für die analysierten Zugproben in Abbildung 6.29 grafisch aufbereitet. Die Probekörper verfügen über eine hohe Festigkeit und zeigen ein sprödes Materialverhalten. Die Zugfestigkeit liegt, mit Ausnahme der des Probekörpers ICPA-F2, bei $R_m > 1000$ MPa. Die Werte für die Zugfestigkeit aller Proben übersteigen im laseradditiv gefertigten Zustand die nach ASMT F1108 ($R_m > 860$ MPa) [ASTM14b], ASTM F1472 ($R_m > 930$ MPa) [ASTM14c] und ASTM F2924 ($R_m > 895$ MPa) [ASTM14d] geforderten Vorgaben für gegossene, geschmiedete und laseradditiv gefertigte Bauteile. Zwischen der Zugfestigkeit und der Härte der Proben sowie zwischen der Zugfestigkeit und dem Sauerstoffgehalt des Pulvers bzw. der Probekörper ergibt sich ein positiver Zusammenhang. Es ist bekannt, dass im Gefüge von Ti-6Al-4V-Bauteilen gelöster Sauerstoff zu einer höheren Festigkeit führt (vgl. Kapitel 5.1).

Erwartungsgemäß weisen die untersuchten Zugproben eine geringe Bruchdehnung $A$ zwischen 6 % und 7 % auf. Die in ASTM F2924 [ASTM14d] festgeschriebenen Forderungen für die Bruchdehnung $A$ laseradditiv gefertigter Bauteile werden erfüllt außer für den Probekörper DCPA-D2. Allerdings werden die für die Bruchdehnung *A* typischen Werte für im Guss- oder Schmiedeprozess hergestellte Bauteile von > 8 % respektive > 10 % nicht erreicht. Wie die Schilderungen in Kapitel 5.1 belegen, kann durch eine entsprechende Wärmebehandlung der Proben den Anforderungen an die Duktilität dennoch entsprochen werden. Die Duktilität der Probekörper korreliert negativ mit dem Sauerstoffgehalt der Pulver und Festkörper. Somit können die vergleichsweise höhere Bruchdehnung der Probekörper IGA-A1, DCPA-E und ICPA-F1 dem verhältnismäßig niedrigen Gehalt an Sauerstoff im pulverförmigen Ausgangs- bzw. im Festkörperwerkstoff zugeschrieben werden.

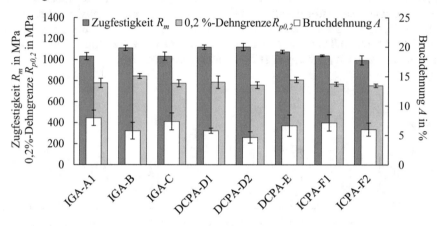

**Abbildung 6.29:** Statische Festigkeit der laseradditiv gefertigten Bauteile aus Ti-6Al-4V-Pulverwerkstoffen

Auffällig ist, dass die ermittelten 0,2 %-Dehngrenzen geringer sind als die nach ASTM F2924 [ASTM14d] für die laseradditive Fertigung von Ti-6Al-4V-Bauteilen geforderte 0,2 %-Dehngrenze von minimal 825 MPa. Niedrige Werte für die 0,2 %-Dehngrenze deuten auf einen frühen Beginn der plastischen Verformung hin und können ein Indikator für eine hohe Duktilität der Bauteile sein. Dies trifft allerdings nicht auf die untersuchten Probekörper zu, sodass ein Messfehler aufgrund der gewählten Geometrie der Proben nicht ausgeschlossen werden kann.

## 6.4   Fazit

Das zur Herstellung des Ti-6Al-4V-Pulvers gewählte Verfahren und die sich anschließenden Vorgänge des Klassierens und Mischens üben einen signifikanten Einfluss auf das Eigenschaftsprofil des Pulverwerkstoffs aus. Zur Fertigung von qualitativ hochwertigen Bauteilen müssen die Pulvereigenschaften an die im Prozess herrschenden Bedingungen angepasst sein.

In Anbetracht der erzielten Ergebnisse sollte ein für die laseradditive Fertigung geeignetes Ti-6Al-4V-Pulver möglichst über sphärische (z. B. $f_{c,\,50} \geq 0,882$), regelmäßig geformte (z. B. $f_{ar,\,50} \geq 0,824$) Partikel mit glatten Oberflächen verfügen. Dies ist insbesondere bei der Verwendung von feinerem Pulver, z. B. mit einer typischerweise vom Hersteller angegebenen Partikelgrößenverteilung von 10 µm – 45 µm (-45/10), von Bedeutung. Bei einer Abweichung von der idealen Kugelgestalt der Partikel ist die Wahl eines vergleichsweise gröberen Pulverwerkstoffs, z. B. mit einer typischerweise vom Hersteller angegebenen Partikelgrößenverteilung von 20 µm – 63 µm (-63/20), zu bevorzugen. Das Pulver sollte eine monomodale Partikelgrößenverteilung besitzen. Auf Basis der gewonnenen Erkenntnisse ist für die betrachteten Ti-6Al-4V-Pulver die engere Partikelgrößenverteilung ($\frac{x_{90,3} - x_{10,3}}{x_{50,3}} \approx 0,5$) der groben Pulverwerkstoffe den feineren Pulvern mit einer größeren Breite der Partikelgrößenverteilung ($\frac{x_{90,3} - x_{10,3}}{x_{50,3}} \approx 0,8$) vorzuziehen. Da die in Materialzertifikaten häufig aufgeführte Beschreibung der Partikelgrößenverteilung eines Pulvers durch die Kennwerte $x_{10,3}$, $x_{50,3}$ und $x_{90,3}$ zu unzutreffenden Annahmen verleitet, wird die zusätzliche Angabe der volumenbezogenen Verteilungssummen- oder Verteilungsdichtekurven als geeignet vorgeschlagen. In Ergänzung zur Durchführung einer Partikelgrößenanalyse mithilfe der Laserbeugung oder der dynamischen Bildanalyse sollten mikroskopische Aufnahmen der Pulverpartikel erstellt werden, um eine möglichst vollständige Charakterisierung der Morphologie und der Partikelgrößenverteilung eines Pulvers sicherzustellen.

Sowohl die Form der Pulverpartikel als auch die Partikelgrößenverteilung wirken sich auf das Fließverhalten des Pulverwerkstoffs aus. Die Fließeigenschaften der untersuchten Pulver zeigen eine starke Abhängigkeit von den Spannungen, denen der Pulverwerkstoff bei dem jeweils eingesetzten Prüfverfahren unterliegt. Neben den Pulvereigenschaften spielt ebenfalls die Belastungsvorgeschichte des Partikelkollektivs eine große Rolle. Sollen, im Sinne einer an den laseradditiven Fertigungsprozess angepassten Charakterisierung des Fließverhaltens, geeignete Prüfverfahren ausgewählt werden, müssen die Spannungszustände während des Pulverauftrags bekannt sein. Es ist davon auszugehen, dass auf die Pulverpartikel des Kollektivs in den verschiedenen Phasen des Beschichtungsvorgangs Normal- und Schubspannungen in unterschiedlicher Höhe wirken. Der Pulverwerkstoff ist entweder in Ruhe und liegt in un- bzw. leicht verdichteter Form mit wenig bis keiner kinetischen Energie vor oder die einzelnen Partikel sind verteilt und in Bewegung. Es ist das Verhalten des Pulvers in Ruhe, beim Übergang vom Ruhe- in den Bewegungszustand, in Bewegung sowie beim erneuten Wechsel aus der Bewegung in die Ruheposition zu erfassen. Während das Pulver bei der Mehrzahl der betrachteten Prüfverfahren zur Ermittlung der Fließfähigkeit ausschließlich einem bestimmten Bewegungs- und Spannungszustand unterliegt, kann bei der Pulveranalyse mithilfe des FT4 POWDER RHEOMETER®s ein breites Spektrum verschiedener Zustände abgebildet werden. Somit liefert dieses Prüfverfahren zwar die meisten Informationen über das Verhalten eines Pulverwerkstoffs, erfordert jedoch auch ein hohes Maß an Verständnis der Partikeltechnologie zur Interpretation der Ergebnisse. Zusammenfassend ist festzuhalten, dass ein für die laseradditive Fertigung geeignetes Ti-6Al-4V-Pulver vorzugsweise über gute Fließeigenschaften über einen weiten Bereich an Spannungs- und Bewegungszuständen verfügen sollte.

Auch die Schüttdichte und die Klopfdichte sind von der Form der Pulverpartikel und der Partikelgrößenverteilung und folglich vom Herstellungsverfahren des jeweiligen Pulvers abhängig. Dies gilt weiterhin für die Packungsdichte des über 500 Schichten erzeugten Pulverbetts. Bei Betrachtung der analysierten Ti-6Al-4V-Pulver, die mit demselben Verfahren hergestellt wurden, ist die Tendenz festzustellen, dass eine höhere Fließfähigkeit eine dichtere Packung der Partikel im Pulverbett begünstigt. Insgesamt korreliert die Packungsdichte des Pulverbetts negativ mit der im Scherversuch bestimmten Kohäsion und dem errechneten Hausner-Faktor. Je geringer die Summe der Haftkräfte im Pulver ist und je weniger sich ein Pulver durch Klopfen verdichten lässt, desto höher ist tenden-

ziell die im laseradditiven Fertigungsprozess erreichbare Packungsdichte des Pulverbetts.

Die Eigenschaften der Bauteile bestätigen die Eignung aller acht untersuchten Pulverwerkstoffe für den Einsatz in der laseradditiven Fertigung. Dabei sind die verwendete
Fertigungsanlage und die gewählten Prozessparameter unbedingt zu berücksichtigen.
Eine stichprobenartige Untersuchung des Einsatzes des ICPA-F2-Pulvers in einer Anlage, bei der die Bereitstellung des Pulvers durch eine trichterförmige Bevorratung erfolgt,
ergibt darüber hinaus, dass sich dieser Pulverwerkstoff mit dem vergleichsweise ungüns-
tigsten Fließverhalten auch unter veränderten Randbedingungen offensichtlich gleichmäßig verteilen und zu dichten Probekörpern verarbeiten lässt. Demnach können auch
Ti-6Al-4V-Pulver, für die nach DIN EN ISO 4490 [DIN14a] keine Durchflussdauer
bestimmt werden kann, erfolgreich im laseradditiven Fertigungsprozess eingesetzt werden. Dies trifft nach Untersuchungen von Hoeges et. al [Hoe16] ebenfalls auf marten-
sitaushärtbares Stahlpulver zu.

Werden Pulverwerkstoffe mit einem voneinander abweichenden Eigenschaftsprofil im
laseradditiven Fertigungsprozess verwendet, stellen sich unterschiedliche Bauteileigenschaften ein. Zwischen den Pulvereigenschaften und den Qualitätsmerkmalen der Bauteile ergeben sich allerdings nur wenige eindeutige Zusammenhänge. Dem Anschein
nach wird die Ausprägung der Bauteileigenschaften von Wechselwirkungen zwischen
den aufgetragenen Pulverpartikeln und der Laserstrahlung dominiert.

Entgegen den ursprünglichen Erwartungen korreliert die Packungsdichte des Pulverbetts,
die sich aus einer hohen Anzahl an übereinander aufgetragenen Schichten ergibt, nicht
mit der Bauteildichte und -porosität. Allerdings ist ein Zusammenhang zwischen der
Packungsdichte einer Pulverschicht bzw. der Anordnung der Partikel auf einer generierten Bauteiloberfläche und der Dichte und Porosität der laseradditiv gefertigten Probekörper zu erkennen. Unter Berücksichtigung der gewählten Prozessparameter bzw. des
sich daraus ergebenden Energieeintrags führt das Schmelzen der weniger dicht gepackten Pulverschichten zur Ausbildung dichterer Bauteile. Es ist anzunehmen, dass umso
mehr Laserstrahlung in der Pulverschicht absorbiert wird, je dichter sich die Partikel
infolge des Pulverauftrags anordnen. Für die laseradditive Fertigung dichter Bauteile ist
somit die Packungsdichte der schichtweise verteilten Ti-6Al-4V-Pulverpartikel ausschlaggebend. Die Prozessparameter sind dafür der Anordnung der Partikel in der Pulverschicht anzupassen. Für die verschiedenen Pulverwerkstoffe wird auf eine Variation
der Prozessparameter verzichtet, da alle Probekörper über eine relative Dichte von
> 99,5 % verfügen. Es ist nicht zu erwarten, dass eine signifikante Steigerung der Bau-
teildichte zu erreichen ist.

Die zuvor beschriebenen Untersuchungen zeigen ferner, dass der chemischen Zusammensetzung des Ti-6Al-4V-Pulvers eine zentrale Bedeutung zukommt. Das Hauptau-
genmerk ist bei der Umwandlung des Pulvers in ein Bauteil auf die Veränderung der
Gehalte an Verunreinigungen zu richten. Eine eindeutige Korrelation ergibt sich zwischen dem Sauerstoffgehalt des Ti-6Al-4V-Pulverwerkstoffs bzw. -Festkörpers und der
Härte sowie den statischen Festigkeitskennwerten. Die Probekörper mit einem niedrigeren Sauerstoffgehalt verfügen über eine geringere Härte und Zugfestigkeit und weisen
eine höhere Bruchdehnung auf. Bezugnehmend auf diese Untersuchungsergebnisse
scheint eine kontinuierliche Kontrolle der chemischen Zusammensetzung, insbesondere
der Elemente O, N und H, zwingend erforderlich. Bei der Verwendung eines Ti-6Al-4V-
ELI-Pulvers (Grade 23) ist zu berücksichtigen, dass dieser Pulverwerkstoff im Anliefe-

rungszustand üblicherweise zwar über einen geringeren Gehalt an interstitiell gelösten Elementen, wie Sauerstoff, verfügt, der maximal zulässige $O_2$-Gehalt jedoch bei ≤ 0,13 % [ASTM14e] liegt. Insgesamt sollte das im laseradditiven Fertigungsprozess eingesetzte Ti-6Al-4V-Pulver über niedrige Gehalte an O, H, N und C verfügen. Weiterhin sollte der Ti-6Al-4V-Pulverwerkstoff trocken sein, d.h. dass der Wassergehalt so gering ist, dass dieser nicht nachweisbar ist oder dass die Feuchtigkeit unterhalb eines Grenzwertes von 0,025 % [Uhl15] liegt.

Die im Rahmen der Analyse der verschiedenen Pulverwerkstoffe erarbeiteten Zusammenhänge zwischen der Bauteilqualität, dem laseradditiven Fertigungsprozess und den Pulvereigenschaften sind in Abbildung 6.30 skizziert. Auch sind in dieser Darstellung die zu messenden Eigenschaften hervorgehoben und die zuvor erläuterten Anforderungen an ein Ti-6Al-4V-Pulver aufgezeigt.

Ein Pulverwerkstoff verfügt über eine Vielzahl einzelner Partikel mit charakteristischen Eigenschaften. Das Verhalten des gesamten Partikelkollektivs ist folglich eine von den individuellen Partikeleigenschaften abhängige, komplexe Funktion. Aus den Ergebnissen der Untersuchungen geht hervor, dass zur Bestimmung des Eigenschaftsprofils eines Pulvers weder die Beurteilung eines isoliert betrachteten Merkmals noch der Einsatz eines einzelnen Prüfverfahrens ausreichend ist.

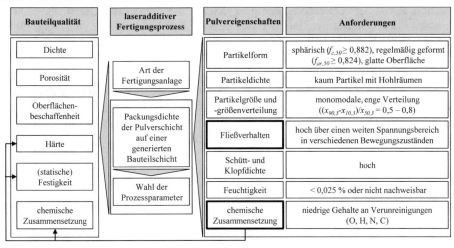

⊳: Einfluss; →: eindeutiger Zusammenhang; ☐: zu messende Pulvereigenschaft

**Abbildung 6.30:** Ergebnisse der Untersuchungen zur Eignung von Ti-6Al-4V-Pulverwerkstoffen für die laseradditive Fertigung

Für eine vollumfängliche Qualitätssicherung des Ti-6Al-4V-Pulverwerkstoffs empfiehlt sich die Kombination der verschiedenen Methoden zur Ermittlung der Partikelform, der Porosität der Pulverpartikel, der Partikelgrößenverteilung, des Fließverhaltens und der chemischen Zusammensetzung sowie der Feuchtigkeit. Bei der Auswahl des jeweiligen Prüfverfahrens spielen sowohl der Informationsgehalt als auch der Kosten- und Zeitaufwand eine Rolle. Ob eine umfassende Analyse des Pulverwerkstoffs erforderlich ist, hängt von dem beabsichtigten Anwendungszweck der Bauteile ab.

Die Bestimmung der Durchflussdauer nach DIN EN ISO 4490 [DIN14a] wird aufgrund der Einfachheit und Wirtschaftlichkeit als geeignetes Verfahren erachtet für vergleichende Analysen, z. B. im Rahmen einer laufenden Qualitätssicherung. Da sich Veränderungen der Partikelmorphologie und Partikelgrößenverteilung auf die Durchflussdauer des Pulvers auswirken, lassen sich Abweichungen gegenüber einer Referenz detektieren. Ebenso sind Unterschiede zwischen Produktionslosen vor dem Einsatz im laseradditiven Fertigungsprozess festzustellen. Die optische Beurteilung des Fließverhaltens stellt dazu eine nicht genormte Alternative dar.

Im Gegensatz dazu wird die vergleichsweise aufwändigere Pulveranalyse mithilfe des FT4 POWDER RHEOMETER®s für die Charakterisierung und Bewertung von neu entwickelten Pulverwerkstoffen oder für detaillierte Untersuchungen von Pulvern vorgeschlagen, bei deren Prüfung oder Verarbeitung Auffälligkeiten auftreten. Die kontinuierliche Überwachung der chemischen Zusammensetzung bzw. die regelmäßige Bestimmung des Sauerstoffgehalts des Ti-6Al-4V-Pulvers wird zur Sicherstellung der Bauteilqualität dringend empfohlen. Ein Wechsel der für die laufende Qualitätssicherung gewählten Prüfverfahren ist zu vermeiden, um die Vergleichbarkeit der erzielten Ergebnisse zu gewährleisten.

Eine an den laseradditiven Fertigungsprozess angepasste Charakterisierung des Pulverwerkstoffs wird durch die verschiedenen Spannungs- und Bewegungszustände beim Pulverauftrag erschwert. Zusätzlich ist die Beschaffenheit einer aufgetragenen Pulverschicht u. a. von der verwendeten Fertigungsanlage, wie der in der Prozesskammer herrschenden Schutzgasströmung und der verwendeten Beschichterklinge, abhängig. Daher wird zur Bewertung des Pulverauftragsverhaltens ein Beschichtungstest unter Verwendung der einzusetzenden Fertigungsanlage angeregt.

Abschließend ist anzumerken, dass die dargestellten Ergebnisse und Erkenntnisse für die im Rahmen dieser Arbeit untersuchten Ti-6Al-4V-Pulver gelten. Es ist zwar davon auszugehen, dass sich die Resultate in Auszügen auch auf andere Pulverwerkstoffe übertragen lassen. Eine ganzheitliche Übertragung ist hingegen nicht zulässig und zunächst zu überprüfen.

# 7 Pulverauftrag in der laseradditiven Fertigung

Der schichtweise Auftrag des Pulverwerkstoffs stellt einen wesentlichen Prozessschritt in der laseradditiven Fertigung dar, in dem u. a. das verwendete Pulverauftragssystem und die gewählte Pulverauftragsgeschwindigkeit sowohl für die Beschaffenheit des Pulverbetts und die Bauteilqualität als auch für die Produktivität des Prozesses ausschlaggebend sind. Nachfolgend werden die Analysen ausgewählter Einflussfaktoren im Prozessschritt des Pulverauftrags (vgl. Kapitel 4) beschrieben (vgl. Abbildung 7.1). Mit den durchgeführten numerischen und experimentellen Untersuchungen wird das Ziel verfolgt, das Verständnis des Pulverauftragsprozesses zu erweitern sowie die Wechselwirkungen zwischen der flächigen Pulververteilung, der erreichbaren Packungsdichte des Pulverbetts und den Qualitätsmerkmalen der Bauteile zu erfassen.

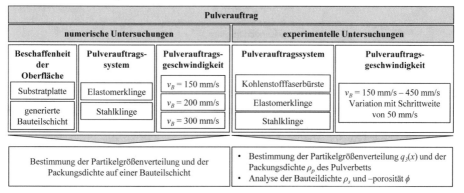

**Abbildung 7.1:** Methodisches Vorgehen zur Untersuchung des Pulverauftrags in der laseradditiven Fertigung

## 7.1 Numerische Untersuchungen zum Pulverauftrag

Zur numerischen Untersuchung des Pulverauftrags wird in dieser Arbeit die *Diskrete-Element-Methode* (DEM) eingesetzt. Es handelt sich um ein numerisches Verfahren, mithilfe dessen das Verhalten eines aus einer diskreten Anzahl an Partikeln bestehenden Systems durch die Summe einer Vielzahl von Kontaktereignissen beschrieben wird [Cun79]. Neben einzelnen Partikelkontakten ergeben sich zusätzlich Kontaktereignisse zwischen Partikeln und Geometrieelementen [Wei12]. Die DEM basiert auf dem wiederholten Lösen der Newton'schen Bewegungsgleichungen

$$m_i \cdot \ddot{\vec{x}_i} = \sum \vec{F}_i \qquad \text{und} \qquad J_i \cdot \dot{\vec{\omega}_i} = \sum \vec{M}_i \quad . \qquad \text{(7.1) und (7.2)}$$

Durch diese werden die Position und die Geschwindigkeit jedes einzelnen Partikels und auch die jeweils auf die Partikel wirkenden Kräfte und Momente berechnet [Hop07]. An den Partikeln angreifende Kräfte ergeben sich durch Oberflächen- und Feldkräfte und durch virtuelle Überlappungen zwischen einzelnen Partikeln sowie zwischen Partikeln und der Umgebung.

Abbildung 7.2 zeigt den der DEM zugrundeliegenden Berechnungszyklus. Die Berechnung erfolgt in Zeitschritten, die so zu wählen sind, dass Störungen innerhalb dieses

© Springer-Verlag GmbH Deutschland, ein Teil von Springer Nature 2018
V. Seyda, *Werkstoff- und Prozessverhalten von Metallpulvern in der laseradditiven Fertigung*, Light Engineering für die Praxis, https://doi.org/10.1007/978-3-662-58233-6_7

Zeitschritts nur von einem Partikel zum nächst gelegenen gelangen können [Cun79, Weh09]. Weiterhin werden die Geschwindigkeiten und Beschleunigungen während eines Zeitschrittes als konstant angenommen [Cun79].

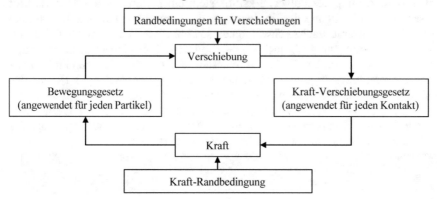

**Abbildung 7.2:** Berechnungszyklus der DEM in Anlehnung an [Has14, Wan17, You06]

1979 von Cundall und Strack für die Untersuchung von Spannungsverläufen in Sand bei quasistatischer Belastung entwickelt [Cun79], wird die DEM seitdem in zahlreichen Bereichen eingesetzt. Als typische Anwendungsgebiete sind u. a. die Geotechnik [Das07, Koc07], die Pulvermetallurgie [Roj01, Won09], der Bereich der Füll-, Misch- und Dosiertechnik [Agr97, Bie09, Fin05, Por06] und das Gebiet der Pulverkompaktierung [Mar03, Ran00, Red01, Sin07] zu nennen. Die Beschreibung des Verhaltens von Pulvern in der (laser-) additiven Fertigung mithilfe der DEM ist erst in der Fachliteratur der jüngeren Vergangenheit zu finden und war bislang lediglich vereinzelt Gegenstand von Forschungsfragen (vgl. [Dri15, Hae16, Her15, Mar15, Min16, Par13a, Par13b, Par16, Ste16, Xia16]). Die vorliegende Arbeit grenzt sich u. a. durch die Fokussierung auf den laseradditiven Fertigungsprozess, durch die Betrachtung des Auftrags bzw. der Beschaffenheit einer einzelnen Pulverschicht, durch die vorgenommene Modellbildung und durch die verwendete Software zur Implementierung des Modells und zur Simulation des Pulverauftrags von den veröffentlichten Inhalten ab.

Sowohl bei der nachfolgend beschriebenen Modellbildung als auch bei der Umsetzung des entwickelten Modells mithilfe der DEM wird keine exakte Abbildung des realen Pulverauftragsprozesses angestrebt. Vielmehr wird beabsichtigt, das Verhalten der einzelnen Pulverpartikel während des Pulverauftrags anzunähern und Erkenntnisse über die Beschaffenheit des Pulverbetts in einer einzelnen Schicht zu gewinnen.

### 7.1.1 Systembeschreibung und Modellbildung

Zur Beschreibung des Pulverauftrags wird ein mechanisches Modell des laseradditiven Fertigungsprozesses aufgestellt. In diesem Modell werden die zwischen den einzelnen Pulverpartikeln und die zwischen den Partikeln und der Umgebung wirkenden Kraftgesetze erfasst sowie die mikromechanischen Gesetzmäßigkeiten der Haftung von Partikeln berücksichtigt.

Zum Zwecke der Modellbildung wird der Vorgang des Auftrags einer Pulverschicht in verschiedene Teilprozesse unterteilt, die Abbildung 7.3 zu entnehmen sind. Die Gegebenheiten, die vor und während des Pulverauftrags, zu Beginn der Belichtung und während des Aufheizens des Pulverwerkstoffs bis zum Erreichen der Schmelztemperatur und bei der Partikelanordnung infolge der erneuten Verteilung des Pulvers herrschen, werden detailliert beschrieben. Darüber hinaus werden die in den jeweiligen Teilprozessen auftretenden physikalischen Zusammenhänge mathematisch formuliert. Der den Schmelzvorgang des flächig verteilten Pulverwerkstoffs beinhaltende Teilprozess wird im Rahmen der Untersuchungen nicht betrachtet.

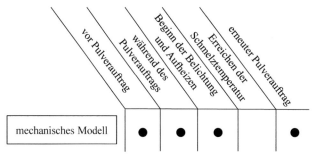

**Abbildung 7.3:** Mechanisches Teilmodell und dazugehörige Teilprozesse in der laseradditiven Fertigung

### 7.1.1.1   Kraftgesetze vor Pulverauftrag

Vor dem Pulverauftrag liegt der Pulverwerkstoff in der Bevorratung in nicht verfestigter, wenn auch in z. T. leicht verdichteter Form vor. In diesem Zustand werden keine Kräfte von außen auf das Pulver ausgeübt, sodass die Pulverpartikel des Kollektivs nur durch das Eigengewicht der Pulverschüttung belastet werden. Auf das Kollektiv wirkt vor allem die Gewichtskraft der einzelnen Partikel, die sich unter Berücksichtigung der Partikelmasse $m$ bzw. der Festkörperdichte $\rho_s$, der Erdbeschleunigung $g$ und des Partikelradius' $r$ der Pulverpartikel zu

$$F_G = m \cdot g = \rho_s \cdot g \cdot \frac{4}{3} \cdot \pi \cdot r^3 \tag{7.3}$$

ergibt. Das Eigengewicht der Pulverschüttung, das aus der Summe der Gewichtskräfte $F_G$ der $n$ Pulverpartikel in der Bevorratung resultiert, lässt sich mithilfe einer über die Tiefe der Bevorratung veränderliche Spannung $\sigma_G(z)$ annähern:

$$\sigma_G(z) = \frac{\sum F_G}{A_{Bevorratung}} = \frac{n(z) \cdot \rho_s \cdot g \cdot \frac{4}{3} \cdot \pi \cdot r^3}{A_{Bevorratung}} \quad . \tag{7.4}$$

Durch $A_{Bevorratung}$ wird die Grundfläche der Bevorratung angegeben. Während das Eigengewicht des bevorrateten Pulvers für die oben liegenden Partikel nicht von Bedeutung ist, führen die mit zunehmender Tiefe der Bevorratung ansteigenden Gewichtskräfte zu einer leichten Verdichtung des im unteren Bereich befindlichen Pulverwerkstoffs.

Da sich die Pulverpartikel in der Bevorratung in einem Abstand von wenigen Nanometern zueinander befinden und einander sowie die umgebenden Wände berühren, treten weiterhin Haftkräfte zwischen den Kontaktpartnern auf. Die verschiedenen Wechselwirkungsmechanismen wurden bereits in Kapitel 2.2.1.3 vorgestellt. Für das betrachtete System ist davon auszugehen, dass die in Abbildung 2.7 veranschaulichten Oberflächen- und Feldkräfte, wie van-der-Waals-Kräfte und elektrostatische Kräfte, die Partikelhaftung dominieren. Zur Vereinfachung werden allerdings die elektrostatischen Kräfte außer Acht gelassen, da diese Kräfte nur bei einer Aufladung des Pulvers auftreten und in dicht gepackten Pulvern gegenüber van-der-Waals-Kräften vernachlässigbar sind [Mül10]. Unter der Annahme eines nicht durch Feuchtigkeit beeinflussten Pulverwerkstoffs mit sphärischen und noch nicht geschmolzenen Partikeln ist auch eine Haftung der Partikel durch Materialbrücken oder formschlüssige Verbindungen auszuschließen. Derartige Materialbrücken treten beispielsweise erst infolge des Schmelzvorgangs durch die Bildung von Sinterhälsen zwischen den Pulverpartikeln auf.

Dementsprechend wirkt zwischen den Partikeln in erster Linie die vom Partikelabstand $a$ abhängige van-der-Waals-Kraft $F_{vdW, P}$. Diese ergibt sich für $a \ll r$ zu:

$$F_{vdW, P} = - \frac{C_H \cdot r_{1,2}}{12 \cdot (a - h_k)^2} \quad \text{[Tom09]}. \tag{7.5}$$

$C_H$ ist die Hamaker-Konstante, die von Schubert [Sch03a] für metallische Werkstoffe zu $C_H = (15 - 50) \cdot 10^{-20}$ J angegeben wird. Der mittlere Radius $r_{1,2}$ lässt sich mithilfe der Partikelradien $r_1$ und $r_2$ der Kontaktpartner zu

$$r_{1,2} = \frac{2 \cdot r_1 \cdot r_2}{r_1 + r_2} \tag{7.6}$$

berechnen [Flo15]. Unter der Kontaktabplattung $h_k$ wird der Abstand bzw. die Überlappung zweier Partikeloberflächen verstanden [Tom03]. Wirkt eine Kraft $F$ auf die Pulverpartikel, rücken deren Mittelpunkte zusammen, sodass sich die Abplattung erhöht. Abbildung 7.4 a) zeigt die Kontaktabplattung zweier Partikel unter Belastung.

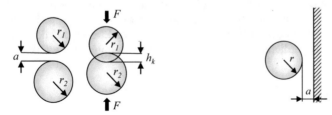

a) Kontaktabplattung zweier Partikel unter Belastung [Tom09]

b) Adhäsion zwischen Partikel und ebener Oberfläche [Sch03a]

**Abbildung 7.4:** Adhäsionskräfte zwischen Wechselwirkungspartnern

Auch zwischen Partikeln und ebenen Oberflächen treten bei einem bestimmten Abstand $a$ Wechselwirkungen auf (vgl. Abbildung 7.4 b)). Zusätzlich zu den Kräften zwischen den einzelnen Pulverpartikeln wirkt entsprechend zwischen den wandnahen Pulverpartikeln und den Wänden der Bevorratung eine van-der-Waals-Kraft $F_{vdW, W}$, für die

$$F_{vdW, W} = - \frac{C_H \cdot r}{6 \cdot (a - h_k)^2} \tag{7.7}$$

gilt [Rum01, Sch03a]. Anstelle des mittleren Partikelradius' $r_{1,2}$ wird bei der Berechnung der van-der-Waals-Kraft $F_{vdW, W}$ zwischen Pulverpartikel und Oberfläche der Radius $r$ des wandnahen Partikels vor dem Kontakt verwendet.

Aus der bei einem Abstand $a \ll r$ wirkenden Haftkraft zwischen den Wechselwirkungspartnern ergibt sich eine Kontaktabplattung, die zu einer Erhöhung der Normalkraft $F_N$ führt. Um die Normalkraft zu berechnen, existieren zahlreiche Modelle. Der Kontakt zwischen zwei Kugeln stellt eine klassische Aufgabe der Kontaktmechanik dar und wird nach Hertz durch ein rein elastisches Materialverhalten ohne das Auftreten von Haftkräften beschrieben [Her81]. In den Modellen nach Derjaguin, Müller und Toropov (DMT-Modell) oder nach Johnson, Kendall und Roberts (JKR-Modell) wird die Hertz'sche Modellvorstellung um eine zusätzliche Haftkraft erweitert [Der75, Joh71, Joh85]. Unter Berücksichtigung der van-der-Waals-Kraft $F_{vdW,\,0}$ ohne Kontaktabplattung ($h_k = 0$) ergibt sich für die Normalkraft $F_N$ der Zusammenhang

$$F_N = \frac{4}{3} \cdot E^* \cdot \sqrt{r_{1,2} \cdot h_k^3} \; - \; F_{vdW,0} \qquad \text{[Kru07b, Tom09].} \tag{7.8}$$

$E^*$ bezeichnet die mittlere Partikelsteifigkeit, die sich zu

$$E^* = \frac{E_1}{1 - v_1^2} + \frac{E_2}{1 - v_2^2} \tag{7.9}$$

errechnet [Flo15].

### 7.1.1.2 Kraftgesetze während des Pulverauftrags

Zum Pulverauftrag muss der vorgelegte Pulverwerkstoff aus der Ruhelage heraus in Bewegung versetzt werden. Dies wird durch die durch das Pulverauftragssystem aufgebrachte Scherkraft $F_B$ erreicht. Die herrschenden Kräfte zwischen dem Pulverauftragssystem und den einzelnen Pulverpartikeln führen zur Umordnung der Partikel und resultieren in der flächigen Verteilung des Pulvers während der Fahrt der Beschichtereinheit über die Arbeitsebene.

Die durch die Beschichterklinge von außen aufgeprägte Kraft führt neben einer Erhöhung der Normalkraft durch eine zunehmende Kontaktabplattung zu einer auf die Partikel wirkenden Kraft in Tangentialrichtung, die sich infolge von Reibung einstellt. Die Tangentialkraft lässt sich in Abhängigkeit der Coulomb'schen Reibkraft ausdrücken [Tom09]. Da die beim Auftrag einer Pulverschicht auftretenden Abgleitwege größer sind als die kritische Kontaktverschiebung, gilt für die Reibkraft $F_{R,C}$ nach Coulomb

$$F_{R,C} = \mu_i \cdot \left( \frac{4}{3} \cdot E^* \cdot \sqrt{r_{1,2} \cdot h_k^3} - F_{vdW,P} + F_B \right), \tag{7.10}$$

wobei $\mu_i$ den inneren Reibungskoeffizienten darstellt und $F_B$ der durch das Pulverauftragssystem aufgebrachten Kraft entspricht.

Die bei der Beschichtung zwischen dem Pulver und der Substratplatte entstehende Reibung $F_{P,\,SP}$ lässt sich entsprechend durch

$$F_{P,SP} = \mu_{P,\,SP} \cdot \left( \frac{4}{3} \cdot E^* \cdot \sqrt{r_{1,2} \cdot h_k^3} - F_{vdW,SP} + F_B \right) \tag{7.11}$$

beschreiben. Durch die Kraft $F_{vdW,\,SP}$ wird die van-der-Waals-Kraft aufgegriffen, die zwischen den Partikeln des Pulverwerkstoffs und der Substratplatte wirksam ist und die sich nach Gleichung (7.7) berechnen lässt. Die Tangentialkraft $F_{P,\,B}$ zwischen den Pulverpartikeln und dem Pulverauftragssystem lässt sich analog durch

$$F_{P,B} = \mu_{P,B} \cdot \left( \frac{4}{3} \cdot E^* \cdot \sqrt{r_{1,2} \cdot h_k^3} - F_{vdW,B} + F_B \right) \tag{7.12}$$

ausdrücken. Mit $F_{vdW,\,B}$ wird die zwischen den Partikeln und der Beschichterklinge herrschende Haftung durch van-der-Waals-Kräfte berücksichtigt. Sowohl der Reibungskoeffizient zwischen den Pulverpartikeln und der Substratplatte $\mu_{P,\,SP}$ als auch der Reibungskoeffizient zwischen den Partikeln und der eingesetzten Klinge des Pulverauftragssystems $\mu_{P,\,B}$ sind unbekannt und werden im Folgenden experimentell ermittelt.

Bedingt durch den Rollwiderstand von zwei sich aufeinander abwälzenden Partikeln ergibt sich zusätzlich zur bereits beschriebenen Reibung eine weitere tangentiale Kraft. Die entstehende Rollreibung ist entweder auf Mikrorauheiten auf der Partikeloberfläche oder auf die Deformation der Partikel durch die Kontaktabplattung unter der Normalbelastung zurückzuführen [Tom09]. Zur Berechnung der Rollwiderstandskraft $F_{RW}$ können die für die Reibkraft voranstehend aufgeführten Zusammenhänge nach Gleichung (7.8) – (7.10) herangezogen werden. Dabei ist der Reibungskoeffizient $\mu_i$ durch den Rollwiderstandskoeffizienten $\mu_R$ zu ersetzen. Nach Tomas [Tom09] liegt die Rollwiderstandskraft $F_{RW}$ bei etwa einem Zwanzigstel des Werts der Coulomb-Reibkraft $F_R$.

Darüber hinaus ist zu erwähnen, dass es während des Pulverauftrags zu teilplastischen Stößen zwischen den Pulverpartikeln kommt. Dies resultiert in einer Energiedissipation, die in der Literatur oft durch ein Dämpferelement angenähert wird (vgl. u. a. [Cun79, Hua98, Lun02, Xu97]).

### 7.1.1.3    Beginn der Belichtung und Aufheizen des Pulverwerkstoffs

Liegt der Pulverwerkstoff in einer Schicht auf der Arbeitsebene vor, erfolgt die lokale Belichtung und das der Laserstrahlung ausgesetzte Pulver erwärmt sich. Durch die Einwirkung des Laserstrahls auf die Pulverpartikel ergibt sich ein Impuls $p$, für den nach den Gesetzmäßigkeiten der elektromagnetischen Optik

$$p = \frac{E_L}{c} \tag{7.13}$$

gilt [Sal08]. $E_L$ bezeichnet die Energiedichte pro Volumeneinheit und $c$ gibt die Lichtgeschwindigkeit im Vakuum an.

Die Wellenlänge des in der laseradditiven Fertigung eingesetzten Lasers beträgt $\lambda = 1070$ nm, sodass sich ein Impuls von $p = 6{,}2 \cdot 10^{-28}$ Ns auf die Pulverpartikel bildet. Eine Untersuchung von Sigl [Sig08] zur Einwirkung eines Elektronenstrahls auf ein Metallpulver mit einem Impuls von $p = 1{,}79 \cdot 10^{-22}$ Ns zeigt keine impulsbedingten Partikelbewegungen. Im Vergleich ist der von der Laserstrahlung ausgehende Impuls auf das belichtete Pulver um einige Größenordnungen kleiner. So ist anzunehmen, dass keine Bewegung der Partikel durch das Einwirken der Laserstrahlung auftritt.

Durch die mithilfe des Laserstrahls eingebrachte Strahlungsenergie heizt sich neben dem Pulverwerkstoff ebenfalls das in die Prozesskammer gespülte Schutzgas auf. Infolge der Erwärmung dehnt sich das Gas aus und in den gasgefüllten Zwischenräumen des Pulverbetts entsteht ein Druck, der sich als Krafteinwirkung auf die umliegenden Partikel äußert. Diese Kraft ist das Produkt aus dem sich bildenden Druck und der dem Schutzgas zugewandten Partikelfläche, wobei sich der Druck wiederum aus dem idealen Gasgesetz unter Berücksichtigung der Gaskonstante des Schutzgases und dessen Temperatur ermitteln lässt. Es ist allerdings davon auszugehen, dass die Kraft geringer ist als die Haftkräfte zwischen den Partikeln, sodass keine Partikelbewegung hervorgerufen wird. Da angenommen wird, dass das belichtete Pulver schmilzt, bevor sich das Gas in den Zwischenräumen ausgedehnt hat und dass die Ausdehnung des Schutzgases zwischen den Pulverpartikeln gleichmäßig erfolgt, wird der beschriebene Effekt nicht weiter betrachtet.

### 7.1.1.4    Erreichen der Schmelztemperatur

Infolge der Erwärmung schmilzt der Pulverwerkstoff. Das sich ausbildende Schmelzbad wird durch die sogenannte Marangoni-Konvektion in Bewegung versetzt. Bei der Marangoni-Konvektion handelt es sich um eine im Schmelzbad von innen nach außen gerichtete Strömung, die durch einen Spannungsgradienten hervorgerufen wird. Dieser wird wiederum durch einen Temperaturgradienten bewirkt, da die Temperatur im Schmelzbadinneren höher ist als an dessen Rand [Rom06]. Durch die beschriebene Schmelzbadbewegung ergeben sich Scherkräfte an der Grenzfläche zwischen der Schmelze und den Pulverpartikeln. Da die Kräfte jedoch als gering eingeschätzt werden, finden diese nachfolgend keine Berücksichtigung.

### 7.1.1.5    Partikelanordnung bei erneutem Pulverauftrag

Nach der selektiven Belichtung des Pulverbetts wird der laseradditive Fertigungsprozess mit dem Auftrag der nächsten Pulverschicht fortgesetzt. Dabei wird das aus der Bevorratung entnommene Pulver entweder auf bereits abgelegtem Pulverwerkstoff oder auf einer erzeugten Bauteilschicht verteilt. Diese Festkörperoberfläche zeichnet sich gegenüber der Oberfläche der Substratplatte durch eine veränderte Struktur aus.

Während die bei der voranstehenden mathematischen Formulierung zugrunde gelegte Substratplatte über eine nahezu ebene Oberfläche verfügt, besitzt die Bauteilschicht eine von der gewählten Belichtungsstrategie geprägte Oberflächenstruktur. Durch das wiederholte Aneinanderfügen einzelner Schmelzspuren ergibt sich ein wellenförmiges Profil, da die Schmelzspuren in der Mitte höher sind und zum Rand hin abfallen [Yad11].

Im Zuge der Modellbildung wird sowohl die Oberflächenbeschaffenheit einer mikrogestrahlten Substratplatte als auch die sich aufgrund der angewendeten Belichtungsstrategie (vgl. Tabelle 5.3) einstellende Welligkeit der Festkörperoberfläche mithilfe des Laserkonfokalmikroskops bestimmt. Die Ergebnisse der Oberflächenvermessung sind in Abbildung 7.5 a) und b) dargestellt.

Für das mechanische Modell zur Beschreibung des Pulverauftragsprozesses ist vor allem das jeweilige Welligkeitsprofil der Oberfläche von Interesse. Im Höhenprofil der mikrogestrahlten Substratplatte ist keine Welligkeit erkennbar. Aus diesem Grund wird die Substratplatte im Folgenden als Körper mit einer ebenen Oberfläche idealisiert. Die Messergebnisse für die Oberflächenbeschaffenheit der Festkörperschicht zeigen einen wellenförmigen Verlauf, sodass eine Annäherung der Oberfläche der Bauteilschicht durch eine regelmäßige Welligkeit als zulässig erscheint. Zur Vereinfachung wird daher eine Oberfläche modelliert, die einer regelmäßigen Aneinanderreihung mehrerer, um 45° zur Richtung des Pulverauftrags gedrehter Spuren mit einem Spurabstand von $h_s = 0,1$ mm und einem Höhenunterschied von 24 µm entspricht. Sowohl das primäre Rauheitsprofil als auch Abweichungen vom Wellenprofil werden nicht berücksichtigt.

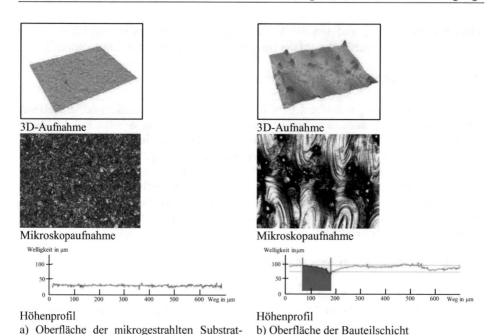

3D-Aufnahme                                   3D-Aufnahme

Mikroskopaufnahme                             Mikroskopaufnahme

Höhenprofil                                   Höhenprofil
a) Oberfläche der mikrogestrahlten Substrat-  b) Oberfläche der Bauteilschicht
platte

**Abbildung 7.5:** Oberflächenbeschaffenheit a) einer mikrogestrahlten Ti-6Al-4V-Substratplatte und b) einer Ti-6Al-4V-Festkörperschicht infolge der Belichtung

## 7.1.2 Modellumsetzung

Die im mechanischen Modell zusammengefassten Teilprozesse des laseradditiven Fertigungsprozesses bilden die Basis für die numerische Implementierung des Modells und die anschließende Simulation des Pulverauftrags. Die Umsetzung und die Simulation erfolgen für einen Ti-6Al-4V-Pulverwerkstoff (vgl. Kapitel 6.1 ff.) und unter Berücksichtigung der Charakteristika der in Kapitel 5.2 ff. vorgestellten Anlagentechnik. Als Pulverauftragssysteme werden die starre Stahlklinge und die flexible Elastomerklinge gewählt.

Zur Realisierung der Simulationsaufgabe wird die kommerziell erhältliche DEM-Software EDEM von DEM SOLUTIONS LTD. eingesetzt. Um Berechnungen durchzuführen, müssen in EDEM der Zeitschritt, die Simulationsdauer sowie die Gitteroptionen festgelegt werden. Tabelle 7.1 gibt einen Überblick über die für die Simulation gewählten Berechnungsparameter.

**Tabelle 7.1:** Parameter zur Durchführung der Berechnungen in EDEM

| Berechnungsparameter | Eingabewert |
|---|---|
| Zeitschritt | 20 % – 40 % des Rayleighzeitschritts [DEM10a] |
| Simulationsdauer | bis 0,08 s – 1 s je nach Pulverauftragsgeschwindigkeit |
| Gittergröße | $2 \cdot r$ [DEM10b] |

Bei dem in Tabelle 7.1 erwähnten Rayleighzeitschritt handelt es sich um die Dauer, die eine Schubwelle benötigt, um das kleinste Partikel im betrachteten System zu durchdringen [Syk07]. Die Simulationsdauer entspricht der in der Realität erforderlichen Zeitspanne zum schichtweisen Auftrag einer Pulverschicht in einem Volumen festgelegter Größe.

Die im Zuge der beschriebenen Modellbildung erarbeiteten Erkenntnisse und verschiedene Materialkennwerte fließen als Eingangsgrößen in das numerische Modell ein. Die notwendigen Kennwerte für die Interaktion von Partikeln und für die Wechselwirkungen der Pulverpartikel mit der Umgebung liegen jedoch nicht vor. Diese werden für unterschiedliche Materialpaarungen zunächst experimentell und mithilfe von Kalibrierungssimulationen ermittelt.

### 7.1.2.1 Kontaktmodelle

Die Interaktion einander berührender Pulverpartikel sowie der Kontakt zwischen den Partikeln und der Umgebung wird mithilfe von Kontaktmodellen wiedergegeben. Das Verhalten der Partikel vor, während und nach dem Pulverauftrag lässt sich hinreichend gut durch die Verwendung des Kontaktgesetzes nach *Hertz-Mindlin* abbilden. Mithilfe dieses Kontaktgesetzes werden die im Rahmen der mathematischen Modellbildung eingeführten Wechselwirkungen zwischen den Kontaktpartnern durch elastische Kräfte und Reibung aufgegriffen [DiR04, Joh10, Kru07b, Kru08, Tsu92]. Zur Erfassung der im betrachteten System wirkenden van-der-Waals-Kräfte wird das *Hertz-Mindlin*-Kontaktmodell um das *Linear Cohesion*-Modell erweitert.

Das *Hertz-Mindlin*-Kontaktgesetz beschreibt die Kontaktmechanik zwischen zwei sphärischen Partikeln oder zwischen einem kugelförmigen Partikel und einem Halbraum [Her81]. Die infolge des Kontakts entstehende Partikelüberlappung bzw. Abplattung dient zur Berechnung der auftretenden Kräfte. Stoßkräfte werden durch die elastische Verformung der Partikel durch Energiedissipation gedämpft. Wie in Abbildung 7.6 skizziert ist, werden im *Hertz-Mindlin*-Kontaktmodell eine Parallelschaltung von Feder und Dämpfer in Normal- und Tangentialrichtung und ein Reibungselement tangential zu den Partikeln zur Darstellung der Mechanik des Partikelkontakts angenommen [Joh10].

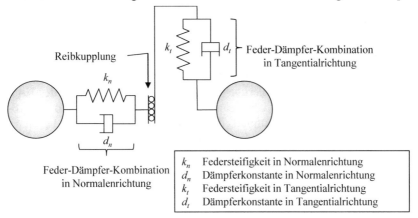

**Abbildung 7.6:** Kontaktmechanik zwischen zwei Pulverpartikeln nach dem *Hertz-Mindlin*-Kontaktmodell [Joh10]

Durch die Verwendung des *Linear Cohesion*-Kontaktmodells erfolgt eine Modifikation des *Hertz-Mindlin*-Modells. Es wird eine zusätzliche kohäsive Normalkraft eingeführt. Diese Kraft ist linear abhängig von der Kontaktfläche der Partikel [DEM10a]. Obwohl für das Auftreten der van-der-Waals-Kraft der Partikelabstand von Bedeutung ist, wirkt diese Kraft dort, wo ein Partikelkontakt besteht. Daher ist die van-der-Waals-Kraft näherungsweise erst bei Berührung der Partikel von Null verschieden [Sch09]. Die Verwendung des *Linear Cohesion*-Modells scheint somit hinreichend zu sein, um die Haftung der Partikel durch van-der-Waals-Kräfte zu beschreiben.

Während für die Definition des *Hertz-Mindlin*-Kontaktmodells die Eingabe der Materialkennwerte (vgl. Tabelle 7.2) und verschiedener Kennwerte der Materialpaarungen (vgl. Tabelle 7.3) notwendig ist, erfordert das *Linear Cohesion*-Modell zusätzlich die Angabe einer Kohäsionsenergiedichte. Für alle Materialpaarungen ist folglich ebenfalls eine materialspezifische Kohäsionsenergiedichte zu bestimmen (vgl. Tabelle 7.3).

### 7.1.2.2 Materialkennwerte

Zur Bestimmung der für die Berechnung und die Simulation zu verwendenden Materialien werden die Werkstoffdichte $\rho_s$, der E-Modul $E$, die Querkontraktionszahl $v$ und der Schubmodul $G$ angegeben. Diese in Tabelle 7.2 zusammengestellten Materialkennwerte entstammen Materialdatenblättern oder der Fachliteratur. Der Schubmodul $G$ wird mithilfe der entnommenen Informationen berechnet.

**Tabelle 7.2:** Materialkennwerte

| Material | Dichte $\rho_s$ in g/cm$^3$ | E-Modul $E$ in GPa | Querkontrak-tionszahl $v$ | Schubmodul $G$ in GPa |
|---|---|---|---|---|
| Ti-6Al-4V | 4,430 [Pet02] | 113,8 [ASM17] | 0,342 [ASM17] | 42,39 |
| Stahl | 8,0 [Moe14] | 200 [Moe14] | 0,3 [Bög17] | 76,92 |
| Elastomer | 1,1[1] | 20[2] | 0,5 [Nie05] | 8 |

[1] Abschätzung nach [Flo08]
[2] Annahme nach [Nie05]

Für die Interaktion der Kontaktpartner werden zudem Kennwerte zur Beschreibung der Materialpaarungen benötigt. Daher werden die Stoßzahl bzw. der Restitutionskoeffizient $i$ sowie der Haftreibungskoeffizient $\mu_{Haft}$ und der Rollreibungskoeffizient $\mu_{Roll}$ ermittelt. Auch die Kohäsionsenergiedichte $E_C$ wird für alle Materialpaarungen bestimmt.

Die Ermittlung des **Restitutionskoeffizienten $i$** erfolgt mithilfe eines Fallversuchs, bei dem eine Ti-6Al-4V-Kugel auf eine Oberfläche aus dem jeweiligen Material des Kontaktpartners fallen gelassen wird. Mit der Kenntnis der Ausgangshöhe $h_0$ und der Absprunghöhe $h_1$ der Kugel nach dem Aufprall, die durch eine Videoaufnahme bestimmt wird, lässt sich der Restitutionskoeffizient $i$ gemäß dem Zusammenhang

$$i = \sqrt{\frac{h_1}{h_0}} \qquad (7.14)$$

berechnen [Mal08]. Die Simulation des Pulverauftrags unter Verwendung der ermittelten Restitutionskoeffizienten zeigt jedoch eine sehr hohe Beschleunigung der Partikel. Im Unterschied zum Fallversuch, bei dem die Kugel auf einen ruhenden Festkörper trifft, wird beim Aufprall eines Festkörpers auf ein Pulverbett eine Dämpfung durch die Umordnung der Partikel hervorgerufen. Dies resultiert in einem niedrigeren Wert des Restitutionskoeffizienten. Für alle Materialpaarung wird der Wert des Restitutionskoeffizienten aus diesem Grund auf 0,2 reduziert. Diese Anpassung führt zu einem Simulationsergebnis, welches näherungsweise den tatsächlichen Gegebenheiten beim Auftrag einer Pulverschicht entspricht.

Zur Bestimmung des **Haftreibungskoeffizienten** $\mu_{Haft}$ und der **Kohäsionsenergiedichte** $E_C$ wird der Schüttwinkel des Pulvers sowohl experimentell (vgl. Kapitel 5.3) als auch numerisch ermittelt. Anhand eines mit der DEM umgesetzten Modells dieses Versuchs werden die Werte der Reibungskoeffizienten und der Kohäsionsenergiedichte mit dem Ziel variiert, das Ergebnis der Schüttwinkelmessung abzubilden. Da der Haftreibungskoeffizient vermutlich auch der Kraftübertragung in tangentialer Richtung Rechnung trägt, muss $\mu_{Haft} > 0$ gelten. Bei $\mu_{Haft} > 0$ sind die Auswirkungen dieses Reibungskoeffizienten auf das Ergebnis jedoch gegenüber dem Einfluss der Kohäsionsenergiedichte zu vernachlässigen. Daher wird der Haftreibungskoeffizienten $\mu_{Haft}$ mit einem Wert von 0,5 festgelegt. Für den **Rollreibungskoeffizienten** $\mu_{Roll}$ folgt nach Tomas [Tom09] $\mu_{Roll} = 0,5 \cdot \mu_{Haft} = 0,025$ (vgl. Kapitel 7.1.1.2). Für die Bestimmung der Kohäsionsenergiedichte, die notwendig ist, um mit dem *Linear Cohesion*-Kontaktmodells die van-der-Waals-Kräfte anzunähern, lässt sich ein Orientierungswert für die Parametervariation, mithilfe der sich nach Gleichung (7.5) ergebenden van-der-Waals-Kraft $F_{vdW, P}$, bezogen auf eine Abplattung bestimmter Größe, abschätzen. Eine optimale Abbildung des im Versuch bestimmten Schüttwinkels ergibt sich bei einer Kohäsionsenergiedichte $E_{C,PP}$ von $2,7 \cdot 10^7$ J/m$^3$ für die Wechselwirkungen zwischen den einzelnen Partikeln und von $E_{C,PG} = 2,7 \cdot 10^9$ J/m$^3$ für die Interaktion zwischen den Partikeln und dem begrenzenden Geometrieelement. Mit dem höheren Wert der Kohäsionsenergiedichte $E_{C,PG}$ wird die gewünschte Haftung der Partikel an der Geometrie erreicht.

Um die Kohäsionsenergiedichte $E_{C,PG}$ zwischen dem Pulverwerkstoff und dem Kontaktpartner bei einem Haftreibungswinkel von 0,5 zu erhalten, wird, analog zum beschriebenen Vorgehen zur Bestimmung des Schüttwinkels, der Neigungswinkel für die unterschiedlichen Materialpaarungen gemessen und der Neigungsversuch mittels der DEM nachgestellt. Für die Materialpaarung Ti-6Al-4V/Elastomer ergibt sich eine Kohäsionsenergiedichte $E_{C, PG, Elastomer}$ von $4 \cdot 10^8$ J/m$^3$. Die Kohäsionsenergiedichte $E_{C, PG, Stahl}$, die notwendig ist, um die Ti-6Al-4V-Partikel auf einer Stahloberfläche zu halten, beträgt $4 \cdot 10^9$ J/m$^3$. Für den im Schüttwinkelversuch ermittelten Wert $E_{C, PG, Ti-6Al-4V}$ für die Paarung Ti-6Al-4V/Ti-6Al-4V wird eine Korrektur auf $2 \cdot 10^9$ J/m$^3$ vorgenommen. Diese Ergebnisse zeigen eine Abhängigkeit vom angegebenen Schubmodul $G$ der Materialien.

Tabelle 7.3 gibt abschließend einen Überblick über die ermittelten Kennwerte aller relevanten Materialpaarungen für die numerischen Untersuchungen.

**Tabelle 7.3:** Zusammenfassung der experimentell ermittelten Kennwerte der relevanten Materialpaarungen

| Materialpaarung | | Restitutions-koeffizient $i$ | Haftreibungskoeffizient $\mu_{Haft}$ | Rollreibungskoeffizient $\mu_{Roll}$ | Kohäsionsenergiedichte $E_{C,PP}$ in J/m$^3$ | Kohäsionsenergiedichte $E_{C,PG}$ in J/m$^3$ |
|---|---|---|---|---|---|---|
| Pulver | Festkörper | | | | | |
| Ti-6Al-4V | Ti-6Al-4V | 0,823 | 0,5 | 0,025 | $2,7 \cdot 10^7$ | $2,0 \cdot 10^9$ |
| | Stahl | 0,696 | 0,5 | 0,025 | - | $4,0 \cdot 10^9$ |
| | Elastomer | 0,733 | 0,5 | 0,025 | - | $4,0 \cdot 10^8$ |

### 7.1.2.3    Partikeldefinition und –erzeugung

Für die numerische Untersuchung des Pulverauftrags wird ein Ti-6Al-4V-Pulverwerkstoff zugrunde gelegt, für den die einzelnen Partikel im Hinblick auf die Form und die Größe definiert werden müssen. Zur Vereinfachung werden sphärische Pulverpartikel ($\psi = 1$) und eine Partikelgrößenverteilung entsprechend einer gauß'sche Glockenkurve mit einer mittleren Partikelgröße $\bar{x}_3$ von 38 µm angenommen.

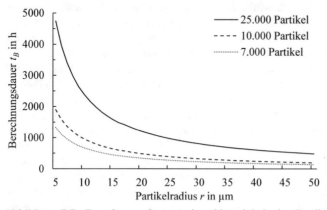

**Abbildung 7.7:** Berechnungsdauer $t_B$ in Abhängigkeit der Partikelgröße bei unterschiedlicher Partikelanzahl

Sowohl die Größe als auch die Anzahl der Partikel beeinflussen die Berechnungsdauer. Wie aus Abbildung 7.7 hervorgeht, ist mit geringer werdender Partikelgröße sowie mit zunehmender Partikelanzahl ein Anstieg der Dauer der Berechnung zu verzeichnen.

Um die Berechnungen mit vertretbarem zeitlichem Aufwand durchzuführen, wird die Partikelgröße auf einen Bereich zwischen 5 µm und 80 µm begrenzt und die Größe jedes Partikels mit dem Faktor zehn multipliziert. Weiterhin werden maximal 7000 Partikel für die Berechnung verwendet. Die Wahl dieser Partikelanzahl stellt einen Kompromiss zwischen der Berechnungsdauer und der Möglichkeit dar, die Partikel auf einer ausreichend großen Fläche verteilen zu können. Unter der Annahme einer relativen Packungsdichte von 55 % und einer Schichtdicke $D_S$ von 0,3 mm bzw. 30 µm ist die Anzahl der Partikel ausreichend, um den Pulverauftrag in einem Volumen mit einer quadratischen Grundfläche mit einer Kantenlänge von etwa 3,5 mm bzw. 35 mm abzubilden. Aus den maximal 7000 hinsichtlich der Form und der Größe definierten Partikeln wird in einer sogenannten statischen Partikelfabrik statistisch zufällig eine Pulverschüttung erzeugt.

### 7.1.2.4    Geometrieerzeugung

Das zu simulierende System wird mithilfe von virtuellen und physikalischen Geometrien abgebildet. Die Partikelfabrik stellt eine virtuelle Geometrie dar, die eine Barriere für die Partikel bildet und als rechteckige Box gestaltet wird. Physikalische Geometrieelemente wie die Substratplatte, die Bauteilschicht und das Pulverauftragssystem beeinflussen zusätzlich die Partikel. Diesen Geometrien werden der entsprechende Werkstoff und somit die hinterlegten Kennwerte zugewiesen. Für die Darstellung der Substratplatte wird ein viereckiges Polygon gewählt. Die Bauteilschicht wird mithilfe einer Vielzahl dünner Zylinder modelliert, die miteinander vereinigt werden. Sowohl die Substratplatte als auch die Bauteilschicht entsprechen in der Simulation der Arbeitsebene im laseradditiven Fertigungsprozess. Aufgrund der vergleichsweise aufwändigen Geometrie werden die Pulverauftragssysteme als CAD-Modelle unter Zuhilfenahme der in Kapitel 5.2.1.2 und Kapitel 5.2.1.3 angegebenen Abmessungen konstruiert und in die Simulation eingeladen. Sowohl die Partikelfabrik, welche die Bevorratung widerspiegelt, als auch das jeweils eingesetzte Pulverauftragssystem werden gemäß dem zum Pulverauftrag zur Verfügung stehenden Volumen skaliert. Auch die Länge des Weges, den die Beschichtereinheit bei der Bewegung über die Arbeitsebene zurücklegt, wird an die verfügbare Partikelanzahl angepasst.

## 7.1.3 Simulationsergebnisse

Mithilfe der DEM und des in den Kapiteln 7.1.1 ff. dargestellten Modells werden Simulationen für die flächige Verteilung des Pulverwerkstoffs auf Oberflächen mit unterschiedlicher Beschaffenheit unter Verwendung ausgewählter Pulverauftragssysteme und für verschiedene Pulverauftragsgeschwindigkeiten durchgeführt. Nachfolgend werden zunächst exemplarisch die für den Pulverauftrag mit einer starren Beschichterklinge (Stahlklinge) und einer flexiblen Beschichterklinge (Elastomerklinge) erzielten Simulationsergebnisse vorgestellt. Dabei wird der Auftrag einer Partikelschicht mit einer Geschwindigkeit $v_B$ von 200 mm/s sowohl auf der Oberfläche der Substratplatte als auch auf einer laseradditiv gefertigten Festkörperoberfläche betrachtet. Daran anknüpfend werden die Resultate der Simulationen des Pulverauftrags bei Geschwindigkeiten der Beschichtereinheit von 150 mm/s und 300 mm/s einander gegenübergestellt und erläutert.

Abbildung 7.8 zeigt beispielhaft den Vorgang des Partikelauftrags mit einer Stahlklinge auf der Substratplatte ($v_B$ = 200 mm/s) bei unterschiedlichen Zeitschritten der Simulation $t_{Sim}$.

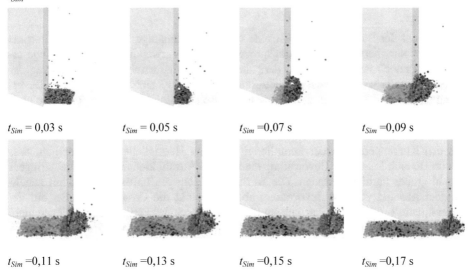

$t_{Sim}$ = 0,03 s        $t_{Sim}$ = 0,05 s        $t_{Sim}$ =0,07 s        $t_{Sim}$ =0,09 s

$t_{Sim}$ =0,11 s        $t_{Sim}$ =0,13 s        $t_{Sim}$ =0,15 s        $t_{Sim}$ =0,17 s

**Abbildung 7.8:** Vorgang des Partikelauftrags mit starrer Beschichterklinge auf der Substratplatte zu verschiedenen Zeitschritten

Die erzeugten Partikel liegen in der virtuellen Bevorratung dicht gepackt und in Ruhe vor. Mit dem Einsetzen der Bewegung des Auftragssystems ($t_{Sim}$ = 0,03 s) werden einige wenige aufgewirbelt. Die Partikel werden in Bewegungsrichtung des Beschichters zunächst zusammengeschoben, sodass sich vor der Stahlklinge eine Anhäufung bildet ($t_{Sim}$ = 0,05 s). Die sich in der Anhäufung unten befindenden Partikel gelangen bei der Bewegung des Pulverauftragssystems über die Arbeitsebene in den Spalt zwischen der Stahlklinge und der Substratplatte. Die Höhe des Spalts entspricht der Absenkstrecke der Bauplattform und stimmt mit der Schichtdicke des Pulvers auf der Substratplatte ($D_S$ = 30 μm bzw. 0,3 mm) überein. Die Partikel gleiten unter der Klinge entlang und ordnen sich auf der Substratplatte zu einer Schicht an. Die nicht abgelegten Partikel werden in Form eines Haufens vor dem Pulverauftragssystem hergeschoben und bis in den hinteren Bereich der Substratplatte transportiert, wobei die Anzahl der Partikel in der Anhäufung mit zunehmendem Abstand von der virtuellen Bevorratung sinkt ($t_{Sim}$ = 0,07 s bis $t_{Sim}$ = 0,17 s). Es ist zu erkennen, dass mit größer werdender Partikelschicht weniger Partikel auffliegen (vgl. $t_{Sim}$ =0,07 s und $t_{Sim}$ =0,11 s). Gleichzeitig nimmt die Anzahl der an der Stahlklinge haftenden Partikel zu ($t_{Sim}$ = 0,17 s).

Zur Bewertung der Schichtgüte wird die Partikelgrößenverteilung der aufgetragenen Partikel in Form der kumulierten relativen Häufigkeit $F(x)$ für die Partikelgröße in der Nähe der virtuellen Bevorratung (Bereich I), in der Mitte der Arbeitsebene (Bereich II) und im hinteren Bereich der Partikelschicht (Bereich III) ermittelt. Dazu wird die Größe der Partikel aus drei aneinandergrenzenden Flächenelementen mit den Abmessungen von jeweils 6 mm × 30 mm ausgelesen.

In Abbildung 7.9 a) und b) sind die Häufigkeitsverteilungen $F(x)$ in den verschiedenen Bereichen auf der Substratplatte infolge des Partikelauftrags mit einer Stahlklinge und mit einer Elastomerklinge gegenübergestellt. Die ebenfalls aus Abbildung 7.9 a) und b) hervorgehende Aufsicht der Substratplatte vermittelt darüber hinaus einen Eindruck von der Beschaffenheit der Partikelschicht bei Verwendung der unterschiedlichen Pulverauftragssysteme.

Die Aufsicht der Substratplatte lässt eine relativ gleichmäßige Verteilung der Partikel infolge des simulierten Pulverauftragsprozesses unter Verwendung der Stahlklinge erkennen. Dennoch ist festzustellen, dass die Schicht mit fortschreitendem Auftrag der Partikel schmaler wird. Dies ist darauf zurückzuführen, dass sich in der virtuellen Bevorratung eine zu den Seiten hin abfallende Partikelschüttung bildet. In den Randbereichen dieser Schüttung sind demzufolge weniger Partikel vorhanden, die zum Auftrag verwendet werden können.

Aus den Kurvenverläufen der kumulierten relativen Häufigkeiten wird deutlich, dass sich im Bereich I nahe der Bevorratung eine höhere Anzahl kleinerer und eine geringere Anzahl großer Partikel befinden. Die Anzahl der kleineren Partikel nimmt mit zunehmendem Abstand von der Bevorratung ab. Auch sinkt die Gesamtanzahl der auf der Substratplatte verbliebenen Partikel. Im hinteren Bereich der Partikelschicht liegen nicht nur eine geringere Partikelanzahl, sondern auch größere Partikel vor. Dies wird durch die mittlere Partikelgröße $\bar{x}_0$ bestätigt, die von 240,74 μm in Bereich I auf 267,63 μm in Bereich III ansteigt (vgl. Abbildung 7.12). Partikel mit geringerer Größe bewegen sich in der Anhäufung vor dem Pulverauftragssystem aufgrund von Perkolation bevorzugt nach unten. Infolgedessen gelangen diese Partikel bereits zu Beginn des Partikelauftrags in den Zwischenraum zwischen der Stahlklinge und der Substratplatte und werden zuerst abgelegt.

Bei dem Vergleich der in Abbildung 7.12 aufgetragenen Werte der mittleren Partikel-größe mit der bei der Erzeugung der Partikel angegebenen mittleren Partikelgröße ist eine deutliche Abweichung festzustellen. Die mittlere Größe der Partikel verschiebt sich nach links zu geringeren Werten. Dies ist mit der geringen Anzahl von insgesamt 7000 Partikeln zu begründen. Je geringer die Anzahl der Partikel ist, desto stärker wirkt sich die Veränderung weniger Partikel in zwei unterschiedlichen Histogrammklassen auf die Verteilung aus. Wird statt der 7000 Partikel die in der Software maximal zur Verfügung stehende Partikelanzahl zur Erzeugung des normalverteilten Partikelkollektivs genutzt, ergibt sich eine stetige Verteilungskurve mit einer den Angaben entsprechenden mittle-ren Partikelgröße.

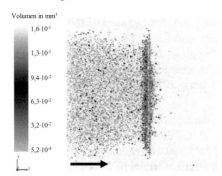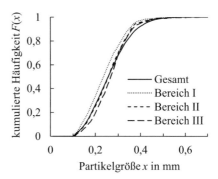

a) Aufsicht der Substratplatte und Partikelgrößenverteilung infolge des Partikelauftrags mit Stahlklinge

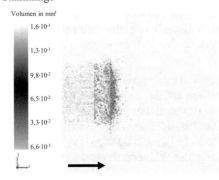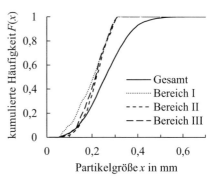

b) Aufsicht der Substratplatte und Partikelgrößenverteilung infolge des Partikelauftrags mit Elastomerklinge

**Abbildung 7.9:** Partikelgrößenverteilung auf der Substratplatte infolge des Partikelauftrags mit unterschiedlichen Pulverauftragssystemen ($v_B$ = 200 mm/s). (Die Richtung des Pulverauftrags ist durch einen schwarzen Pfeil gekennzeichnet.)

Es ist auffällig, dass sich in den drei Bereichen auf der ideal ebenen Oberfläche Partikel befinden, deren Größe mit $x > 0{,}3$ mm die Abmessung des Spalts zwischen dem Pulver-auftragssystem und der Substratplatte übersteigt. Dieser Beobachtung liegt die nachfol-gende Erklärung zugrunde. Mit Anwendung des beschriebenen *Hertz-Mindlin*-Kontaktmodells werden die zwischen den einzelnen Partikeln sowie die zwischen den Partikeln und der Umgebung auftretenden Kräfte auf Basis der Kontaktabplattung be-rechnet. Besteht eine Überlappung zwischen den Partikeln und dem Pulverauftragssystem oder der Substratplatte, werden die Partikel in Abhängigkeit der Steifigkeit der Kontaktpartner und der Kohäsionsenergiedichte der Materialpaarung entweder in die Beschichterklinge oder in die Substratplatte eingedrückt. Ein Partikel bleibt dann auf der Substratplatte liegen, wenn die Kraft, die sich aus der Summe der Gewichtskraft des Partikels und der Kohäsionskraft aufgrund der Überlappung von Partikel und Substratplatte ergibt, größer als die Scherkraft ist, die durch das Pulverauftragssystem aufgebracht wird. Große Partikel werden vor diesem Hintergrund von der Stahlklinge durchdrungen. Mittelgroße Partikel haften hingegen an der Stahlklinge. Dieses Verhalten ist darauf zurückzuführen, dass diese Partikel zu groß sind, um berührungslos unter der Klinge entlang zu gleiten. Die Gewichtskraft der Partikel ist zu gering, um der von dem Pulverauftragssystem ausgehenden Haftkraft entgegenzuwirken. Da die Partikel zudem zu klein sind, um eine gleichzeitige Überlappung mit der Substratplatte aufweisen zu können, wirkt keine Kraft zwischen den Partikeln und der Substratplatte. Folglich werden diese Partikel nicht auf der Substratplatte abgelegt. Die Ansammlung der Partikel, die im hinteren Bereich der Schicht zurückbleibt, entspricht diesen an der Stahlklinge haftenden Partikeln mittlerer Größe sowie den übrigen über die Arbeitsebene hinweg transportierten Partikeln.

Die Simulation des Pulverauftrags mithilfe der Elastomerklinge hat eine vergleichsweise ungleichmäßige Verteilung der einzelnen Partikel auf der Substratplatte zum Ergebnis. In der Aufsicht der Substratplatte in Abbildung 7.9 b) ist zu sehen, dass sich die Partikel in etwa ab der Mitte der Arbeitsebene in einem streifenförmigen Muster mit einer Vorzugsrichtung entlang der Bewegung des Beschichters anordnen. Ursächlich für die in der Partikelschicht entstehenden Streifen sind die zahlreichen, unterschiedlich großen an der Elastomerklinge haftenden Partikel, die sich im hinteren Bereich der Substratplatte wiederfinden. Auch der überwiegende Anteil der erzeugten Partikel, die vor dem Pulverauftragssystem hergeschoben werden und sich nach Beendigung des Schichtauftrags als Anhäufung vor der Klinge befinden, ist als Ursache der sich ergebenden Abstände zu benennen.

Da die meisten Partikel von der Elastomerklinge weitergetragen werden, verbleiben nur wenige, relativ kleine Partikel in den drei Bereichen auf der Substratplatte. Die mittlere Partikelgröße der in der Nähe der virtuellen Bevorratung verteilten Pulverpartikel ($\bar{x}_0 = 197,68$ µm) liegt in einer vergleichbaren Größenordnung wie die mittlere Partikelgröße der Partikel am Ende der aufgetragenen Schicht ($\bar{x}_0 = 208,99$ µm) (vgl. Abbildung 7.12). Eine Entmischung entlang der Bewegung des Pulverauftragssystems ist nicht festzustellen.

Die Kurven, die die kumulierte Häufigkeit beschreiben, brechen in allen drei Bereichen bei einer Partikelgröße von 0,3 mm ab. Das bedeutet, dass keine Partikel mit einer Größe $x > 0,3$ mm auf der Substratplatte abgelegt werden. Dass nur kleinere Partikel durch den Spalt zwischen der Elastomerklinge und der Substratplatte gelangen, ist vermutlich auf die Geometrie des Pulverauftragssystems zurückzuführen. Die 10 mm breite Klinge weist eine große Kontaktfläche auf. Durch die Überlappung von Partikeln mit dem Pulverauftragssystem ergibt sich entsprechend den den Berechnungen zugrunde liegenden Kontaktmodellen eine große Haftkraft. Der gegenüber der Materialpaarung Ti-6Al-4V/ Stahl geringere Wert der Kohäsionsenergiedichte $E_{C,\,PG,\,Elastomer}$ der Paarung Ti-6Al-4V/ Elastomer wird dadurch kompensiert, dass gemäß Gleichung (7.8) die gleiche Kraft bei einem geringeren mittleren E-Modul der Kontaktpaarung zu einer stärkeren Kontaktabplattung führt. Die anhaftenden Partikel bilden, ebenso wie die vor der Elastomerklinge hergeschobenen, eine Barriere für die anderen Partikel und verhindern deren Verbleib auf der Substratplatte.

Abbildung 7.10 a) und b) veranschaulicht den zuvor beschriebenen Kontakt zwischen dem jeweiligen Pulverauftragssystem und einem Partikel. Während die spitz zulaufende Stahlklinge große Partikel durchdringt, führt das sich als Kugelkalotte darstellende überschneidende Volumen von Partikel und Elastomerklinge zur Partikelhaftung, wodurch Partikel von dieser Klinge mitgenommen werden.

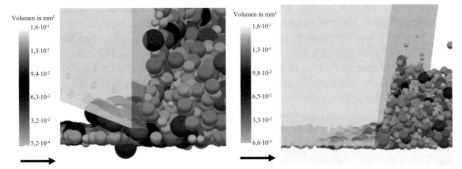

a) Kontakt zwischen Stahlklinge und Parti-    b) Kontakt zwischen Elastomerklinge und Partikeln                                          keln

**Abbildung 7.10:** Kontakt zwischen Pulverauftragssystem und Partikeln. (Die Richtung des Pulverauftrags ist durch einen schwarzen Pfeil gekennzeichnet.)

Die Simulationsergebnisse des Pulverauftrags auf einer Bauteilschicht mit einer für die laseradditive Fertigung charakteristischen Oberflächenstruktur werden in Form der Aufsicht der Bauteiloberfläche und der kumulierten relativen Häufigkeitsverteilungen in Abbildung 7.11 a) und b) dargestellt. Die Verteilung der in der virtuellen Bevorratung vorgelegten Partikel auf der Bauteilschicht wird sowohl mit einer Stahlklinge als auch mit einer Elastomerklinge simuliert.

Unabhängig von dem eingesetzten Pulverauftragssystem zeichnet sich eine auf einer Bauteilschicht aufgetragene Partikelschicht durch ein der Oberflächenstruktur folgendes Streifenmuster aus. Entsprechend der wellenförmigen Oberfläche bilden sich Anhäufungen von Partikeln in einem 45°-Winkel zur Richtung des Partikelauftrags. Auch lässt sich erkennen, dass sich die Partikelschicht entlang der Auftragsrichtung verjüngt. Im Vergleich zur Verteilung der Partikel mit der Elastomerklinge ist dies für den mit der Stahlklinge auf der Bauteilschicht vorgenommenen Auftrag deutlicher zu sehen.

Die Aufsicht der Bauteilschicht infolge des Partikelauftrags mit der Stahlklinge zeigt darüber hinaus eine größere Partikelanzahl in der vorderen Hälfte der Arbeitsebene. Den kumulierten Häufigkeitsverteilungen ist zu entnehmen, dass sich in der Nähe der Bevorratung eine höhere Anzahl kleinerer Partikel mit einer Größe $x < 0,25$ mm befindet. Mit zunehmender Entfernung von der virtuellen Bevorratung tritt eine Vergröberung der Partikelschicht auf. Dies verdeutlichen auch die in Abbildung 7.12 dargestellten Werte der mittleren Partikelgröße. Die mittlere Partikelgröße $\bar{x}_0$ der in Bereich I aufgetragenen Partikel beträgt 224,39 µm. Hingegen liegt die mittlere Partikelgröße $\bar{x}_0$ der in Bereich III verbliebenen Partikel bei 260,72 µm. Diese Vergröberung entsteht durch die Abwesenheit der kleinen Partikel, die sich bereits im vorderen Bereich der Bauteilschicht befinden. Eine Zunahme der Anzahl großer Partikel ist im hinteren Bereich der Schicht nicht zu beobachten.

Im Gegensatz zum Auftrag der Partikel auf der als ebene Oberfläche idealisierten Substratplatte verbleiben infolge des Partikelauftrags auf der wellenförmigen Festkörperoberfläche auch mittelgroße und große Partikel im vorderen Bereich der Schicht. Diese Partikel haften weder an der Stahlklinge noch werden sie von dem Pulverauftragssystem über die Arbeitsebene hinweg transportiert. Nach Beendigung des Schichtauftrags befinden sich somit deutlich weniger Partikel unter und vor der Beschichterklinge. Das die aneinandergefügten Schmelzspuren repräsentierende Oberflächenprofil der Bauteilschicht verfügt über Wellentäler, in die die mittelgroßen und großen Partikel gelangen. Für diese ergibt sich dadurch eine kleinere Überlappung mit dem Pulverauftragssystem und demzufolge eine geringere Haftkraft. Da allerdings Partikel aller Größen bereits in der vorderen Hälfte der Schicht abgelegt werden, reduziert sich die Partikelanzahl mit zunehmendem Abstand von der Bevorratung.

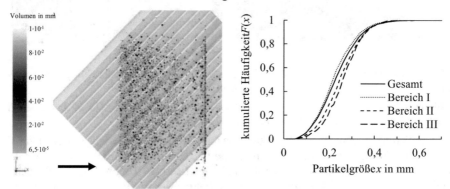

a) Aufsicht der Bauteilschicht und Partikelgrößenverteilung infolge des Partikelauftrags mit Stahlklinge

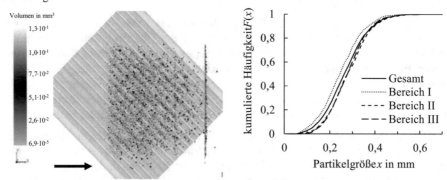

b) Aufsicht der Bauteilschicht und Partikelgrößenverteilung infolge des Partikelauftrags mit Elastomerklinge

**Abbildung 7.11:** Partikelgrößenverteilung auf einer Bauteilschicht infolge des Partikelauftrags mit unterschiedlichen Pulverauftragssystemen ($v_B = 200$ mm/s). (Die Richtung des Pulverauftrags ist durch einen schwarzen Pfeil gekennzeichnet.)

Die Verteilung der Partikel auf der Bauteilschicht unter Verwendung der Elastomerklinge vermittelt, im Vergleich zu der mithilfe der Stahlklinge realisierten Schicht auf der Bauteiloberfläche und insbesondere gegenüber der mit der Elastomerklinge auf der Substratplatte verteilten Partikelschicht, einen gleichmäßigen Eindruck. Dies geht aus der Aufsicht der Bauteilschicht in Abbildung 7.11 b) hervor. Es bleiben Partikel aller Größen in den Wellentälern der Oberfläche zurück. Die zur Verfügung stehende Kontaktfläche zwischen dem Pulverauftragssystem und größeren Partikeln verringert sich, wodurch geringere Kräfte zwischen den Kontaktpartnern berechnet werden. Es werden weniger Partikel vor der Beschichterklinge bis zum Ende der Bauteilschicht hergeschoben. Die Anzahl der in den drei Bereichen auf der Bauteilschicht vorzufindenden Partikel spricht ebenfalls für einen relativ homogenen Schichtauftrag. Eine Reduzierung der Partikelanzahl, in dem Ausmaß wie diese infolge des Auftrags der Partikel mit der Stahlklinge festzustellen ist, ist nicht zu beobachten.

Allerdings enthält der Bereich I nahe der virtuellen Bevorratung einen höheren Anteil an kleineren Partikeln als die Bereiche II und III, was sowohl die kumulierte relative Häufigkeit (vgl. Abbildung 7.11 b)) als auch die Gegenüberstellung der Werte der mittleren Partikelgröße im Säulendiagramm in Abbildung 7.12 zeigen. Auch beim Partikelauftrag auf einer Bauteilschicht gelangen die kleinen Partikel in der sich vor dem Pulverauftragssystem bildenden Anhäufung in die Zwischenräume zwischen größere Partikel und bewegen sich dadurch schneller nach unten. Aus diesem Grund gleiten die Partikel bereits zu Beginn des Auftrags unter der Elastomerklinge hindurch und werden vor allem in Bereich I der Schicht aufgetragen.

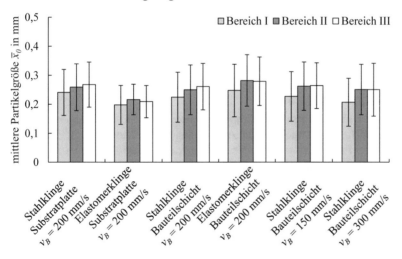

**Abbildung 7.12:** Mittlere Partikelgröße $\bar{x}_0$ in unterschiedlichen Bereichen der Arbeitsebene infolge des Partikelauftrags

In Ergänzung zu den Simulationen des Pulverauftrags mit variierendem Pulverauftragssystem auf Oberflächen mit unterschiedlicher Beschaffenheit wird der Schichtauftrag auch mit veränderter Pulverauftragsgeschwindigkeit simuliert. Bei der Betrachtung des Auftragsvorgangs mit unterschiedlichen Pulverauftragsgeschwindigkeiten in den verschiedenen aufeinanderfolgenden Zeitschritten der Simulation fällt zunächst auf, dass sich die vor der Beschichterklinge nach der Überfahrt der virtuellen Bevorratung bildende Partikelanhäufung verändert. Abbildung 7.13 a) – c) veranschaulicht diese Unterschiede exemplarisch für den Auftrag auf einer Bauteilschicht mit einer Stahlklinge.

Werden die Partikel mit einer Geschwindigkeit $v_B$ des Pulverauftragssystems von 150 mm/s vor der Klinge zusammengeschoben, ergibt sich ein vergleichsweise flacher, breiter Haufen. Es werden einige Partikel infolge der Stöße untereinander und durch Kollisionen mit der Stahlklinge aufgewirbelt. Wiederum andere Partikel haften an der Stahlklinge. Eine Erhöhung der Pulverauftragsgeschwindigkeit um 50 mm/s bewirkt eine Veränderung der Geometrie der Anhäufung. Diese erscheint mit einem steileren Böschungswinkel ein wenig höher und schmaler. Es sind weniger Anhaftungen an der Klinge, aber mehr in die Luft gewirbelte Partikel zu erkennen. Beim Zusammenschieben der Partikel mit einer Geschwindigkeit $v_B$ von 300 mm/s türmen sich die Partikel vor der Beschichterklinge auf. Die Anhäufung nimmt eine rechteckige Form an. Einige Partikel werden weggeschleudert. Es ist zu vermuten, dass mit zunehmender Pulverauftragsgeschwindigkeit weniger Partikel durch den Spalt zwischen der Stahlklinge und der Festkörperoberfläche auf die Bauteilschicht gelangen.

a) $v_B$ = 150 mm/s                 b) $v_B$ = 200 mm/s                 c) $v_B$ = 300 mm/s

**Abbildung 7.13:** Unterschiede im Pulverauftrag mit einer starren Beschichterklinge bei verschiedenen Pulverauftragsgeschwindigkeiten

In Abbildung 7.14 a) und b) sind die Simulationsergebnisse für den Pulverauftrag mit einer Stahlklinge auf einer Bauteilschicht zusammengestellt. Die Aufsicht der Bauteilschicht, auf der die Partikel mit einer Geschwindigkeit $v_B$ von 150 mm/s aufgetragen wurden, ähnelt derjenigen Aufsicht der Bauteilschicht, die die Verteilung der Partikel mit $v_B$ = 200 mm/s zeigt (vgl. Abbildung 7.11 a)). Entlang der Partikelauftragsrichtung nimmt die Anzahl der abgelegten Partikel ab und die durch die Partikel gebildete Schicht wird schmaler. Bei dem langsameren Auftrag verbleibt jedoch eine höhere Partikelanzahl im vorderen Bereich auf der Bauteilschicht. Dabei handelt es sich vor allem um kleine Partikel mit einer Partikelgröße $x < 0{,}3$ mm. In der Nähe der virtuellen Bevorratung sind aber auch vergleichsweise mehr große Partikel vorzufinden. Im an die Bevorratung grenzenden Bereich I beträgt die mittlere Partikelgröße $\bar{x}_0$ der abgelegten Partikel 226,87 µm (vgl. Abbildung 7.12). Mit sinkender Anzahl der kleinen Partikel liegen in der Mitte der Arbeitsebene und am Ende der Partikelschicht bei insgesamt geringerer Partikelanzahl vermehrt größere Partikel vor. Der Wert der mittleren Partikelgröße $\bar{x}_0$ steigt auf ungefähr 260 µm in Bereich II bzw. Bereich III. Die Anzahl der über die Bauteilschicht hinweg transportierten Partikel ist gering, sodass vor der Beschichterklinge nach Beendigung des Partikelauftrags nur sehr wenige Partikel zurückbleiben.

Bei dem Partikelauftrag, bei dem sich die Stahlklinge mit einer Geschwindigkeit $v_B$ von 300 mm/s über die Bauteilschicht bewegt, werden insgesamt weniger Partikel abgelegt. Aufgrund der sich vor dem Pulverauftragssystem stapelnden Partikel ergibt sich eine schmale Anhäufung, in der nur vergleichsweise wenige Partikel im unteren Bereich vorhanden sind, die in den Spalt zwischen Stahlklinge und Festkörperoberfläche gelangen können. Zusätzlich werden die Partikel bei einer höheren Geschwindigkeit des Pulverauftragssystems in kürzerer Zeit über die Bauteilschicht transportiert. Die vertikale Beschleunigung der Partikel durch die wirkende Gravitationskraft verändert sich jedoch nicht. In der zur Verfügung stehenden Zeit gleiten weniger Partikel unter der Stahlklinge entlang.

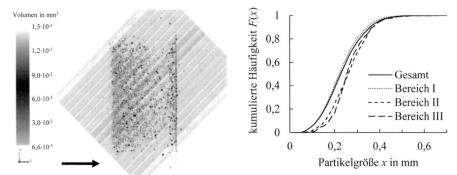

a) Aufsicht der Bauteilschicht und Partikelgrößenverteilung infolge des Partikelauftrags mit einer Geschwindigkeit $v_B$ von 150 mm/s

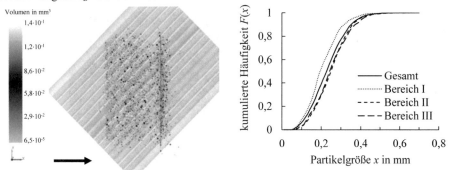

b) Aufsicht der Bauteilschicht und Partikelgrößenverteilung infolge des Partikelauftrags mit einer Geschwindigkeit $v_B$ von 300 mm/s

**Abbildung 7.14:** Partikelgrößenverteilung auf einer Bauteilschicht infolge des Pulverauftrags mit einer starren Beschichterklinge bei unterschiedlichen Pulverauftragsgeschwindigkeiten. (Die Richtung des Pulverauftrags ist durch einen schwarzen Pfeil gekennzeichnet.)

Die kumulierte relative Häufigkeitsverteilung für die Partikelgröße verdeutlicht, dass zu Beginn des Partikelauftrags mit einer höheren Bewegungsgeschwindigkeit des Pulverauftragssystems vor allem kleine Partikel abgelegt werden. Erst mit zunehmendem Abstand von der virtuellen Bevorratung steigt die Wahrscheinlichkeit, dass sich mittelgroße und große Partikel unter der Klinge entlang bewegen und in den Wellentälern der Bauteilschicht verbleiben. Zu erklären ist dieses Verhalten ebenfalls mit der gleichbleibenden Partikelbeschleunigung in vertikaler Richtung bei einer schnelleren horizontalen Bewegung der Partikel. Somit nehmen sowohl die Anteile größerer Partikel als auch die Werte der mittleren Partikelgröße von der Mitte der Arbeitsebene bis zum Ende des Auftragsvorgangs zu.

## 7.1.4  Validierung

Zur Validierung der DEM-Simulationen erfolgt ein Vergleich der zuvor diskutierten numerischen Ergebnisse mit Resultaten, die mithilfe von experimentellen Untersuchungen gewonnen werden. Zum einen wird die sich in der Simulation auf den verschiedenen Oberflächen ergebende Packungsdichte der Partikel der im laseradditiven Fertigungsprozess auf der Arbeitsebene erzielbaren Packungsdichte des Pulvers gegenübergestellt. Zum anderen wird die Verteilung des Pulverwerkstoffs betrachtet sowohl nach dem Auftrag der ersten, im laseradditiven Fertigungsprozess aufgezogenen Pulverschicht als auch nach dem Pulverauftrag auf einer Bauteilschicht.

### 7.1.4.1  Packungsdichte

Anhand einer vergleichenden Betrachtung der in der Simulation und im Experiment mithilfe einer flexiblen Beschichterklinge aufgetragenen Schicht wird die auf der Oberfläche der Substratplatte erreichte Packungsdichte der Partikel bewertet. In Abbildung 7.15 a) ist das Simulationsergebnis in Form eines 10 mm × 10 mm großen Ausschnitts der Substratplattenoberfläche neben einer 1 mm × 1 mm großen Lichtmikroskopaufnahme eines auf der Substratplatte verteilten Ti-6Al-4V-Pulvers (vgl. Abbildung 7.15 b)) dargestellt.

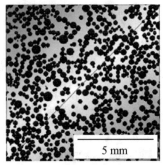 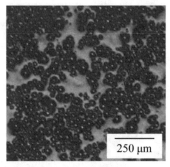

a) Aufnahme einer mithilfe der DEM-Simulation auf der Substratplatte erzeugten Partikelschicht

b) Lichtmikroskopaufnahme einer im laseradditiven Fertigungsprozess aufgetragenen Pulverschicht

**Abbildung 7.15:** Vergleich der auf der Substratplatte aufgetragenen Pulverschicht aus a) Simulation und b) Experiment ($v_B = 200$ mm/s)

Die mithilfe des Lichtmikroskops erstellte Aufnahme zeigt den auf einem Kohlenstoffpad klebenden Pulverwerkstoff und stammt von einer Probe von der nach dem Pulverauftragsprozess mit Pulver bedeckten Substratplatte. Wie in der Simulation, so ergibt sich auch in der Realität keine zusammenhängende Pulverschicht, in der die Partikel dicht gepackt vorliegen. In beiden Aufnahmen ist die Substratplattenoberfläche bzw. die Oberfläche des Kohlenstoffpads deutlich sichtbar. Im Vergleich zum Pulverauftrag im laseradditiven Fertigungsprozess, in dessen Folge sich Anhäufungen von Pulverpartikeln ausbilden, erscheint die Verteilung der Partikel nach dem simulierten Auftragsvorgang gleichmäßiger. Dieser Unterschied ist vermutlich mit der in der Realität unebenen Substratplatte sowie dem Verhalten der eingesetzten flexiblen Beschichterklinge zu erklären. Aufgrund der in der Simulation getroffenen Annahmen wird das Ergebnis des Pulverauftragsprozesses nur näherungsweise abgebildet.

Um die hinsichtlich verschiedener Pulverauftragssysteme und unterschiedlicher Pulver-auftragsgeschwindigkeiten erhaltenen Simulationsergebnisse mit dem Resultat des rea-len Pulverauftragsprozesses zu vergleichen, wird die Verteilung des Pulverwerkstoffs auf einer Bauteilschicht optisch beurteilt. Zu diesem Zweck wird eine würfelförmige Geometrie laseradditiv gefertigt. Der vorgelegte Pulverwerkstoff wird unter Verwen-dung einer starren und einer flexiblen Beschichterklinge verteilt. Zusätzlich wird die Geschwindigkeit, mit der sich die Beschichtereinheit über die Arbeitsebene bewegt, variiert. In jedem Versuch werden mehrere Pulverschichten aufgetragen, wobei in jeder Schicht eine quadratische Grundfläche mithilfe des Lasers belichtet wird. Nach dem Erreichen eines gleichmäßigen Pulverauftrags wird das Pulver ein weiteres Mal auf dem Baufeld verstrichen, bevor die pulverbedeckte Bauteilschicht fotografisch dokumentiert wird.

Abbildung 7.16 a) – c) veranschaulicht das Ergebnis des mit unterschiedlichen Ge-schwindigkeiten vorgenommenen Pulverauftrags mit einer Stahlklinge auf der Festkör-peroberfläche. Die mit dem Pulver bedeckte Bauteilschicht ist von dem im Pulverbett lose vorliegenden Pulverwerkstoff umgeben und verfügt über ein für die gewählte Be-lichtungsstrategie typisches Streifenmuster.

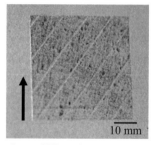 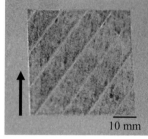 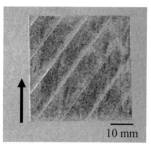

a) $v_B$ = 150 mm/s     b) $v_B$ = 200 mm/s     c) $v_B$ = 300 mm/s

**Abbildung 7.16:** Optischer Vergleich der Packungsdichte infolge des Pulverauftrags auf einer Bauteilschicht mit einer starren Beschichterklinge bei unterschiedlichen Pulverauftragsgeschwin-digkeiten. (Die Richtung des Pulverauftrags ist durch einen schwarzen Pfeil gekennzeichnet.)

In Übereinstimmung mit der Simulation lässt auch das Experiment einen Einfluss der Pulverauftragsgeschwindigkeit auf die Beschaffenheit der Pulverschicht erkennen. Je geringer die Geschwindigkeit ist, mit der die Pulverpartikel aufgetragen werden, desto gleichmäßiger wirkt die Verteilung des Pulvers und desto höher erscheint die Packungs-dichte auf der Bauteilschicht. Während sich bei einer Pulverauftragsgeschwindigkeit $v_B$ von 150 mm/s eine nahezu geschlossene Pulverschicht auf der Oberfläche des Bauteils bildet, führt der Pulverauftrag mit doppelter Geschwindigkeit zu einer unvollständig mit Pulver bedeckten Bauteilschicht. Es bilden sich Bereiche aus, in denen sich die Pulver-partikel zu einer dichteren Packung anordnen, sodass eine ungleichmäßige Verteilung des aufgetragenen Pulverwerkstoffs vorliegt. Wie auch in den Wellentälern auf der Bau-teilschicht infolge des simulierten Partikelauftrags Partikel zurückbleiben und sich an-sammeln, so sind auch in den Vertiefungen an den die Streifen begrenzenden Diagona-len Anhäufungen von Pulverpartikeln zu beobachten.

In Abbildung 7.17 a) – c) sind die Fotoaufnahmen der pulverbedeckten Bauteilschichten wiedergegeben, auf denen der Auftrag unter Verwendung einer flexiblen Beschichter-klinge mit Pulverauftragsgeschwindigkeiten $v_B$ von 150 mm/s, 200 mm/s und 300 mm/s durchgeführt wurde. In Bezug auf den Einfluss der Geschwindigkeit des Pulverauftrags auf das Erscheinungsbild der erzeugten Pulverschicht sind die abgebildeten Ergebnisse mit den Erkenntnissen der Simulation sowie mit den für den Pulverauftrag mit der Stahlklinge erzielten Resultaten vergleichbar. Wird das Pulver mit einer höheren Geschwindigkeit von der Beschichterklinge über die Arbeitsebene geschoben, ergibt sich eine inhomogenere Verteilung der Pulverpartikel auf der Bauteilschicht. Insgesamt scheinen mit zunehmender Pulverauftragsgeschwindigkeit weniger Partikel auf der Festkörperoberfläche zu verbleiben.

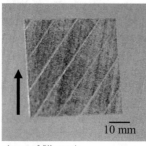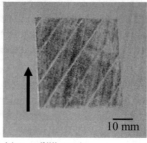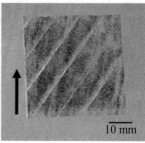

a) $v_B$ = 150 mm/s                       b) $v_B$ = 200 mm/s                       c) $v_B$ = 300 mm/s

**Abbildung 7.17:** Optischer Vergleich der Packungsdichte infolge des Pulverauftrags auf einer Bauteilschicht mit einer flexiblen Beschichterklinge bei unterschiedlicher Pulverauftragsgeschwindigkeit. (Die Richtung des Pulverauftrags ist durch einen schwarzen Pfeil gekennzeichnet.)

Im Hinblick auf den Einfluss des Pulverauftragssystems auf die Beschaffenheit der Pulverschicht ist festzustellen, dass sich das Pulver infolge des Pulverauftrags mit einer flexiblen Beschichterklinge auch bereits bei niedriger Pulverauftragsgeschwindigkeit vergleichsweise weniger dicht auf der Bauteilschicht anordnet. Im Gegensatz zur Simulation wird eine Kohlenstofffaserbürste zum Auftrag der Pulverschicht eingesetzt. Dies erscheint für die Validierung zulässig, da sich keine signifikanten Unterschiede der Packungsdichte des Pulverbetts infolge des Pulverauftrags mit einer Kohlenstofffaserbürste und einer Elastomerklinge zeigen (vgl. Kapitel 7.2.1).

In Kapitel 6.3.1 wurde die Vermutung geäußert, dass das im laseradditiven Fertigungsprozess mit einer Kohlenstofffaserbürste verteilte Pulver auf einer Bauteilschicht eine Packungsdichte annimmt, die geringer als 60 % ist. Die in Abbildung 7.17 a) dargestellte Aufnahme der mit einer Pulverauftragsgeschwindigkeit von 150 mm/s erzeugten Schicht zeigt eine Festkörperoberfläche, auf der die Packungsdichte des Pulvers geringer zu sein scheint als die relative Schüttdichte des bevorrateten Pulverwerkstoffs, die mit einem Wert von 50 % angenommen werden kann. Diese Einschätzung steht im Einklang mit dem Ergebnis der Simulation, welche in Bereichen auf der Bauteilschicht, in denen sich die Partikel verhältnismäßig dicht anordnen, dennoch eine Packungsdichte ergibt, die unterhalb der Packungsdichte der Partikel in der virtuellen Bevorratung liegt.

## 7.1.4.2   Partikelgrößenverteilung

Zur Analyse der Partikelgrößenverteilung auf dem Baufeld infolge des Pulverauftrags wird das aus der Bevorratung vorgelegte Ti-6Al-4V-Pulver unter Verwendung von starren und flexiblen Beschichterklingen über Substrate verstrichen, die in der Arbeitsebene nahe dem Vorrat, in der Mitte und in der Nähe des Überlaufs angeordnet sind (vgl. [Sey13]). Der Abstand dieser Substrate von der Bevorratung des Pulverwerkstoffs beträgt in Richtung des Pulverauftrags $s_1$ = 20 mm, $s_2$ = 80 mm und $s_3$ = 145 mm. Als Pulverauftragssysteme kommen eine starre Stahl- und Keramikklinge sowie eine flexible Kohlenstofffaserbürste zum Einsatz. Die erste Pulverschicht wird jeweils auf eine Grundplatte direkt aufgetragen, deren Oberfläche zuvor mit scharfkantigem Edelkorund abrasiv gestrahlt wird. Der Oberflächenzustand der Grundplatten ist somit mit dem der mikrogestrahlten Substratplatte vergleichbar (vgl. Kapitel 7.1.1.5). Nach mehrfachem Pulverauftrag und entsprechender schichtweiser Belichtung mehrerer quadratischer Flächen mit Abmessungen von 50 mm × 50 mm wird weiterhin jeweils Pulver auf eine Bauteilschicht mit einem für den Prozess typischen Belichtungsmuster der Schmelzspuren aufgebracht. Zur Untersuchung des Auftrags werden die mit dem Pulver bedeckten Substrate nach dem jeweiligen Versuch aus der Anlage entnommen. Neben der Charakterisierung des auf den Substraten aufgetragenen Pulverwerkstoffs hinsichtlich der Partikelgrößenverteilung mithilfe der Laserbeugung wird auch das Ti-6Al-4V-Pulver aus der Bevorratung analysiert, welches als Referenz dient.

Grundsätzlich ist bei der Bewertung der ermittelten volumenbezogenen Partikelgrößenverteilungen zu berücksichtigen, dass größere im Kollektiv vorkommende Partikel gegenüber kleineren überproportional stärker ins Gewicht fallen. Bei einer vergleichenden Betrachtung kann ein aus der Verteilungsdichte hervorgehender geringerer Volumenanteil im Feinbereich der Tatsache Ausdruck verleihen, dass sich im analysierten Pulver tatsächlich weniger kleine Partikel befinden. Es besteht allerdings auch die Möglichkeit, dass eine Reduktion des Feinanteils der Zunahme des Anteils größerer Partikel im Pulverwerkstoff zuzuschreiben ist. Auf Basis der bei der Partikelgrößenanalyse mithilfe der Laserbeugung erzielten Ergebnisse ist nicht nachzuweisen, auf welche Ursache eine Abnahme des Anteils kleiner Partikel zurückzuführen ist. Auch lassen die volumenbezogenen Analyseergebnisse zwar eine prinzipielle, jedoch keine sichere und eindeutige Aussage über die Anzahl der während des Pulverauftrags verteilten kleinen und großen Partikel zu.

Bei dem Referenzpulver handelt es sich um einen mehrfach im laseradditiven Fertigungsprozess eingesetzten Pulverwerkstoff mit einer unbekannten Handhabungshistorie, der von Anlagenhersteller (A) bezogen wurde. Das Pulver verfügt über eine an eine Gauß-Kurve erinnernde Partikelgrößenverteilung, besitzt jedoch einen vergleichsweise höheren Anteil kleiner Partikel mit einer Partikelgröße $x < 25$ µm. Die mittlere Partikelgröße $\bar{x}_3$ wird zu 41,9 µm bestimmt und die maximale Größe $x_{max}$ der Pulverpartikel in der Bevorratung liegt in etwa bei 150 µm.

Aus Abbildung 7.18 a) und b) geht die Partikelgrößenverteilung auf den Grundplatten und auf den Bauteilschichten infolge des Pulverauftrags mit einer starren Beschichterklinge hervor. Um den Pulverauftrag auf einer Grundplatte und im Anschluss daran auf einer Bauteilschicht mit demselben Pulverauftragssystem durchführen zu können, wird die Keramikklinge gewählt. Insbesondere nach dem Schmelzen der Pulverschicht treten Kollisionen zwischen der Stahlklinge und den eingebrachten Substraten auf, sodass ein erneuter Pulverauftrag nicht möglich ist. Unter Verwendung der Keramikklinge wird das Pulver auf der Bauteilschicht verteilt, obwohl die Beschichterklinge beim Auftreffen auf Unebenheiten leicht beschädigt wird. Die Geometrie der beiden starren Beschichterklingen ist identisch (vgl. Kapitel 5.2.1.3). Die im Rahmen der Untersuchungen erzielten Ergebnisse hinsichtlich der Partikelgrößenverteilung auf den in unterschiedlichen Abständen zur Bevorratung angeordneten Grundplatten zeigen kaum signifikante Unterschiede.

Im Wesentlichen spiegelt die an allen Positionen ermittelte Partikelgrößenverteilung des Pulvers in der Arbeitsebene die Partikelgrößenverteilung des Referenzpulvers aus der Bevorratung wider. Allerdings verfügt das jeweils aufgetragene Pulver über einen vergleichsweise geringeren Feinanteil sowie über einen höheren Anteil an Partikeln mit einer Größe zwischen 75 µm und 150 µm. Dies gilt sowohl für den auf den Grundplatten verstrichenen Pulverwerkstoff als auch für das auf den Bauteiloberflächen verteilte Pulver. Zu erklären ist die Beobachtung vermutlich durch die Wechselwirkungen zwischen den Pulverpartikeln untereinander und durch die Interaktion der Partikel mit dem Pulverauftragssystem sowie mit der zu beschichtenden Festkörperoberfläche. Es besteht zum einen die Möglichkeit, dass sich während des Pulverauftrags durch Reibung und Partikelhaftung Anhäufungen von Pulverpartikeln bilden. Zum anderen ist es denkbar, dass vor allem kleine Partikel an der Beschichterklinge haften und sich entweder zu einem späteren Zeitpunkt im Pulverbett absetzen oder über die Arbeitsebene hinweg transportiert werden.

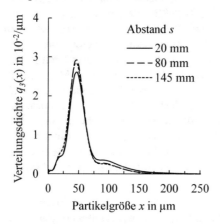

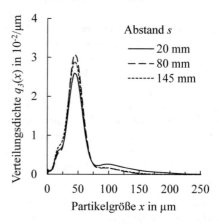

a) Verteilungsdichte $q_3(x)$ auf Grundplatten in unterschiedlichen Abständen $s$ zur Bevorratung

b) Verteilungsdichte $q_3(x)$ auf Bauteilschichten in unterschiedlichen Abständen $s$ zur Bevorratung

**Abbildung 7.18:** Partikelgrößenverteilung infolge des Pulverauftrags mit einer starren Beschichterklinge

Zwischen den Verteilungsdichtekurven des auf den Grundplatten abgelegten Pulvers und den Kurvenverläufen der Verteilungsdichte des auf den Bauteilschichten aufgetragenen Pulverwerkstoffs ergeben sich nur geringfüge Unterschiede. Tendenziell verbleibt entweder ein höherer Anteil an feinen Partikeln auf den Bauteilschichten, die sich durch verhältnismäßig rauere bzw. welligere Oberflächen auszeichnen oder es bilden sich auf dieser Oberfläche weniger Agglomerate durch Partikelhaftung.

Für den Pulverauftrag mit der Keramikklinge scheint der Abstand der Substrate von der Bevorratung von nachrangiger Bedeutung zu sein. Die Kurven, welche jeweils die Partikelgrößenverteilung in der Nähe des Pulvervorrats sowie in der Mitte der Arbeitsebene beschreiben, verlaufen im Bereich kleiner Partikelgrößen beinahe deckungsgleich. Lediglich die Verteilungsdichtekurve des auf dem mit einem Abstand $s_3$ von 145 mm positionierten Substrat verteilten Pulverwerkstoffs zeigt einen geringfügig höheren Anteil an kleinen Partikeln. Demgegenüber befindet sich auf der Oberfläche der Grundplatte sowie auf der Bauteiloberfläche, die der Bevorratung am nächsten ist, Pulver, das einen etwas höheren Anteil an großen Partikeln aufweist. Als mögliche Ursachen für diese Beobachtungen kommt in Betracht, dass entweder aus mehreren Pulverpartikeln bestehende Agglomerate während des Beschichtungsvorgangs aufgebrochen werden oder dass Spritzer, die sich auf den Schichten niedergelassen haben, von der Keramikklinge entfernt werden. Allerdings erscheint die letztgenannte Spritzerbildung aufgrund der ähnlichen Kurvenverläufe als unwahrscheinlich. Eine Entmischung des Pulverwerkstoffs in Pulverauftragsrichtung ist kaum erkennbar. Insgesamt wird unter Verwendung der starren Beschichterklinge jedoch ein relativ homogener Schichtauftrag auf der Arbeitsebene erreicht.

Der aus den Simulationsergebnissen hervorgehende vermehrte Auftrag großer Partikel mit zunehmendem Abstand von der Bevorratung ist in den Versuchen nicht nachzuweisen. Die Gründe für diese Abweichung sind vermutlich den getroffenen Annahmen und Vereinfachungen zuzuschreiben. Beispielsweise scheint die in der Simulation beobachtete Perkolation bei einem Vielfachen der vorgelegten Partikel unterschiedlicher Größen in der Realität nicht in vergleichbarem Maße aufzutreten. Auch verfügt die im Versuch eingesetzte Grundplatte im Gegensatz zu der in der Simulation modellierten Substratplatte über eine raue Oberfläche, sodass sich auch größere Partikel in den Rauheitstälern absetzen können. Darüber hinaus ist anzunehmen, dass der sich in der Realität zwischen Beschichterklinge und der Grundplattenoberfläche bildende Spalt größer ist als 30 μm. Dies ist darauf zurückzuführen, dass die Grundplatte vor dem Auftrag der ersten Pulverschicht von dem Pulverauftragssystem vorsichtig angefahren und berührt wird, bevor das Absenken um den Betrag der Schichtdicke erfolgt. Sowohl die Rauheit der Grundplattenoberfläche als auch ein größerer Zwischenraum resultieren darin, dass Partikel aufgetragen werden, deren Größe die angegebene Schichtdicke $D_S$ von 30 μm übersteigt. Auf Basis der in Abbildung 7.18 a) und b) aufgetragenen Verteilungskurven ist keine Aussage über die Gesamtanzahl der in den Versuchen aufgetragenen Partikel zu treffen. Es ist jedoch davon auszugehen, dass einer Abnahme der Partikelanzahl in Pulverauftragsrichtung durch die Einstellung des Dosierfaktors vorgebeugt wird. Insbesondere für den Pulverauftrag auf der Bauteilschicht ergibt sich trotzdem eine gute Vereinbarkeit von Simulation und Realität.

In Abbildung 7.19 a) und b) sind die Partikelgrößenverteilungen auf den Grundplatten und den Bauteiloberflächen infolge des Pulverauftrags mit der Kohlenstofffaserbürste dargestellt. Auch unter Verwendung einer flexiblen Beschichterklinge wird auf den in der Nähe des Pulvervorrats, in der Mitte der Arbeitsebene und nahe dem Überlauf angeordneten Grundplatten eine Partikelgrößenverteilung erreicht, die weitestgehend der monomodalen Partikelgrößenverteilung des Referenzpulvers entspricht. Allerdings befinden sich nach dem Auftrag mit der Kohlenstofffaserbürste kaum mehr Partikel mit einer Größe $x < 30$ μm auf der Arbeitsebene. Kleine Partikel haften wahrscheinlich entweder aneinander oder am Pulverauftragssystem. Wie auch bei dem mit starren Beschichterklingen vorgenommenen Pulverauftrag bleibt ein erkennbarer Anteil an großen Partikeln auf den Grundplatten zurück. Es liegt die Vermutung nahe, dass es sich bei diesen Partikeln um Agglomerate handelt, die bei der Verteilung des Pulvers entstehen (vgl. Abbildung 7.15 b)). Aus einem Vergleich der Verteilungsdichtekurven an den unterschiedlichen Positionen wird deutlich, dass der Pulverauftrag mit der Kohlenstofffaserbürste nur zu einem sehr geringen Unterschied hinsichtlich der Partikelgrößenverteilung auf der Arbeitsebene führt. In großem Abstand zur Bevorratung von mehr als 145 mm wird ein höherer Anteil an größeren Partikeln bestimmt als in der Mitte der

Arbeitsebene oder in der Nähe des Pulvervorrats. Die beschriebenen Ergebnisse lassen den Schluss zu, dass mithilfe der Kohlenstofffaserbürste insgesamt eine gleichmäßige Verteilung der Pulverpartikel in der ersten Schicht des laseradditiven Fertigungsprozesses erfolgt.

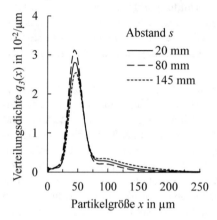 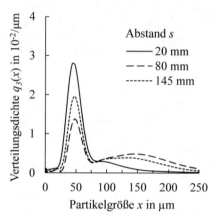

a) Verteilungsdichte $q_3(x)$ auf Grundplatten in unterschiedlichen Abständen $s$ zur Bevorratung

b) Verteilungsdichte $q_3(x)$ auf Bauteilschichten in unterschiedlichen Abständen $s$ zur Bevorratung

**Abbildung 7.19:** Partikelgrößenverteilung infolge des Pulverauftrags mit einer flexiblen Beschichterklinge

Wird das vorgelegte Pulver mit einer Kohlenstofffaserbürste auf einer Bauteilschicht verstrichen, stellt sich, unabhängig von der Position des Substrats auf dem Baufeld, eine bimodale Partikelgrößenverteilung der Pulverschicht ein. Entlang der Pulverauftragsrichtung ist eine inhomogene Verteilung des Pulverwerkstoffs zu erkennen. In der Nähe der Pulverbevorratung befindet sich tendenziell ein höherer Anteil an kleineren Partikeln als nahe dem Überlauf. Eine auf einer Bauteiloberfläche unter Verwendung der Kohlenstofffaserbürste erzeugte Pulverschicht scheint sich zusammenzusetzen aus Pulverpartikeln, die aus der Bevorratung stammen, aus beim Pulverauftrag entstandenen Agglomeraten und aus im laseradditiven Fertigungsprozess hervorgegangenen Spritzern. Diese Vermutung lassen die beiden Maxima der Verteilungsdichtekurven zu. Demzufolge würde der Modalwert $x_{h,3}$ bei etwa 44 µm zur Größe der Partikel aus dem Pulvervorrat passen und die Partikelgröße am zweiten Maximum der Größe der Agglomerate und Spritzer entsprechen. Unter dieser Annahme vermag es die Kohlenstofffaserbürste während des Auftrags einer neuen Pulverschicht nicht, Spritzerpartikel zu entfernen, die sich bei der Belichtung auf den Bauteiloberflächen absetzen.

Hinsichtlich der Vergleichbarkeit von Simulation und Experiment ist festzustellen, dass das materialbedingte Verhalten der flexiblen Beschichterklinge in der Simulationsumgebung nur unzureichend abgebildet werden kann. In der Simulation ist keine Verformung des Pulverauftragssystems möglich. Die Elastomerklinge weist gegenüber der Stahlklinge einen geringeren Schubmodul auf, bleibt jedoch auch unter Last steif. Ein geringerer Schubmodul trägt zwar dazu bei, dass Partikel von einer flexiblen Beschichterklinge überwunden werden, wobei dies allerdings durch die Geometrie der Elastomerklinge erschwert wird. Bei dem Partikelauftrag auf der Bauteilschicht ist auch in der Simulation zu beobachten, dass die flexible Beschichterklinge über größere Partikel hinweggleitet und diese auf der Oberfläche hinterlässt.

Es ist weiterhin anzumerken, dass der Belichtungsvorgang nicht simuliert und auch die beim Pulverauftrag in der Prozesskammer herrschende Schutzgasströmung nicht berücksichtigt wird. Die Bildung und Verteilung von Spritzern wird somit in der DEM-Simulation nicht erfasst.

Zusammenfassend ist festzuhalten, dass sowohl die Simulation als auch die zur Validierung durchgeführten Versuche deutlich machen, dass die Güte einer Pulverschicht von der Oberflächenbeschaffenheit der zu beschichtenden Fläche, von dem verwendeten Pulverauftragssystem und von der gewählten Pulverauftragsgeschwindigkeit abhängt. Unter Berücksichtigung der im Rahmen der numerischen Untersuchungen getroffenen Annahmen und Vereinfachungen wird der Pulverauftragsprozess in der laseradditiven Fertigung mithilfe des mechanischen Modells und der darauf basierenden DEM-Simulation hinreichend gut angenähert.

## 7.2 Experimentelle Untersuchungen zum Pulverauftrag

In Ergänzung zu den numerischen Untersuchungen wird der Pulverauftragsprozess in der laseradditiven Fertigung experimentell analysiert. Es werden die Art des Pulverauftragssystems und die Auftragsgeschwindigkeit hinsichtlich ihrer Bedeutung für die flächige Verteilung des Pulverwerkstoffs betrachtet. Durch die Ermittlung der Packungsdichte des Pulverbetts, die Analyse der Partikelgrößenverteilung und die Bestimmung ausgewählter Eigenschaften laseradditiv gefertigter Probekörper werden die Auswirkungen dieser Einflussfaktoren studiert und bewertet.

### 7.2.1 Pulverauftragssysteme

Aus den Ergebnissen der numerischen Untersuchungen ist bekannt, dass die Güte der flächigen Verteilung des Ti-6Al-4V-Pulverwerkstoffs u. a. von dem eingesetzten System zum Pulverauftrag abhängig ist. Um detailliertere Erkenntnisse über den Pulverauftrag auf dem Baufeld zu gewinnen, wird der Einfluss der flexiblen und starren Pulverauftragssysteme Kohlenstofffaserbürste, Elastomerklinge und Stahlklinge auf die Eigenschaften des Pulverbetts untersucht. Zusätzlich werden die Auswirkungen der Pulverbetteigenschaften auf die Bauteilqualität betrachtet.

An vier Positionen in der Arbeitsebene mit einem Abstand von 25 mm, 100 mm, 150 mm und 215 mm zur Bevorratung werden dazu die Packungsdichte (vgl. Kapitel 5.3) und die Partikelgrößenverteilung des aufgetragenen Pulvers bestimmt. Zur Korrelation zwischen den Eigenschaften des Pulverbetts und der Bauteilqualität werden an den entsprechenden Positionen laseradditiv gefertigte Probekörper hinsichtlich der Dichte und der Porosität analysiert. Sowohl die Probekörper zur Ermittlung der Pulverbetteigenschaften als auch die Proben zur Analyse der Bauteilqualität werden diagonal zur Pulverauftragsrichtung auf dem Baufeld platziert. Mithilfe dieser Anordnung wird der Einfluss der Belichtung einer Bauteilschicht auf den Pulverwerkstoff an der nächstgelegenen Position vermindert und weitgehend sichergestellt, dass das schichtweise aufgetragene Pulver dem Pulverwerkstoff aus der Bevorratung entspricht.

Bei dem eingesetzten Pulverwerkstoff handelt es sich um ein gasverdüstes, mehrfach recyceltes Ti-6Al-4V-Pulver des Anlagenherstellers (A) mit unbekannter Handhabungshistorie. Das Pulver verfügt über eine nahezu gaußförmige Partikelgrößenverteilung mit einem vergleichsweise hohen Anteil an Partikeln mit einer Größe $< 20$ μm und einer maximalen Partikelgröße $x_{max}$ von 150 μm. Die charakteristischen Eigenschaften des Pulverwerkstoffs sind mit dem Eigenschaftsprofil des für die Klimaprüfungen verwendeten Pulvers vergleichbar (vgl. Tabelle 8.2). Die gewählte Pulverauftragsgeschwindigkeit und die verwendeten Belichtungsparameter zur Herstellung der Probekörper sind Tabelle 5.3 zu entnehmen.

In Abbildung 7.20 a) ist die Packungsdichte $\rho_p$ über dem Abstand $s$ zur Bevorratung infolge des Pulverauftrags mit einer Kohlenstofffaserbürste, einer Elastomerklinge und einer Stahlklinge dargestellt. Das Pulver wird bei der Beschichtung unabhängig von dem gewählten Pulverauftragssystem in der gesamten Arbeitsebene verdichtet. Unter der Annahme einer relativen Schüttdichte des bevorrateten Pulvers von 55 % liegt diese Verdichtung in etwa zwischen 3,5 % und 5,5 %.

Es ergeben sich jedoch signifikante Unterschiede in der im laseradditiven Fertigungsprozess erreichten Packungsdichte bei Verwendung flexibler und starrer Beschichterklingen sowie in Pulverauftragsrichtung. Dabei hat die Art der Beschichterklinge einen größeren Effekt auf die Packungsdichte als der Abstand zur Bevorratung. Es fällt allerdings auf, dass die Packungsdichte mit zunehmendem Abstand zu der Bevorratung abnimmt.

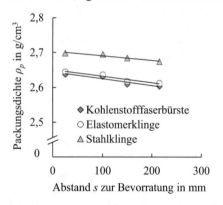
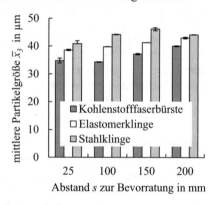

a) Packungsdichte $\rho_p$ des Pulverbetts in unterschiedlichen Abständen $s$ zur Bevorratung

b) Mittlere Partikelgröße $\bar{x}_3$ im Pulverbett in unterschiedlichen Abständen $s$ zur Bevorratung

**Abbildung 7.20:** a) Packungsdichte $\rho_p$ des Pulverbetts und b) mittlere Partikelgröße $\bar{x}_3$ im Pulverbett infolge des Pulverauftrags mit flexiblen und starren Beschichterklingen

Die höchste Packungsdichte $\rho_p$ wird mit einem Wert von 2,698 g/cm³ in der Nähe der Bevorratung bei dem Pulverauftrag mit einer Stahlklinge erreicht. Nahe dem Überlauf beträgt die Packungsdichte $\rho_p$ des mit der Stahlklinge aufgezogenen Pulverbetts 2,674 g/cm³, was einer Abnahme von etwa 0,88 % entspricht. Bezogen auf die Ti-6Al-4V-Festkörperdichte ($\rho_s = 4,430$ g/cm³ [Pet02]) ergibt sich für das mit der Stahlklinge auf dem Baufeld verteilte Pulver eine relative Packungsdichte $d_p$ zwischen 60,36 % und 60,90 %. Die ermittelten Werte der Packungsdichte infolge des Pulverauftrags mit der Kohlenstofffaserbürste ($d_p(s = 25$ mm$) = 59,55$ % $\cdots d_p(s = 215$ mm$) = 58,78$ %) ähneln den Werten, die bei einer Beschichtung mit der Elastomerklinge bestimmt werden ($d_p(s = 25$ mm$) = 59,71$ % $\cdots d_p(s = 215$ mm$) = 58,96$ %), liegen jedoch deutlich unterhalb der Werte der Packungsdichte, die mithilfe der starren Klinge realisiert wird. Bei der Verwendung einer Elastomerklinge zum Pulverauftrag wird, verglichen mit dem Einsatz einer Kohlenstofffaserbürste, eine leicht höhere Packungsdichte erreicht. Die Packungsdichte $\rho_p$ des Pulverbetts sinkt mit größer werdendem Abstand zur Bevorratung bei der Beschichtung mit einer Elastomerklinge um 1,24 %. Bei einem Pulverauftrag mit der Kohlenstofffaserbürste verringert sich der Wert der Packungsdichte $\rho_p$ um 1,28 %. Im direkten Vergleich der beiden flexiblen Pulverauftragssysteme wirkt sich somit der Abstand zur Bevorratung deutlicher auf die Beschaffenheit des Pulverbetts aus als die Steifigkeit und Geometrie dieser eingesetzten Beschichterklingen. Gegenüber der Beschichtung mit flexiblen Pulverauftragssystemen mit einer vergleichsweise hohen Elastizität wird mit einer steifen Stahlklinge ein gleichmäßigerer und homogenerer Auftrag der Pulverschichten erzielt. Darüber hinaus erfährt der Pulverwerkstoff bei der Beschichtung mit der Stahlklinge aufgrund der Steifigkeit des Klingenmaterials eine höhere Verdichtung.

Unter der Annahme, dass durch das Anheben des Vorratsbehälters eine statistisch gleiche Pulvermenge für den Schichtauftrag bereitgestellt wird, verbleibt infolge der Beschichtung der Arbeitsebene mit einer Stahlklinge tendenziell mehr Pulver auf dem Baufeld als bei dem Pulverauftrag unter Verwendung der flexiblen Beschichterklingen. Dies lässt bereits der Vergleich von Abbildung 7.16 a) und Abbildung 7.17 a) vermuten, die das Ergebnis des Pulverauftrags auf einer Bauteilschicht mit einer Stahlklinge und einer Kohlenstofffaserbürste bei einer Pulverauftragsgeschwindigkeit $v_B$ von 150 mm/s veranschaulichen. Auch zeigt sich die Tendenz, dass, unabhängig von dem gewählten Pulverauftragssystem, nahe der Bevorratung eine größere Pulvermenge abgelegt wird als am Ende des Beschichtungsvorgangs in der Nähe des Überlaufs. Diese Aussagen sind zulässig, da sich das Volumen $V_{Zylinder}$ der Probekörper nicht signifikant verändert. Somit deutet eine höhere Packungsdichte des Pulverbetts auf eine größere aufgetragene Pulvermenge hin.

Die Art des Pulverauftragssystems und die Position in der Arbeitsebene beeinflussen nicht nur die Packungsdichte des Pulverbetts. Diese beiden Faktoren sind ebenfalls in Bezug auf die Verteilung der Pulverpartikel auf dem Baufeld von Bedeutung (vgl. Abbildung 7.21). Dabei hat der Einsatz einer starren oder flexiblen Beschichterklinge einen etwas größeren Effekt auf die mittlere Partikelgröße als der Abstand zur Bevorratung. Die Analyse der Wechselwirkungen lässt darauf schließen, dass sich der Abstand zur Bevorratung stärker auswirkt, wenn die Stahlklinge durch eine Elastomerklinge oder Kohlenstofffaserbürste ersetzt wird.

Aus dem Säulendiagramm in Abbildung 7.20 b), das die mittlere Partikelgröße $\bar{x}_3$ im Pulverbett in unterschiedlichen Abständen $s$ zum Pulvervorrat wiedergibt, ist zu entnehmen, dass bei der flächigen Verteilung des Pulverwerkstoffs zunächst kleinere Partikel abgelegt werden. Größere Pulverpartikel werden über die Arbeitsebene hinweg transportiert oder entstehen während des Auftrags der Pulverschichten in Form von Anhäufungen kleinerer Partikel oder als Spritzer während der Belichtung und befinden sich nach dem Pulverauftrag nahe dem Überlauf. Dies gilt unabhängig davon, ob zum Pulverauftrag eine Kohlenstofffaserbürste, eine Elastomerklinge oder eine Stahlklinge eingesetzt wird. Wird das Pulver mit einer Stahlklinge aufgetragen, liegt die mittlere Partikelgröße $\bar{x}_3$ zwischen 40,8 µm und 46,1 µm. In dem Pulverbett, welches mithilfe der Elastomerklinge realisiert wird, befinden sich in geringem Abstand zur Bevorratung Partikel mit einer mittleren Partikelgröße $\bar{x}_3$ von 38,6 µm. Die mittlere Partikelgröße $\bar{x}_3$ der Pulverpartikel steigt in Beschichterrichtung um mehr als 10 % auf 42,9 µm an. Bei der Verwendung einer Kohlenstofffaserbürste wird die vergleichsweise geringste mittlere Partikelgröße $\bar{x}_3$ der Partikel im Pulverbett bestimmt.

Die in Abbildung 7.20 a) und b) veranschaulichten Ergebnisse zeigen, dass die Packungsdichte $\rho_p$ des Pulverbetts bei der Beschichtung der Arbeitsebene mit in Pulverauftragsrichtung steigender mittlerer Partikelgröße $\bar{x}_3$ jeweils abnimmt. Je gröber also der Pulverwerkstoff während der Verteilung über dem Baufeld wird, desto geringer wird die Packungsdichte des Pulvers. Der Pulverauftrag mit verschiedenen Beschichtern wirkt sich in erster Linie auf die Partikelgrößenverteilung des Pulvers in der Arbeitsebene aus, welche wiederum auch die im laseradditiven Fertigungsprozess erreichbare Packungsdichte beeinflusst. Dabei tritt mit zunehmendem Abstand zur Bevorratung an den unterschiedlichen Positionen eine Entmischung des Pulvers auf. Diese Aussage lässt sich durch die in Abbildung 7.21 a) – c) skizzierten Verteilungsdichtekurven $q_3(x)$ belegen.

Bei einem Vergleich dieser Kurvenverläufe nach dem Pulverauftrag mit einer Kohlenstofffaserbürste, einer Elastomerklinge und einer Stahlklinge fallen Unterschiede sowohl hinsichtlich der Anteile feiner und grober Pulverpartikel als auch in Bezug auf die Breite der Partikelgrößenverteilung auf.

Infolge des Pulverauftrags mit einer Kohlenstofffaserbürste variiert die Partikelgrößenverteilung im Pulverbett an den vier Positionen entlang der Beschichterrichtung stark. Erfolgt der Pulverauftrag mit einer Elastomer- oder Stahlklinge treten bei der Verteilung der Partikel über die Arbeitsebene geringere Abweichungen auf. Die Verteilungsdichtekurven liegen näher beieinander. Wird das Pulver mithilfe der Kohlenstofffaserbürste verteilt, befindet sich in der bevorratungsnahen Hälfte des Pulverbetts ein hoher Anteil kleiner Partikel. Die maximale Partikelgröße $x_{max}$ des in der Nähe der Bevorratung abgelegten Pulvers liegt bei 76 µm. Mit zunehmendem Abstand vom Pulvervorrat werden die Pulverpartikel mit einer Partikelgröße $x < 30$ µm anteilig weniger. Das Maximum der Verteilungsdichtekurven verschiebt sich nach rechts. Auch verändert sich der Anteil an Partikeln mit der dem Modalwert entsprechenden Größe. Das in einem Abstand $s$ von 215 mm von der Bevorratung aufgetragene Pulver weist einen höheren Anteil großer Partikel auf und verfügt über eine maximale Partikelgröße von 130 µm.

Im Vergleich zum Pulverauftrag mit der Kohlenstofffaserbürste ist im Pulverbett, das mithilfe der Elastomerklinge erzeugt wird, insgesamt ein geringerer Anteil an kleinen Partikeln und ein höherer Anteil an großen Partikeln zu finden. Diese Beobachtung trifft ebenfalls auf den unter Verwendung der Stahlklinge verteilten Pulverwerkstoff zu.

In Bezug auf die Verteilungsdichte an unterschiedlichen Positionen ist für das mit der Elastomerklinge aufgetragene Pulver festzustellen, dass sich der bis zu einer Entfernung von 100 mm zur Bevorratung abgelegte Pulverwerkstoff durch einen höheren Feinanteil auszeichnet. In der an den Überlauf grenzenden Hälfte des Pulverbetts liegt ein geringfügig höherer Anteil großer Partikel vor. Während die maximale Partikelgröße nahe dem Pulvervorrat ungefähr 100 µm beträgt, wird die maximale Partikelgröße des Pulvers in der Nähe des Überlaufs zu etwa 130 µm bestimmt.

Die Verteilungsdichtekurven des von der Stahlklinge an den verschiedenen Positionen aufgetragenen Pulvers verlaufen beinahe deckungsgleich. Nur diejenige Kurve, die für das Pulver in der Nähe der Bevorratung ermittelt wird, stellt eine Ausnahme dar. Das in einem Abstand von 25 mm zum Pulvervorrat abgelegte Pulver verfügt über einen höheren Anteil an Partikeln mit einer Partikelgröße $x < 30$ µm sowie über einen geringeren Anteil an Partikeln mit einer Größe $x > 80$ µm. Die maximale Partikelgröße des aus der

Nähe der Bevorratung stammenden Pulvers bzw. des Pulvers aus dem Bereich nahe dem Überlauf liegt bei 100 µm, respektive 150 µm.

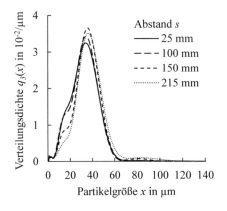

a) Verteilungsdichte $q_3(x)$ des mit der Kohlenstofffaserbürste aufgetragenen Pulvers

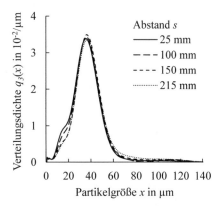

b) Verteilungsdichte $q_3(x)$ des mit der Elastomerklinge aufgetragenen Pulvers

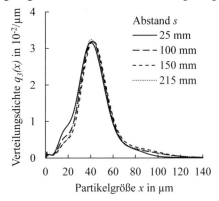

c) Verteilungsdichte $q_3(x)$ des mit der Stahlklinge aufgetragenen Pulvers

**Abbildung 7.21:** Partikelgrößenverteilung an verschiedenen Positionen im Pulverbett bei Verwendung einer a) Kohlenstofffaserbürste, einer b) Elastomerklinge und einer c) Stahlklinge zum Pulverauftrag

Insbesondere für die Unterschiede hinsichtlich des Feinanteils im Pulverbett bei der Verwendung verschiedener Pulverauftragssysteme sowie entlang der Pulverauftragsrichtung kommen mehrere Erklärungen in Betracht. Entweder werden mithilfe der Elastomer- oder der Stahlklinge tatsächlich weniger kleine Pulverpartikel in der Arbeitsebene aufgetragen. Oder aber die Bildung von Agglomeraten während des Pulverauftragsprozesses und der Verbleib von während der Belichtung entstandenen Spritzern im Pulverbett führt bei gleichbleibender Anzahl der kleinen Partikel zu einer Abnahme des Feinanteils. Die Frage, ob die in Beschichterrichtung zu beobachtende Entmischung auf Perkolation oder Agglomeration zurückzuführen ist, kann anhand der diskutierten Ergebnisse somit nicht beantwortet werden.

Werden die Verteilungsdichtekurven des mit der Kohlenstofffaserbürste bei 25 mm und 100 mm aufgetragenen Pulvers außer Acht gelassen, zeigt das infolge des Pulverauftrags mit der Stahlklinge in den Probekörpern verbliebene Pulver die verhältnismäßig breiteste Partikelgrößenverteilung an allen Positionen. Unabhängig von der eingesetzten Beschichterklinge nimmt die Breite der Partikelgrößenverteilung des aufgetragenen Pulvers mit größer werdendem Abstand von der Bevorratung ab.

Bezüglich der Packungsdichte des Pulverbetts ist zum einen die Tendenz hervorzuheben, dass die Packungsdichte umso geringer ist, je geringer der Anteil kleiner Partikel ist. Zum anderen ist herauszustellen, dass eine breitere Partikelgrößenverteilung tendenziell eine höhere Packungsdichte begünstigt. Ist der Feinanteil im verteilten Pulverwerkstoff jedoch insgesamt verhältnismäßig hoch, so wirkt sich dies, möglicherweise aufgrund von interpartikulären Wechselwirkungen, negativ auf das Erreichen einer dichten Packung der Partikel im Pulverbett aus.

Die mithilfe des Archimedischen Prinzips ermittelte Dichte $\rho_s$ der an den vier verschiedenen Positionen auf dem Baufeld gefertigten Probekörper ist in Abbildung 7.22 aufgetragen. Der Einsatz unterschiedlicher Beschichterklingen zum Auftrag des Pulverwerkstoffs wirkt sich lediglich in geringem Maße auf die Bauteildichte aus. Die Dichtewerte der Probekörper, bei deren Fertigung zum Pulverauftrag entweder die Kohlenstofffaserbüste, die Elastomerklinge oder die Stahlklinge Anwendung finden, weichen nur wenig voneinander ab. Dies trifft unabhängig von der Fertigungsposition des Bauteils auf dem Baufeld zu. Die Dichte der laseradditiv gefertigten Proben, ausgenommen die Dichte des in der Nähe zur Bevorratung unter Verwendung der Stahlklinge hergestellten Probekörpers, liegt oberhalb des Grenzwerts von 4,407 g/cm$^3$ [EOS11b]. Für die relative Dichte $d_s$ der Bauteile werden Werte zwischen 99,48 % und 99,65 % bestimmt.

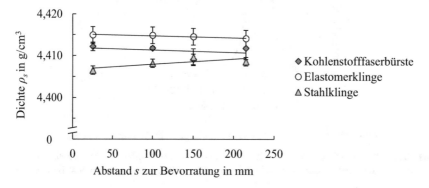

**Abbildung 7.22:** Bauteildichte $\rho_s$ an verschiedenen Positionen auf dem Baufeld infolge des Pulverauftrags mit flexiblen und starren Beschichterklingen

Im Vergleich zu der infolge des Schichtauftrags mit der starren Beschichterklinge erreichten Bauteildichte, verfügen die Probekörper, bei deren Fertigung eine flexible Beschichterklinge zum Einsatz kommt, über eine höhere Dichte. Wird eine Elastomerklinge für die schichtweise Verteilung des Pulverwerkstoffs gewählt, entstehen die Proben mit der verhältnismäßig höchsten Dichte.

Die Dichte der unter Verwendung von flexiblen Beschichterklingen gefertigten Probekörper verändert sich entlang der Pulverauftragsrichtung nicht nennenswert. Erfolgt der Pulverauftrag während der Herstellung der Proben mithilfe einer Stahlklinge, ist die Tendenz zu erkennen, dass mit zunehmendem Abstand von der Bevorratung dichtere Bauteile gefertigt werden.

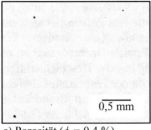 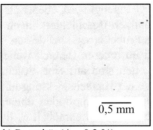 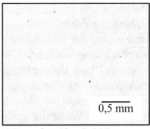

| | | |
|---|---|---|
| 0,5 mm | 0,5 mm | 0,5 mm |

a) Porosität ($\phi$ = 0,4 %) infolge des Pulverauftrags mit Kohlenstofffaserbürste

b) Porosität ($\phi$ = 0,3 %) infolge des Pulverauftrags mit Elastomerklinge

c) Porosität ($\phi$ = 0,6 %) infolge des Pulverauftrags mit Stahlklinge

**Abbildung 7.23:** Porosität $\phi$ der laseradditiv gefertigten Probekörper nahe der Bevorratung ($s_1$ = 25 mm) bei Verwendung flexibler und starrer Pulverauftragssysteme ($v_B$ = 150 mm/s)

Der zuvor beschriebene Ergebnistrend für die Dichte der laseradditiv gefertigten Bauteile wird durch die Porosität der Probekörper, die mithilfe der lichtmikroskopischen Analyse von Querschliffen bestimmt wird, bestätigt. In Abbildung 7.23 a) – c) sind Ausschnitte dieser Querschliffe am Beispiel der in der Nähe des Pulvervorrats ($s$ = 25 mm) unter Verwendung der unterschiedlichen Pulverauftragssysteme gefertigten Proben zusammengestellt. Die abgebildeten Lichtmikroskopaufnahmen zeigen eine vergleichsweise geringere Porosität derjenigen Probekörper, bei deren Fertigung die Arbeitsebene mit flexiblen Beschichterklingen beschichtet wird.

Die Analyse der Wechselwirkung zwischen der Packungsdichte des Pulverbetts, die infolge des Pulverauftrags mit unterschiedlichen Beschichterklingen erreicht wird, und der Bauteildichte der laseradditiv gefertigten Probekörper ergibt keinen eindeutigen Zusammenhang. Wird eine flexible Beschichterklinge zum Pulverauftrag eingesetzt, deuten die wenigen abweichenden Dichtewerte jedoch an, dass eine vergleichsweise höhere Packungsdichte zu dichteren Bauteilen beiträgt. Wird das Pulver mithilfe der Stahlklinge verteilt, kehrt sich dieser Trend um. Mit steigender Packungsdichte des Pulverbetts nimmt die Dichte der Proben ab. Für das Erreichen der Bauteildichte wird die Anordnung der Partikel in einer aufgetragenen Pulverschicht auf der Bauteiloberfläche ausschlaggebend sein. Die zur laseradditiven Fertigung verwendeten Prozessparameter setzen zur Herstellung dichter Bauteile vermutlich eine relativ geringe Packungsdichte des verteilten Pulvers voraus. Ein verhältnismäßig höherer Anteil an kleinen Partikeln (z.B. Pulverauftrag mit Kohlenstofffaserbürste) oder eine vergleichsweise höhere Packungsdichte (z.B. Pulverauftrag mit Stahlklinge) führen wahrscheinlich infolge von veränderten Absorptions- und Wärmeleitungseigenschaften zu einer geringeren Bauteildichte.

Der Einfluss des Pulverauftrags mit flexiblen und starren Beschichterklingen auf die Oberflächenbeschaffenheit laseradditiv gefertigter Bauteile wird exemplarisch anhand der hergestellten Probekörper überprüft. Dazu wird die Grundfläche der zur Bestimmung der Packungsdichte verwendeten Hohlzylinder betrachtet. Bei dieser Grundfläche handelt es sich um eine Deckschicht, bei deren Belichtung eine von dem Streifenmuster abweichende Strategie eingesetzt wird.

Die Fotoaufnahmen in Abbildung 7.24 a) – c) zeigen die Oberflächenstruktur der Grundfläche am Beispiel der jeweils in einem Abstand von 25 mm zur Bevorratung hergestellten Hohlzylinder. Mit bloßem Auge sind beim Vergleich der Bilder nur geringfügige Unterschiede sichtbar. Subjektiv betrachtet, erscheint die Oberfläche, welche nach dem

Pulverauftrag mit der Stahlklinge erzeugt wird, ebener als die Oberflächen, die durch das Schmelzen der mithilfe der flexiblen Beschichterklingen verteilten Pulverschichten entstehen. Auf der Oberfläche des Probekörpers, bei dessen Herstellung eine Kohlenstofffaserbürste eingesetzt wird, sind im unteren Bereich wellenförmige Unebenheiten zu erkennen. Diese Unregelmäßigkeiten sind auf eine Beschädigung der Beschichterklinge zurückzuführen. Die Ergebnisse der Rauheitsmessung mithilfe der Laserkonfokalmikroskopie stimmen mit dem subjektiven Empfinden überein. Die auf den Grundflächen gemessenen Werte der arithmetischen Mittenrauheit $R_a$ liegen in vergleichbarer Größenordnung. Die für die exemplarisch dargestellten Grundflächen ermittelten Rauheitswerte sind in Abbildung 7.24 a) – c) zugeordnet. Anhand der erzielten Ergebnisse sind keine signifikanten Auswirkungen von dem eingesetzten Pulverauftragssystem auf die Oberflächengüte der laseradditiv gefertigten Bauteile nachzuweisen.

a) Oberflächenbeschaffenheit ($R_a$ = 6,35 µm ) infolge des Pulverauftrags mit Kohlenstofffaserbürste

b) Oberflächenbeschaffenheit ($R_a$ = 6,29 µm) infolge des Pulverauftrags mit Elastomerklinge

c) Oberflächenbeschaffenheit ($R_a$ = 6,23 µm) infolge des Pulverauftrags mit Stahlklinge

**Abbildung 7.24:** Oberflächenbeschaffenheit der laseradditiv gefertigten Probekörper nahe der Bevorratung ($s$ = 25 mm) bei Verwendung flexibler und starrer Beschichterklingen

Zusammenfassend ist festzuhalten, dass es mithilfe der gewählten Laserparameter möglich ist, auch bei leicht veränderten Pulverbetteigenschaften, die durch die Verwendung unterschiedlicher Pulverauftragssysteme hervorgerufen werden, Bauteile mit ausreichender Qualität zu fertigen. Nichtsdestotrotz erscheint die Anpassung der Prozessparameter bei einem Wechsel des Pulverauftragssystems notwendig, um eine gleichbleibend hohe Qualität laseradditiv gefertigter Bauteile sicherzustellen.

## 7.2.2   Pulverauftragsgeschwindigkeit

Wird die Steigerung der Produktivität des laseradditiven Fertigungsprozesses angestrebt, ist neben einer Verringerung der Belichtungszeit auch die Reduzierung der Beschichtungszeit zum Auftrag einer Pulverschicht von Bedeutung (vgl. Kapitel 2.1.3). Die Erhöhung der Geschwindigkeit der translatorischen Verfahrbewegung des Beschichters ist ein möglicher Ansatz, um den Pulverauftrag zu beschleunigen. Untersuchungen im Rahmen der Arbeit haben ergeben, dass eine Verdopplung der Pulverauftragsgeschwindigkeit von 150 mm/s auf 300 mm/s bei dem gleichen Fertigungsprozess zu einer Verringerung der Fertigungszeit von etwa einer Stunde führt, was einer Zeitersparnis von ungefähr 15 % entspricht. Daher wird dieser Ansatz detailliert betrachtet, indem der Einfluss der Pulverauftragsgeschwindigkeit auf die Packungsdichte des Pulverbetts untersucht wird. Der Zusammenhang zwischen den Pulverbetteigenschaften und den Qualitätsmerkmalen laseradditiv gefertigter Bauteile wird über eine Analyse der Bauteildichte und -porosität hergestellt. Sowohl die Packungsdichte als auch die Bauteileigenschaften werden an vier Positionen entlang der Beschichterrichtung mit Abständen $s$ von 25 mm, 100 mm, 150 mm und 215 mm zum Pulvervorrat bestimmt. Für die Platzierung der Probekörper zur Ermittlung der Packungsdichte (vgl. Kapitel 5.3) und der Proben zur Untersuchung der Bauteilqualität wird eine zur Pulverauftragsrichtung diagonale Anordnung auf dem Baufeld gewählt. Die Geschwindigkeit des Beschichters zum Pulverauftrag wird zwischen 150 mm/s und 450 mm/s mit einer Schrittweite von 50 mm/s variiert. Zur Belichtung der Bauteile werden die in Tabelle 5.3 zusammengefassten Laserparameter verwendet. Der Pulverauftrag erfolgt mithilfe der Kohlenstofffaserbürste. Das aus der Bevorratung bereitgestellte Ti-6Al-4V-Pulver entspricht hinsichtlich der charakteristischen Eigenschaften dem Pulverwerkstoff, der für die zuvor beschriebenen experimentellen Untersuchungen zum Pulverauftrag eingesetzt wurde.

In Abbildung 7.25 sind die Ergebnisse der Untersuchungen zur Packungsdichte infolge des Pulverauftrags mit unterschiedlichen Geschwindigkeiten der Beschichtereinheit grafisch aufbereitet. Unabhängig von der Pulverauftragsgeschwindigkeit erfolgt bei der Verteilung des Pulverwerkstoffs über 500 aufeinanderfolgende Schichten eine Verdichtung zwischen 3,0 % und 4,75 % bezogen auf die angenommene relative Schüttdichte des bevorrateten Pulvers von 55 %. Es ist zu erkennen, dass die Packungsdichte des Pulverbetts sowohl von der Pulverauftragsgeschwindigkeit als auch von dem Abstand zur Bevorratung beeinflusst wird. Tendenziell hat die Geschwindigkeit, mit der das Pulver über die Arbeitsebene transportiert wird, einen etwas größeren Effekt auf die Packungsdichte als die Position der Probekörper auf dem Baufeld. Darüber hinaus deutet sich an, dass sich der Abstand zur Bevorratung bei einem langsameren Pulverauftrag tendenziell stärker auf die Packungsdichte des Pulverbetts auswirkt.

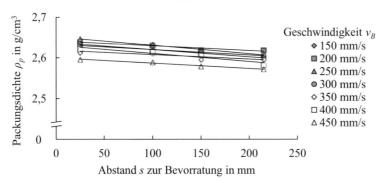

**Abbildung 7.25:** Packungsdichte $\rho_p$ des Pulverbetts infolge verschiedener Pulverauftragsgeschwindigkeiten $v_B$ zum Pulverauftrag

Ein langsamerer Pulverauftrag ($v_B \leq 300$ mm/s) führt zu einem vergleichsweise dichteren Pulverbett in der Arbeitsebene. Die relative Packungsdichte $d_p$ nimmt Werte zwischen 58,78 % nahe dem Überlauf infolge des Pulverauftrags mit einer Geschwindigkeit von 150 mm/s und 59,75 % in der Nähe des Pulvervorrats bei der Beschichtung mit einer Geschwindigkeit von 250 mm/s an. Die Erhöhung der Pulverauftragsgeschwindigkeit ($v_B > 300$ mm/s) resultiert in der Regel in einer Abnahme der Packungsdichte der in der Arbeitsebene verteilten Partikel. Wird das Pulver mit einer Geschwindigkeit von

450 mm/s vor der Kohlenstofffaserbürste hergeschoben, beträgt die Packungsdichte $\rho_p$ des in der Nähe der Bevorratung abgelegten Pulvers 2,596 g/cm$^3$ ($d_p$ = 58,60 %). Mit zunehmendem Abstand vom Pulvervorrat fällt dieser Wert zum Ende des Beschichtungsvorgangs auf 2,572 g/cm$^3$ ($d_p$ = 58,06 %) ab. Insgesamt gilt, dass das Pulver in den Probekörpern, die mit einem Abstand von 25 mm zur Bevorratung gefertigt werden, dichter gepackt wird. Bei einem sich nur geringfügig ändernden Volumen der Hohlzylinder bedeutet dies, dass in der Nähe der Bevorratung generell eine größere Pulvermenge aufgetragen wird. Entlang der Pulverauftragsrichtung verbleibt zunehmend weniger Pulver auf dem Baufeld. Darauf, dass auch bei höherer Pulverauftragsgeschwindigkeit tendenziell weniger Pulver aufgetragen wird, deuten auch die Fotoaufnahmen in Abbildung 7.17 a) – c) hin, die den Pulverauftrag mit einer Kohlenstofffaserbürste auf einer Bauteilschicht gegenüberstellen. Erfahren die Pulverpartikel durch eine höhere Geschwindigkeit des Pulverauftrags eine stärkere horizontale Beschleunigung, lagern sich vermutlich weniger Partikel in der Arbeitsebene ab, da die in vertikale Richtung wirkenden Gravitationskräfte unverändert bleiben.

Die Packungsdichte wird wesentlich von der Verteilung der unterschiedlich großen Partikel des Pulverwerkstoffs in der Arbeitsebene beeinflusst. Der Vollständigkeit halber sind aus diesem Grund in Abbildung 7.26 und in Abbildung 7.27 a) – f) die mittlere Partikelgröße $\bar{x}_3$ sowie die Partikelgrößenverteilung in Form der Verteilungsdichte $q_3(x)$ an verschiedenen Positionen im Pulverbett infolge der Beschichtung mit Geschwindigkeiten zwischen 150 mm/s und 450 mm/s aufgeführt.

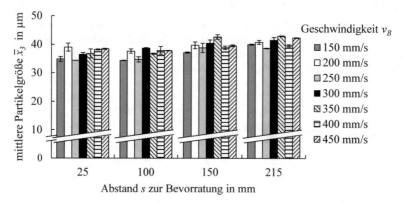

**Abbildung 7.26:** Mittlere Partikelgröße $\bar{x}_3$ an verschiedenen Positionen im Pulverbett infolge des Pulverauftrags mit unterschiedlichen Pulverauftragsgeschwindigkeiten

Aus Abbildung 7.26 geht hervor, dass sich die mittlere Partikelgröße $\bar{x}_3$ in Abhängigkeit von dem Abstand zur Bevorratung $s$ und der Geschwindigkeit des Pulverauftrags $v_B$ verändert. Unabhängig von der Pulverauftragsgeschwindigkeit ist der Trend zu erkennen, dass in der Nähe der Bevorratung bevorzugt Partikel mit einer geringeren mittleren Partikelgröße abgelegt werden, während sich nahe dem Überlauf vorwiegend Pulverpartikel mit einer größeren mittleren Partikelgröße befinden. Darüber hinaus ist die Tendenz zu beobachten, dass eine höhere Geschwindigkeit bei der flächigen Verteilung des Pulvers dazu führt, dass die mittlere Partikelgröße des aufgetragenen Pulverwerkstoffs steigt. Die Analyse der Wechselwirkungen zeigt, dass die Packungsdichte des Pulverbetts mit der Zunahme der mittleren Partikelgröße geringer wird.

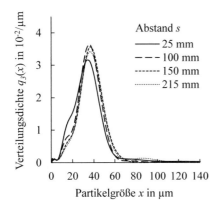

a) Verteilungsdichte $q_3(x)$ infolge des Pulverauftrags mit $v_B = 200$ mm/s

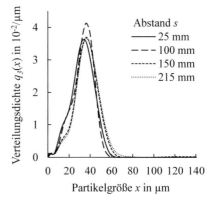

b) Verteilungsdichte $q_3(x)$ infolge des Pulverauftrags mit $v_B = 250$ mm/s

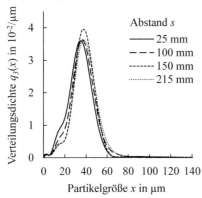

c) Verteilungsdichte $q_3(x)$ infolge des Pulverauftrags mit $v_B = 300$ mm/s

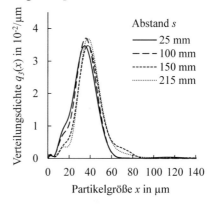

d) Verteilungsdichte $q_3(x)$ infolge des Pulverauftrags mit $v_B = 350$ mm/s

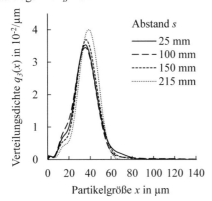

e) Verteilungsdichte $q_3(x)$ infolge des Pulverauftrags mit $v_B = 400$ mm/s

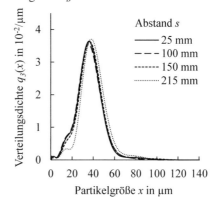

f) Verteilungsdichte $q_3(x)$ infolge des Pulverauftrags mit $v_B = 450$ mm/s

**Abbildung 7.27:** Partikelgrößenverteilung an verschiedenen Positionen $s$ im Pulverbett infolge des Pulverauftrags mit unterschiedlichen Pulverauftragsgeschwindigkeiten $v_B$

Die in Abbildung 7.27 a) – f) skizzierten Kurven der Verteilungsdichte machen deutlich, dass sich sowohl die Erhöhung der Pulverauftragsgeschwindigkeit als auch der Abstand von der Bevorratung vor allem auf die Mengenanteile der kleinen und großen Partikel im verteilten Pulverwerkstoff auswirken. Infolge des Pulverauftrags mit unterschiedlichen Geschwindigkeiten tritt eine Entmischung des Pulvers entlang der Beschichterrichtung auf. Den Verteilungsdichtekurven, die die Partikelgrößenverteilung in der bevorratungs-nahen Hälfte des Baufelds ($s \leq 100$ mm) beschreiben, ist gemein, dass diese einen ver-gleichsweise höheren Anteil an kleinen Partikeln des aufgetragenen Pulvers aufweisen. Je schneller das Pulver über die Arbeitsebene transportiert und je weiter von der Bevor-ratung entfernt der Pulverwerkstoff aufgetragen wird, desto größer ist tendenziell die Abnahme des Feinanteils. Gleichzeitig werden ein höherer Anteil an Partikeln mit einer dem Modalwert entsprechenden Größe ebenso wie eine anteilige Zunahme an Partikel mit einer Größe $x > 75$ µm bestimmt. Auch ist die Tendenz erkennbar, dass die Partikel-größenverteilung vergleichsweise breiter ist, wenn der Pulverauftrag mit einer geringe-ren Geschwindigkeit erfolgt. In Bezug auf die Packungsdichte des Pulverbetts ist zu bemerken, dass ein kleinerer Anteil an kleinen Partikeln sowie eine engere Partikelgrö-ßenverteilung zu einer geringeren Packungsdichte beitragen.

Mithilfe der erzielten Ergebnisse ist nicht zu klären, ob die beim Pulverauftrag auftre-tende Entmischung darauf zurückzuführen ist, dass kleinere Partikel durchsickern, dadurch früher in der Arbeitsebene abgelegt und mit zunehmendem Abstand zur Bevor-ratung weniger werden oder darauf, dass kleinere Partikel an größeren Pulverpartikeln haften und erst zu einem späteren Zeitpunkt im Pulverbett verbleiben.

Die Ergebnisse der Dichtebestimmung der Probekörper, die mit unterschiedlichen Pul-verauftragsgeschwindigkeiten laseradditiv gefertigt werden, sind in Abbildung 7.28 in Abhängigkeit des Abstands von der Bevorratung dargestellt.

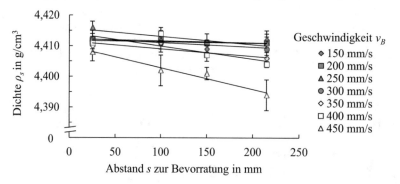

**Abbildung 7.28:** Bauteildichte $\rho_s$ an verschiedenen Positionen auf dem Baufeld infolge des Pul-verauftrags mit unterschiedlichen Pulverauftragsgeschwindigkeiten $v_B$

Bei einem vergleichsweise langsamen Pulverauftrag ($v_B \leq 300$ mm/s) wird die Bauteil-dichte durch eine Steigerung der Geschwindigkeit kaum beeinflusst. Die ermittelten Werte der Dichte der Probekörper liegen in einer vergleichbaren Größenordnung und übersteigen den Grenzwert von 4,407 g/cm³ [EOS11b]. Für die meisten Probekörper ergibt sich eine relative Dichte $d_s$ zwischen 99,57 % und 99,59 %. Wird die flächige Verteilung mit einer höheren Pulverauftragsgeschwindigkeit ($v_B > 300$ mm/s) vorge-nommen, sinkt die Dichte der an den vier verschiedenen Positionen auf dem Baufeld gefertigten Proben. Die Mehrzahl der Probekörper verfügt über eine Dichte, die gleich dem Grenzwert oder geringer ist. Die relative Dichte $d_s$ dieser Probekörper beträgt 99,18 % $\le d_s \le$ 99,48 %. Auch wird die Tendenz deutlich, dass die Bauteildichte umso geringer wird, je weiter die Position der Probekörper von der Bevorratung entfernt ist. Die Bauteile mit der geringsten Dichte resultieren aus dem laseradditiven Fertigungsprozess, in dem das Pulver mit einer Geschwindigkeit $v_B$ von 450 mm/s über die Arbeitsebene verteilt wird.

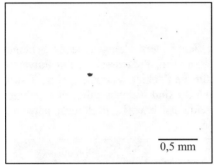
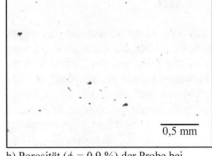

a) Porosität ($\phi$ = 0,4 %) der Probe bei $s$ = 25 mm

b) Porosität ($\phi$ = 0,9 %) der Probe bei $s$ = 215 mm

**Abbildung 7.29:** Porosität $\phi$ der laseradditiv gefertigten Probekörper in der Nähe der Bevorratung und nahe dem Überlauf bei einer Pulverauftragsgeschwindigkeit $v_B$ = 450 mm/s

Dies verdeutlichen ebenfalls die in Abbildung 7.29 a) und b) dargestellten Querschliffe der in der Nähe der Bevorratung ($s$ = 25 mm) und nahe dem Überlauf ($s$ = 215 mm) hergestellten Probekörper. Während die relative Bauteildichte des in unmittelbarer Nähe zum Pulvervorrat gefertigten Probekörpers 99,5 % ($\phi$ = 0,4 %) beträgt, liegt die relative Dichte der in großem Abstand zur Bevorratung platzierten Probe bei 99,19 % ($\phi$ = 0,9 %).Werden die Ergebnisse der Analyse von Bauteil- und der Packungsdichte infolge des Pulverauftrags mit unterschiedlichen Geschwindigkeiten gegenübergestellt, ergibt sich eine positive Korrelation. Demnach begünstigt ein vergleichsweise dicht gepacktes Pulverbett eine hohe Dichte der Probekörper. Die Packungsdichte des Pulverbetts, die durch das Auftragen von 500 aufeinanderfolgenden Schichten des Referenzpulvers mit Pulverauftragsgeschwindigkeiten zwischen 150 mm/s und 450 mm/s erreicht wird, scheint im Falle dieser Untersuchungen die Packungsdichte des Pulvers auf einer Bauteilschicht widerzuspiegeln.

Wird die für laseradditiv gefertigte Bauteile sicherzustellende relative Dichte auf $d_s >$ 99,5 % festgesetzt, resultiert aus den zuvor geschilderten Erkenntnissen ein Prozessfenster für die Herstellung unter Verwendung der angegebenen Laserparameter im Bereich $d_p = 59,26^{+0,50}_{-0,50}$ %. Innerhalb dieses Prozessfensters führen auch geringe Variationen der Packungsdichte zu einer akzeptablen Dichte der Bauteile.

Besitzt das in der Arbeitsebene verteilte Pulver hingegen eine zu geringe Packungsdichte, erhöht sich infolge des Schmelzvorgangs bzw. der Schrumpfung die effektive Schichtdicke der nächsten Pulverschicht. Ist für deren vollständiges Schmelzen die absorbierte Strahlungsenergie nicht ausreichend, können Anbindungsfehler in Form von Poren die Folge sein. Poren können auch entstehen, wenn das Pulver auf der Bauteilschicht zu dicht gepackt ist. Die Energie der Laserstrahlung wird stärker absorbiert, was ebenfalls zu Instabilitäten des in der Wechselwirkungszone erzeugten Schmelzbades führen kann.

Die Untersuchungsergebnisse zum Pulverauftrag zeigen, dass einer Steigerung der Produktivität durch die Erhöhung der Pulverauftragsgeschwindigkeit enge Grenzen gesetzt sind. Eine Veränderung der Beschichtergeschwindigkeit erfordert eine Anpassung der Prozessparameter, um eine gleichbleibend hohe Bauteilqualität sicherzustellen. Insgesamt ist unter den beschriebenen Voraussetzungen eine verhältnismäßig geringe Pulverauftragsgeschwindigkeit $v_B$ im Bereich 150 mm/s $\leq v_B \leq$ 250 mm/s zu bevorzugen.

## 7.3  Fazit

Mithilfe der numerischen und der experimentellen Untersuchungen ist es gelungen, Erkenntnisse über die verschiedenen Einflussfaktoren im Prozessschritt des Pulverauftrags zu gewinnen und ein tieferes Verständnis für die flächige Verteilung eines Ti-6Al-4V-Pulverwerkstoffs zu schaffen. In Abbildung 7.30 sind die wesentlichen Ergebnisse der Analysen und die daraus abgeleiteten Vermeidungs- bzw. Entdeckungsmaßnahmen sowie Handlungsempfehlungen zusammengefasst.

| Einflussfaktoren | Dosierfaktor | Material und Geometrie des Pulverauftragssystems | Pulverauftrags-geschwindigkeit |
|---|---|---|---|
| Auswirkungen | beeinflusst die Homogenität der aufgetragenen Pulverschicht | • beeinflussen die Packungsdichte des Pulvers auf der Bauteilschicht<br>• führen zu einer Entmischung in Pulverauftragsrichtung<br>• beeinflussen die Bauteildichte/ -porosität | |

| Potenzieller Fehler | zusätzliche Vermeidungs-/ Entdeckungsmaßnahmen sowie Handlungsempfehlungen |
|---|---|
| ungleichmäßige Pulverschicht | material- und anlagenspezifische Einstellung bzw. Anpassung des Dosierfaktors an die Größe der zu beschichtenden Fläche |
| | geometrische Gestaltung der Beschichterklinge derart, dass eine geringe Kontaktfläche zwischen der Klinge und den Partikeln besteht |
| | Wahl einer niedrigeren Pulverauftragsgeschwindigkeit ($v_B \leq$ 300 mm/s) |
| instabiler Fertigungsprozess | Verwendung flexibler Pulverauftragssysteme |

**Abbildung 7.30:** Zusammenfassung der Ergebnisse der numerischen und experimentellen Untersuchungen zum Auftrag von Ti-6Al-4V-Pulverwerkstoffen

Die auf Basis des aufgestellten Modells durchgeführte DEM-Simulation liefert zufriedenstellende Ergebnisse über die Anordnung der einzelnen Pulverpartikel und die Packungsdichte des aufgetragenen Pulvers sowie über die Verteilung der unterschiedlich großen Partikel auf einer Bauteilschicht. Dennoch besitzen das Modell und die Simulation keinen prädiktiven Charakter. Aufgrund der benötigten Rechenzeiten erscheint deren Nutzung für die Vorhersage verschiedener Szenarien des Pulverauftrags wenig zweckmäßig. Empfohlen wird stattdessen die Durchführung eines Beschichtungstests unter entsprechend veränderten Randbedingungen. Ein solcher Test ist zwar mit Kosten für den Pulverwerkstoff verbunden, jedoch mit einem geringeren zeitlichen Aufwand umsetzbar.

Die Simulationsergebnisse verdeutlichen, dass für eine homogene Beschichtung der Arbeitsebene eine ausreichend große Pulvermenge zuzuführen ist. Um die zum Schichtauftrag benötigte Menge des Pulverwerkstoffs vorzulegen, muss der Dosierfaktor entsprechend gewählt werden. Grundsätzlich gilt, dass umso mehr Pulver zugestellt werden muss, je größer die zu beschichtende Fläche ist und je dichter sich die einzelnen Partikel infolge des Pulverauftrags anordnen. Diese Einstellung des Dosierfaktors ist als Vermeidungsmaßnahme bei der Vorbereitung des Fertigungsprozesses unbedingt zu berücksichtigen und ist material- und anlagenspezifisch vorzunehmen. Ferner ist zu beachten, dass die Größe der zu beschichtenden Fläche und somit die zum Auftrag notwendige Pulvermenge über die Höhe des Bauteils in Abhängigkeit von dem aufzuschmelzenden Volumen variieren kann.

Die Art des Pulverauftragssystems ist ein weiterer anlagenseitiger Einflussfaktor, der sich auf die Anordnung der Pulverpartikel auf dem Baufeld auswirkt. Aus der Simulation geht hervor, dass nicht nur das Material des Pulverauftragssystems, sondern auch die Geometrie der Beschichterklinge von Bedeutung ist. Sowohl die Simulation als auch die experimentellen Untersuchungen ergeben eine dichtere Pulverschicht infolge des Auftrags mit einer Stahlklinge. Da sich die Stahlklinge durch eine spitz zulaufende Kante auszeichnet, existiert nur eine geringe Kontaktfläche zwischen diesem Pulverauftragssystem und den Pulverpartikeln. Aufgrund dessen werden anscheinend weniger Partikel von der Stahlklinge über die Arbeitsebene hinweg transportiert. Bietet die Geometrie der Beschichterklinge eine größere Kontaktfläche, gelangen tendenziell weniger Pulverpartikel unter der Klinge hindurch. Unabhängig von dem verwendeten Pulverauftragssystem werden zuerst kleinere Pulverpartikel auf der Arbeitsebene in der Nähe der Bevorratung abgelegt. In der Simulation lässt sich erkennen, dass in dem Pulverhaufen, der während der Überfahrt der Arbeitsebene vor der Beschichterklinge hergeschoben wird, insbesondere kleine Partikel nach unten dringen und bevorzugt unter der Klinge entlanggleiten. Es zeigt sich eine Entmischung in Pulverauftragsrichtung mit zunehmendem Abstand von der Bevorratung. Allerdings ist anhand der erzielten Ergebnisse nicht eindeutig festzustellen, ob die beobachtete Entmischung auf Perkolation oder Agglomeration zurückzuführen ist.

Die Ergebnisse der experimentellen Untersuchungen belegen, dass alle betrachteten Pulverauftragssysteme für die flächige Verteilung des Ti-6Al-4V-Pulverwerkstoffs geeignet sind und zur Herstellung dichter Bauteile eingesetzt werden können. Ausschlaggebend ist, dass die Prozessparameter an die Beschaffenheit der Pulverschicht angepasst werden. In diesem Zusammenhang geben die zur Validierung der Simulationsergebnisse vorgenommenen Untersuchungen Anlass zu der Annahme, dass die Packungsdichte des auf der Bauteilschicht verstrichenen Pulvers geringer ist als die Schüttdichte des in der Bevorratung vorliegenden Pulverwerkstoffs und somit auch geringer als die Packungsdichte des über mehrere Schichten erzeugten Pulverbetts. Da aufgrund des Klingenmaterials eine stabilere Prozessführung bei Verwendung der flexiblen Pulverauftragssysteme zu erreichen ist, wird vorgeschlagen, auf starre Pulverauftragssysteme, wie die Stahlklinge, zu verzichten. Damit sich die Pulverpartikel jedoch möglichst dicht auf einer Bauteilschicht anordnen, ist hinsichtlich der Geometrie der Beschichterklinge eine geringe Kontaktfläche zwischen dem Pulverauftragssystem und den Partikeln anzustreben. Hierbei ist auf eine ausreichende Steifigkeit und Verschleißfestigkeit des Klingenmaterials zu achten. Obwohl innerhalb eines Prozessfensters auch geringe Abweichungen der Packungsdichte der Pulverschicht zu Bauteilen mit hoher Dichte führen, wird dennoch empfohlen, auch leicht beschädigte Beschichterklingen auszutauschen, um einen gleichmäßigen Pulverauftrag zu gewährleisten.

Sowohl die Ergebnisse der Simulation als auch die Resultate der experimentellen Untersuchungen machen den Einfluss der Pulverauftragsgeschwindigkeit auf die Güte der Pulverschicht deutlich. Wird der Pulverwerkstoff mit einer niedrigeren Geschwindigkeit auf dem Baufeld verteilt, ergibt sich eine höhere Packungsdichte des auf einer Bauteilschicht aufgetragenen Pulvers. Die Erhöhung der Pulverauftragsgeschwindigkeit führt nicht nur zu einer veränderten Anordnung der Pulverpartikel, sondern beeinträchtigt ebenfalls die Bauteilqualität. Basierend auf diesen Erkenntnissen ist die Beschleunigung des Pulverauftrags keine zielführende Maßnahme, um die Produktivität des laseradditiven Fertigungsprozesses zu steigern.

Aus diesem Grund wird eine bessere Synchronisierung von Pulverauftrag und Belichtung vorgeschlagen, deren Ziel eine vollständig oder teilweise parallele Ausführung der beiden Vorgänge sein sollte. Der Grundgedanke ist, dass in dem Bereich des Pulverbetts, in dem keine Wechselwirkung zwischen dem aufgetragenen Pulverwerkstoff und der Laserstrahlung erfolgt, bereits während des Belichtungsvorganges vorgelegtes Pulver verteilt wird. Dazu müssen die Bauplattform vor der Belichtung abgesenkt und ggf. die Fokuslage angepasst werden. Das aufgetragene Pulver kann auf diese Weise in zwei unterschiedlichen Ebenen belichtet werden. Nur während der Rückfahrt der Beschichtereinheit ist eine kurzzeitige Unterbrechung des Belichtungsvorganges notwendig. Um dies zu vermeiden, wurde bereits ein Beschichtungskonzept vorgestellt, bei dem zwei unterschiedliche Achsen für die Bewegungen des Pulverauftragssystems genutzt werden [Con17c]. Die Größe des Bereichs, in dem parallel zum Schmelzprozess der Pulverauftrag vorgenommen werden kann, ist von der Anzahl der zu fertigenden Bauteile, deren Geometrie, deren Dimensionen und deren Positionierung im Bauraum abhängig. Je nach Größe der herzustellenden Bauteile und der gewählten Belichtungsstrategie kann die Umsetzung simultan ablaufender Prozesse zu einer erheblichen Zeitreduzierung führen. Der Vorteil der Parallelisierung relativiert sich jedoch bei sehr kleinen Bauteilen und mit wachsender Bauteilgröße. Insbesondere bei großen Bauteilen liegt das Potenzial zur Steigerung der Produktivität vielmehr in einer Erhöhung der Volumenaufbaurate bzw. in einer Reduzierung der Belichtungszeit.

# 8 Transport und Lagerung von Pulverwerkstoffen

Der Transport und die Lagerung eines Metallpulvers wurden im Rahmen der systematischen Einflussanalyse als Prozessabschnitte identifiziert, in denen verschiedene Einflussfaktoren den Pulverwerkstoff verändern (vgl. Kapitel 4). Dazu zählen u. a. während der Beförderung auftretende Schwingungen und die klimatischen Gegebenheiten bei der Aufbewahrung. Um Erkenntnisse über die Auswirkungen dieser Umwelteinflüsse auf das Eigenschaftsprofil eines Ti-6Al-4V-Pulvers zu gewinnen, werden verschiedene Untersuchungen unter kontrollierbaren Randbedingungen durchgeführt, welche nachfolgend beschrieben werden.

## 8.1 Vibration

Der Einfluss von Vibrationen auf das Partikelkollektiv des Ti-6Al-4V-Pulvers IGA-A1 (vgl. Kapitel 6.1 ff.) wird mithilfe von Schwingprüfungen studiert. Abbildung 8.1 zeigt das methodische Vorgehen der Untersuchungen. Im Allgemeinen wird bei einer Schwingprüfung mit zwei Grundanregungsarten gearbeitet. Dabei handelt es sich zum einen um ein stochastisches Signal in Form eines Breitbandrauschens und zum anderen um eine harmonische Anregung mit einer Sinusfunktion [MPI17].

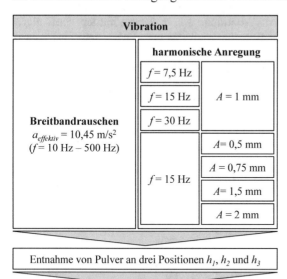

**Abbildung 8.1:** Methodisches Vorgehen zur Analyse des Einflusses von Vibrationen auf das Partikelkollektiv eines Ti-6Al-4V-Pulvers

Zur Simulation des Transportvorgangs wird zunächst eine rauschförmige Anregung in der vertikalen Achse gemäß der Spezifikation MIL-STD 810 [MIL08] nach DIN EN 60068-2-64 [DIN09b] gewählt. Diese Art der Schwingprüfung spiegelt den LKW-

Transport einer verzurrten Fracht wider [DIN09b]. Dazu wird zunächst der Pulverwerkstoff in der Originalverpackung auf einem elektrodynamischen Schwingerreger vom Typ
TV56263-L55/MO der Firma TIRA befestigt und mit einem piezoelektrischen Beschleu-
nigungssensor KS 95-B-100 von METRA MESS- UND FREQUENZTECHNIK versehen. Auch
auf die Grundplatte des Schwingerregers wird ein piezoelektrischer Schwingungsauf-
nehmer 4371 der Firma BRÜEL & KJÆR aufgebracht. Die Regelung der Schwingung
erfolgt über eine Hardwareplattform der Firma M+P INTERNATIONAL mit der Bezeichnung VIBPILOT 4. Zur Konditionierung des Rohsignals wird ein Ladungssignalverstärker
2635 ebenfalls von BRÜEL & KJÆR eingesetzt. In einem Frequenzbereich von 10 Hz bis
500 Hz erfährt das Pulver in dem Behälter während der Schwingprüfung eine Effektiv-
beschleunigung $a_{effektiv}$ von 10,45 m/s² bzw. 1,066 g. Die Intensität der Belastung wird
durch das Leistungsdichtespektrum beschrieben, welches sich nach [DIN09b] für die
gewählte Transportart ergibt. Da das Verhalten des reaktiven Pulverwerkstoffs bei
Schwingerregung unbekannt ist, wird die nach [DIN09b] empfohlene Vibrationsdauer
auf 30 Minuten reduziert, um eine Explosion oder ähnliche Reaktionen zu unterbinden.

Um den Einfluss der erzeugten Vibrationen auf den Pulverwerkstoff zu charakterisieren,
wird dessen Partikelgrößenverteilung mithilfe der Laserbeugung im Anschluss an die
beschriebene Transportsimulation an drei unterschiedlichen Positionen im Originalbe-
hälter bestimmt. Dazu werden Pulverproben in der Nähe des Behälterbodens
($h_1 = 10$ mm), in der Behältermitte ($h_2 = 55$ mm) und nahe der Pulveroberfläche oben im
Behälter ($h_3 = 100$ mm) entnommen. Aus Abbildung 8.2, in der die mittlere Partikelgröße $\bar{x}_3$ in Abhängigkeit der Höhe $h$ der Entnahmestelle dargestellt ist, geht eine nahezu
gleichmäßige Verteilung der Pulverpartikel im Behälter infolge der mechanischen
Schwingungen hervor. Gegenüber der mittleren Partikelgröße $\bar{x}_3$ des unbeanspruchten
Kollektivs mit einem Wert von 38,2 µm ist eine leichte Zunahme der mittleren Partikelgröße festzustellen. So beträgt die mittlere Partikelgröße $\bar{x}_3$ des Pulvers nahe dem Behälterboden 40,1 µm. In der Mitte des Behälters wird eine mittlere Partikelgröße $\bar{x}_3$ des
Pulverwerkstoffs mit einem Wert von 39,1 µm ermittelt und im oberen Bereich der Originalverpackung stellt sich aufgrund der Transportsimulation eine mittlere Partikelgröße
$\bar{x}_3$ von 39,8 µm ein.

a)                                                          b)

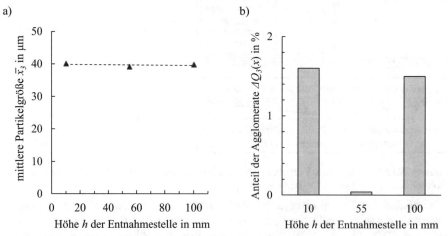

**Abbildung 8.2:** a) Mittlere Partikelgröße $\bar{x}_3$ und b) Anteil der Agglomerate $\Delta Q_3$ an unterschiedlichen Positionen $h$ infolge der Transportsimulation

Dieser schwach ausgeprägte Anstieg der mittleren Partikelgröße ist auf die Bildung von Agglomeraten während der Schwingprüfung zurückzuführen, die mit einem prozentualen Anteil $\Delta Q_3$ von 1,6 % und 1,5 % insbesondere im unteren respektive oberen Bereich des pulvergefüllten Behälters auftreten. Der Agglomeratanteil $\Delta Q_3$ ergibt sich dabei aus der ermittelten Verteilungssumme $Q_3(x)$ durch die Bildung der Differenz zwischen dem Anteil der größten gemessenen Partikelgröße $Q_3(x_{max}) = 1$ infolge der Vibrationen und dem Anteil der maximalen Partikelgröße $Q_3(x = 76\ \mu m)$ des unbeanspruchten Pulvers. Abbildung 8.3 zeigt die Verteilungsdichte $q_3(x)$ des Ausgangswerkstoffs IGA-A1 im Vergleich zu den Verteilungen, welche für die an den drei Positionen des Behälters entnommenen Pulverproben bestimmt werden.

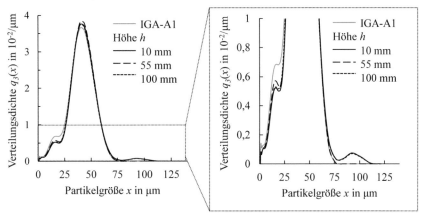

**Abbildung 8.3:** Partikelgrößenverteilung an unterschiedlichen Positionen $h$ infolge der Transportsimulation

Aus dieser Gegenüberstellung wird bei Betrachtung des vergrößerten Bildausschnitts deutlich, dass der Anteil an Partikeln mit einer Größe < 20 μm infolge der rauschförmigen Anregung des Pulverwerkstoffs in der Originalverpackung abnimmt. Hingegen weisen die an den Positionen $h_1$ und $h_3$ entnommenen Proben Pulverpartikel mit Partikelgrößen im Bereich 76 μm < $x$ < 111 μm auf. Die Entstehung dieser Agglomerate ist auf die verschiedenen Haftkräfte zwischen den Partikeln des Pulvers zurückzuführen. Die einzelnen Pulverpartikel des IGA-A1-Pulverwerkstoffs neigen u. a. aufgrund der Partikelmorphologie und -größe zu Agglomeratbildung. Diese Anhäufung der Partikel wird durch das Breitbandrauschen begünstigt, das als Überlagerung von Signalen mit unterschiedlichen Frequenzen und Amplituden verstanden werden kann. Der simulierte LKW-Transport führt durch die Bewegung des Pulvers also zu einer leichten Agglomeration der Pulverpartikel.

**Tabelle 8.1:** Maximale vertikale Beschleunigungen $|a_z|$ beim Transport [Sko13]

| Verkehrsträger | Vertikalbeschleunigung $|a_z|$ |
|---|---|
| Schienenverkehr | 0,3 g |
| Seeverkehr | 1 g |
| Straßenverkehr | 1,5 g |
| Luftverkehr | 3 g |

Damit auch der Transport mit verschiedenen, anderen Verkehrsmitteln Berücksichtigung findet, werden weitere Untersuchungen mit einer sinusförmigen Anregung durchgeführt.

Bei einem Transport auf der Schiene, auf dem Wasser, auf der Straße und in der Luft wird das Transportgut unterschiedlich stark dynamisch beansprucht und erfährt verschiedene maximale vertikale Beschleunigungen. Tabelle 8.1 fasst typische Werte für die maximale Vertikalbeschleunigung $|a_z|$ im Schienen-, See-, Straßen- und Luftverkehr zusammen.

Um das Partikelkollektiv Vibrationen mit den dargestellten Vertikalbeschleunigungen auszusetzen, werden unterschiedliche Amplituden und verschiedene Frequenzen der Sinusschwingungen gewählt. Es erfolgen drei Vibrationsprüfungen, bei denen die Frequenz $f$ zwischen 7,5 Hz, 15 Hz und 30 Hz variiert wird. Die Amplitude $A$ der Schwingungen beträgt jeweils 1 mm. Weitere Untersuchungen werden bei einer konstanten Frequenz $f$ von 15 Hz und jeweils wechselnden Amplituden $A$ von 0,5 mm, 0,75 mm, 1 mm, 1,5 mm und 2 mm durchgeführt. Je eine andere, das Pulver beinhaltende Originalverpackung wird dabei für eine Dauer von 15 Minuten in Schwingung versetzt. Der Versuchsaufbau entspricht dem zuvor beschriebenen Simulationstest. Anschließend wird an drei Positionen des Behälters $h_1 = 10$ mm, $h_2 = 55$ mm und $h_3 = 100$ mm eine Pulverprobe zur Bestimmung der Partikelgrößenverteilung mithilfe der Laserbeugung entnommen.

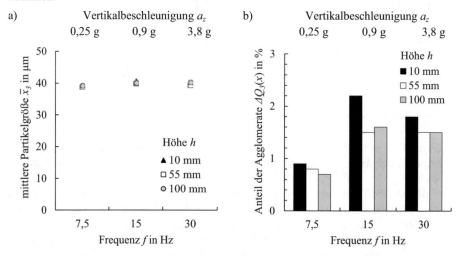

**Abbildung 8.4:** a) Mittlere Partikelgröße $\bar{x}_3$ und b) Anteil der Agglomerate $\Delta Q_3$ an unterschiedlichen Positionen $h$ infolge von Vibrationen mit verschiedenen Frequenzen $f$ ($A = 1$ mm)

Die Auswirkungen der harmonischen Schwingungen ($A = 1$ mm = const.) auf den Pulverwerkstoff in unterschiedlichen Höhen des Behälters werden in Abbildung 8.4 veranschaulicht. In Bezug auf die mittlere Partikelgröße $\bar{x}_3$ zeigen sich nur geringe Unterschiede an den drei Entnahmestellen $h_1$, $h_2$ und $h_3$. Festzustellen ist allerdings an allen Positionen eine tendenzielle Zunahme der mittleren Partikelgröße $\bar{x}_3$ und des Anteils der Agglomerate $\Delta Q_3$ der betrachteten Partikelkollektive mit ansteigender Frequenz $f$. Bei der Verdopplung der Frequenz von 7,5 Hz auf 15 Hz erhöht sich auch der Agglomeratanteil $\Delta Q_3$ im Partikelkollektiv an den betrachteten Positionen in etwa um den Faktor 2. Hinsichtlich der Schwingprüfung bei einer Frequenz $f$ von 30 Hz ist zu beachten, dass dieser Durchlauf nach etwa der Hälfte der Prüfdauer aufgrund der Beschädigung der Originalverpackung durch die Belastung mit einer Vertikalbeschleunigung $a_z$ von 3,8 g vorzeitig abgebrochen werden musste.

In Abbildung 8.5 sind die Ergebnisse der Schwingprüfungen bei konstanter Frequenz ($f = 15$ Hz = const.) in Form der mittleren Partikelgröße $\bar{x}_3$ und der Anteile der Agglomerate $\Delta Q_3$ des Pulverwerkstoffs an den verschiedenen Entnahmestellen grafisch zusammengefasst.

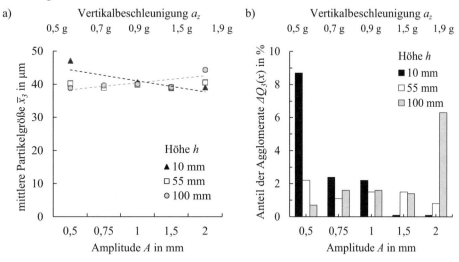

**Abbildung 8.5:** a) Mittlere Partikelgröße $\bar{x}_3$ und b) Anteil der Agglomerate $\Delta Q_3$ an unterschiedlichen Positionen $h$ infolge von Vibrationen mit verschiedenen Amplituden $A$ ($f = 15$ Hz)

In Abhängigkeit von der Schwingungsamplitude tritt eine Entmischung des Pulvers in der Originalverpackung ein. Dies trifft vor allem für Schwingungen mit einer vergleichsweise niedrigen und einer relativ hohen Amplitude zu. In Bezug auf die mittlere Partikelgröße $\bar{x}_3$ und den Agglomeratanteil $\Delta Q_3$ wird ein gegensätzliches Verhalten des Partikelkollektivs im Behälter infolge der Vibrationen mit Amplituden $A$ von 0,5 mm und 2 mm deutlich.

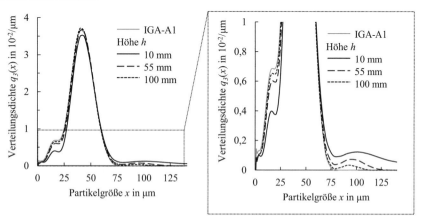

**Abbildung 8.6:** Partikelgrößenverteilung an unterschiedlichen Positionen $h$ infolge von Vibrationen bei $f = 15$ Hz und $A = 0,5$ mm

Bei harmonischer Anregung des pulvergefüllten Behälters mit einer Amplitude $A$ von 0,5 mm weisen die nahe dem Behälterboden entnommenen Pulverproben eine mittlere

Partikelgröße $\bar{x}_3$ von 47,1 µm und einen Agglomeratanteil $\Delta Q_3$ von 8,7 % auf. Für die nahe der Pulveroberfläche entnommenen Proben wird eine mittlere Partikelgröße $\bar{x}_3$ gemessen, welche nahezu der mittleren Partikelgröße des unbeanspruchten Pulvers entspricht. Demzufolge ist auch der Anteil der Agglomerate $\Delta Q_3$ des Pulverwerkstoffs im oberen Bereich des Behälters gering. Der in Abbildung 8.6 dargestellte vergrößerte Bildausschnitt der Verteilungsdichte $q_3(x)$ des Pulvers zeigt detailliert die beschriebenen Ergebnisse, die zunehmende Verringerung des Feinanteils und die vermehrte Bildung von Agglomeraten mit geringer werdender Höhe der Entnahmestelle der Partikel.

Wird die das Pulver beinhaltende Originalverpackung Vibrationen mit einer Schwingungsamplitude $A$ von 2 mm ausgesetzt, kehrt sich die zuvor beschriebene Verteilung der Partikel im Behälter um. Für das nahe dem Behälterboden entnommene Pulver wird eine mittlere Partikelgröße $\bar{x}_3$ mit einem Wert von 39,1 µm bestimmt. Mit einem Agglomeratanteil $\Delta Q_3$ von 0,1 % liegt die Größe der Partikel an der Position $h_1$ nur leicht über der mittleren Partikelgröße des Ausgangswerkstoffs.

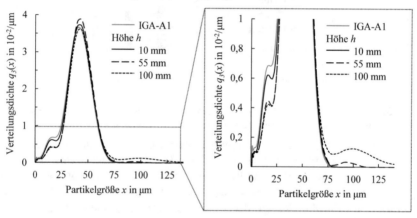

**Abbildung 8.7:** Partikelgrößenverteilung an unterschiedlichen Positionen $h$ infolge von Vibrationen bei $f = 15$ Hz und $A = 2$ mm

Die in Abbildung 8.7 visualisierten Kurven verdeutlichen den nahezu identischen Verlauf der Verteilungsdichte $q_3(x)$ des unbeanspruchten IGA-A1-Pulvers und der Verteilungsdichte $q_3(x)$ des nach der harmonischen Schwingung im unteren Bereich des Behälters entnommenen Pulverwerkstoffs. Geringe Abweichungen finden sich im Anteil der feinen Partikel, wie aus dem vergrößerten Bildausschnitt hervorgeht. Demgegenüber weist die Kurve, welche die Verteilungsdichte $q_3(x)$ des Pulvers an der Position $h_3$ beschreibt, einen anderen Verlauf auf. Infolge der Vibrationen hat der Feinanteil im Partikelkollektiv deutlich abgenommen. Auch finden sich in dieser analysierten Pulverprobe Partikel, die erheblich größer als 76 µm sind. Somit bilden sich durch die Schwingungen mit einer Amplitude $A$ von 2 mm vornehmlich Agglomerate nahe der Pulveroberfläche oben im Behälter.

Die beobachtete Entmischung nach Schwingungen mit der niedrigen Amplitude $A$ von 0,5 mm lässt sich mit dem als Paranuss-Effekt (*Brazil Nut Effect*) bekannten Phänomen erklären, bei dem die vertikalen Vibrationen zu einem Herabsinken der kleinen Partikel an den Behälterboden führen. Durch die schwingungsinduzierte Bewegung des Pulverwerkstoffs können sich einerseits Hohlräume bilden, die mit höherer Wahrscheinlichkeit von kleineren Partikeln aufgefüllt werden. Bei diesem auch als Perkolation bekannten Entmischungsmechanismus sickern kleinere Pulverpartikel durch das Partikelkollektiv hindurch zum Boden des Originalbehälters, während größere Partikel aufschwimmen. Andererseits gelangen kleinere Pulverpartikel aufgrund der Reibungsverhältnisse zwischen den Partikeln und der Behälterwand durch Konvektionsbewegungen nach unten [Bri09, God08, Mis05, Mor12, Ros87, Sch96, Wal08, Ya14]. Im unteren Bereich des Behälters führen die Summe interpartikulärer Haftkräfte und Reibung zu der Bildung von Agglomeraten und einer Verdichtung des Pulvers [Ku15].

Die durch die vertikalen Schwingungen bei der hohen Amplitude $A$ von 2 mm entstandene Entmischung deutet auf den inversen Paranuss-Effekt (*Reverse Brazil Nut Effect*) hin, der die Ansammlung kleiner Partikel oben im Kollektiv begünstigt. Durch diese vergleichsweise heftige Bewegung erreichen einzelne größere Partikel des Pulvers den Behälterboden, da deren Dichte größer ist als die Dichte der sich im oberen Bereich des Behälters bildenden Agglomerate [Bre03, Hon01, Mor12, Wal08].

Dies mag bei Betrachtung der mittleren Partikelgrößen in Abbildung 8.5 zunächst widersprüchlich erscheinen. Durch die Entstehung von Agglomeraten, die sich insbesondere dort bilden, wo sich kleine Partikel aufgrund der Summe interpartikulärer Haftkräfte anhäufen oder an größeren Partikeln haften, ergibt sich jedoch eine größere mittlere Partikelgröße $\bar{x}_3$. Es werden somit Partikel detektiert, deren Äquivalentdurchmesser größer ist als die maximale Größe der im Pulver vorhandenen einzelnen Partikel. Demzufolge ist davon auszugehen, dass eine hohe mittlere Partikelgröße $\bar{x}_3$ bei gleichzeitig hohem Anteil der Agglomerate $\Delta Q_3$ auf eine größere Anzahl kleiner Pulverpartikel hindeutet.

Zusammenfassend lässt sich feststellen, dass die beobachtete Entmischung auf unterschiedlichste Mechanismen zurückzuführen ist, die aus einer Kombination verschiedenster Systemeigenschaften resultieren. Dafür sind nicht nur die charakteristischen Eigenschaften des IGA-A1-Pulvers wie die abgerundete, ungleichmäßige Partikelmorphologie, der hohe Anteil an Partikeln mit einer Größe < 20 μm sowie die Dichte der Partikel bzw. Agglomerate von Bedeutung. Der Vergleich der Ergebnisse infolge der Schwingprüfungen mit unterschiedlichen Grundanregungsarten verdeutlicht darüber hinaus, dass ebenfalls die Randbedingungen der Vibrationen wie die gewählten Frequenzen und Amplituden sowie die Dauer der dynamischen Beanspruchung des Partikelkollektivs ausschlaggebend sind.

Im Hinblick auf die beschriebenen Ergebnisse ist abschließend anzumerken, dass die durch die mechanischen Schwingungen entstandenen Agglomerate mit einer entsprechenden Probenvorbereitung für die Partikelgrößenanalyse durch Laserbeugung, z. B. unter Verwendung anderer Dispergierhilfsmittel, möglicherweise hätten aufgelöst werden können. Da dies allerdings die grundsätzlichen Aussagen der durchgeführten Untersuchungen zum Transport in Bezug auf die beobachtete Entmischung nicht verändert und der Erfolg einer derartigen Probenvorbereitung nicht abzuschätzen ist, wird auf zusätzliche Analysen verzichtet.

## 8.2  Klima

Die klimatischen Umgebungsbedingungen, welche auf ein Ti-6Al-4V-Pulver während des Transports und der Lagerung einwirken, werden im Rahmen dieser Arbeit mittels

Klimaprüfungen simuliert. Abbildung 8.8 gibt einen Überblick über die verschiedenen Untersuchungen zum Einfluss des Klimas auf den Pulverwerkstoff.

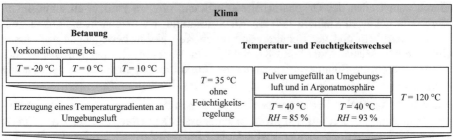

**Abbildung 8.8:** Methodisches Vorgehen zur Analyse des Einflusses der klimatischen Umgebungsbedingungen auf Ti-6Al-4V-Pulver

Für die Klimaprüfungen stehen jeweils etwa 50 g gasverdüstes Pulver des Anlagenherstellers (A) in einem verschließbaren Aluminiumbehältnis zur Verfügung. Dabei handelt es sich um recyceltes, mehrfach im laseradditiven Fertigungsprozess eingesetztes Pulver, dessen charakteristische Eigenschaften aus der nachfolgenden Tabelle 8.2 hervorgehen.

**Tabelle 8.2:** Charakteristische Eigenschaften des recycelten Ti-6Al-4V-Pulverwerkstoffs

| Eigenschaft | Recyceltes Ti-6Al-4V-Pulver |
|---|---|
| Durchflussdauer $t_D$ in s | 28,06 |
| Schüttdichte $\rho_b$ in g/cm$^3$ | 2,447 |
| Klopfdichte $\rho_t$ in g/cm$^3$ | 2,745 |
| Hausner Faktor $HF$ | 1,12 |
| $O_2$-Gehalt in Gew.-% | 0,170 |

## 8.2.1  Betauung

Der Einfluss eines thermischen Schocks auf den Pulverwerkstoff wird mithilfe von Betauungsprüfungen analysiert. Diese Temperaturveränderung innerhalb sehr kurzer Zeit stellt eine Extremsituation dar und bildet einen Wechsel der Umgebungsbedingungen beispielsweise beim Einfüllen eines neu gelieferten Pulvers in die Fertigungsanlage nach (vgl. Kapitel 4.3). Das Ziel der Betauungsprüfung ist das Herbeiführen von Kondensationsvorgängen. Dazu werden Proben des recycelten Pulvers in den geschlossenen Aluminiumbehältnissen im Temperaturschockschrank Brabender TSE-S380 bei Temperaturen $T$ von –20 °C, 0 °C und 10 °C über einen Zeitraum von etwa drei Stunden vorkonditioniert. Anschließend werden die Behältnisse geöffnet und es erfolgt eine fünfminütige Betauung durch die Erzeugung eines Temperaturgradienten an Umgebungsluft ($T = 23$ °C, $RH = 52{,}1$ %).

Um die Auswirkungen der Betauungsvorgänge zu bewerten, soll zunächst der Feuchtigkeits- bzw. Wassergehalt des Pulvers durch Wägung mit einer Analysenwaage Uni Block AUW 220D der Firma Shimadzu Corporation ermittelt werden. Es stellt sich allerdings heraus, dass die Messergebnisse durch den Temperaturunterschied zwischen dem zu wiegenden Behälter und der Umgebung stark beeinflusst werden. Ein Angleichen der Temperatur der Pulverprobe durch eine längere Lagerung unter Umgebungsatmosphäre würde zum einen zu einem Feuchtigkeitsaustausch führen. Zum anderen würde das Einbringen des Pulvers in einen Exsikkator ggf. in einer Trocknung der Probe resultieren. Beide Alternativen verändern das beabsichtigte Ergebnis der Betauungsprüfungen in unerwünschter Art und Weise. Somit ist die gewählte gravimetrische Methode nicht geeignet, um eine Aussage über die Feuchtigkeit des Pulvers infolge des thermischen Schocks zu treffen.

Um Erkenntnisse über den Einfluss der Betauung zu gewinnen, werden aus diesem Grund unmittelbar im Anschluss an die Klimaprüfung die Durchflussdauer $t_D$, die Schüttdichte $\rho_b$ und die Klopfdichte $\rho_t$ bestimmt sowie der Hausner-Faktor $HF$ für jede Pulverprobe errechnet und der Referenz (vgl. Tabelle 8.2) gegenübergestellt.

a) Vorkonditionierung bei $T = 0\ °C$          b) Vorkonditionierung bei $T = -20\ °C$

**Abbildung 8.9:** Zustand des Ti-6Al-4V-Pulvers nach unterschiedlichen Betauungsvorgängen

Nach der Vorkonditionierung bei Temperaturen $T$ von $0\ °C$ und $-20\ °C$ und anschließender Lagerung an Umgebungsluft liegt ein Teil des Pulvers in den Aluminiumbehältern in fester Form vor (vgl. Abbildung 8.9 a) und b)). Das Verhalten des Pulverwerkstoffs bei einer geringen mechanischen Belastung erinnert an das Verhalten von getrocknetem Sand, der bei Berührung leicht zerfällt. Durch geringfügiges Schütteln des Behälters und Klopfen gegen dessen Wandung oder Boden zerbricht die feste Schicht, die sich im oberen Bereich des Behältnisses gebildet hat. Es bleiben Schollen unterschiedlicher Größe zurück. Diese zusammenhängenden Pulverbrocken könnten das Resultat von Adhäsionskräften aufgrund von im Pulver eingeschlossener Feuchtigkeit sein.

In Abbildung 8.10 a) und b) sind die Ergebnisse der nach den unterschiedlichen Betauungsvorgängen ermittelten Pulvereigenschaften zusammengestellt. Das Säulendiagramm, das die Durchflussdauer $t_D$ veranschaulicht, zeigt nur geringe Unterschiede zwischen den gemessenen Werten. Auch die für die Schüttdichte $\rho_b$ und Klopfdichte $\rho_t$ bestimmten Werte liegen nah beieinander.

Hinsichtlich der Durchflussdauer $t_D$ ist die Tendenz erkennbar, dass eine Vorkonditionierung bei Temperaturen unterhalb des Tripelpunkts $T_{tr}$ von Wasser ($T_{tr} = 273{,}16\ K = 0{,}01\ °C$ [Ste13]) dazu führt, dass das Pulver schneller aus dem Trichter ausfließt. Die Schüttdichte $\rho_b$ und die Klopfdichte $\rho_t$ derjenigen Pulver, die bei $T < T_{tr}$ im Temperaturschockschrank gelagert werden, ist gegenüber der Schütt- und Klopfdichte des Referenzpulvers sowie der bei einer Temperatur von $10\ °C$ vorkonditionierten Probe tendenziell höher.

Der Pulverwerkstoff wird unter Umgebungsatmosphäre ($T = 23\ °C$, $RH = 52{,}1\ \%$) in das Aluminiumbehältnis eingefüllt. Nach dem Verschließen des Behälters ist das Pulver von

Umgebungsluft umgeben. Die eingeschlossene, vergleichsweise warme Luft kühlt im Temperaturschockschrank ebenso ab wie der Aluminiumbehälter. Sinkt die Temperatur der Luft unter den Taupunkt oder trifft die warme Luft auf die kühleren Wände des Behälters, kondensiert der Wasserdampf in der Luft. Bei einer Temperatur von 10 °C ist zu vermuten, dass sich Kondenswasser auf dem Pulver niederschlägt. Ein Absenken der Temperatur auf 0 °C hat wahrscheinlich zur Folge, dass der Wasserdampf in der den Pulverwerkstoff umgebenden Luft entweder als Wasser oder als Eis kondensiert. Bei der Vorkonditionierung der Pulverprobe bei einer Temperatur von –20 °C ist davon auszugehen, dass das sich bildende Kondensat aus Eis besteht. Diesen Schluss lassen die in Abbildung 8.9 a) und b) dokumentierten Zustände des Pulverwerkstoffs zu. Nach der Entnahme der Proben liegt die Temperatur des Pulvers unterhalb der Taupunkttemperatur der Umgebungsluft ($T_T$ = 12,6 °C). Wird der Behälter geöffnet, sodass das Pulver der Umgebungsatmosphäre ausgesetzt ist, tritt Kondensation an der kühleren Oberfläche auf. Feuchtigkeit wird an das Pulver abgegeben.

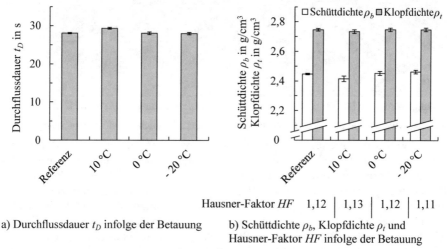

Hausner-Faktor *HF*    1,12  |  1,13  |  1,12  |  1,11

a) Durchflussdauer $t_D$ infolge der Betauung        b) Schüttdichte $\rho_b$, Klopfdichte $\rho_t$ und
                                                                    Hausner-Faktor *HF* infolge der Betauung

**Abbildung 8.10:** Eigenschaften des Ti-6Al-4V-Pulvers nach unterschiedlichen Betauungsvorgängen

Unter den voranstehend getroffenen Annahmen kondensiert während der Betauungsprüfung sowohl bei der Vorkonditionierung bei einer Temperatur von 10 °C im Temperaturschockschrank als auch bei der sich anschließenden Lagerung an Umgebungsatmosphäre Wasserdampf mit flüssigem Kondensat. Das Pulver scheint Feuchtigkeit aufzunehmen. Die durch die Flüssigkeitsbrücken veränderten Haftkräfte beeinträchtigen das Fließverhalten des Pulverwerkstoffs und setzen dessen Schütt- und Klopfdichte gegenüber dem Referenzpulver herab. Dies äußert sich in einem etwas höheren Wert, der für den Hausner-Faktor berechnet wird. Da die Temperaturdifferenz vergleichsweise gering ist, lässt sich auch der Effekt der Kondensation kaum wahrnehmen. Infolge der Lagerung der Proben bei Temperaturen von 0 °C und –20 °C wird vermutet, dass sich Materialbrücken aus Eis zwischen den Partikeln ausbilden. Im Anschluss folgt durch die Erwärmung der Pulverproben an Umgebungsatmosphäre eine Feuchtigkeitsaufnahme durch Kondensation und/ oder durch das Schmelzen des Eises. Die Beobachtungen und Ergebnisse deuten allerdings darauf hin, dass die kurze Zeit der Betauung nicht ausreichend ist, um das die Pulverpartikel umgebende Eis vollständig zu schmelzen.

Bei einer genauen Betrachtung der Säulen, die die Messwerte der Betauungsprüfungen repräsentieren, fällt auf, dass die hinzugefügten Fehlerindikatoren im Vergleich zur Standardabweichung der Referenz größer sind. Das Verhalten und die Eigenschaften des Pulvers verändern sich durch den Austausch der Feuchtigkeit mit der Umgebung bis sich ein Gleichgewicht zwischen der flüssigen und der gasförmigen Phase eingestellt hat. Dies spiegelt sich in den ermittelten Werten für die Durchflussdauer sowie für die Schütt- und Klopfdichte wider und erklärt die vergleichsweise größeren Abweichungen.

Bei einer Lagerung an Umgebungsatmosphäre begünstigt die hohe Affinität des Ti-6Al-4V-Pulvers zu Sauerstoff die Ausbildung einer dünnen Oxidschicht ($TiO_2$-Schicht) auf der Partikeloberfläche. Die Lagerung in einer feuchten Umgebung fördert die Entstehung dieser Oxidschicht zusätzlich. Die Adsorption von Wasser an der Oxidschicht führt in Folge einer dissoziativen Chemisorption zu einer Hydroxilierung der $TiO_2$-Oberfläche [Sit98]. Es ist anzunehmen, dass sich durch die Physisorption und die Chemiesorption der Sauerstoffgehalt des Pulvers verändert. Der Sauerstoffgehalt der betauten Proben wird mithilfe der Trägergasheißextraktion bestimmt, mit der sowohl der an der Oberfläche gebundene als auch der im Inneren der Pulverpartikel gelöste Sauerstoff erfasst wird. Die Ergebnisse der analysierten Pulverproben sind in Tabelle 8.3 zusammengestellt.

**Tabelle 8.3:** Sauerstoffgehalt des Ti-6Al-4V-Pulvers nach unterschiedlichen Betauungsvorgängen

|  | **Referenz** | **Vorkonditionierung bei $T = 0\,°C$** | **Vorkonditionierung bei $T = -20\,°C$** |
|---|---|---|---|
| O-Gehalt in Gew.-% | 0,170 | 0,177 | 0,181 |

Im Vergleich zum Sauerstoffgehalt der Referenz ist der Gehalt an Sauerstoff in dem Pulver nach den Betauungsprüfungen höher. Die Werte deuten darauf hin, dass das Pulver umso mehr Sauerstoff aufnimmt, je größer der Effekt der Kondensation infolge der Betauung ist. Unter der Annahme, dass ein höherer Sauerstoffgehalt für eine stärkere Oxidation der Partikeloberfläche spricht, könnte dies eine weitere Erklärung für die Verbesserung des Fließverhaltens der Pulverwerkstoffe gegenüber dem Referenzpulver sein.

## 8.2.2 Temperatur- und Feuchtigkeitswechsel

Ferner werden Klimaprüfungen im Bereich der Temperaturwechselbeanspruchung durchgeführt, um den Einfluss der Temperatur und der relativen Luftfeuchtigkeit bei der Lagerung auf die Eigenschaften des Pulvers zu untersuchen. Den Anlass für diese Klimaprüfungen bietet u. a. die Auswertung von Klimadaten, die während und nach einem laseradditiven Fertigungsprozess nahe dem Pulvervorrat aufgezeichnet wurden [Sey14].

Während des Betriebs der Fertigungsanlage stellt sich in der Prozesskammer eine Temperatur $T$ von ungefähr 35 °C ein. Die relative Luftfeuchtigkeit $RH$ beträgt etwa 0 %, da der Sauerstoff bzw. die Umgebungsluft sowie die Restfeuchte in der mit Argon gefüllten Prozesskammer nahezu vollständig verdrängt werden. Während der Entnahme der laseradditiv gefertigten Bauteile nach Beendigung des Fertigungsprozesses wird die Tür der Prozesskammer geöffnet. Bei geöffneter Prozesskammertür gleichen sich die Temperatur und die Luftfeuchtigkeit im Inneren der Fertigungsanlage an die herrschenden Umgebungsbedingungen an. Die nach dem Schließen der Tür während eines mehrtägigen Anlagenstillstands gesammelten Klimadaten gehen aus Abbildung 8.11 a) hervor. Bei dem Stillstand wird die Fertigungsanlage nicht mit Schutzgas geflutet. Der aufgezeichnete Luftdruck stimmt mit dem Luftdruck der Umgebung überein. Die Temperatur bleibt in der geschlossenen Prozesskammer nahezu konstant und bewegt sich zwischen 23 °C und 26 °C. Die relative Luftfeuchtigkeit innerhalb der Prozesskammer nimmt nach dem Schließen der Tür über die Dauer der Messung kontinuierlich ab. Zu Beginn der Klimadatenaufzeichnung entspricht die relative Luftfeuchtigkeit mit einem Wert von 55 % der relativen Luftfeuchtigkeit der Umgebungsluft. Nach etwa drei Tagen wird die relative Luftfeuchtigkeit in der Nähe der Bevorratung zu 21 % bestimmt. Bei einer Bevorratung des Pulverwerkstoffs außerhalb der Prozesskammer ergeben vergleichbare Klimadatenaufzeichnungen einen Anstieg der Feuchtigkeit im Pulvervorrat bei Anlagenstillstand. Die beschriebenen Beobachtungen lassen darauf schließen, dass der Pulverwerkstoff möglicherweise Feuchtigkeit während der Lagerung aufnimmt.

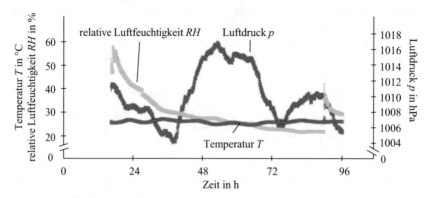

a) Klimadaten in der Bevorratung während eines mehrtägigen Anlagenstillstands

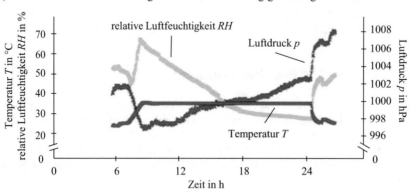

b) Klimadaten im Klimaschrank während der Klimaprüfung bei $T = 35$ °C ohne Feuchtigkeitsregelung

**Abbildung 8.11:** Klimadaten während der Lagerung von Ti-6Al-4V-Pulver in der Fertigungsanlage bei Stillstand

Da in der Fertigungsanlage üblicherweise mehrere kg Pulver bevorratet werden, sind die Auswirkungen des angenommenen Feuchtigkeitsaustauschs kaum zu bestimmen. Aus diesem Grund wird der bei dem Anlagenstillstand dokumentierte Temperatur- und Feuchtigkeitsverlauf mithilfe einer Klimaprüfung bei einer konstanten Temperatur $T$ von 35 °C ohne Feuchtigkeitsregelung angenähert. Wie Abbildung 8.11 b) zeigt, führt der

Verzicht auf die Regelung der Luftfeuchtigkeit des Klimaschranks zu einem kontinuierlichen Absinken der relativen Luftfeuchtigkeit von ungefähr 67 % auf 27,5 %. Eine
Menge von etwa 50 g des bereits mehrfach im laseradditiven Fertigungsprozess verwendeten Pulvers wird dabei in einem geöffneten Aluminiumbehältnis in einem Klimaschrank mit der Modellbezeichnung HCP246 der Firma MEMMERT GMBH & CO. KG für
eine Dauer von 16 Stunden gelagert.

Zusätzlich werden Klimaprüfungen in Anlehnung an DIN EN 60068-2-78 [DIN14b] bei
hoher Luftfeuchtigkeit und konstanter Temperatur durchgeführt. Es werden Extremsitua-
tionen gewählt, bei denen Proben des recycelten Pulvers bei einer Temperatur $T$ von
40 °C und einer relativen Luftfeuchtigkeit $RH$ von 85 % sowie von 93 % über einen
Zeitraum von jeweils 16 Stunden in den geöffneten Behältern im Klimaschrank verbleiben. Das Einfüllen des Pulverwerkstoffs in die Aluminiumbehälter wird einerseits unter
Umgebungsbedingungen und andererseits in einer Argonatmosphäre mit einem Restsauerstoffgehalt < 1 % vorgenommen. Darüber hinaus wird eine weitere Pulverprobe bei
einer Temperatur von 120 °C ebenfalls 16 Stunden lang getrocknet, um den Einfluss
einer Trocknung des Referenzpulvers in Erfahrung zu bringen.

Im Anschluss an diese Lagerung im Klimaschrank soll die Bestimmung des Feuchtig-
keits- bzw. Wassergehalts gemäß der gravimetrischen Methode erfolgen (vgl. Kapitel
5.3). Durch die Temperaturunterschiede zwischen den aus dem Klimaschrank entnommenen Pulverproben und der Umgebung wird die Genauigkeit der Waage so stark beeinflusst, dass die Ergebnisse der Wägung keine Aussage über den Wassergehalt der Pulver
erlauben. Ein Erkalten der Proben in den geöffneten Behältern würde zum Austausch
von Feuchtigkeit mit der Umgebungsluft führen, während das Verschließen der Aluminiumbehältnisse nach Entnahme aus dem Klimaschrank beim Abkühlen der Luft Kondensation verursachen würde. Auch die Verwendung eines Exsikkators erscheint nicht
geeignet, da bei der Zwischenlagerung der Pulverproben ein Entzug der Feuchtigkeit
durch das Trockenmittel zu erwarten wäre. Für die Ermittlung des Feuchtigkeits- bzw.
Wassergehalts ist die Wägung des Pulverwerkstoffs vor und nach der Klimaprüfung vor
dem erläuterten Hintergrund nicht zweckmäßig.

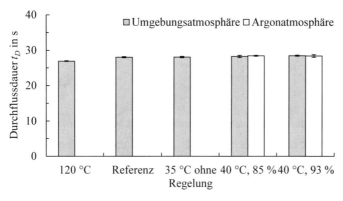

**Abbildung 8.12:** Durchflussdauer $t_D$ des Ti-6Al-4V-Pulvers infolge der Lagerung bei unterschiedlicher Temperatur und Luftfeuchtigkeit

Daher werden die charakteristischen Eigenschaften der Pulverproben entsprechend der
Analyse der Betauungsprüfungen bestimmt. Aus Abbildung 8.12 geht die Durchfluss-

dauer $t_D$ der unter verschiedenen Bedingungen gelagerten Pulverproben im Vergleich zum Referenzpulver hervor.

Nur äußerst geringe Unterschiede zwischen den ermittelten Werten sind ersichtlich. Es zeichnet sich eine sehr leichte Tendenz ab, die auf eine maximal um 0,4 s längere Durchflussdauer derjenigen Proben weist, die bei veränderter oder hoher Luftfeuchtigkeit gelagert werden. Lediglich der Effekt der Trocknung bei einer Temperatur von 120 °C ist gut wahrnehmbar. Das Pulver fließt schneller als das Referenzpulver aus dem Trichter. Verdunstet das möglicherweise im Pulver enthaltene Wasser, werden die Haftkräfte durch Flüssigkeitsbrücken geringer. Auch eine zunehmende Oxidation bzw. die Ausbildung einer dickeren Oxidschicht bei der verhältnismäßig hohen Temperatur könnte das Fließverhalten positiv beeinflussen. Ein Vergleich des Temperaturverlaufs des Klimaschranks mit den in der Nähe der eingebrachten Pulverprobe aufgezeichneten Klimadaten deutet darauf hin, dass sich die Luft im Klimaschrank schneller zu erwärmen scheint als der Pulverwerkstoff. Somit könnte Kondensation an der Oberfläche des Pulvers nach dem Einbringen der Probe in den Klimaschrank auftreten. Da dies nur an der Grenzfläche zwischen dem Pulver und der Luft geschieht, unterscheiden sich die Ergebnisse zwischen den an Umgebungsluft und in der Argonatmosphäre umgefüllten Pulverproben kaum.

Die Ergebnisse der Schütt- und Klopfdichtebestimmung sind in Abbildung 8.13 veranschaulicht. Zusätzlich ist der für jede Pulverprobe berechnete Hausner-Faktor aufgeführt.

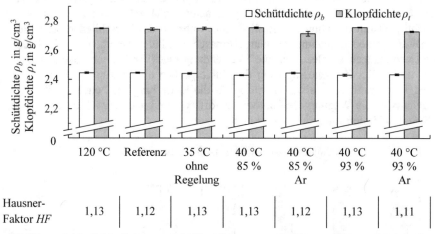

**Abbildung 8.13:** Schüttdichte $\rho_b$ und Klopfdichte $\rho_t$ sowie Hausner-Faktor $HF$ des Ti-6Al-4V-Pulvers infolge der Lagerung bei unterschiedlicher Temperatur und Luftfeuchtigkeit

Die ermittelten Werte weichen kaum voneinander ab. Die tendenziell geringere Schütt- und Klopfdichte der unter Umgebungsbedingungen in die Aluminiumbehältnisse eingefüllten Proben, für die die Klimaprüfung bei einer Temperatur von 35°C ohne Feuchtigkeitsregelung und bei einer Temperatur von 40 °C und einer relativen Luftfeuchtigkeit von 85 % sowie von 93 % durchgeführt wird, spiegelt sich in dem etwas höheren Wert des Hausner-Faktors wider. Bei Betrachtung der Klopfdichtewerte für die in einer Argonatmosphäre umgefüllten Proben fällt auf, dass die Klopfdichte vergleichsweise niedriger ist. Befindet sich in den Zwischenräumen der Pulverpartikel keine Umgebungsluft, scheint sich das Pulver durch Klopfen weniger stark verdichten zu lassen. Im Gegensatz dazu wird für das getrocknete Pulver eine etwas höhere Klopfdichte bestimmt. Dieser Unterschied ist vermutlich mit der Oxidation der Pulverpartikel zu erklären, die zu einer Veränderung der interpartikulären Wechselwirkungen durch Haftkräfte und Reibung führt.

Basierend auf dieser Vermutung wird der Sauerstoffgehalt im Pulver exemplarisch für die bei einer Temperatur $T$ von 40 °C und unterschiedlicher Luftfeuchte gelagerten Proben analysiert. Die Ergebnisse sind einander in Tabelle 8.4 gegenübergestellt. Alle untersuchten Pulverwerkstoffe verfügen über einen im Vergleich zum Referenzpulver höheren Gehalt an Sauerstoff. Dabei ist zu erkennen, dass das Pulver anscheinend umso mehr Sauerstoff aufnimmt, je höher die relative Luftfeuchtigkeit ist. Wie zuvor erwähnt, fördert ein hoher Gehalt an Feuchtigkeit die Bildung einer Oxidschicht. Zusätzlich stellt sich heraus, dass der Sauerstoffgehalt in den Pulverproben geringer ist, wenn die Partikel von einer Argonatmosphäre umgeben sind bzw. wenn aufgrund des Umfüllvorgangs Restmengen von Argon in den Zwischenräumen des geschütteten Pulvers vermutet werden können. Unter Umgebungsbedingungen kann eine Reaktion mit Luftsauerstoff und aufgenommener Feuchtigkeit erfolgen.

**Tabelle 8.4:** Sauerstoffgehalt des Ti-6Al-4V-Pulvers infolge der Lagerung bei $T = 40$ °C und unterschiedlicher Luftfeuchtigkeit

| | **Referenz** | Umgefüllt bei Umgebungsatmosphäre | | Umgefüllt bei Argonatmosphäre | |
|---|---|---|---|---|---|
| | | *RH* = 85 % | *RH* = 93 % | *RH* = 85 % | *RH* = 93 % |
| O-Gehalt in Gew.-% | 0,170 | 0,176 | 0,178 | 0,175 | 0,177 |

Die zuvor diskutierten Ergebnisse der Klimaprüfungen machen deutlich, dass sich vor allem Temperaturwechsel während des Transports und der Lagerung auf die Eigenschaften des Pulverwerkstoffs auswirken. Um Erkenntnisse über den Einfluss dieses Pulvers auf den laseradditiven Fertigungsprozess und die Bauteilqualität zu gewinnen, werden weitere Untersuchungen durchgeführt.

Es wird eine geringe Menge von etwa 1 kg des von Anlagenhersteller (A) gelieferten Pulvers dem in Abbildung 8.14 dargestellten Temperatur-Feuchtigkeits-Zyklus unterworfen. Über einen Zeitraum von mehreren Wochen wird das Pulver regelmäßigen Temperaturwechseln zwischen –20 °C und 100 °C und einer variierenden relativen Luftfeuchtigkeit zwischen 10 % und 90 % ausgesetzt. Nach der Charakterisierung wird der Pulverwerkstoff für die laseradditive Fertigung von Probekörpern verwendet.

Das durch Wärme und Feuchtigkeit im Klimaschrank beeinflusste Pulver zeigt bei einer Analyse der Partikelgrößenverteilung eine sowohl gegenüber dem IGA-A1-Neupulver (vgl. Kapitel 6.1.1) als auch gegenüber einem recycelten Pulver (vgl. Kapitel 9.1.1) deutlich größere mittlere Partikelgröße $\bar{x}_3$ von 52,1 µm. Diese Vergrößerung des Pulverwerkstoffs ist vermutlich auf Agglomerate zurückzuführen, welche sich aufgrund der Haftung durch Flüssigkeitsbrücken zwischen den Partikeln bilden. Demzufolge wird auch eine geringere Fließfähigkeit des Pulvers festgestellt. Dies ist in Abbildung 8.15 a) zu sehen, die das Ergebnis der optischen Beurteilung des Fließverhaltens veranschaulicht. Der aufgegebene Pulverhaufen gleitet insgesamt nach Anheben des Papiers hinab, wobei sich Schollen bilden. Mit einem Hausner-Faktor *HF* von 1,17 ist das Fließverhalten des Pulvers insgesamt als noch *gut* zu bewerten [Gho13].

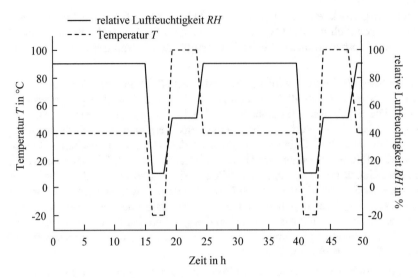

**Abbildung 8.14:** Temperatur-Feuchtigkeits-Zyklus bei der Lagerung von Ti-6Al-4V-Pulver

Infolge des Pulverauftrags unter Verwendung des unter Extrembedingungen gelagerten Pulverwerkstoffs lassen sich Unregelmäßigkeiten im Pulverbett beobachten. Die aufgetragene Pulverschicht ist inhomogen und uneben. Das sich während der Belichtung bildende Schmelzbad erscheint unruhig und es ist eine vergleichsweise höhere Spritzeraktivität wahrnehmbar.

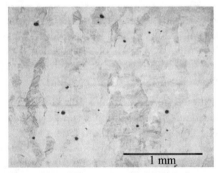

a) Optische Bewertung des Fließverhaltens von ausgelagertem Pulver

b) Porosität des aus ausgelagertem Pulver laseradditiv gefertigten Probekörpers

**Abbildung 8.15:** Ti-6Al-4V-Pulver- und Bauteileigenschaften infolge der Lagerung bei extremen Wechseln von Temperatur und Feuchtigkeit

Die im Anschluss an den Fertigungsprozess mithilfe des Archimedischen Prinzips ermittelte Dichte $\rho_s$ des Probekörpers liegt mit 4,377 g/cm$^3$ deutlich unterhalb des Grenzwerts von 4,407 g/cm$^3$ [EOS11b]. Bezogen auf die Ti-6Al-4V-Festkörperdichte entspricht dies einer relativen Bauteildichte $d_s$ von 97,9 %. In Abbildung 8.15 b) ist die Porosität des Probekörpers an einem Ausschnitt eines Querschliffs visualisiert. Es sind sowohl Poren mit unregelmäßiger Form als auch kreisrunde Poren im Gefüge der Probe zu erkennen. Während die unregelmäßig geformten Poren auf Fehlstellen infolge des inhomogenen Pulverbetts oder des unruhigen Schmelzbads hindeuten, sind sphärische Poren ein Hinweis für Gaseinschlüsse in der Mikrostruktur.

## 8.3  Fazit

Die Vibrationen während des Transports und das Klima während des Transports und der Lagerung wirken sich auf das Eigenschaftsprofil eines Ti-6Al-4V-Pulvers aus. Es ist davon auszugehen, dass die klimatischen Gegebenheiten bei der Handhabung eines Pulverwerkstoffs einen ähnlichen Effekt haben.

Die bei Transportvorgängen mit unterschiedlichen Verkehrsmitteln entstehenden Erschütterungen können sowohl zu einer Agglomeration als auch zu einer Entmischung des Pulverwerkstoffs führen. Infolge der Simulation eines LKW-Transports, bei der das verpackte Pulver durch ein Breitbandrauschen angeregt wird, ist eine leichte Agglomeration der Pulverpartikel festzustellen. Eine Anregung durch Sinusschwingungen resultiert in einer Entmischung des Pulvers in der Verpackung in Abhängigkeit der Schwingungsamplitude bei einer gleichbleibenden Frequenz von 15 Hz. Wird das Pulver Schwingungen mit einer Amplitude von 0,5 mm ausgesetzt, ist der Paranuss-Effekt zu beobachten. Erfährt der Pulverwerkstoff bei einer harmonischen Anregung mit einer Amplitude von 2 mm eine deutlich höhere Beschleunigung, tritt der inverse Paranuss-Effekt auf. Ursächlich für die Entmischung sind die Eigenschaften des Ti-6Al-4V-Pulvers, die Frequenz und die Amplitude der Schwingungen und somit die Beschleunigung der Partikel sowie die Beanspruchungsdauer des Kollektivs.

Zur Homogenisierung des durch den Transport entmischten Pulvers wird das Einfüllen in die Bevorratung der Fertigungsanlage vermutlich nicht ausreichen. Da die Entmischung die Eigenschaften des Pulverwerkstoffs lokal verändert, was wiederum das Ergebnis des Pulverauftrags beeinflussen kann, sind Auswirkungen auf die Bauteilqualität nicht vollständig auszuschließen trotz der Existenz eines Prozessfensters zur Verarbeitung (vgl. Kapitel 6.3 ff. und Kapitel 7.2 ff.). Es wird daher empfohlen, das Pulver vor dem erstmaligen Gebrauch zu sieben und zu mischen (vgl. Kapitel 9.4). Durch das Sieben wird der Pulverwerkstoff aufgelockert und mögliche Agglomerate im Partikelkollektiv werden aufgebrochen. Durch das Mischen lässt sich eine gleichmäßige Verteilung der unterschiedlich großen Partikel erreichen (vgl. Kapitel 9.3.3). Um eine Entmischung zu vermeiden, könnte für das Pulver auch eine Transportverpackung gewählt werden, die die auftretenden Vibrationen dämpft.

Die aus der durchgeführten Umweltsimulation gewonnenen Erkenntnisse sind möglicherweise ebenfalls für den zum Recycling des Pulvers notwendigen Siebprozess von Relevanz. Zum Sieben des aus dem laseradditiven Fertigungsprozess entnommenen Pulvers werden u. a. Siebmaschinen eingesetzt, bei denen der aufgegebene Pulverwerkstoff mit einer Siebfrequenz von 50 Hz angeregt wird. In einer stichprobenartigen Untersuchung werden etwa 50 g eines Ti-6Al-4V-Pulvers in einem zylindrischen Gefäß Vibrationen mit einer Frequenz von 50 Hz für eine Dauer von 30 s und 3 Minuten ausgesetzt. Die Analyse von aus unterschiedlichen Höhen aus dem Gefäß stammenden Pulverproben zeigt, dass durch diese Art der Anregung der inverse Paranuss-Effekt hervorgerufen wird. Dieser tritt umso deutlicher zutage, je länger das Pulver den Erschütterungen ausgesetzt ist. Im Siebprozess würde das Auftreten dieses Effekts die Ansammlung großer Partikel am Boden des Siebes begünstigen. Die Partikel könnten die Siebmaschen blockieren und/ oder bei genügend langer Siebdauer durch die Maschen hindurchfallen, sodass auch Pulverpartikel recycelt werden könnten, deren Äquivalentdurchmesser größer ist als die Maschenweite des verwendeten Siebes.

Während und nach der Beförderung zum Bestimmungsort kann der Pulverwerkstoff durch einen Wechsel der Umgebungsbedingungen eine Temperaturveränderung erfahren. Diese Abfolge von Ereignissen lässt sich mithilfe von Betauungsprüfungen abbilden. Aus den Ergebnissen ist abzuleiten, dass es infolge der Verpackung des Pulvers unter Umgebungsbedingungen während des anschließenden Transports zur Kondensation von Wasser in der Luft in flüssiger oder fester Form kommen kann. Dazu muss die in der Verpackung eingeschlossene Umgebungsluft unter den Taupunkt abgekühlt werden. Der Aufnahme von Feuchtigkeit im Pulver wird durch die Zugabe von Trockenmittelbeutel vorgebeugt. Eine weitere Möglichkeit die Feuchtigkeitsaufnahme zu vermeiden, ist die Verpackung des Pulvers in einer Schutzgasatmosphäre.

Ein höheres Risiko zur Aufnahme von Feuchtigkeit birgt allerdings das Einbringen eines pulvergefüllten Behälters in die Fertigungsumgebung unmittelbar nach der Lieferung. In diesem Fall ist davon auszugehen, dass sich die Temperatur des Pulvers und die Umgebungstemperatur unterscheiden. Nach dem Öffnen der Verpackung und ggf. der Entnahme der Trockenmittelbeutel vor verschiedenen Ein- und Umfüllvorgängen tritt der Pulverwerkstoff in Kontakt mit der z. B. warmen Umgebungsluft. Da die Oberflächentemperatur des kälteren Behälters und/ oder des Pulvers unter diesen Umständen unterhalb der Taupunkttemperatur der umgebenden Luft liegt, kann Wasserdampf auf den Pulverpartikeln kondensieren. Das Pulver wird feucht. Aus diesem Grund wird als zusätzliche Maßnahme empfohlen, auf ein direktes Einfüllen des angelieferten Pulverwerkstoffs in die Fertigungsanlage oder in Peripheriegeräte zu verzichten. Vor dem Öffnen sollte gewartet werden, bis sich die Verpackung und das darin befindliche Pulver auf Umgebungstemperatur erwärmt haben. Alternativ wird eine Handhabung des Pulvers unter Ausschluss der Umgebungsluft, z. B. in einer Schutzgasatmosphäre, als sinnvoll erachtet (vgl. Tabelle 4.7).

Die Klimaprüfungen unter Extrembedingungen zeigen, dass sich vor allem Temperatur- und Feuchtigkeitswechsel während der Lagerung und der Handhabung auf die Pulvereigenschaften auswirken. Auch hierbei ist davon auszugehen, dass der Pulverwerkstoff Feuchtigkeit aufnimmt. Ebenfalls ist ein Einfluss des veränderten Eigenschaftsprofils auf die Bauteilqualität infolge wechselnder klimatischer Gegebenheiten bei der Pulverlagerung nachzuweisen.

Eine durch Temperaturwechsel hervorgerufene Feuchtigkeitsaufnahme ist umso wahrscheinlicher, je größer die Differenz zwischen der Temperatur des Pulverwerkstoffs und der Taupunkttemperatur ist. Daher ist bei der Verwendung einer Bauraumheizung, durch die das Pulver beispielsweise auf Temperaturen von 200 °C erwärmt wird, darauf zu achten, dass der Pulverwerkstoff vor der Entnahme aus der Fertigungsanlage auf Raumtemperatur abgekühlt ist. Zusätzlich ist auch das veränderte Oxidationsverhalten des Ti-6Al-4V-Pulvers bei erhöhten Temperaturen zu berücksichtigen. Die Handhabung des warmen Pulvers in einer Schutzgasatmosphäre stellt eine ebenfalls geeignete Möglichkeit dar, die Aufnahme von Feuchtigkeit und die Oxidation der Pulverpartikel zu verhindern.

Es ist bekannt, dass sich bei einer Lagerung von Titan und der Titanlegierung Ti-6Al-7Nb an Umgebungsluft eine Oxidschicht mit einer Dicke $D_{S,Oxid}$ von durchschnittlich 6 nm ausbildet [Sit98]. Unter der Annahme eines vergleichbaren Oxidationsverhaltens eines Ti-6Al-4V-Pulvers kann eine Berechnung des Volumenanteils der Oxidschicht in Abhängigkeit der Partikelgröße vorgenommen werden. Für das Volumen der Oxidschicht $V_{Oxidschicht}$ eines ideal runden Partikels mit der Größe $x$ gilt:

$$V_{Oxidschicht} = \frac{4}{3} \cdot \pi \cdot \left( \left(\frac{x}{2}\right)^3 - \left(\left(\frac{x}{2}\right) - D_{S,\ Oxid}\right)^3 \right) \tag{8.1}$$

Damit ergibt sich für den prozentualen Anteil der Oxidschicht $p_{Oxidschicht}$:

$$p_{Oxidschicht} = \frac{\left(\frac{x}{2}\right)^3 - \left(\left(\frac{x}{2}\right) - D_{S,\ Oxid}\right)^3}{\left(\frac{x}{2}\right)^3} \cdot 100\ \%. \tag{8.2}$$

Wird die Tatsache berücksichtigt, dass 90 % der Pulverpartikel eines vergleichsweise feinen Ti-6Al-4V-Pulverwerkstoffs über eine Partikelgröße $x > 20\ \mu m$ verfügen (vgl. Kapitel 6.1.1), lässt die aufgeführte Betrachtung den Schluss zu, dass die Oxidation der Pulverpartikel bei Raumtemperatur unter Umgebungsbedingungen von nachgeordneter Bedeutung ist. Es ist zu vermuten, dass 90 % der Pulverpartikel des exemplarisch betrachteten Pulvers einen prozentualen Anteil der Oxidschicht von $p_{Oxidschicht} < 0{,}18\ \%$ aufweisen.

Obwohl der laseradditive Fertigungsprozess in einer Argonatmosphäre durchgeführt wird, ist vor allem in Schmelzbadnähe aufgrund der herrschenden Temperaturen von einer höheren Oxidationsneigung der Pulverpartikel auszugehen. Die Ursachen hierfür liegen u. a. im Restsauerstoffgehalt in der Prozesskammer und in den im zugeführten Schutzgas enthaltenen Verunreinigungen. Diese Vermutung wird durch die von Simonelli et al. [Sim15] und Liu et al. [Liu15] durchgeführten Analysen der aus dem Belichtungsprozess hervorgegangenen Spritzerpartikel gestützt. Vor diesem Hintergrund erscheinen die Verwendung eines Reingases, die Entwicklung von Maßnahmen zur weiteren Reduktion des Sauerstoffgehalts in der Prozesskammer und die Integration zusätzlicher Elemente zur Reduktion der Feuchtigkeit in der Fertigungsanlage und im Filtersystem sinnvoll.

Auf Basis der gewonnenen Erkenntnisse wird geraten, Temperatur- und Feuchtigkeitswechsel während des Transports, der Lagerung und der Handhabung des Ti-6Al-4V-Pulverwerkstoffs zu vermeiden. Um dies zu gewährleisten, sind die Überwachung und die Regelung des Klimas in der gesamten Fertigungsumgebung sowie in der Anlage und in den Peripheriegeräten notwendig. Alternativ wird notwendigerweise die Pulverlagerung und -handhabung unter Ausschluss der Umgebungsatmosphäre in einem geschlossenen Kreislauf angeregt. Ferner sollte die Fertigungsanlage während eines mehrtägigen Stillstands mit Schutzgas geflutet sein, sofern keine Trocknungsmittel zur Aufnahme von Wasser eingesetzt werden. Die zuvor genannten Handlungsempfehlungen tragen dazu bei, dass der Sauerstoffgehalt im Pulver über einen möglichst langen Zeitraum unterhalb des Grenzwertes liegt und im besten Fall näherungsweise konstant bleibt. Ein Verzicht auf die vorgeschlagenen Maßnahmen kann zu variierenden Pulvereigenschaften und Qualitätsmängeln an Bauteilen führen.

Die erzielten Ergebnisse zeigen ferner, dass die Bestimmung des Feuchtigkeitsgehalts im Ti-6Al-4V-Pulver eine Herausforderung darstellt. Um eine Aussage über den Gehalt an Feuchtigkeit bzw. Wasser in einer Pulverprobe zu treffen, können grundsätzlich thermogravimetrische Methoden, z. B. Trocknungswaagen, eingesetzt werden. Bei der Nutzung der Ofentrocknung und der anschließenden Wägung mit einer Analysenwaage ist darauf zu achten, dass das Pulver während des Abkühlens keine Feuchtigkeit aufnimmt und dass die Wägung erst erfolgen sollte, wenn die Probe und das Probengefäß Raumtemperatur erreicht haben, da sonst das Messergebnis beeinflusst werden kann. Stichprobenar-

tige Untersuchungen einer kapazitiven Feuchtigkeitsmessung mithilfe eines elektronischen Messgeräts liefern für das Ti-6Al-4V-Pulver keine nutzbaren Ergebnisse und
werden als nicht geeignet bewertet.

| Einflussfaktoren | Vibrationen | Temperatur- und Feuchtigkeitswechsel |
|---|---|---|
| Auswirkungen | führen zur Entmischung ((inverser) Paranuss-Effekt) des Pulvers in Abhängigkeit der Schwingungsamplitude | • führen aufgrund von Kondensations- vorgängen zur Aufnahme von Feuchtig- keit im Pulver<br>• wirken sich auf die Bauteilqualität aus |

| Potenzieller Fehler | zusätzliche Vermeidungs-/ Entdeckungsmaßnahmen sowie Handlungsempfehlungen |
|---|---|
| Entmischung | Sieben und Mischen des Pulvers vor dem erstmaligen Gebrauch |
| | Wahl einer die auftretenden Vibrationen dämpfenden Verpackung des Pulvers |
| Feuchtigkeits- aufnahme und Oxidation | Erwärmen des Pulvers auf Umgebungstemperatur vor dem Einfüllen in die Fertigungsanlage oder Peripheriegeräte |
| | Einfüllen des Pulvers in die Fertigungsanlage oder Peripheriegeräte unter Schutzgasatmosphäre |
| | Abkühlen des Pulvers auf Raumtemperatur vor Entnahme aus der Fertigungsanlage |
| | Handhabung eines warmen Pulvers in einer Schutzgasatmosphäre |
| | Verwendung von Reingasen im laseradditiven Fertigungsprozess |
| | Entwicklung von Maßnahmen zur Reduktion des Sauerstoffgehalts in der Prozesskammer während des laseradditiven Fertigungsprozesses |
| | Integration zusätzlicher Elemente zur Reduktion der Feuchtigkeit in der Fertigungsanlage und im Filtersystem |
| | Überwachung und Regelung des Klimas in der Fertigungsanlage, in der Fertigungsumgebung sowie in Peripheriegeräten |
| | Fluten der Fertigungsanlage mit Schutzgas oder Einbringen von feuchtigkeitsentziehenden Elementen bei Stillstand |
| | kontinuierliche Überprüfung der chemischen Zusammensetzung bzw. des Sauerstoffgehalts des Pulvers |

**Abbildung 8.16:** Ergebnisse der Untersuchungen zum Transport und zur Lagerung von Ti-6Al-
4V-Pulverwerkstoffen

Die Ergebnisse der chemischen Analysen der unter verschiedenen Bedingungen gelager-
ten Pulverproben ergeben hingegen einen Zusammenhang zwischen den herbeigeführten
Temperaturwechseln und der Veränderung des Sauerstoffgehalts im Pulverwerkstoff.
Ein feuchteres Pulver verfügt über einen höheren Gehalt an Sauerstoff. Aus diesem
Grund wird die in Kapitel 6.4 ausgesprochene Empfehlung einer kontinuierlichen Über-
wachung der chemischen Zusammensetzung bzw. des Sauerstoffgehalts des Ti-6Al-4V-
Pulvers als zusätzliche Entdeckungsmaßnahme erneut unterstrichen. Durch die Bestim-
mung der Durchflussdauer oder durch die Ermittlung der Schütt- und Klopfdichte lassen

sich nur dann Rückschlüsse auf eine mögliche Feuchtigkeitsaufnahme ziehen, wenn der Pulverwerkstoff zwischenzeitlich nicht im laseradditiven Fertigungsprozess eingesetzt wird (vgl. Kapitel 9.1 f.). In Abbildung 8.16 sind die wesentlichen Erkenntnisse der Untersuchungen zum Transport und zur Lagerung von Ti-6Al-4V-Pulverwerkstoffen zusammenfasst.

# 9 Recycling von Pulverwerkstoffen

Durch das Recycling des nicht geschmolzenen Ti-6Al-4V-Pulvers werden der Grad der Werkstoffausnutzung und die Ressourceneffizienz in der laseradditiven Fertigung erhöht. Damit stellen die Wiederverwendung und die Aufbereitung des Pulverwerkstoffs einen wesentlichen Prozessabschnitt und gleichzeitig einen bedeutsamen Vorteil des Fertigungsverfahrens dar. Um diesen nutzen zu können, ist es entscheidend, dass die Anforderungen an die Qualitätsmerkmale der laseradditiv gefertigten Bauteile auch bei dem Einsatz von recyceltem Pulverwerkstoff erfüllt werden. Die Untersuchung der Wiederverwendung von Ti-6Al-4V-Pulver sowie die Analyse der die Aufbereitung bestimmenden Prozessschritte Sieben und Mischen sind aus diesem Grund Gegenstand der nachfolgenden Ausführungen. Darüber hinaus wird die infolge der Belichtung der Pulverpartikel entstehende Vergröberung des Pulverwerkstoffs studiert.

## 9.1 Wiederverwendung

Die Ergebnisse der theoretischen Überlegungen zur systematischen Einflussanalyse (vgl. Kapitel 4) lassen den Schluss zu, dass sich das Eigenschaftsprofil eines Ti-6Al-4V-Pulvers durch den mehrmaligen Einsatz im Fertigungsprozess verändert. Diese Alterung des Pulverwerkstoffs und deren Auswirkungen auf die Qualitätsmerkmale laseradditiv gefertigter Bauteile werden im Folgenden diskutiert (vgl. [Sey12, Sey14, Sey15, Jah16]).

### 9.1.1 Einfluss auf den Pulverwerkstoff

Für die nachfolgend beschriebenen Untersuchungen wird ein von Anlagenhersteller (A) stammendes, gasverdüstes Ti-6Al-4V-Pulver eingesetzt. Da es sich bei diesem Neupulver um ein gegenüber den bereits analysierten Pulverwerkstoffen abweichendes Produktionslos handelt, wird die Bezeichnung IGA-A2 gewählt. Nach einer umfangreichen Charakterisierung wird dieser Pulverwerkstoff für insgesamt zwölf Prozesszyklen über einen Zeitraum von mehreren Monaten im laseradditiven Fertigungsprozess verwendet. Die jeweils durchgeführten Zyklen entsprechen mit einem gesamten Prozessvolumen von durchschnittlich ca. 465 cm$^3$ industriell üblichen Fertigungsaufgaben. Dabei werden im Durchschnitt etwa 4,5 % des jeweils in die Bevorratung eingefüllten Pulverwerkstoffs in Bauteile umgewandelt. Nicht geschmolzener Pulverwerkstoff wird im Anschluss, wie in Kapitel 5.2.2 geschildert, aufbereitet.

Vor jedem Prozesszyklus wird das in die Bevorratung zurückgeführte, recycelte Pulver hinsichtlich der Partikelmorphologie, der Partikelgrößenverteilung, der Schüttdichte und des Fließverhaltens untersucht. Die nachstehend aufgeführten Ergebnisse für das fünffach recycelte Pulver und den elfmal wiederverwendeten Pulverwerkstoff verdeutlichen exemplarisch den Trend der zwölf insgesamt durchgeführten Analysen.

Abbildung 9.1 a) und b) zeigt den Vergleich der mithilfe der Laserbeugung ermittelten **Partikelgrößenverteilung** des Neupulvers IGA-A2 und des recycelten Pulverwerkstoffs in Form der Verteilungssummenkurven $Q_3(x)$ und der Verteilungsdichtekurven $q_3(x)$ derjenigen Pulver, die für den ersten, den sechsten und den zwölften Fertigungsprozess eingesetzt werden. Ergänzend sind in Tabelle 9.1 die 10 %-, 50 %- und 90 %-Kennwerte der Partikelgrößenverteilung zusammengefasst.

© Springer-Verlag GmbH Deutschland, ein Teil von Springer Nature 2018
V. Seyda, *Werkstoff- und Prozessverhalten von Metallpulvern in der laseradditiven Fertigung*, Light Engineering für die Praxis, https://doi.org/10.1007/978-3-662-58233-6_9

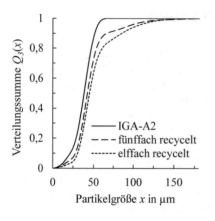

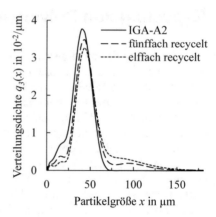

a) Verteilungssumme $Q_3(x)$ der Ti-6Al-4V-Pulver

b) Verteilungsdichte $q_3(x)$ der Ti-6Al-4V-Pulver

**Abbildung 9.1:** Vergleich der Partikelgrößenverteilung von neuem und recyceltem Ti-6Al-4V-Pulver IGA-A2

Es wird deutlich, dass sich die Partikelgrößenverteilung infolge der Wiederverwendung des Pulverwerkstoffs verändert. Das Neupulver IGA-A2 zeigt eine linksschiefe Verteilung ($v = -0,5 < 0$), verfügt über einen hohen Anteil an kleinen Partikeln und weist eine mittlere Partikelgröße $\bar{x}_3$ von 37,4 μm auf. Die maximale Größe $x_{max}$ der Partikel beträgt ungefähr 76 μm. Die Analyse der recycelten Pulverwerkstoffe ergibt sowohl einen deutlich geringeren Anteil an kleinen Pulverpartikeln mit einer Größe $x < 30$ μm als auch eine Zunahme des Anteils von Partikeln, die größer als 76 μm sind und teilweise einen Durchmesser von bis zu 150 μm aufweisen. Dies geht aus den rechtsschiefen Verteilungsfunktionen und aus den in Tabelle 9.1 gegenübergestellten Kennwerten hervor. Die mittlere Partikelgröße $\bar{x}_3$ beträgt nach fünfmaliger Verwendung des Pulvers 46,3 μm. Nach elfmaligem Einsatz des Pulverwerkstoffs im laseradditiven Fertigungsprozess liegt die mittlere Partikelgröße $\bar{x}_3$ bei einem Wert von 51,2 μm. Aus der Verschiebung des Modalwerts $x_{h,3}$ ist erkennbar, dass sich der Mengenanteil der mengenreichsten Partikelgröße infolge der Wiederverwendung reduziert. Auch nimmt die Breite der Partikelgrößenverteilung zu.

**Tabelle 9.1:** Vergleich der Kennwerte $x_{10,3}$, $x_{50,3}$ und $x_{90,3}$ für neues und recyceltes Ti-6Al-4V-Pulver IGA-A2

| Kennwert | IGA-A2-Neupulver | Fünffach recyceltes IGA-A2-Pulver | Elffach recyceltes IGA-A2-Pulver |
|---|---|---|---|
| 10 %-Partikelgröße $x_{10,3}$ | 21,5 μm | 27,8 μm | 30,6 μm |
| Medianwert $x_{50,3}$ | 38,4 μm | 42,4 μm | 45,1 μm |
| 90 %-Partikelgröße $x_{90,3}$ | 51,6 μm | 67,2 μm | 85,4 μm |

Aus den in Abbildung 9.2 a) – c) dargestellten REM-Aufnahmen geht die **Partikelmorphologie** der analysierten Pulver hervor. Im Vergleich zum Neupulver zeigen der fünfmal und der elfmal verwendete Pulverwerkstoff nicht nur die Abnahme des Feinanteils, sondern auch das Auftreten von Sinteragglomeraten und Spritzern. Diese Partikel entstehen im laseradditiven Fertigungsprozess vermutlich durch die bei der Belichtung in die Pulverschicht eingebrachte Energie sowie durch die Wärmeleitung in an geschmolzene Schichten angrenzende Bereiche des Pulverbetts (vgl. Kapitel 9.2 ff.).

a) IGA-A2-Neupulver          b) Fünffach recyceltes Pulver     c) Elffach recyceltes Pulver

**Abbildung 9.2:** Partikelmorphologie von neuem und recyceltem Ti-6Al-4V-Pulver IGA-A2

Der Verlust des Feinanteils im Pulver infolge mehrmaliger Verwendung ist wahrscheinlich auf verschiedene Entmischungsmechanismen zurückzuführen. Aufgrund der geringen Sinkgeschwindigkeit werden die kleinen Partikel zum einen von der Gasströmung im laseradditiven Fertigungsprozess mitgerissen und zum anderen während des Siebens in die Luft gewirbelt. Die von dem strömenden Schutzgas erfassten Partikel gelangen in den Filter der Anlagentechnik und verbleiben dort. Die beim Sieben aufgewirbelten Partikel setzen sich langsam in der Prozesskammer ab und werden ebenfalls nicht in die Bevorratung zurückgeführt. Darüber hinaus erscheint es auch möglich, dass die kleinen Partikel bevorzugt in der aufgetragenen Pulverschicht abgelegt werden.

Die in Abbildung 9.3 a) und b) wiedergegebenen REM-Bilder veranschaulichen eine Pulverprobe, die aus der unmittelbaren Umgebung des Siebes nach einem Siebprozess des Neupulvers stammt. In dem mit 200-facher Vergrößerung aufgenommenen Übersichtsbild sind zahlreiche kleine Pulverpartikel zu erkennen. Wie die Aufnahme mit 1500-facher Vergrößerung verdeutlicht, weisen diese Partikel Größen zwischen etwa 4,5 µm und 21 µm auf und entsprechen somit dem schwindenden Feinpulveranteil.

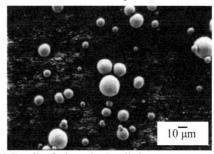

a) Übersichtsaufnahme der Pulverrückstände     b) Detailaufnahme der Partikel

**Abbildung 9.3:** Pulverrückstände in der Siebumgebung nach dem Sieben von IGA-A2-Neupulver

Infolge der Wiederverwendung verändert sich auch das **Fließverhalten** des Pulverwerkstoffs. Dies wird aus der Betrachtung der für neues und recyceltes Pulver errechneten **Hausner-Faktoren *HF*** deutlich. Der Wert dieses Faktors nimmt von 1,18 für Neupulver zunächst auf 1,12 nach fünf Prozesszyklen und auf 1,10 nach elf laseradditiven Fertigungsprozessen ab. Somit ist das Fließverhalten des Neupulvers noch mit *gut* zu bewerten, während das elfmal eingesetzte Pulver eine *ausgezeichnete* Fließfähigkeit aufweist [Gho13]. Durch die Summe der interpartikulären Haftkräfte im vergleichsweise feinen Neupulver bilden sich Agglomerate, die die Fließfähigkeit beeinträchtigen und eine geringe Schüttdichte ($\rho_b = 2{,}270$ g/cm$^3$) zur Folge haben. Der reduzierte Anteil an kleinen Partikeln und die Existenz größerer Pulverpartikel führen zu einem verbesserten

Fließverhalten des recycelten Pulvers, da sich die Anzahl der Partikelkontakte zur Ausbildung von Haftkräften zwischen einzelnen Pulverpartikeln verringert. Gleichzeitig steigt mit zunehmender Breite des Intervalls der Partikelgrößenverteilung ebenfalls die Schüttdichte $\rho_b$ nach fünfmaliger Verwendung auf 2,452 g/cm$^3$ und auf 2,471 g/cm$^3$ nach elfmaligem Einsatz des Pulverwerkstoffs.

Auch die in Abbildung 9.4 a) – c) dokumentierten Ergebnisse der **optischen Beurteilung** $\varphi_{opt}$ des Fließverhaltens der recycelten Pulver untermauern die ermittelten Resultate. Während das Neupulver durch das Anheben der Ecke des Papiers nicht zum Fließen gebracht werden kann ($\varphi_{opt} = 3 - 4$ [Spi15b]), wird die Fließfähigkeit des recycelten Pulverwerkstoffs mit zunehmender Wiederverwendung besser ($\varphi_{opt} = 1 - 2$ [Spi15b]). Das aufgegebene Pulver fließt feiner und gleichmäßiger. Feuchtigkeit des IGA-A2-Neupulvers kann als Ursache für die auftretenden Agglomerate und das ungünstige Fließverhalten ausgeschlossen werden, da ein Wassergehalt im Pulverwerkstoff mit der angewendeten Methode (vgl. Kapitel 5.3) nicht nachgewiesen wird.

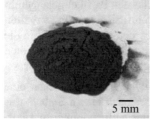  

a) IGA-A2-Neupulver      b) Fünffach recyceltes IGA-    c) Elffach recyceltes IGA-
                          A2-Pulver                  A2-Pulver

**Abbildung 9.4:** Optische Beurteilung des Fließverhaltens von neuem und recyceltem Ti-6Al-4V-Pulver IGA-A2

## 9.1.2 Einfluss auf die Bauteilqualität

Zur Untersuchung der Korrelation des Eigenschaftsprofils des Pulverwerkstoffs und der Bauteileigenschaften werden unter Verwendung der in Tabelle 5.3 aufgeführten Parameter in jedem laseradditiven Fertigungsprozess Probekörper zur Analyse ausgewählter Qualitätsmerkmale hergestellt. Anhand dieser Probekörper werden die Dichte und die Porosität, die Oberflächengüte, die Härte und die statische Festigkeit untersucht.

Der Einfluss der Pulveralterung auf die **Dichte** $\rho_s$ laseradditiv gefertigter Bauteile ist in Abbildung 9.5 a) veranschaulicht. Die relative Dichte $d_s$ der analysierten Proben, die auf Basis der Ergebnisse der Dichtebestimmung nach dem Archimedischen Prinzip errechnet wird, liegt zwischen 99,50 % und 99,78 %. Probekörper, die aus Neupulver hergestellt werden, weisen gegenüber den aus recyceltem Pulver gefertigten Proben eine vergleichsweise niedrige Dichte $\rho_s$ mit einem Wert von 4,408 g/cm$^3$ auf. Der höchste Wert für die Bauteildichte wird für die im zwölften Prozesszyklus laseradditiv gefertigten Proben gemessen. Die Dichte $\rho_s$ dieser Probekörper beträgt 4,421 g/cm$^3$. Das infolge der Wiederverwendung veränderte Eigenschaftsprofil des Pulverwerkstoffs beeinflusst vermutlich die Prozessführung. So führt die beobachtete Vergröberung des Pulvers und die damit einhergehende verbesserte Fließfähigkeit anscheinend zu einer Veränderung der Beschaffenheit der aufgezogenen Pulverschicht, was sich in einer tendenziell höheren Dichte der laseradditiv gefertigten Bauteile widerspiegelt.

Die bei der Analyse der Querschliffe von Probekörpern festgestellte **Porosität** $\phi$ deckt sich weitestgehend mit den zuvor geschilderten Ergebnissen (vgl. Abbildung 9.5 b)). Die sich infolge des Einsatzes im laseradditiven Fertigungsprozess verändernden Eigenschaften des Partikelkollektivs beeinflussen das Auftrags- und Packungsverhalten des Ti-6Al-4V-Pulvers und führen einhergehend mit einer höheren Bauteildichte zu einer niedrigeren Porosität. Ein Vergleich der Querschliffe des aus Neupulver hergestellten Probekörpers und der im zwölften Prozess gefertigten Probe verdeutlicht, dass insgesamt weniger Poren auftreten, die Größe der Poren jedoch zunimmt. Durch die Abnahme des Feinanteils im Pulver erfolgen zwar möglicherweise eine gleichmäßigere Beschichtung und damit eine bessere flächige Verteilung der Pulverpartikel. Eventuell vorhandene Hohlräume in der aufgetragenen Pulverschicht können aber bei Verwendung des gröberen, recycelten Pulvers nicht aufgefüllt werden.

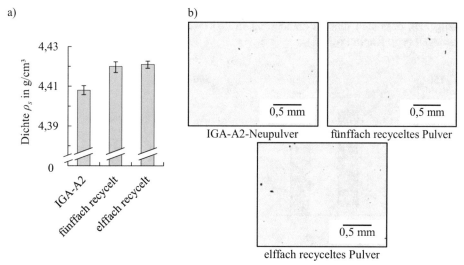

**Abbildung 9.5:** a) Dichte $\rho_s$ und b) Porosität $\phi$ laseradditiv gefertigter Probekörper aus neuem und recyceltem Ti-6Al-4V-Pulver IGA-A2

Aus Abbildung 9.6 a) geht der Einfluss der Wiederverwendung des Pulvers auf die Oberflächengüte gefertigter Bauteile hervor. Es ist zu erkennen, dass die **gemittelte Rautiefe $R_z$** der Probekörper umso mehr ansteigt, je häufiger der Pulverwerkstoff im laseradditiven Fertigungsprozess eingesetzt wird. Während die gemittelte Rautiefe $R_z$ der Probekörper, die aus Neupulver gefertigt werden, 91,6 µm beträgt, liegt der Wert der gemittelten Rautiefe $R_z$ für die Proben aus dem sechsten Prozesszyklus bei 114,6 µm. Für die aus elffach recyceltem Pulverwerkstoff hergestellten Probekörper wird eine gemittelte Rautiefe $R_z$ von 122,7 µm gemessen.

Es wird deutlich, dass sich die infolge der Wiederverwendung auftretende Vergröberung des IGA-A2-Pulverwerkstoffs auf die Oberflächenqualität der Bauteile auswirkt. Die im recycelten Pulver vorhandenen größeren Partikel schmelzen bei der Belichtung der einzelnen Pulverschichten an die Außenkontur der Probekörper an. Infolgedessen stellt sich ein Anstieg der Oberflächenrauheit der im laseradditiven Fertigungsprozess hergestellten Proben um etwa 33 % im Vergleich zur anfänglich bestimmten gemittelten Rautiefe ein.

Neben der Dichte, der Porosität und der Oberflächengüte wird auch analysiert, inwieweit die Pulveralterung die Härte und die mechanische Festigkeit der Bauteile beeinflusst.

Die **Härte** der Probekörper steigt infolge der mehrmaligen Verwendung des Pulvers an und beträgt nach zwölf laseradditiven Fertigungsprozessen 374 HV1. Dies entspricht einem Härteanstieg von mehr als 3,5 % in Bezug auf den Härtewert, der für die aus Ti-6Al-4V-Neupulver IGA-A2 hergestellten Proben gemessen wird (vgl. Abbildung 9.6 b)).

Eine mögliche Erklärung für den Härteanstieg der Proben mit fortschreitender Pulveralterung ist die Veränderung der **chemischen Zusammensetzung** des eingesetzten Pulverwerkstoffs. Es ist bekannt, dass Ti-6Al-4V-Pulver während der verschiedenen Prozessschritte des Recyclings dazu neigen, Feuchtigkeit bzw. Sauerstoff aus der Umgebung aufzunehmen, sodass ein Anstieg der Sauerstoffkonzentration mit zunehmender Anzahl der Wiederverwendungszyklen zu verzeichnen ist [Nan16, Pet15, Tan15]. Obwohl der durch die Norm ASTM F2924 vorgegebene Grenzwert von 0,2 % [ASTM14d] eingehalten wird, ist eine Zunahme des Sauerstoffgehalts von 0,13 % im Neupulver IGA-A2 auf 0,17 % im mehrfach recycelten Pulverwerkstoff festzustellen. Es ist davon auszugehen, dass sich diese Veränderung in den laseradditiv gefertigten Bauteilen widerspiegelt (vgl. Kapitel 6.3 ff.).

a)                                                         b)

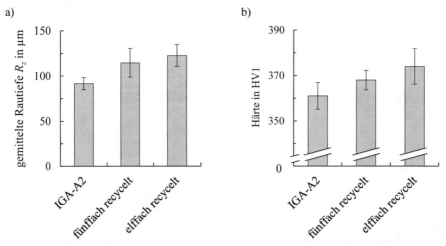

**Abbildung 9.6:** a) Oberflächenrauheit und b) Härte laseradditiv gefertigter Probekörper aus neuem und recyceltem Ti-6Al-4V-Pulver IGA-A2

Abbildung 9.7 zeigt die im Zugversuch ermittelten Werte für die **Zugfestigkeit $R_m$**, die **0,2 %-Dehngrenze $R_{p0,2}$** und die **Bruchdehnung $A$** exemplarisch für die Zugproben aus dem ersten, dem sechsten und dem zwölften laseradditiven Fertigungsprozess. Die für alle Probekörper bestimmte Zugfestigkeit $R_m$ liegt im Bereich von 1030 MPa und 1100 MPa und somit über dem nach ASTM F2924 [ASTM14d] geforderten Kennwert von 895 MPa für laseradditiv gefertigte Ti-6Al-4V-Proben. Ausgehend von einer Zugfestigkeit $R_m$ von 1030 MPa, die für die Proben aus Neupulver ermittelt wird, steigt die Zugfestigkeit bei dem Einsatz von mehrfach wiederverwendetem Pulverwerkstoff zunächst an. Dies ist möglicherweise auf die Zunahme des Sauerstoffgehalts im Pulverwerkstoff zurückzuführen, welche einen Anstieg der Festigkeit laseradditiv gefertigter Ti-6Al-4V-Bauteile begünstigt. Nach einer Zunahme der Zugfestigkeit $R_m$ auf einen Wert von 1072 MPa für die im sechsten Prozess hergestellten Probekörper, bleibt dieser Kennwert anschließend für alle weiteren untersuchten Proben nahezu konstant. Die über alle Prozesszyklen ermittelten Werte für die 0,2 %-Dehngrenze $R_{p0,2}$ liegen in einem

Bereich zwischen 504 MPa und 736 MPa. Für diesen Kennwert werden allerdings die normativen Vorgaben für Guss- und Walzmaterial nach ASTM F1108 [ASTM14b] bzw. ASTM F1472 [ASTM14c] sowie für laseradditiv gefertigte Bauteile aus Ti-6Al-4V-Pulver nach ASTM F2924 [ASTM14d] nicht erreicht. Da ein offensichtlicher Zusammenhang zwischen den bestimmten Werten für die 0,2 %-Dehngrenze und der Duktilität der Probekörper nicht gegeben zu sein scheint, könnten auch Messfehler aufgrund der gewählten Probengeometrie in Betracht kommen. Auch die für die Bruchdehnung $A$ bestimmten Werte von 6,4 % für die aus IGA-A2-Neupulver hergestellten Zugproben und 8,7 % sowie 9,2 % für die aus recyceltem Pulver hergestellten Probekörper nehmen tendenziell zu.

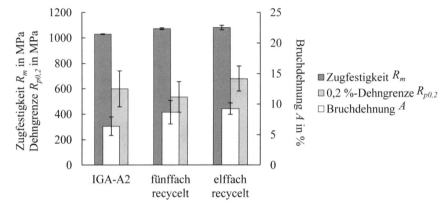

**Abbildung 9.7:** Statische Festigkeitseigenschaften laseradditiv gefertigter Probekörper aus neuem und recyceltem Ti-6Al-4V-Pulver IGA-A2

Zwischen der Dichte und der Porosität der Probekörper und den ermittelten Festigkeitskennwerten lässt sich somit ein Zusammenhang erkennen, da der Widerstand gegen Verformung mit zunehmender Dichte und niedrigerer Porosität ansteigt. Vor dem Hintergrund, dass ein nahezu konstanter Verlauf der Zugfestigkeitskennwerte der Proben bestimmt, aber ein Anstieg der Werte für die 0,2 %-Dehngrenze und Bruchdehnung festgestellt wird, lässt sich schlussfolgern, dass die Zähigkeit der laseradditiv gefertigten Probekörper bei mehrfacher Verwendung des Pulverwerkstoffs steigt. Die mit zunehmender Pulveralterung ansteigende Oberflächenrauheit scheint in Bezug auf die statische Festigkeit der laseradditiv gefertigten Probekörper hingegen nicht von Bedeutung zu sein.

## 9.2   Pulververgröberung

Die durchgeführten Untersuchungen des Pulverwerkstoffs infolge mehrmaligen Einsatzes im laseradditiven Fertigungsprozess zeigen eine Vergröberung des Pulvers in Abhängigkeit von der Häufigkeit der Wiederverwendung. Diese Veränderung des Pulverwerkstoffs äußert sich im Auftreten von Schweißspritzern und miteinander verschmolzenen Pulverpartikeln, die während der Belichtung der aufgezogenen Pulverschicht entstehen. Unter Berücksichtigung der in Kapitel 4 vorangestellten Überlegungen werden nachfolgend die experimentellen Untersuchungen und deren Ergebnisse zur Spritzerbildung und zur Entstehung von Sinterpartikeln in der laseradditiven Fertigung vorgestellt.

## 9.2.1  Bildung von Spritzern

Es ist davon auszugehen, dass die Aktivität von Spritzern im laseradditiven Fertigungsprozess u. a. von der Größe der belichteten (Gesamt-) Fläche bzw. des belichteten (Gesamt-) Volumens abhängt. Dieser Einfluss auf die Vergröberung des Pulverwerkstoffs wird in den im Folgenden beschriebenen Untersuchungen anhand von unterschiedlich großen Probekörpern bestimmt. Unter Verwendung eines recycelten, mehrfach im Prozess eingesetzten Ti-6Al-4V-Pulvers, welches als Referenz bezeichnet wird, werden nacheinander jeweils 40 nebeneinander angeordnete Probekörper mit einer Länge $l$ von 50 mm und variierender Breite $b_3 = 4$ mm, $b_2 = 2{,}5$ mm und $b_1 = 1$ mm gefertigt. Die Höhe $h$ der Probekörper beträgt 1,74 mm und entspricht somit einer Anzahl $n$ von 58 Schichten mit einer Schichtdicke $D_S$ von 30 μm. Auf diese Weise ergibt sich die Größe der insgesamt belichteten Fläche $A(b_i)$ für die Probekörper zu $A(b_3) = 464$ cm$^2$, $A(b_2) = 290$ cm$^2$ und $A(b_1) = 116$ cm$^2$. Die beschriebenen Probekörper sind in Abbildung 9.8 dargestellt. Zur Belichtung des Pulverwerkstoffs werden die in Tabelle 5.3 aufgeführten Prozessparameter verwendet. Damit von einer vergleichbaren effektiven Schichtdicke $D_{S,eff}$ ausgegangen werden kann, werden vor Versuchsbeginn zunächst zehn Schichten generiert.

**Abbildung 9.8:** Versuchsaufbau zur Analyse des Einflusses der Größe der belichteten Fläche $A(b_i)$ auf die Vergröberung von Ti-6Al-4V-Pulver

Nach der Fertigung von jeweils 40 Probekörpern der Breite $b_i$ wird der Prozess unterbrochen und es wird das Pulver aus zwei unterschiedlichen Bereichen im Abstand $s_i$ zur Bauplattform entnommen. Pulver, welches beim Auftrag nicht auf der Arbeitsebene verbleibt, sammelt sich in Form einer Pulverschüttung am Rand des Überlaufs (0 mm < $s_1$ < 45 mm) an. Die im Fertigungsprozess entstandenen Spritzer werden durch die in der Prozesskammer herrschende Schutzgasströmung fortgetragen und setzen sich vorwiegend auf der Überlaufplattform (45 mm < $s_2$ < 130 mm) ab. Bevor die laseradditive Fertigung der nächsten Probekörper fortgesetzt wird, werden der Überlauf und die diesen umgebenden Bereiche nach der Entnahme des Pulvers vollständig gereinigt. Im Anschluss wird die Masse der Pulverproben mithilfe der Analysenwaage UNI BLOCK AUW 220D der Firma SHIMADZU CORPORATION ermittelt. Zur Bestimmung der Partikelgrößenverteilung der Proben kommt die Laserbeugung zum Einsatz.

Die Partikelgrößenverteilungen des Referenzpulvers und der entnommenen Pulverproben gehen aus dem Vergleich der Verteilungsdichten $q_3(x)$ und der Gegenüberstellung der mittleren Partikelgrößen $\bar{x}_3$ in Abbildung 9.9 a) – c) hervor. Der Pulverwerkstoff aus der Bevorratung verfügt über eine an eine gauß'sche Glockenkurve erinnernde, aber rechtschiefe Verteilung. Dieses Pulver besitzt einen erhöhten Anteil an kleinen Partikeln mit einer Größe $x < 25$ μm, ebenso wie Anteile an Partikeln, die größer sind als 70 μm. Die mittlere Partikelgröße $\bar{x}_3$ wird zu 45,1 μm bestimmt und die maximale Partikelgröße

$x_{max}$ beläuft sich auf etwa 150 μm. Die in Abbildung 9.9 a) und b) dargestellten Verläufe der Verteilungsdichtefunktionen $q_3(x)$ erlauben die vergleichende Betrachtung der Proben sowohl an unterschiedlichen Entnahmestelle ($A(b_i)$ = const.) als auch bei verschieden großen belichteten Flächen ($s_i$ = const.). Grundsätzlich zeigen die aus der Pulverschüttung und von der Überlaufplattform stammenden Pulver eine Vergröberung gegenüber der Referenz.

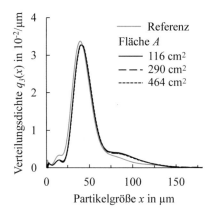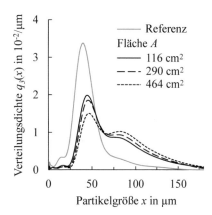

a) Vergleich der Verteilungsdichte $q_3(x)$ der Proben aus der Pulverschüttung
(0 mm < $s_1$ < 45 mm)

b) Vergleich der Verteilungsdichte $q_3(x)$ der Proben von der Überlaufplattform
(45 mm < $s_2$ < 130 mm)

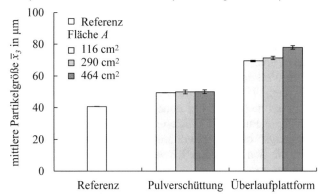

c) Vergleich der mittleren Partikelgröße $\bar{x}_3$ der Proben mit unterschiedlicher Größe der belichteten Fläche $A(b_i)$ an den verschiedenen Entnahmestellen $s_1$ und $s_2$

**Abbildung 9.9:** a) und b) Partikelgrößenverteilung und c) mittlere Partikelgröße $\bar{x}_3$ der Ti-6Al-4V-Pulverproben bei variierender Größe der belichteten Fläche $A(b_i)$ an unterschiedlichen Entnahmestellen

Da es sich bei dem Pulver aus der Schüttung im Überlauf im Wesentlichen um den zum Pulverauftrag aus der Bevorratung vorgelegten Pulverwerkstoff handelt, entspricht dieses weitestgehend dem Referenzpulver. Jedoch weist das über die Arbeitsebene hinweg transportierte Pulver tendenziell anteilig weniger kleine Partikel im Bereich von 10 μm – 50 μm und einen höheren Anteil großer Pulverpartikel auf. Aus der Gegenüberstellung der Pulverproben bei unterschiedlicher Größe der belichteten Fläche ergeben sich keine signifikanten Unterschiede. Die Verteilungsdichtekurven der Pulver bei $A(b_1)$, $A(b_2)$ und

$A(b_3)$ verlaufen nahezu identisch. Dies belegt auch der Vergleich der in Abbildung 9.9 c) aufgetragenen mittleren Partikelgrößen $\bar{x}_3$. Aus diesem Vergleich geht eine Zunahme der mittleren Partikelgröße der Pulver vom Rand des Überlaufs um etwa 5 μm gegenüber dem Pulverwerkstoff aus der Bevorratung hervor. Die Vergröberung des Pulvers ist zum einen der Entmischung infolge des Pulverauftrags (vgl. Kapitel 7.2 ff.) zuzuschreiben und zum anderen durch Spritzer zu erklären. Diese gelangen in die sich ausbildende Böschung der Aufschüttung trotz der unmittelbaren Nähe der Probekörper zum Überlauf und der Beobachtungen zufolge dort stark ausgeprägten Schutzgasströmung.

Die Verteilungsdichten, die für die von der Überlaufplattform entnommenen Pulverwerkstoffe gemessen werden, zeigen im Vergleich zur Referenz gröbere Pulver. Die Verläufe der Verteilungsdichtekurven für die Proben bei unterschiedlicher Größe der belichteten Fläche sind tendenziell ähnlich. Die drei analysierten Pulverproben verfügen über einen sehr geringen Anteil an Partikeln, die kleiner sind als 30 μm und zeichnen sich durch einen vergleichsweise hohen Anteil an Pulverpartikeln mit einer Größe $x > 70$ μm aus. Die maximale Partikelgröße $x_{max}$ liegt in etwa zwischen 200 μm und 225 μm. Zudem besitzen die Pulver eine deutliche bimodale Partikelgrößenverteilung mit einem Maximum $x_{h,3}$ bei etwa 44 μm und einem zweiten Extremwert $x_{h,3}$ bei ungefähr 84 μm. Aus Abbildung 9.9 b) wird ein gegensätzliches Verhalten der Werte der Dichteverteilungen bei den beiden Modi ersichtlich. Während sich der Wert der Dichteverteilung $x_{h,3}$ bei 44 μm mit zunehmender Größe der belichteten Fläche verringert, wird bei einer Partikelgröße von 84 μm ein umso höherer Wert der Dichteverteilung bei $x_{h,3}$ ermittelt, je größer die Fläche des Pulverbetts ist, die mithilfe des Laserstrahls geschmolzen wird. Es ist eine über die Größe der belichteten Fläche zunehmende Vergröberung der Pulverproben festzustellen. Dies wird auch aus den mittleren Partikelgrößen $\bar{x}_3$ der Pulver deutlich. Bei einer Flächengröße $A(b_1)$ von 116 cm² wird für das Pulver auf der Überlaufplattform eine mittlere Partikelgröße $\bar{x}_3$ von 69,5 μm bestimmt. Die mittlere Partikelgröße $\bar{x}_3$ des Pulvers infolge der Belichtung einer 464 cm² großen Fläche $A(b_3)$ beträgt 77,9 μm. Der Wert der mittleren Partikelgröße der Proben von der Überlaufplattform ist gegenüber dem Wert der mittleren Partikelgröße des zum flächigen Auftrag eingesetzten Pulvers um mehr als 54 % höher. Das auf der Überlaufplattform vorzufindende erheblich gröbere Pulver ist durch die Entstehung von Spritzern während des laseradditiven Fertigungsprozesses zu erklären. Aufgrund der gerichteten Strömung des Schutzgases werden die sich bildenden Schweißspritzer fortgetragen und sinken schließlich im Überlauf wieder ab.

Um die Vergröberung des Pulverwerkstoffs durch Spritzer in Abhängigkeit der Größe der belichteten Fläche $A(b_i)$ quantifizieren zu können, werden die im Anschluss an die Fertigung der jeweiligen Probekörper entnommenen Pulverproben gemäß

$$q_{ges} = \sum_{j=1}^{n} v_j \cdot q_j(x) \qquad \text{[Sti09]} \qquad\qquad (9.1)$$

zu jeweils einem Gesamtkollektiv zusammengefasst. Dabei gilt

$$v_j = \frac{\mu_j}{\mu_{ges}} \qquad \text{und} \qquad \mu_{ges} = \sum_{j=1}^{n} \mu_j \qquad \text{[Sti09]}. \qquad (9.2) \text{ und } (9.3)$$

Die Menge $\mu_j$ entspricht der durch Wägung ermittelten Masse $m_{Pulver}$ der Pulverprobe (vgl. Tabelle 9.2). Die Menge der Pulvergesamtheit $\mu_{ges}$ setzt sich aus der Masse des

Pulvers in der Pulverschüttung und des Pulvers von der Überlaufplattform infolge der Fertigung der Probekörper mit der Breite $b_i$ zusammen.

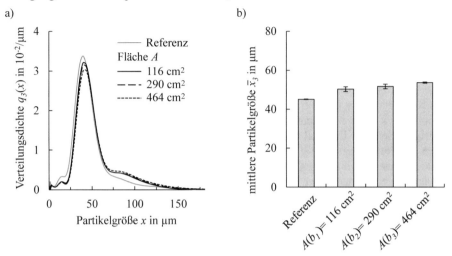

**Abbildung 9.10:** a) Partikelgrößenverteilung und b) mittlere Partikelgröße $\bar{x}_3$ der Ti-6Al-4V-Pulverkollektive bei unterschiedlicher Größe der belichteten Fläche $A(b_i)$

In Abbildung 9.10 a) und b) sind die Verteilungsdichten $q_3(x)$ sowie die mittleren Partikelgrößen $\bar{x}_3$ der drei Kollektive aufgetragen. Es wird deutlich, dass die Verteilungsdichtekurven der Pulver bei unterschiedlich großen belichteten Flächen tendenziell ähnlich verlaufen und sich von der die Partikelgrößenverteilung des Referenzpulvers beschreibenden Kurve unterscheiden. Die Pulvergesamtheit im Überlauf ist infolge der Belichtung im laseradditiven Fertigungsprozess gröber als die Referenz und verfügt über anteilig weniger kleine und mehr große Partikel. Abhängig von der Größe der belichteten Fläche $A(b_i)$ wird eine Veränderung der Pulverkollektive festgestellt. Insbesondere die Gegenüberstellung der mittleren Partikelgrößen verdeutlicht, dass das Pulver umso stärker vergröbert, je größer die belichtete Fläche ist.

a) Übersicht der Spritzer von der Überlaufplattform

b) Sphärischer Spritzerpartikel

c) Agglomerat bestehend aus teilweise miteinander verschmolzenen Partikeln

**Abbildung 9.11:** Unterschiedliche Arten von Spritzern im laseradditiven Fertigungsprozess

Um einen Eindruck von der Gestalt der entstandenen Spritzer zu erhalten, werden die von der Überlaufplattform entnommenen Pulverproben mithilfe des REMs betrachtet. Die in Abbildung 9.11 a) – c) dargestellten REM-Aufnahmen zeigen zwei unterschiedliche Arten von Spritzerpartikeln. Die Probe enthält für den eingesetzten Pulverwerkstoff in Form und Größe typische Partikel sowie sphärische Spritzer und Spritzerpartikel, die aus einem Verbund von mehreren miteinander verschweißten Pulverpartikeln bestehen.

Sphärische Schweißspritzer bilden sich infolge der Überhitzung des Schmelzbades, welche eine explosionsartige Verdampfung des Metalls hervorruft. Der dabei entstehende Druck führt dazu, dass schmelzflüssiges Material aus dem Schmelzbad ausgeworfen wird, welches im Flug zu einem ideal kugelförmigen Partikel erstarrt. Dieser weist eine für die in der gasgefüllten Prozesskammer herrschenden Abkühlbedingungen charakteristische Oberflächenstruktur auf. Die sphärischen Spritzerpartikel sind erheblich größer als das Referenzpulver und verfügen über eine Größe $x$ von etwa 100 µm. Durch den Explosionsdruck wird auch unmittelbar an das Schmelzbad angrenzender Pulverwerkstoff fortgeschleudert. Ein Teil dieser Pulverpartikel geht eine Verbindung mit anderen erhitzten Partikeln ein und folglich bilden sich aus mehreren Partikeln bestehende Agglomerate. Diese zeigen eine Größe $x$ von ungefähr 77 µm und sind somit ebenfalls größer als der größte Anteil der Partikel des zum Auftrag verwendeten Pulverwerkstoffs. Weiterhin ist es wahrscheinlich, dass kleine Pulverpartikel vom Schutzgasstrom erfasst und in den Filter des Anlagensystems getragen werden. Das von der Überlaufplattform stammende Pulver setzt sich also aus dem Referenzpulver und den neu entstandenen Spritzern zusammen, wodurch sich die Bimodalität der Partikelgrößenverteilung erklärt. Die Partikelgröße am ersten Maximum entspricht in etwa dem Modalwert des Pulvers aus der Bevorratung, während der Wert des zweiten Maximums der Größe der verschiedenen Spritzerpartikel zugeordnet werden kann.

Die entstandenen Spritzer müssen vor der Wiederverwendung des Pulvers entfernt werden. Um den Ausschuss des Pulverwerkstoffs aufgrund der Spritzerbildung bewerten zu können, werden die Pulvermengen aus der Pulverschüttung und von der Überlaufplattform $m_{Pulver}$ gesiebt. Anschließend wird die Masse der Rückstände $m_{Rest}$ im Sieb bestimmt. Die Pulverrückstände entsprechen der zu entsorgenden Pulvermenge, die im laseradditiven Fertigungsprozess nicht wiederverwendet wird.

Sowohl die zu siebende Pulvermasse als auch die Masse der Rückstände sind in Tabelle 9.2 aufgeführt. Es fällt auf, dass, unabhängig von der Größe der belichteten Fläche, die Masse des Pulvers am Rand des Überlaufs größer ist als die, welche sich auf der Überlaufplattform ansammelt. Dies ist darauf zurückzuführen, dass das Pulver aus der Pulverschüttung weitgehend dem Pulverwerkstoff entspricht, der aufgrund des Dosierfaktors für die flächige Verteilung bereitgestellt, aber nicht auf der Arbeitsebene abgelegt wird. Dieses Pulver enthält vergleichsweise wenige Spritzerpartikel, wie die Bestimmung der Masse der Rückstände zeigt. Hingegen besteht das Pulver von der Überlaufplattform vorwiegend aus im laseradditiven Fertigungsprozess entstandenen Spritzern, sodass die Masse des Pulvers, das entsorgt wird, größer ist. Die Masse des überschüssigen Pulvers wird mit zunehmender Größe der belichteten Fläche bzw. des generierten Volumens geringer, da aufgrund der höheren Schrumpfung infolge des Schmelzens der Pulverschicht mehr Pulver auf dem Baufeld verbleibt. Gleichzeitig wird die Masse des sich auf der Überlaufplattform anhäufenden Pulvers durch die Zunahme der Spritzeraktivität größer. Die Masse der Rückstände nimmt, unabhängig von der Entnahmestelle, umso mehr zu, je größer die belichtete Fläche ist.

Der Anteil der Rückstände $\eta_{Rest}$, der sich aus dem Verhältnis der Masse der Rückstände $m_{Rest}$ zu dem generierten Bauteilvolumen $V_{Bauteil}$ ergibt, sinkt jedoch mit zunehmender Größe der belichteten Fläche bzw. des Volumens (vgl. Tabelle 9.2). Diese Beobachtung ist möglicherweise dadurch zu erklären, dass sich die Aktivität der Spritzer bei der Belichtung der Kontur gegenüber dem Füllen der Flächen verändert. Bewegt sich der Laserstrahl entlang der Außenkontur der belichteten Schicht ist es wahrscheinlich, dass durch die unmittelbare Nähe zum umgebenden Pulvervolumen mehr Pulverpartikel fortgeschleudert werden. Zusätzlich ist an den Bauteilrändern von einer vergleichsweise schlechteren Wärmeleitung auszugehen, was die Bildung von Schweißspritzern begünstigen könnte. Bei einem geringeren Volumen der Probekörper nimmt das Verhältnis der Konturlänge zur Flächengröße höhere Werte an. Dies würde unter den zuvor getroffenen Annahmen zu einer höheren Spritzeraktivität führen und in einem verhältnismäßig höheren Pulverauschuss resultieren.

**Tabelle 9.2:** Pulverausschuss infolge der Bildung von Spritzern im laseradditiven Fertigungsprozess

| Fläche $A(b_i)$ in cm$^2$ | Volumen $V_{Bauteil}$ in cm$^3$ | Entnahmestelle | Masse $m_{Pulver}$ des Pulvers in g | Masse $m_{Rest}$ der Rückstände in g | Anteil $\eta_{Rest}$ der Rückstände in % | Anteil $\eta_{Spritzer}$ der Spritzer in % |
|---|---|---|---|---|---|---|
| 116 | 3,48 | Pulver-schüttung | 198,37 | 0,65 | 9,4 | 59,1 |
| | | Überlauf-plattform | 8,44 | 0,79 | | |
| 290 | 8,7 | Pulver-schüttung | 178,49 | 1,20 | 9,0 | 43,1 |
| | | Überlauf-plattform | 15,36 | 2,26 | | |
| 464 | 13,92 | Pulver-schüttung | 148,89 | 1,39 | 7,9 | 37,1 |
| | | Überlauf-plattform | 21,44 | 3,40 | | |

Aus Kapitel 2.2.1.4 ist bekannt, dass aufgrund des zu berücksichtigenden Verhältnisses der Packungsdichte $\rho_p$ des Pulvers einer aufgetragenen Schicht zur Feststoffdichte $\rho_s$ eine höhere effektive Schichtdicke $D_{S,eff}$ zum Erreichen der gewünschten Schichtdicke $D_S$ des Bauteils erforderlich ist.

Die Analyse der Spritzerbildung macht deutlich, dass die entstehenden Schweißspritzer aus Pulverpartikeln, die aus dem Pulverbett herausgeschleudert werden und aus Material aus dem aufgeschmolzenen Bereich bestehen. Dies lässt den Schluss zu, dass die effektive Schichtdicke $D_{S,eff*}$ des auf einer Bauteilschicht verstrichenen Pulvers nicht der bereits eingeführten allgemeinen effektiven Schichtdicke $D_{S,eff}$ entspricht. Analog zu Gleichung (2.11) gilt dann:

$$D_{S,eff*} = D_{S*} \cdot \frac{\rho_s}{\rho_p} \qquad . \tag{9.4}$$

Aus der Pulverschicht mit der Dicke $D_{S,eff*}$ gehen sowohl der geschmolzene Festkörper mit einer Schichtdicke $D_S$ als auch die im laseradditiven Fertigungsprozess erzeugten und ausgeworfenen Schweißspritzer hervor. Das aufgetragene Pulver mit der Schichtdicke $D_{S,eff*}$ muss demnach ausreichen, um ein Festkörpervolumen $V_{Festkörper}$ hervorzubringen bestehend aus dem Volumen des generierten Bauteils und dem Volumen der Spritzer. Mithilfe der Masse der Bauteilschicht $m_{Bauteil}$ und der Masse der verschiedenen Spritzerpartikel $m_{Spritzer}$, die bei der Belichtung der jeweiligen Pulverschicht entstehen, sowie durch die Einführung der theoretischen Schichtdicke des Festkörpers $D_{S*}$ ergibt sich dieses Festkörpervolumen zu:

$$V_{Festkörper} = \frac{m_{Bauteil} + m_{Spritzer}}{\rho_s} = A(b_i) \cdot D_{S*} \cdot n \qquad . \tag{9.5}$$

Unter der Annahme, dass sich die Spritzer aufgrund der gerichteten Schutzgasströmung vorwiegend auf der Überlaufplattfom im Bereich $s_2$ ansammeln und weniger im Abstand $s_1$ in der Pulverschüttung vorzufinden sind, lässt sich deren Masse gemäß

$$m_{Spritzer} = m_{Rest,\ s_1} + m_{Pulver,\ s_2} \tag{9.6}$$

berechnen (vgl. Tabelle 9.2). Wird der Anteil der Spritzer $\eta_{Spritzer}$ durch

$$\eta_{Spritzer} = \frac{m_{Spritzer}}{m_{Bauteil}} \tag{9.7}$$

ausgedrückt (vgl. Tabelle 9.2), kann für die theoretische Schichtdicke $D_{S*}$ des Festkörpers

$$D_{S*} = \left(1 + \eta_{Spritzer}\right) \cdot D_S \tag{9.8}$$

geschrieben werden. Das Einsetzen der theoretischen Schichtdicke $D_{S*}$ des Festkörpers in Gleichung (9.4) ergibt für die die Spritzerbildung berücksichtigende effektive Pulverschichtdicke $D_{S,eff*}$ den Zusammenhang:

$$D_{S,eff*} = \left(1 + \eta_{Spritzer}\right) \cdot D_S \cdot \frac{\rho_s}{\rho_p} \qquad . \tag{9.9}$$

Die an die Entstehung der Schweißspritzer angepasste effektive Dicke der Pulverschicht $D_{S,eff*}$ ist höher als die allgemeine effektive Pulverschichtdicke $D_{S,eff}$. Ist die in der Pulverschicht absorbierte Energie der Laserstrahlung nicht ausreichend und wird die Schicht nicht vollständig geschmolzen, wirkt sich dies z. B. in Form von Anbindungsfehlern auf die Bauteilqualität aus. Unter Berücksichtigung der bereits dargestellten Erkenntnisse ist davon auszugehen, dass die angepasste effektive Pulverschichtdicke $D_{S,eff*}$ umso größer ist, je kleiner oder filigraner die Bauteile sind, da bei dieser Art von Bauteilen mehr Spritzer entstehen und sich ein großer Wert für das Verhältnis von Konturlänge zur Flächengröße ergibt. Ist der Quotient aus Konturlänge und Flächengröße hingegen klein, wird sich der Anteil der Spritzer vermutlich einem Grenzwert annähern. Daraus folgt, dass der Vergröberung des Pulvers vor allem bei der laseradditiven Fertigung filigraner Bauteile eine große Bedeutung zukommt. Die Voraussetzung für eine Vergröberung des Pulverwerkstoffs ist, dass die entstandenen Spritzerpartikel trotz des Siebens in das für den laseradditiven Fertigungsprozess eingesetzte Pulver gelangen.

## 9.2.2  Sintern von Pulverpartikeln

Nicht nur bei der Entstehung von Schweißspritzern verschmelzen einzelne Pulverpartikel miteinander. Insbesondere in der unmittelbaren Nähe zum Schmelzbad ist eine Verbindung mehrerer Partikel naheliegend aufgrund des Wärmeeinflusses infolge der Wechselwirkung des Laserstrahls mit dem Pulver. Dies führt zu einer Vergröberung des Pulverwerkstoffs im laseradditiven Fertigungsprozess.

Anhand von verschiedenen Probekörpern wird die Bildung von miteinander versinterten Partikeln analysiert, abhängig von der Größe der an das Pulver grenzenden Bauteiloberfläche und unter Berücksichtigung des die Bauteile umgebenden pulvergefüllten Volumens. Der Gestaltung der Probekörper liegt die Überlegung zugrunde, dass nur dann eine Vergröberung des Pulvers zu erwarten ist, wenn sich das Volumen des umgebenden Pulverwerkstoffs und die an dieses Pulver anliegenden belichteten Bauteiloberflächen in unterschiedlichem Maße verändern.

Um dies zu erreichen, wird die mittlere freie Länge $l_f$ im Pulverbett eingeführt, die dem Quotienten des umgebenden Pulvervolumens $V_{Pulver}$ und der an das Pulver grenzenden zu schmelzenden Mantelfläche $A_{Mantel}$ des Bauteils entspricht. Es werden vier verschiedene Arten zylindrischer Probekörper mit einem Innendurchmesser $2 \cdot r_{Zylinder} = 15$ mm und einer Höhe $h$ von 5 mm laseradditiv gefertigt. In den Probekörpern wird eine unterschiedliche Anzahl $n_i$ an dünnen Stiften mit einer Höhe $h$ von ebenfalls 5 mm und einem Durchmesser $2 \cdot r_{Stift} = 0,5$ mm platziert. Die Anzahl $n_i$ der Stifte beträgt $n_1 = 30$ Stück, $n_2 = 46$ Stück, $n_3 = 73$ Stück und $n_4 = 130$ Stück. Die mittlere freie Länge $l_f$ im Pulverbett ergibt sich nach

$$l_f(n_i) = \frac{V_{Pulver}}{A_{Mantel}} = \frac{r_{Zylinder}^2 - r_{Stift}^2 \cdot n_i}{2 \cdot (r_{Zylinder} + r_{Stift} \cdot n_i)} \tag{9.10}$$

zu $\quad l_f(n_1 = 30) = 1,81$ mm, $\quad l_f(n_2 = 46) = 1,40$ mm, $\quad l_f(n_3 = 73) = 1,00$ mm und $l_f(n_4 = 130) = 0,60$ mm und variiert somit um etwa 0,4 mm. In Abbildung 9.12 sind die verschiedenen Probekörper dargestellt.

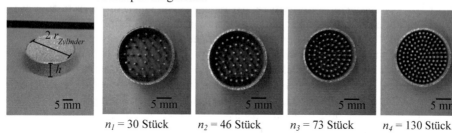

$n_1 = 30$ Stück $\qquad n_2 = 46$ Stück $\qquad n_3 = 73$ Stück $\qquad n_4 = 130$ Stück

**Abbildung 9.12:** Probekörper zur Analyse des Einflusses der Bauteiloberflächengröße im Verhältnis zum umgebenden Pulver auf die Vergröberung von Ti-6Al-4V-Pulver

Zur laseradditiven Fertigung der beschriebenen Probekörper wird ein Ti-6Al-4V-Pulver eingesetzt, welches bereits mehrfach recycelt und in vorherigen Prozessen verwendet wurde. Dieser Pulverwerkstoff wird in den nachfolgenden Ausführungen als Referenz bezeichnet. Im Anschluss an den Fertigungsprozess wird zunächst die im Zylinder eingeschlossene Masse des Pulverwerkstoffs mithilfe der Analysenwaage UNI BLOCK AUW 220D der Firma SHIMADZU CORPORATION bestimmt, um einen Rückschluss auf die Packungsdichte $\rho_p(n_i)$ des Pulvers zu ziehen. Darüber hinaus wird die Partikelgrößenverteilung dieser Pulverproben mittels Laserbeugung analysiert.

In Abbildung 9.13 sind die Ergebnisse der Packungsdichtebestimmung des Pulvers in den Probekörpern aufgetragen. Es ist ersichtlich, dass die mittlere Packungsdichte $\bar{\rho}_p(n_i)$ mit ansteigender Anzahl der Stifte zunimmt. Dabei repräsentiert die dargestellte mittlere Packungsdichte $\bar{\rho}_p(n_i)$ den Mittelwert aus jeweils drei analysierten Probekörpern. Bezogen auf die Ti-6Al-4V-Festkörperdichte ($\rho_s = 4,430$ g/cm³ [Pet02]) liegt die relative mittlere Packungsdichte zwischen 57,13 % und 59,77 %. Der Anstieg der mittleren Packungsdichte $\bar{\rho}_p(n_i)$ bei Veränderung der Anzahl $n_i$ der Stifte von 30 Stück bis zu 130 Stück ist möglicherweise auf eine zunehmende Versinterung einzelner Pulverpartikel zurückzuführen. Das Verschmelzen der Partikeloberflächen führt aufgrund der dabei entstehenden Schrumpfung zu einer dichteren Packung durch die Volumenabnahme des Pulvers im Probekörper. In den auf diese Weise entstehenden Leerraum gelangt beim Auftrag der nächsten Pulverschicht eine vergleichsweise größere Pulvermenge.

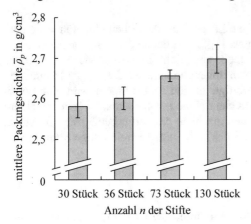

**Abbildung 9.13:** Mittlere Packungsdichte $\bar{\rho}_p(n_i)$ des Ti-6Al-4V-Pulvers in den Probekörpern

Die Analyse der Partikelgrößenverteilung der Pulverproben liefert die in Abbildung 9.14 a) und b) in Form der Verteilungsdichte $q_3(x)$ und der mittleren Partikelgröße $\bar{x}_3$ visualisierten Ergebnisse. Das aus der Bevorratung stammende Referenzpulver lässt sich durch eine annähernd gaußförmige Partikelgrößenverteilung beschreiben. Gegenüber den Pulvern aus den Probekörpern weist der Pulverwerkstoff aus der Bevorratung einen hohen Anteil an Partikeln auf, die kleiner sind als 30 µm. Auch ist der Anteil der Pulverpartikel, deren Größe 90 µm übersteigt, im Referenzpulver geringer. Damit sind die Pulverproben aus den Probekörpern als vergleichsweise grober einzustufen. Diese Aussage wird durch die Werte, die für die mittlere Partikelgröße $\bar{x}_3$ bestimmt werden, gestützt. Die mittlere Partikelgröße des Referenzpulvers ist mit einem Wert von 47,6 µm viel geringer als die mittleren Partikelgrößen der untersuchten Pulverproben. Bei dem Vergleich der Verteilungsdichte $q_3(x)$ der Pulver aus den vier Probekörpern wird eine Abnahme des Feinanteils mit geringer werdender mittlerer freier Länge $l_f(n_i)$ deutlich. Gleichzeitig ist festzustellen, dass die Anteile an größeren Partikeln im Bereich von 100 µm – 200 µm in den Pulverproben zunehmen.

Die mittleren Partikelgrößen derjenigen Pulver, die aus den Probekörpern mit 30, 46 und 73 dünnen Stiften entnommen werden, zeigen eine steigende Tendenz, ausgehend von der mittleren Partikelgröße des Referenzpulvers. Diese Zunahme lässt sich durch die Änderung des Verhältnisses von dem pulvergefüllten Volumen zur an das Pulver grenzenden Mantelfläche der Probekörper erklären. In Bezug auf das Pulvervolumen ist die Kontaktfläche des Bauteils zum umliegenden Pulver umso größer, je höher die Anzahl der dünnen Stifte im Probekörper ist. Es lässt sich somit eine Vergröberung des Pulverwerkstoffs in Abhängigkeit der mittleren freien Länge $l_f$ im Pulverbett nachweisen, sodass geschlussfolgert werden kann, dass sich im laseradditiven Fertigungsprozess an einer größeren an das Pulver grenzenden Mantelfläche ein höherer Anteil an groben

Partikeln durch Versinterungen bildet. Darüber hinaus liegen die Bauteilmantelflächen bei einem geringeren umgebenden Pulvervolumen näher beieinander. Eine Konzentration des Wärmeeinflusses auf das Pulver zwischen diesen Flächen ist nicht auszuschließen, sodass auch dieser Umstand zu einer stärkeren Vergröberung beitragen könnte. Auffällig ist, dass die Verteilungsdichtekurven, die den Proben mit einer mittleren freien Länge $l_f$ von 1,0 mm und 0,6 mm zugeordnet werden können, nahezu deckungsgleich verlaufen und eine bimodale Verteilung zeigen. Auch die mittleren Partikelgrößen $\bar{x}_3$ dieser Pulver liegen mit 64,6 µm und 64,0 µm in einer ähnlichen Größenordnung.

a)                                                      b)

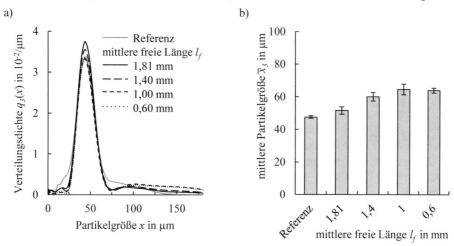

**Abbildung 9.14:** a) Partikelgrößenverteilung und b) mittlere Partikelgröße $\bar{x}_3$ der Ti-6Al-4V-Pulverproben in Abhängigkeit des die Probekörper umgebenden Pulvervolumens $V_{Pulver}$ und der an das Pulver grenzenden Mantelfläche $A_{Mantel}$

Es ist anzunehmen, dass es sich bei den durch die Wärmeeinwirkung des angrenzenden Schmelzbades entstehenden Versinterungen um einen oberflächennahen Effekt handelt, der nur bis zu einem bestimmten Abstand von der Bauteiloberfläche auftritt. Dieser Abstand, der als sinteraktive Länge $l_{Sin}$ eingeführt wird, scheint im Wesentlichen von der Art des Pulverwerkstoffs und der Wahl der Prozessparameter abzuhängen und wird darüber hinaus vermutlich von der Bauteilgeometrie beeinflusst. Aus diesem Grund ist bei dem durchgeführten Versuch von einem konstanten Abstand von der an das Pulver angrenzenden Mantelfläche auszugehen, in dem sich Partikel des umliegenden Pulvers miteinander verbinden, ohne vollständig aufzuschmelzen. Der Versuch zeigt, dass eine Vergröberung des Pulverwerkstoffs durch Versinterungen der Pulverpartikel nur dann festzustellen ist, wenn die sinteraktive Länge $l_{Sin}$ kleiner ist als die mittlere freie Länge $l_f$ im Pulverbett. Gilt $l_{Sin} \geq l_f$, ist eine vergleichbare Pulververgröberung zu erwarten. Da der Anteil großer Partikel bei der Reduzierung der mittleren freien Länge $l_f$ von 1,0 mm auf 0,6 mm näherungsweise unverändert bleibt, entspricht die im Rahmen dieses Versuchs ermittelte sinteraktive Länge $l_{Sin}$ allem Anschein nach in etwa der mittleren freien Länge $l_f(n_3)$. Demnach ist ein Sintern der Partikel im Pulverbett innerhalb eines Abstandes von ca. 1 mm zur Bauteiloberfläche zu beobachten. Es ist zu berücksichtigen, dass in den sehr filigranen Stiften die Wärme nur zwei- oder sogar nur eindimensional abgeführt wird. Bei größeren Bauteilen ist eine dreidimensionale Wärmeabfuhr denkbar, wodurch sich das Sinterverhalten verändern wird.

Aus den REM-Aufnahmen einer exemplarischen Probe in Abbildung 9.15 a) und b) gehen einige miteinander verschmolzene Sinterpartikel hervor. In dem mit einer 1500-fachen Vergrößerung aufgenommenen REM-Bild ist, neben der Sinterhalsbildung zwischen einzelnen Partikeln, eine Kette von Pulverpartikeln zu sehen, deren Oberflächen vermutlich durch den Wärmeeinfluss des Schmelzbades aneinandergefügt sind. Damit eine Vergröberung des Pulverwerkstoffs durch die beschriebenen Sinterpartikel erfolgen kann, müssen diese in den Pulvervorrat zurückgeführt werden trotz eines sich an den laseradditiven Fertigungsprozess anschließenden Siebvorganges.

a) An den an das Pulver grenzenden Mantel-   b) Kette von miteinander verschweißten
flächen   von   Bauteilen   entstandene   Pulverpartikeln
Sinterpartikel

**Abbildung 9.15:** Bildung von Sinterpartikeln im umgebenden Pulvervolumen an den an das Pulver grenzenden Mantelflächen von Bauteilen

## 9.3   Sieben und Mischen

Um den Ti-6Al-4V-Pulverwerkstoff in der laseradditiven Fertigung über mehrere Prozesszyklen einzusetzen, bedarf es einer Aufbereitung. Dabei werden das Pulver aus dem Überlauf und der ungeschmolzene Pulverwerkstoff aus dem Bauraum zuerst gesiebt. Daran anschließend kann ein Mischen dieses gesiebten Pulvers erfolgen. Im Folgenden werden die Untersuchungen ausgewählter Einflussfaktoren in den Prozessschritten des Siebens und Mischens beschrieben und die Auswirkungen der Faktoren auf den Pulverwerkstoff beleuchtet.

### 9.3.1   Sieben des Pulverwerkstoffs

Vor der Analyse der Einflussfaktoren wird zunächst der Pulveraufbereitungsprozess studiert, der in Kapitel 5.2.2 dargelegt und im Rahmen der in Kapitel 9.1 geschilderten Untersuchungen eingesetzt wurde. Mit dieser vorangestellten Betrachtung wird das Ziel verfolgt, Erkenntnisse über das Sieben zu gewinnen und ein besseres Verständnis des Siebprozesses und -ergebnisses zu erlangen.

Zu diesem Zweck wird nach der Beendigung eines industriell üblichen laseradditiven Fertigungsprozesses das im Überlauf gesammelte Pulver zurück in die Bevorratung gesiebt. Insgesamt werden 9 kg Pulver aufgegeben. Dem Sieb werden nacheinander jeweils etwa 150 g dieses Aufgabeguts (A) manuell zugeführt, sodass zum Sieben der Gesamtpulvermenge mehrere Siebzyklen notwendig sind. Die sich auf dem Siebboden anhäufenden großen Pulverpartikel, das Grobgut (G), werden nach Bedarf in unregelmäßigen Abständen entfernt, um ein Blockieren der Siebmaschen zu verhindern. Der in die

Bevorratung hineingesiebte Pulverwerkstoff, das Feingut (F), wird im darauffolgenden Prozesszyklus wiederverwendet.

Sowohl vom Aufgabegut als auch vom Fein- und Grobgut wird die Partikelgrößenverteilung mithilfe der Laserbeugung bestimmt. Die Partikelgrößenverteilung der verschiedenen Partikelkollektive wird durch die Verteilungsdichtefunktionen $q_3(x)$ in Abbildung 9.16 a) dargestellt. Ferner geht aus Abbildung 9.16 b) die mittlere Partikelgröße $\bar{x}_3$ der jeweils analysierten Pulverproben hervor.

Die Partikelgrößenverteilungen des Aufgabe- und Feinguts lassen sich durch eine rechtschiefe Verteilung ($v_A = 1{,}8 > 0$, $v_F = 1{,}5 > 0$) mit einem Maximum beschreiben. Der jeweilige Modalwert ist kleiner als die mittlere Partikelgröße $\bar{x}_3$, die für das Aufgabegut bei einem Wert von 54,2 µm liegt und für das Feingut 56,8 µm beträgt. Während der Anteil der Partikel mit einer dem Modalwert entsprechenden Größe im Aufgabegut deutlich höher ist, besitzt das Feingut geringfügig höhere Anteile kleiner und großer Pulverpartikel.

a)                                                          b)

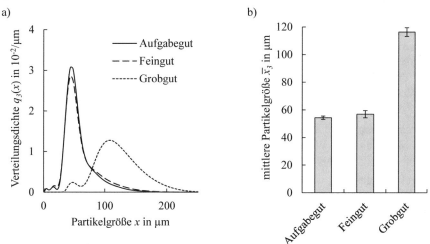

**Abbildung 9.16:** a) Partikelgrößenverteilung und b) mittlere Partikelgröße $\bar{x}_3$ des Pulverwerkstoffs vor und nach dem Siebprozess des Ti-6Al-4V-Pulverwerkstoffs

Es fällt auf, dass im Feingut, trotz der Verwendung eines Siebes mit einer Maschenweite $w$ von 80 µm, Partikel der Größe $x \geq 80$ µm zu finden sind. Nach Gleichung (5.3) wären für den erfolgreichen Durchtritt von Partikeln mit einer der Siebmaschenweite entsprechenden Größe theoretisch unendlich viele Siebwürfe mit dem eingesetzten Sieb notwendig. Der Kurve, welche die Verteilungsdichte des Feinguts beschreibt, ist ferner zu entnehmen, dass ein verhältnismäßig hoher Anteil an als siebschwierig geltenden Partikeln im Größenbereich zwischen 64 µm und 112 µm auftritt.

Die Anwesenheit von Partikeln im Feingut, die als siebschwierig einzustufen sind und/oder für die $x > w$ gilt, könnte darauf zurückzuführen sein, dass sich für die nach einem Zyklus auf dem Siebboden verbliebenen Pulverpartikel mit zunehmender Siebdauer bzw. steigender Anzahl der Siebwürfe die Durchtrittswahrscheinlichkeit erhöht. Zusätzlich werden die Partikel bei erneuter Aufgabe des Pulvers aus dem Überlauf aufgrund des Gewichts des Aufgabeguts gegen den Siebboden gedrückt. Durch den auf das Pulver ausgeübten Druck könnten große Partikel durch die Maschen gequetscht werden. Ebenfalls nicht auszuschließen, ist das Auftreten des inversen Paranuss-Effekts, der bei Vibration des Ti-6Al-4V-Pulvers mit bestimmten Frequenzen und Amplituden nachzuweisen ist (vgl. Kapitel 8.1). Diese Entmischung des Pulverwerkstoffs würde die Ansammlung großer Partikel am Boden des Siebes begünstigen. Diese Pulverpartikel könnten nicht nur das Sieb verstopfen, sondern bei ausreichender Siebdauer auch durch die Siebmaschen hindurchgelangen. Auch stellt die Partikelform eine mögliche Ursache für den Durchtritt der Pulverpartikel dar. Länglich geformte Partikel oder aneinandergefügte Pulverpartikel, ähnlich des in Abbildung 9.15 b) veranschaulichten Sinterpartikels, könnten bei entsprechender Siebbewegung in Längsrichtung durch die Siebmaschen hindurch fallen. Darüber hinaus gilt im Allgemeinen, dass ein Sieb aufgrund der Maschenweiteverteilung über größere Öffnungen verfügt, durch die größere Pulverpartikel in das Feingut gelangen [Sti09].

Das Grobgut zeichnet sich durch eine bimodale Partikelgrößenverteilung aus. Das erste Maximum $x_{h,3}$ der Verteilungsdichtekurve befindet sich bei ungefähr 44 µm. Das zweite Maximum $x_{h,3}$ lässt sich einer Partikelgröße von etwa 100 µm zuordnen. Diese Verteilung deutet darauf hin, dass sich das Grobgut aus Anteilen des zu siebenden Aufgabeguts und aus Prozessnebenprodukten wie Schweißspritzern und Sinterpartikeln (vgl. Kapitel 9.2.1 f.) zusammensetzt. Dementsprechend ergibt sich für die mittlere Partikelgröße gegenüber der mittleren Partikelgröße des Aufgabe- und Feinguts ein mehr als doppelt so hoher Wert.

Neben der Analyse der Partikelgrößenverteilung werden die Masse des Feinguts $m_F$ und die des Grobguts $m_G$ durch Wägung bestimmt und die jeweiligen Massenanteile $f$ und $g$ berechnet. Mithilfe dieser Werte werden anschließend der Normal- und der Fehlaustrag in Fein- und Grobgut ermittelt.

Als (Feingut-) Fehlaustrag wird der Anteil der Pulverpartikel im Aufgabegut bezeichnet, deren Größe die Abmessungen der Siebmaschen bzw. die Trennpartikelgröße $x_t = 80{,}16$ µm übersteigt und die auf der falschen Seite des Siebes ausgetragen werden. Der Fehlaustrag im Grobgut (auch: Grobgut-Fehlaustrag) bezieht sich auf den Anteil der Pulverpartikel des Aufgabeguts, die kleiner als $x_t = 80{,}16$ µm sind und nach dem Sieben auf dem Siebboden verbleiben. Unter dem Normalaustrag werden die Mengenanteile des Fein- und Grobguts verstanden, die sich nach dem Sieben auf der richtigen Seite des Siebes befinden [Sti09].

Sowohl die Normalausträge als auch die Fehlausträge im Fein- und Grobgut werden rechnerisch unter Zuhilfenahme der im Anhang A.5 angegebenen Formeln bestimmt. Die Ergebnisse sind in Tabelle 9.3 zusammengefasst.

Von der insgesamt aufgegebenen Pulvermenge werden mehr als 98 % recycelt. Mit einem Wert von 16,08 % ergibt sich allerdings ein vergleichsweise hoher Fehlaustrag im Feingut. In dem gesiebten Pulverwerkstoff, der üblicherweise in die Bevorratung zurückgeführt und für einen weiteren laseradditiven Fertigungsprozess eingesetzt wird, befindet sich ein merklicher Anteil an großen Pulverpartikeln. Dabei kann es sich sowohl um Spritzer und miteinander versinterte Partikel als auch um Agglomerate, die nach dem Siebprozess entstehen, handeln. Dieser Fehlaustrag kann die Güte der aufgetragenen Pulverschicht beeinträchtigen und zu Qualitätsmängeln der gefertigten Bauteile führen. Im Grobgut wird hingegen ein geringerer Fehlaustrag festgestellt. Dies spricht für relativ wenig Schwund und eine gute Materialausnutzung.

**Tabelle 9.3:** Normal- und Fehlausträge im Fein- und Grobgut infolge des Siebprozesses des Ti-6Al-4V-Pulvers

| Feingut | | | | Grobgut | | | |
|---|---|---|---|---|---|---|---|
| Masse $m_F$ in g | Massenanteil f | Normalaustrag in % | Fehlaustrag in % | Masse $m_G$ in g | Massenanteil g | Normalaustrag in % | Fehlaustrag in % |
| 8898,0 | 0,989 | 82,79 | 16,08 | 102,0 | 0,011 | 0,99 | 0,14 |

## 9.3.2 Einfluss des Siebens

Um in Erfahrung zu bringen, auf welche Weise sich der Normalaustrag sowie der Fein- und Grobgut-Fehlaustrag beeinflussen lassen, werden die Auswirkungen des Siebprozesses analysiert. Dazu werden die Faktoren Pulvermenge des Aufgabeguts $m_A$, Entnahmestelle und Siebdauer $t_s$ in verschiedenen Ausprägungen untersucht (vgl. Abbildung 9.17). Sowohl aus dem Bauraum (B) als auch aus dem Überlauf (U) wird nach einem industriell üblichen laseradditiven Fertigungsprozess eine Pulvermenge $m_A$ von je 100 g und 150 g entnommen. Das Aufgabegut wird dem Sieb manuell zugeführt und für eine Dauer $t_s$ von jeweils 10 s und 15 s gesiebt. Im Anschluss an das Sieben erfolgt die Partikelgrößenanalyse des Aufgabeguts (A), des gesammelten Feinguts (F) und des vom Siebboden entfernten Grobguts (G). Ferner werden die Masse des Feinguts $m_F$ und die Masse des Grobguts $m_G$ bestimmt, die Massenanteile berechnet und die Normal- und Fehlausträge im Fein- und Grobgut ermittelt.

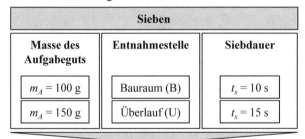

**Abbildung 9.17:** Methodisches Vorgehen zur Analyse des Einflusses des Siebprozesses auf das Ti-6Al-4V-Pulver

Abbildung 9.18 a) – d) veranschaulicht die Partikelgrößenverteilung in Form der Verteilungsdichten $q_3(x)$ des Aufgabe-, Fein- und Grobguts infolge des Siebens der verschiedenen Pulvermengen aus dem Bauraum und dem Überlauf mit variierender Siebdauer.

Bei Betrachtung der abgebildeten Kurven tritt der Unterschied zwischen den Verteilungsdichtefunktionen $q_3(x)$ des aus dem Bauraum stammenden Aufgabeguts und des dem Überlauf entnommenen Aufgabeguts besonders deutlich hervor. Das Aufgabegut aus dem Bauraum unterscheidet sich in Bezug auf die Partikelgrößenverteilung signifikant von dem Pulver aus dem Überlauf. Ebenso sichtbar ist der Unterschied zwischen

der Verteilungsdichtekurve für 100 g Aufgabegut aus dem Bauraum und dem Kurven-
verlauf, der die Partikelgrößenverteilung für 150 g aufgegebenes Pulver aus dem Bauraum beschreibt. Der letztgenannte Unterschied ist der Tatsache geschuldet, dass die
Untersuchungen zu unterschiedlichen Zeitpunkten durchgeführt und somit verschiedene
Pulver betrachtet wurden.

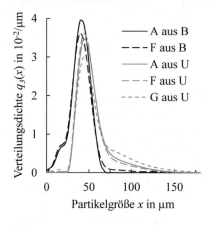

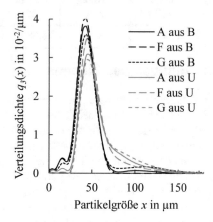

a) Verteilungsdichte $q_3(x)$ des Fein- und
Grobguts infolge des Siebens von $m_A = 100$ g
aus dem Bauraum (B) und Überlauf (U) für
$t_s = 10$ s

b) Verteilungsdichte $q_3(x)$ des Fein- und
Grobguts infolge des Siebens von $m_A = 150$ g
aus dem Bauraum (B) und Überlauf (U) für
$t_s = 10$ s

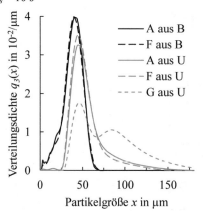

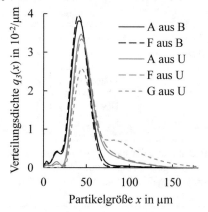

c) Verteilungsdichte $q_3(x)$ des Fein- und
Grobguts infolge des Siebens von $m_A = 100$ g
aus dem Bauraum (B) und Überlauf (U) für
$t_s = 15$ s

d) Verteilungsdichte $q_3(x)$ des Fein- und
Grobguts infolge des Siebens von $m_A = 150$ g
aus dem Bauraum (B) und Überlauf (U) für
$t_s = 15$ s

**Abbildung 9.18:** Partikelgrößenverteilung von Aufgabegut (A), Feingut (F) und Grobgut (G) bei
Variation der Pulvermenge $m_A$, der Entnahmestelle und der Siebdauer $t_s$

Gegenüber dem Pulverwerkstoff, der sich im Überlauf ansammelt, besitzt das die Bauteile in der Arbeitsebene umgebende Pulver einen höheren Anteil an kleinen Partikeln
mit $x < 40$ µm und einen geringeren Anteil an großen Pulverpartikeln. Im Gegensatz zu
den Verteilungsdichtekurven, die einer Pulvermenge von 150 g des Aufgabeguts aus

dem Bauraum zugeordnet werden können, zeichnen sich die Partikelgrößenverteilungen für 100 g des Aufgabegutes aus dem Bauraum durch einen höheren Anteil an Partikeln mit einer Größe 15 μm < $x$ < 30 μm aus. Die maximale Größe $x_{max}$ der aus der geringen Pulvermenge stammenden Partikel beträgt 76 μm. Hingegen wird für die größere Pulvermenge ein höherer Anteil großer Pulverpartikel mit einer maximalen Partikelgröße $x_{max}$ von etwa 130 μm bestimmt. Die beschriebenen Unterschiede sind vermutlich auf während der Belichtung im Pulverbett niedergegangene Spritzer und/ oder auf im Prozess entstandene Sinterpartikel zurückzuführen. Insgesamt ist das Pulver aus dem Überlauf gröber als der Pulverwerkstoff, der in der Arbeitsebene aufgetragen wird. Dies ist zu erklären durch die sich im Überlauf absetzenden Schweißspritzer sowie durch große über das Baufeld transportierte Pulverpartikel, Spritzer oder miteinander versinterte Partikel.

Die Verteilungsdichte $q_3(x)$ des Aufgabe- und Feinguts ist nahezu gaußförmig und fällt tendenziell links flacher ab als auf der rechten Seite. Unabhängig von der Entnahmestelle verlaufen die Kurven, die die Verteilungsdichten des Aufgabe- und Feinguts wiedergeben, ähnlich. Wird eine Pulvermenge von 100 g aus dem Bauraum für eine Dauer von je 10 s und 15 s gesiebt, fällt kein Grobgut an. Auch beim Sieben von 150 g Pulver für 15 s bleibt kein Grobgut auf dem Siebboden zurück. Ein 10 s langer Siebzyklus ergibt für das Pulver aus dem Überlauf, unabhängig von der aufgegebenen Pulvermenge, eine monomodale Verteilung, die mit der Verteilungsdichte des Aufgabe- und Feinguts vergleichbar ist. Bei einer Verlängerung der Siebdauer um 5 s weist das Grobgut, das sich beim Sieben von 100 g Pulver angesammelt hat, eine bimodale Partikelgrößenverteilung auf. Die Verteilungsdichtefunktion für das Grobgut, das sich nach einem längeren Sieben von 150 g Pulver auf dem Siebboden zurückgeblieben ist, besitzt nur einen Extremwert, deutet jedoch ein zweites Maximum an.

Aus Abbildung 9.19 a) – d) gehen die Massen des Aufgabe-, Fein- und Grobguts hervor sowie die Normal- und Fehlausträge im Fein- und Grobgut, bezogen auf das Pulver aus dem Bauraum und dem Überlauf. Im Vergleich zur Masse $m_G$ von 6 g des aus dem Bauraum stammenden Grobguts fällt nach dem Sieben des Pulvers aus dem Überlauf eine mehr als zehn Mal größere Grobgutmenge $m_G$ von 65 g an. Dies ist mit dem vergleichsweise höheren Anteil großer Pulverpartikel im Aufgabegut aus dem Überlauf zu begründen. Entsprechend können von der insgesamt aus dem Bauraum aufgegebenen Pulvermenge 98,9 % als Feingut wiederverwendet werden.

Die Gegenüberstellung der Normal- und Fehlausträge im Fein- und Grobgut zeigt den signifikanten Einfluss der Entnahmestelle auf das Siebergebnis. Der höchste Normalaustrag im Feingut ergibt sich für das Aufgabegut aus dem Bauraum. Auch führt das Sieben des in der Arbeitsebene aufgetragenen Pulvers zu dem niedrigsten Feingut-Fehlaustrag. Da der Pulverwerkstoff aus dem Bauraum nur über einen geringen Anteil an Partikeln verfügt, deren Größe die Maschenweite des Siebes übersteigt bzw. oberhalb der Trennpartikelgröße $x_t$ = 80,16 μm liegt, wird eine anteilig größere Pulvermenge auf der Feingutseite des Siebes ausgebracht. Der Feingut-Fehlaustrag, der infolge des Siebens von 100 g Pulver aus dem Bauraum für eine Dauer $t_s$ von 10 s festzustellen ist, lässt sich vermutlich auf die Bildung von Agglomeraten durch Partikelhaftung aufgrund von van-der-Waals- oder elektrostatischen Kräften zurückführen. Diesen Schluss lässt der Blick auf die Partikelgrößenverteilungen des Aufgabe- und Feinguts zu, da das Aufgabegut über keine Partikel verfügt, die größer als 76 μm sind. Angesichts der Anzahl der durchgeführten Partikelgrößenmessungen mit reproduzierbaren Ergebnissen erscheint ein Messfehler als unwahrscheinlich, ist jedoch nicht auszuschließen.

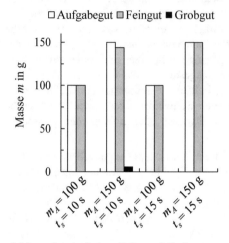

a) Masse des Aufgabe-, Fein- und Grobguts aus dem Bauraum

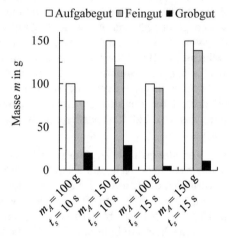

b) Masse des Aufgabe-, Fein- und Grobguts aus dem Überlauf

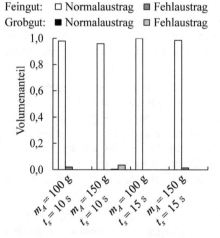

c) Normal- und Fehlausträge im Fein- und Grobgut nach dem Sieben des Pulvers aus dem Bauraum

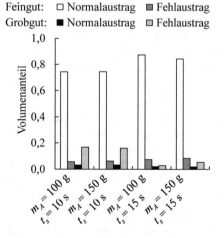

d) Normal- und Fehlausträge im Fein- und Grobgut nach dem Sieben des Pulvers aus dem Überlauf

**Abbildung 9.19:** Normal- und Fehlausträge im Fein- und Grobgut bei Variation der Pulvermenge $m$, der Entnahmestelle (E) und der Siebdauer $t_s$

Weiterhin wird aus den dargestellten Säulendiagrammen die Bedeutung der Siebdauer für die Mengenanteile der Partikel unter- und oberhalb der Trennpartikelgröße auf der Fein- und Grobgutseite deutlich. Mit Ausnahme des Siebergebnisses für die Kombination $m_A = 100$ g, Bauraum und $t_s = 10$ s nehmen der Normal- und der Fehlaustrag im Feingut infolge des Siebens der gleichen Pulvermenge aus dem Bauraum oder aus dem Überlauf bei einer Erhöhung der Siebdauer $t_s$ von 10 s auf 15 s zu. Je länger das aufgegebene Pulver auf dem Sieb bewegt wird, desto mehr Partikel, für die $x < 80$ μm gilt, fallen durch die Quadratmaschen. Gleichzeitig erhöht sich mit zunehmender Siebdauer aber auch die Wahrscheinlichkeit, dass größere Partikel auf der falschen Seite des Siebes ausgetragen werden. Wird eine Pulvermenge von 150 g aus dem Bauraum 10 s lang gesiebt, werden ein geringer Normalaustrag im Grobgut und ein hoher Grobgut-Fehlaustrag ermittelt. Im Vergleich dazu fällt beim Sieben von 150 g Aufgabegut aus dem Bauraum für 15 s kein Grobgut an. Allerdings wird ein geringer Anteil an Feingut-Fehlaustrag bestimmt. Ein längeres Sieben des Aufgabeguts aus dem Überlauf führt zu einer Verringerung der Normal- und Fehlausträge im Grobgut. Mit einer steigenden Anzahl der Siebwürfe bieten sich für die Pulverpartikel mehr Gelegenheiten durch die Siebmaschen hindurch zu gelangen.

Neben der Entnahmestelle und der Siebdauer beeinflusst auch die aufgegebene Pulvermenge das Siebergebnis. Erwartungsgemäß hat das Sieben der vergleichsweise gröberen 150 g Pulver aus dem Bauraum einen geringeren Normalaustrag und einen höheren Fehlaustrag im Feingut zur Folge. Bei jeweils gleicher Siebdauer des Aufgabeguts aus dem Überlauf lassen sich bei einer Erhöhung der dem Sieb zugeführten Pulvermenge tendenziell ein geringerer Normalaustrag im Feingut sowie ein höherer Feingut-Fehlaustrag erkennen. Es zeigt sich ferner die Tendenz, dass der Grobgut-Fehlaustrag ansteigt, während der Normalaustrag im Grobgut nahezu unverändert bleibt.

Abschließend ist festzuhalten, dass das Aufgabegut aus dem Überlauf wesentlich gröber ist als das Pulver aus dem Bauraum. Dieser Unterschied beeinflusst deutlich das Siebergebnis in Form der Normal- und Fehlausträge im Fein- und Grobgut. Weiterhin ist anzumerken, dass eine Erhöhung der Siebdauer zwar zu einer höheren Ausbeute beiträgt, jedoch die Anwesenheit großer Partikel im recycelten Pulver begünstigt.

Da eine ideale Trennung des aufgegebenen Pulverwerkstoffs sich in der Praxis nicht realisieren lässt, ist im Spannungsfeld zwischen der Qualität des Siebergebnisses, den Kosten des Pulvers und der Dauer des Siebprozesses ein Kompromiss zu finden. Für das Aufgabegut aus dem Überlauf stellt die Kombination $m_A = 100$ g, Überlauf und $t_s = 15$ s ein optimales Verhältnis von einem relativ hohen Normalaustrag und einem möglichst geringen Fehlaustrag im Fein- und Grobgut dar. Ein vergleichsweise geringerer Feingut-Fehlaustrag (höhere Qualität) ist nur bei kürzerer Siebdauer zu erreichen und geht gleichzeitig mit einer Erhöhung des Grobgut-Fehlaustrags (höhere Kosten) einher.

Infolge des Siebprozesses mit der gewählten Kombination ergibt sich ein Feingut-Fehlaustrag von 7,46 %. Im Gegensatz zu der in Kapitel 9.3.1 beschriebenen Untersuchung bedeutet dies eine Reduktion des Fehlaustrags im Feingut um mehr als den Faktor 2. Das nach dem Sieben von 9 kg Pulver aus dem Überlauf gesammelte Grobgut verfügt über einen vergleichsweise geringeren Anteil an Pulverpartikeln, die kleiner als 80,16 μm sind und höhere Anteile an großen Partikeln (vgl. Abbildung 9.16 a) und Abbildung 9.18 a) – d)). Daraus resultiert ein verhältnismäßig geringer Grobgut-Fehlaustrag. Dieser ist um mehr als das 20-fache kleiner als der Fehlaustrag im Grobgut, der nach dem Sieben von 100 g Pulver aus dem Überlauf für 15 s mit einem Wert von 2,89 % ermittelt wird. Im Vergleich zu den systematisch durchgeführten Siebversuchen wird im realen Siebprozess mehr Pulver aufgegeben, das für eine unbestimmte Zeit auf dem Sieb verbleibt. Da das Grobgut nicht nach jedem Siebzyklus vom Siebboden entfernt wird, erhöht sich mit zunehmender Siebdauer die Durchtrittswahrscheinlichkeit für siebschwierige, in den Siebmaschen eingeklemmte und/ oder große Pulverpartikel. Dadurch nimmt zum einen der Feingut-Fehlaustrag zu. Zum anderen verringert sich der Fehlaustrag im Grobgut. Wird eine Einsparung der Kosten für den Pulverwerkstoff beabsichtigt, ist dieser Pulveraufbereitungsprozess vorzuziehen. Um jedoch eine möglichst gleichbleibenden Pulverqualität, im Sinne eines die Eigenschaften bewahrenden Pulverwerkstoffs, sicherzustellen und den Eintrag von Spritzern, Sinterpartikeln und Verunreinigungen zu minimieren, sind u. a. die Menge des Aufgabeguts zu regulieren, die Siebdauer zu überwachen und eine regelmäßige Reinigung des Siebes vorzunehmen.

### 9.3.3   Einfluss des Mischens

Vor einer erneuten Verwendung des Pulverwerkstoffs im laseradditiven Fertigungsprozess wird das Pulver während oder nach dem Sieben durchmischt. Im Anschluss an das Sieben geschieht das Mischen häufig ohne Vorgaben für das Verhältnis der Pulver unterschiedlichen Ursprungs, die Dauer des Vorgangs oder die Bewegung zur Erzeugung der Mischung. Der Einfluss dieser Faktoren auf die Pulvereigenschaften wird nachfolgend aufgezeigt. Das für diese Untersuchungen gewählte methodische Vorgehen ist in Abbildung 9.20 dargestellt.

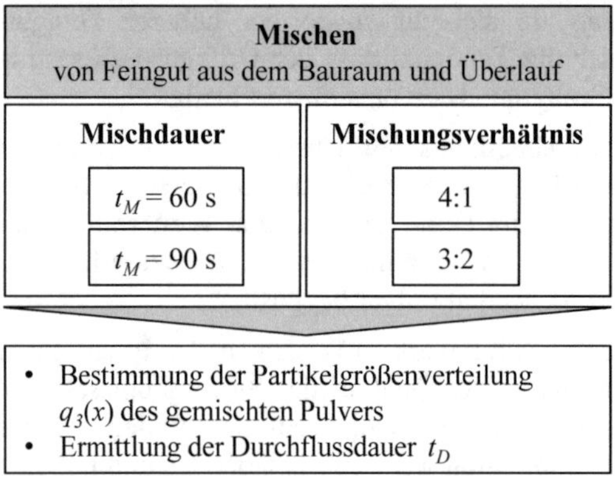

**Abbildung 9.20:** Methodisches Vorgehen zur Untersuchung des Einflusses des Mischens auf den Ti-6Al-4V-Pulverwerkstoff

Zur Analyse der Einflussfaktoren wird eine Gesamtmenge von 100 g Pulver in einen rotierenden Mischbehälter mit einer sechseckigen Trommel gegeben. Während diese für eine Dauer $t_M$ von je 60 s und 90 s sowohl um die Querachse als auch um die Längsachse gedreht wird, wird Feingut aus dem Bauraum (B) und Feingut aus dem Überlauf (U) jeweils im Massenverhältnis $m_B$:$m_U$ von 4:1 und 3:2 gemischt. Das gewählte Mischungsverhältnis trägt der Tatsache Rechnung, dass sich nach Beendigung eines laseradditiven Fertigungsprozesses üblicherweise mehr ungeschmolzener Pulverwerkstoff im Bauraum befindet als sich infolge des Pulverauftrags und der Belichtung neben dem Baufeld ansammelt. Nach dem Mischen wird die Partikelgrößenverteilung des Pulvers mithilfe der Laserbeugung analysiert. Zusätzlich wird die Durchflussdauer $t_D$ der Mischung gemessen, um im Vergleich der verschiedenen Mischungszustände eine qualitative Aussage über das Fließverhalten des Pulvers zu treffen.

Das Mischen des Feinguts aus dem Bauraum und aus dem Überlauf in unterschiedlichem Mischungsverhältnis und mit variierender Dauer führt zu den in Abbildung 9.21 a) – d) veranschaulichten Ergebnissen. Die Partikelgrößenverteilung des Pulvers nach dem Mischvorgang ist den Verteilungsdichtefunktionen $q_3(x)$ des Feinguts von unterschiedlichen Entnahmestellen gegenübergestellt. Das betrachtete Feingut entspricht dem recycelten Pulverwerkstoff, der nach dem Sieben des Aufgabeguts aus dem Bauraum und aus dem Überlauf im Anschluss an einen industriell üblichen laseradditiven Fertigungsprozess gewonnen wird. Das Sieben erfolgt dabei wie in Kapitel 5.2.2 bzw. Kapitel 9.3.1 beschrieben. In Ergänzung zu der experimentellen Ermittlung der Auswirkungen des Mischens auf die Partikelgrößenverteilung wird die ideale Verteilungsdichte infolge des Mischens der beiden Komponenten mathematisch bestimmt und ebenfalls dargestellt.

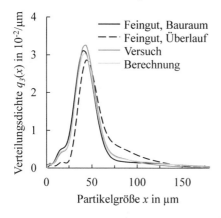

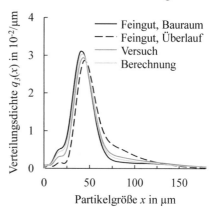

a) Verteilungsdichte $q_3(x)$ infolge des Mischens mit $m_B{:}m_U = 4{:}1$ für $t_M = 60$ s

b) Verteilungsdichte $q_3(x)$ infolge des Mischens mit $m_B{:}m_U = 4{:}1$ für $t_M = 90$ s

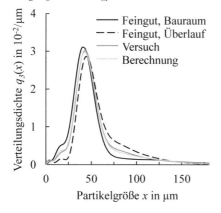

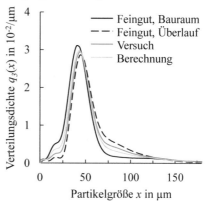

c) Verteilungsdichte $q_3(x)$ infolge des Mischens mit $m_B{:}m_U = 3{:}2$ für $t_M = 60$ s

d) Verteilungsdichte $q_3(x)$ infolge des Mischens mit $m_B{:}m_U = 3{:}2$, $t_M = 90$ s

**Abbildung 9.21:** Experimentell und theoretisch ermittelte Partikelgrößenverteilung für unterschiedliche Mischungszustände von Ti-6Al-4V-Pulver

Die Verläufe der beiden Verteilungsdichtekurven des gesiebten Pulverwerkstoffs ähneln den in Abbildung 9.18 a) und b) dargestellten Partikelgrößenverteilungen für 100 g Aufgabe- und Feingut aus dem Bauraum und dem Überlauf. Es ist anzunehmen, dass die in Abbildung 9.21 a) – d) gezeigten Partikelgrößenverteilungen des Feinguts mit der Verteilungsdichte des jeweiligen Aufgabeguts nahezu übereinstimmen. Das aus der Arbeitsebene aufgegebene Pulver besitzt nach dem Sieben einen vergleichsweise höheren Anteil an Partikeln, deren Größe zwischen 5 µm und 40 µm liegt. Das gesiebte Pulver aus dem Überlauf verfügt hingegen über einen höheren Anteil an Pulverpartikeln mit einer Partikelgröße 45 μm $< x <$ 120 μm. Das Feingut aus dem Überlauf unterscheidet sich deutlich von dem Feingut aus dem Bauraum und ist als gröber zu bezeichnen.

Wird eine Masse $m_B$ von 80 g Feingut aus dem Bauraum mit einer Masse $m_U$ von 20 g Feingut aus dem Überlauf ($m_B{:}m_U$ = 4:1) gemischt, ist eine Partikelgrößenverteilung der Mischung zu erwarten, die im Bereich der Partikelgrößenverteilung des gesiebten Pulvers aus dem Bauraum liegt. Für eine Mischung der beiden Komponenten mit dem Massenverhältnis $m_B{:}m_U$ = 3:2 wird mit einer Verteilungsdichte gerechnet, die in etwa zwischen den Verläufen der Verteilungsdichtekurven des Feinguts aus dem Bauraum und dem Überlauf einzuordnen ist. Wie in Abbildung 9.21 a) – d) zu sehen ist, ergibt sich für alle Mischungen eine gute Übereinstimmung des Resultats der Versuche mit der theoretischen Berechnung auf Basis der jeweils für das Feingut ermittelten Werte der Verteilungsdichte. Die qualitativ betrachtet relativ guten Mischungen stellen sich bereits nach einer verhältnismäßig kurzen Mischdauer $t_M$ von 60 s ein. Eine Entmischung der beiden Komponenten mit zunehmender Mischdauer ist nicht auszuschließen. Einerseits sind zwar Dichteunterschiede der Pulverpartikel unwahrscheinlich und der Perkolation wird andererseits durch den Einsatz eines rotierenden Mischbehälters vorgebeugt. Dennoch kann das Bewegungsverhalten der unterschiedlich großen Pulverpartikel aufgrund von interpartikulären Wechselwirkungen wie Haftkräften oder Reibung dazu führen, dass sich die erzeugte Mischung bei vergleichsweise längerer Bewegung entmischt.

Das Fließverhalten eines Pulverwerkstoffs ist u. a. von dessen Partikelgrößenverteilung abhängig (vgl. Kapitel 6.1.3). Da das Mischen die Partikelgrößenverteilung beeinflusst, wird im Folgenden betrachtet, inwieweit sich Veränderungen der Verteilung der unterschiedlich großen Partikel im Kollektiv auf das Fließverhalten des Pulvers auswirken. Dazu wird der Einfluss des Mischungsverhältnisses $m_B{:}m_U$ und der Mischdauer $t_M$ auf die Durchflussdauer $t_D$ studiert. Aus Abbildung 9.22 a) gehen die Ergebnisse der Bestimmung der Durchflussdauer $t_D$ in Abhängigkeit des prozentualen Anteils des Feinguts aus dem Überlauf für eine Mischdauer $t_M$ von 60 s und 90 s hervor.

Für die Durchflussdauer ist das Mischungsverhältnis von hoher Bedeutung. Der Einfluss der Mischdauer ist hingegen als nicht signifikant zu bewerten. Für das aus dem Bauraum stammende Feingut ergibt sich eine um beinahe 5 s längere Durchflussdauer als für das gesiebte Pulver aus dem Überlauf. Dieses Ergebnis ist darauf zurückzuführen, dass das Feingut aus dem Bauraum der im Vergleich feinere Pulverwerkstoff ist. Der höhere Anteil an kleinen Partikeln führt durch die zunehmende Anzahl der Kontaktflächen zur Ausbildung von Haftkräften der einzelnen Partikelkontakte, wodurch ein Ausfließen aus dem Trichter erschwert wird. Je größer der Massenanteil der Pulverkomponente aus dem Überlauf in der Mischung ist, desto schneller verlässt das Pulver den Trichter nach dem Öffnen des Auslasses. Da das gemischte Pulver mit zunehmendem Anteil an Feingut aus dem Überlauf grober wird, werden die in Summe wirkenden interpartikulären Wechselwirkungen geringer. Die Durchflussdauer, die für die unterschiedlich lange gemischten Pulverkomponenten gemessen wird, liegt jeweils in vergleichbarer Größenordnung. Es ist anzunehmen, dass der optimale Mischzustand bereits schneller als erst nach 60 s eintritt. Darauf deuten die zuvor diskutierten Ergebnisse der Partikelgrößenanalyse hin. Es liegt aber auch die Vermutung nahe, dass die Mischdauer bzw. der Mischzustand für die Durchflussdauer nicht relevant ist. Wird zunächst das Feingut aus dem Überlauf in den Trichter gegeben, liegt nach dem Hinzufügen des Feinguts aus dem Bauraum der Zustand der vollständigen Entmischung der Komponenten vor. Das relativ gut fließende, aus dem Aufgabegut des Überlaufs ausgetragene Feingut wird den Trichter verlassen, gefolgt von dem vergleichsweise schlechter fließenden Feingut aus dem Bauraum. Somit wird die Durchflussdauer nur von dem Massenverhältnis der Komponenten, nicht aber von der Güte der Mischung abhängen. Um diese Vermutung zu überprüfen, wird die Durchflussdauer rechnerisch ermittelt und den experimentell bestimmten Werten gegenübergestellt. Die theoretischen Werte liegen oberhalb der im Experiment gemessenen Durchflussdauer. Die Mischdauer bzw. die damit einhergehende Bewegung der zu mischenden Komponenten resultiert in einer Verbesserung des Fließverhaltens des Pulvers.

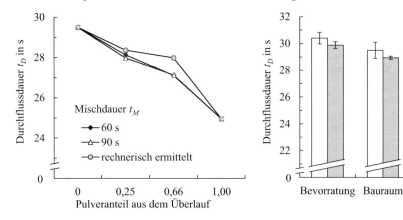

a) Einfluss der Mischdauer $t_M$ und des Mischverhältnisses auf die Durchflussdauer $t_D$

b) Einfluss einer Mischbewegung auf die Durchflussdauer $t_D$

**Abbildung 9.22:** Durchflussdauer $t_D$ infolge des Mischens von Ti-6Al-4V-Pulver

Wird Pulver aus der Bevorratung, aus dem Bauraum und aus dem Überlauf, das über unterschiedlich hohe Anteile an kleinen Partikeln verfügt, in eine rotierende Mischbewegung versetzt, bewirkt die Bewegung der Pulverpartikel gegenüber dem Ausgangszustand eine Reduktion der Durchflussdauer (vgl. Abbildung 9.22 b)). Die Mischbewegung führt wahrscheinlich zu Desagglomeration. Dabei werden die interpartikulären Haftkräfte überwunden und die einzelnen Partikel voneinander getrennt. Dadurch wird der Pulverwerkstoff aufgelockert. Zusammenfassend zeigt sich, dass ein Mischen insgesamt zu einer homogeneren Verteilung der Eigenschaften des Pulverwerkstoffs vor der Wiederverwendung im laseradditiven Fertigungsprozess führt.

## 9.4 Fazit

Wird der Ti-6Al-4V-Pulverwerkstoff mehrfach im laseradditiven Fertigungsprozess verwendet, verändert sich dessen Eigenschaftsprofil. Mit zunehmender Anzahl der Prozesszyklen vergröbert sich das Pulver.

Als Ursachen für die Vergröberung des Pulverwerkstoffs sind u. a. sowohl das Auftreten von Schweißspritzern als auch die Entstehung von miteinander versinterten Pulverpartikeln zu nennen. Es können zwei unterschiedliche Arten von Spritzerpartikeln identifiziert werden, die z. T. erheblich größer sind als die Partikel des eingesetzten Pulverwerkstoffs. Zum einen bilden sich im laseradditiven Fertigungsprozess Spritzer, die über eine ideal sphärische Form verfügen und eine mittlere Größe von etwa 100 µm besitzen. Zum anderen entstehen Schweißspritzer in Form von Agglomeraten, die eine mittlere Größe von ungefähr 77 µm aufweisen und aus mehreren teilweise miteinander verschmolzenen

Pulverpartikeln bestehen. Aufgrund der in der Prozesskammer herrschenden Schutzgas-strömung sammeln sich die Spritzer vorwiegend im Bereich des Überlaufs neben dem Baufeld. Es zeigt sich, dass die Vergröberung des Pulvers im Überlauf umso mehr zu-nimmt, je größer die belichtete Fläche ist. Ferner ergibt sich eine Abhängigkeit der Pul-ververgröberung von dem Verhältnis der Konturlänge zur Flächengröße bei der Belich-tung einer Bauteilschicht. Da bei einer Konturbelichtung mehr loses Pulver aus dem Pulverbett fortgeschleudert wird, ist bei der laseradditiven Fertigung von Bauteilen mit geringerem Volumenanteil von einer höheren Spritzeraktivität auszugehen. Aus den gewonnenen Erkenntnissen geht auch hervor, dass sich die allgemeine effektive Pulver-schichtdicke $D_{S,eff}$ aufgrund der Spritzerbildung vergrößert. Aus diesem Grund wird die angepasste effektive Dicke einer Pulverschicht $D_{S,eff^*}$ eingeführt, die mit zunehmendem Verhältnis der Konturlänge zur Flächengröße eines Bauteils ansteigt. Es ist zu berück-sichtigen, dass zur Bereitstellung der größeren Pulvermenge, die bei einer Zunahme der effektiven Pulverschichtdicke notwendig wird, der Dosierfaktor angepasst werden muss (vgl. Kapitel 7.3). Neben den bei der Belichtung auftretenden Spritzern bilden sich in unmittelbarer Nähe zum Schmelzbad Ansammlungen von miteinander versinterten Pul-verpartikeln. Um eine Aussage über die Vergröberung des Pulvers durch die Entstehung von Sinterpartikeln zu treffen, wird die mittlere freie Länge definiert. Diese Größe ent-spricht dem Quotienten aus dem ein Bauteil umgebenden Pulvervolumen und der an das Pulver grenzenden Mantelfläche dieses Bauteils. Die Variation der mittleren freien Län-ge führt zu dem Ergebnis, dass sich an einer größeren an das Pulver grenzenden Mantel-fläche eines Bauteils ein höherer Anteil an großen Partikeln bildet. Es wird angenom-men, dass sich die Pulverpartikel nur oberflächennah miteinander verbinden. Zur Cha-rakterisierung des Abstands zur Außenkontur des Bauteils, in dem die beobachteten Versinterungen stattfinden, wird die sinteraktive Länge gewählt, die mithilfe der experi-mentellen Untersuchungen zu ca. 1 mm bestimmt wird.

Aus der Untersuchung zur Alterung des Ti-6Al-4V-Pulvers wird deutlich, dass der ge-siebte und in die Bevorratung zurückgeführte Pulverwerkstoff noch Teile der beschrie-benen Spritzer und Sinterpartikel enthält. Die Betrachtung des durchgeführten Siebpro-zesses bestätigt einen deutlichen Anteil an Partikeln im Feingut, deren Äquivalent-durchmesser die nominale Maschenweite des verwendeten Siebes von 80 μm übersteigt. Aus der Analyse verschiedener Einflussfaktoren auf das Siebergebnis geht hervor, dass das aus dem Überlauf entnommene Pulver erheblich gröber ist als der auf dem Baufeld verteilte Pulverwerkstoff. Darüber hinaus ist festzustellen, dass umso mehr Pulver recy-celt wird, je länger der jeweils aufgegebene Pulverwerkstoff auf dem Sieb verbleibt. Gleichzeitig führt eine längere Siebdauer jedoch dazu, dass auch große Pulverpartikel in das Feingut gelangen und im nächsten Prozesszyklus wiederverwendet werden.

Infolge der Veränderung der Partikelgrößenverteilung bei der Wiederverwendung ver-bessern sich die Fließeigenschaften und die Schüttdichte des Ti-6Al-4V-Pulvers. Wei-terhin steigt der Gehalt an Sauerstoff im Pulverwerkstoff mit zunehmender Pulveralte-rung an. Der Einsatz des recycelten Pulverwerkstoffs im laseradditiven Fertigungspro-zess wirkt sich auf die Bauteilqualität aus. Eine tendenziell höhere Dichte und rauere Oberfläche der laseradditiv gefertigten Bauteile sind vermutlich durch die Vergröberung des Pulvers zu erklären. Die ermittelte Härtesteigerung und die höheren Kennwerte für die Zugfestigkeit der analysierten Proben lassen sich zu dem Anstieg des Sauerstoffge-halts im Ti-6Al-4V-Pulver in Beziehung setzen. Zusammenfassend zeigt sich, dass sich die Eigenschaften des Pulverwerkstoffs nicht nur in Abhängigkeit von der Anzahl der

Prozesszyklen verändern. Die Pulvereigenschaften werden vielmehr beeinflusst von der Art der zu fertigenden Bauteile, von der Größe des zu belichtenden Volumens und von den verschiedenen Parametern des Siebprozesses.

Die mithilfe der experimentellen Untersuchungen zum Sieben und Mischen des Ti-6Al-4V-Pulverwerkstoffs gewonnenen Erkenntnisse können genutzt werden, um den Prozessabschnitt der Pulveraufbereitung zu optimieren. Dabei ist es das Ziel, ein möglichst gleichbleibendes Eigenschaftsprofil des Pulverwerkstoffs durch eine Verbesserung der Abläufe zu erreichen. Die nachfolgend aufgeführten Vorschläge und Empfehlungen beziehen sich auf einen teilautomatisierten Siebprozess, bei dem das Pulver nach Beendigung eines laseradditiven Fertigungsprozesses aus verschiedenen Bereichen der Prozesskammer bzw. der Fertigungsanlage abgesaugt oder, gesammelt in Behältern, entnommen wird.

Um die Fehlausträge im Fein- und Grobgut zu reduzieren (vgl. Tabelle 4.7), sollte die Reihenfolge der Entnahme des Pulverwerkstoffs berücksichtigt bzw. der Ablauf des Siebens angepasst werden. Zur homogenen Verteilung der Pulvereigenschaften im gesamten Kollektiv sollte sich dem Sieben ein Mischprozess anschließen. Auf Basis der erzielten Ergebnisse empfiehlt sich ein systematisches Vorgehen vom Feinen zum Groben. Diesem Ansatz folgend ist der gesamte Pulverwerkstoff aus der Fertigungsanlage zu entnehmen. Zuerst ist das Pulver aus der Bevorratung zu sieben. Danach ist der die Bauteile umgebende Pulverwerkstoff dem Sieb zuzuführen, bevor das Pulver aus dem Überlauf aufgegeben wird. Zusätzlich sollte das Aufgabegut mit einem bestimmten Massenstrom dem Sieb zugeleitet werden. Auf diese Weise kann der Eintrag von Spritzern, Sinterpartikeln und Verunreinigungen in das Feingut verringert und gleichzeitig die Ausbeute erhöht werden. Darüber hinaus ist für eine regelmäßige Reinigung des Siebes, z. B. durch die Integration einer Ultraschallreinigung, Sorge zu tragen. Wird das gesiebte Pulver in einem Mischbehälter aufgefangen, kann auf zusätzliche Umfüllvorgänge verzichtet werden. Sowohl die aufzugebende Menge als auch die notwendige Siebdauer sind von der Art des Pulverwerkstoffs und der Siebmaschine abhängig und sind material- und anlagenspezifisch zu ermitteln. Insbesondere ist ein Augenmerk auf die Siebfrequenz und –amplitude zu richten, um eine Entmischung z. B. in Form des inversen Paranuss-Effekts zu verhindern.

Neupulver kann zu unterschiedlichen Zeitpunkten in den Kreislauf eingebracht werden. Einerseits besteht die Möglichkeit, das Ti-6Al-4V-Pulver solange für die laseradditive Fertigung wiederzuverwenden, bis z. B. entweder die notwendige Bauhöhe nicht mehr zu gewährleisten ist, der maximal zulässige Sauerstoffgehalt erreicht wird oder die Anforderungen an die Qualitätsmerkmale der Bauteile nicht mehr einzuhalten sind. Der in der Fertigungsanlage befindliche Pulverwerkstoff kann dann insgesamt ausgetauscht und durch neues Pulver ersetzt werden. Dieses *Downcycling* des Pulverwerkstoffs bietet den Vorteil der Chargenreinheit, kann jedoch gleichzeitig durch die sukzessive Degradation des Pulvers zu Veränderungen in der Bauteilqualität führen.

Andererseits kann der recycelte Pulverwerkstoff durch eine regelmäßige Zugabe von Neupulver aufgefrischt werden. Bei diesem *Refreshing* oder *Upcycling* kann das Neupulver entweder bis zum vollständigen Auffüllen der Bevorratung oder bis zum Erreichen einer festgelegten Pulvermenge hinzugefügt werden. Der in den Vorrat zurückgeführte Pulverwerkstoff setzt sich somit zu unterschiedlichen Anteilen aus Feingut und neuem Pulver zusammen. Anstatt eines Beimischens des Neupulvers von Zeit zu Zeit oder nach Bedarf wird allerdings angeregt, nach jedem Prozesszyklus Pulver zuzugeben.

Dabei sollte idealerweise diejenige Pulvermenge kompensiert werden, die umgewandelt in Bauteile und in Form von Grobgut entnommen wurde. Auch Verluste durch den Verbleib von Pulver im Filtersystem oder in Supportstrukturen, durch die Entnahme der Bauteile oder durch das Sieben sind zu berücksichtigen. Nachteilig erweist sich bei diesem Vorgehen, dass unterschiedliche Pulverchargen miteinander vermischt werden können. Eigene Erfahrungen im Rahmen der Durchführung industriell üblicher laseradditiver Fertigungsprozesse haben gezeigt, dass auf diese Weise der mittlere Sauerstoffgehalt des Ti-6Al-4V-Pulvers über einen Nutzungszeitraum von mehreren Monaten unterhalb des normativ vorgegebenen Grenzwerts liegt und eine nahezu konstante Bauteilqualität erreicht wird. Da im aufgefrischten Pulverwerkstoff allerdings eine Verteilung des Sauerstoffgehalts vorliegt, ist zu bedenken, dass der Sauerstoffgehalt einzelner Pulverpartikel den durch die Norm vorgegebenen Grenzwert überschreiten kann. Im Zweifelsfall ist es daher empfehlenswert, das Pulver trotz eines *Refreshings* von Zeit zu Zeit komplett auszutauschen. Wird dem Feingut Neupulver zugegeben, empfiehlt es sich, dieses im letzten Schritt zu sieben. Durch das Sieben wird das Pulver desagglomeriert und aufgelockert.

Das durch das Sieben des Neupulvers und des jeweiligen Aufgabegutes aus dem Überlauf, aus dem Bauraum und aus der Bevorratung gewonnene Feingut verfügt vermutlich über unterschiedliche Eigenschaften, z. B. hinsichtlich der Partikelgrößenverteilung. Es ist davon auszugehen, dass durch ein Mischen der Pulveranteile eine Homogenisierung der Pulvereigenschaften des gesamten Partikelkollektivs erzielt werden kann.

Die beschriebenen Resultate der Untersuchungen zum Recycling von Ti-6Al-4V-Pulvern sind in Abbildung 9.23 veranschaulicht. Aus dieser Darstellung gehen ebenfalls die Ergebnisse der Maßnahmenanalyse und die aus den gewonnenen Erkenntnissen abgeleiteten Handlungsempfehlungen hervor.

| Einflussfaktoren | Wiederverwendung des Pulver | | | | | Mischverhältnis und Dauer des Mischprozesses |
| --- | --- | --- | --- | --- | --- | --- |
| | Art der zu fertigenden Bauteile | Größe des zu beschichtenden und zu belichtenden Volumens | Siebprozess | | | |
| | | | Entnahmestelle | Siebdauer | Pulvermenge | |
| Auswirkungen | führen zu einer Veränderung der Partikelgrößenverteilung des Pulvers | | | | | |
| | resultieren in einer Vergrößerung des Pulvers durch Spritzer und Sintern von Partikeln | | beeinflussen die Normal- und Fehlausträge im recycelten Pulver | | | beeinflussen die Verteilung der Eigenschaften im Partikelkollektiv |
| | wirken sich auf die Bauteilqualität aus | | | | | |

| Potenzieller Fehler | zusätzliche Vermeidungs-/ Entdeckungsmaßnahmen sowie Handlungsempfehlungen |
| --- | --- |
| Schweißspritzer | Anpassung des Dosierfaktors bei der laseradditiven Fertigung von filigranen Bauteilen |
| Eintrag von Grobgut und Verlust von Feingut | Sieben des Pulvers in einer vorgegebenen Reihenfolge (Pulver aus der Bevorratung vor dem Pulver aus dem Bauraum und zuletzt Pulver aus dem Überlauf) |
| | material- und anlagenspezifische Ermittlung der aufzugebenden Pulvermenge und der Siebdauer |
| unzureichende Mischung | Auffangen des Siebgutes in einem Mischbehälter, um Umfüllvorgänge und somit Entmischung zu vermeiden |
| | Mischen des Pulvers vor erneutem Einsatz im laseradditiven Fertigungsprozess |

**Abbildung 9.23:** Ergebnisse der Untersuchungen zum Recycling von Ti-6Al-4V-Pulverwerkstoffen

# 10 Zusammenfassung

Metallpulver bilden den Ausgangswerkstoff für die laseradditive Fertigung von Bauteilen und tragen entscheidend zur Prozess- und Bauteilqualität bei. Das bis heute unzureichende Wissen über die verwendeten Pulverwerkstoffe hemmt jedoch die weitere Verbreitung der Technologie und einen vermehrten industriellen Einsatz des Verfahrens.

Das Ziel der vorliegenden Arbeit war es daher, das Werkstoff- und Prozessverhalten von Metallpulvern in der laseradditiven Fertigung ganzheitlich zu untersuchen, um ein grundlegendes und umfassendes Verständnis zu schaffen. Dieses wurde genutzt, um für Pulverwerkstoffe der Titanlegierung Ti-6Al-4V zu prüfende Eigenschaften, deren spezifische Ausprägungen und zweckmäßige Prüfverfahren zu ermitteln. Ebenfalls wurden darauf basierend Empfehlungen für Ti-6Al-4V-Pulver erarbeitet für den Prozessschritt des Pulverauftrags sowie für die Prozessabschnitte des Transports, der Lagerung und der Aufbereitung.

In der laseradditiven Fertigung unterliegt der Pulverwerkstoff in den einzelnen Abschnitten des Pulverkreislaufs verschiedenen handhabungs-, prozess- und anlagenseitigen Einflüssen, die sich auf dessen Eigenschaften auswirken können. Diese Einflussfaktoren und deren mögliche Folgen für das Metallpulver wurden zu Beginn durch eine theoretische Betrachtung in Anlehnung an eine (Prozess-) FMEA identifiziert. Aus den Ergebnissen wurde der Handlungsbedarf für die Untersuchungen abgeleitet. Es wurde der Bedarf gesehen, sich mit der Pulverqualität für die laseradditive Fertigung und der Qualifizierung von Prüfverfahren zur Bestimmung der Pulvereigenschaften auseinanderzusetzen. Ferner wurde die Notwendigkeit erkannt, den aktuellen Stand um zusätzliche Erkenntnisse zu erweitern in den Prozessabschnitten der Lagerung und des Transports sowie in den Prozessschritten des Pulverauftrags, des Siebens und des Mischens.

Die Untersuchungen zum erstgenannten Handlungsfeld führten zu der Erkenntnis, dass weder die Bestimmung einer ausgewählten Eigenschaft noch die Verwendung einer einzigen Prüfmethode ausreicht, um ein Pulver zu charakterisieren. Die Qualität eines Pulverwerkstoffs wird durch das komplexe Zusammenspiel der einzelnen Partikel des gesamten Kollektivs beschrieben. Aus den Ergebnissen ist abzuleiten, dass zur Beurteilung der Pulverqualität sowohl die Kenntnis der Merkmale der Einzelpartikel als auch die des Eigenschaftsprofils des Partikelkollektivs relevant sind. Den durchgeführten Analysen zufolge zählen dazu die Partikelform, die Porosität der Pulverpartikel, die Partikelgrößenverteilung, die Fließfähigkeit, die Schüttdichte, die Klopfdichte und die chemische Zusammensetzung sowie der Feuchtigkeitsgehalt. Trotz z. T. deutlicher Unterschiede hinsichtlich der charakteristischen Eigenschaften konnten alle gas- und plasmaverdüsten Ti-6Al-4V-Pulverwerkstoffe unter Verwendung der benannten Anlagentechnik und der gewählten Prozessparameter für die laseradditive Fertigung von Bauteilen eingesetzt werden, die den Qualitätsanforderungen genügen. Wider Erwarten ergaben sich kaum klare Zusammenhänge zwischen den ermittelten Pulver- und Bauteileigenschaften. Eine Vorhersage der Bauteilqualität aufgrund der Kenntnis der Pulvereigenschaften erscheint vor diesem Hintergrund nur näherungsweise möglich. Da anhand der Resultate keine Grenzen für ein Prozessfenster festgelegt werden konnten, gestaltet sich die quantitative Angabe von allgemeingültigen Anforderungen an einen Ti-6Al-4V-Pulverwerkstoff für die laseradditive Fertigung insgesamt schwierig. Die erzielten Er-

gebnisse machten vielmehr deutlich, dass eine anwenderspezifische Spezifikation vorzunehmen ist, in der die Ausprägungen der Pulvereigenschaften festgelegt werden, unter
Berücksichtigung der Eigenschaften des Pulverwerkstoffs, des Typs der Fertigungsanlage und der eingestellten Prozessparameter. Qualitative Anforderungsbeschreibungen an
das Ti-6Al-4V-Pulver bieten dabei eine Orientierung. Als qualitative Anforderungen zu
nennen sind beispielsweise eine nahezu sphärische Partikelform, eine monomodale und
bevorzugt enge Partikelgrößenverteilung in einem angegebenen Intervall abhängig von
der gewählten Schichtdicke im Prozess, eine hohe Fließfähigkeit über einen weiten
Spannungsbereich und eine möglichst hohe Schüttdichte. Die Analysen verschiedener
Pulvereigenschaften und die Beurteilung unterschiedlicher Prüfverfahren, die im Rahmen der Arbeit durchgeführt wurden, geben bei der Erstellung einer solchen Spezifikation eine wertvolle Hilfestellung. Eine eindeutige Korrelation wurde lediglich zwischen
dem Sauerstoffgehalt der Pulver und der Härte und den statischen Festigkeitskennwerten
festgestellt. Aus diesem Grund wird vorgeschlagen, in jedem Fall die chemische Zusammensetzung des Pulvers bzw. dessen Gehalte an Sauerstoff, Stickstoff und Wasserstoff fortlaufend zu überwachen. Die in der Legierung enthaltenen Gehalte an Verunreinigungen sollten für die Pulverwerkstoffe deutlich unterhalb der normativ vorgegebenen
Grenzwerte liegen. Basierend auf den Untersuchungsergebnissen zum Prozessverhalten
der Pulverwerkstoffe konnte die bekannte Annahme nicht bestätigt werden, dass eine
hohe Bauteildichte eine hohe Packungsdichte des Pulverbetts voraussetzt. Zwischen der
Packungsdichte des Pulverbetts und der Dichte und der Porosität der Bauteile wurde bei
Betrachtung aller acht Pulver kein signifikanter Zusammenhang nachgewiesen. Allerdings wurde aus den Erkenntnissen zum Prozessverhalten abgeleitet, dass die Bauteildichte und -porosität von der Anordnung der Pulverpartikel auf einer Bauteilschicht
abhängen. Um die Packungsdichte der Partikel in einer Pulverschicht zu messen, existieren bislang keine zufriedenstellenden Möglichkeiten.

Mithilfe von numerischen und experimentellen Untersuchungen zum Pulverauftrag wurde jedoch das Verständnis für die flächige Verteilung des Pulvers deutlich erweitert. Es
wurden die Einflüsse der zu beschichtenden Oberfläche, der Pulverauftragssysteme bzw.
deren Material und Geometrie und der Pulverauftragsgeschwindigkeit auf die Ausbildung der Pulverschicht herausgestellt. Die Ergebnisse von Simulation und Experiment
zeigen, dass die Packungsdichte der Partikel in einer Pulverschicht geringer zu sein
scheint als die Schüttdichte des Pulvers in der Bevorratung und die Packungsdichte des
über mehrere Schichten erzeugten Pulverbetts. Darüber hinaus ließ sich eine Entmischung in Pulverauftragsrichtung erkennen. Hinsichtlich der Pulverauftragssysteme wird
die Empfehlung ausgesprochen, zum einen flexible Beschichterklingen einzusetzen, um
eine stabile Prozessführung zu gewährleisten. Zum anderen sollte zwischen der Klinge
und den Pulverpartikeln eine geringe Kontaktfläche bestehen, um eine dichte Pulverschicht zu erzeugen. Ferner wurde deutlich, dass eine hohe Pulverauftragsgeschwindigkeit die Güte der Pulverschicht beeinträchtigt und zu mangelnder Bauteilqualität führt.
Daher wurde zur Erhöhung der Produktivität des laseradditiven Fertigungsprozesses die
Parallelisierung von Pulverauftrag und Beschichtung vorgeschlagen.

Der Einfluss von Vibrationen während des Transports und die Auswirkungen der klimatischen Gegebenheiten während des Transports und der Lagerung wurden mithilfe von
verschiedenen Methoden der Umweltsimulation studiert. Die Erschütterungen, die während des Transports auftreten, können zu einer Entmischung des Pulverwerkstoffs in der
Verpackung führen. Je nachdem mit welchen Amplituden und Frequenzen die Pulver-

verpackung in Schwingung versetzt wurde, war entweder der Paranuss-Effekt oder der inverse Paranuss-Effekt zu beobachten. Vor dem Hintergrund dieser Resultate wird geraten, den Pulverwerkstoff nach dem Transport vor dem erstmaligen Einsatz im Fertigungsprozess durch Sieben und Mischen aufzulockern und zu homogenisieren. Aus den Klimaprüfungen ging hervor, dass sich die Eigenschaften des Pulvers insbesondere durch Temperatur- und Feuchtigkeitswechsel bei dem Transport, der Lagerung und der Handhabung verändern. Es wurde weiterhin festgestellt, dass die durch Klimawechsel hervorgerufenen Eigenschaftsveränderungen des Pulvers die Bauteilqualität beeinflussen. Auf Basis der erzielten Ergebnisse können für den Umgang mit dem Pulverwerkstoff die nachfolgend zusammengefassten Empfehlungen gegeben werden. Um eine Feuchtigkeitsaufnahme während des Transports und bei der (Zwischen-) Lagerung zu verhindern, sollte sich das Pulver in der Verpackung unter Schutzgas befinden. Alternativ sind dem Pulverwerkstoff zum Feuchtigkeitsentzug Trockenmittelbeutel zuzugeben. Vor dem Öffnen der Verpackung nach der Lieferung oder vor der Entnahme des durch eine Bauplattformheizung erwärmten Pulvers aus der Fertigungsanlage sollte entweder gewartet werden, bis die Temperatur des Pulvers der Umgebungstemperatur entspricht, oder eine Handhabung unter Ausschluss der Umgebungsluft vorgenommen werden. Insgesamt ist darauf zu achten, dass Temperatur- und Feuchtigkeitswechsel sowie die Verarbeitung des Pulvers in einer sauerstoffhaltigen Atmosphäre vermieden werden, um einen Sauerstoffgehalt unterhalb des zulässigen Grenzwertes und somit die Pulverqualität sicherzustellen. Dies setzt die Überwachung und Regelung des Klimas in der Fertigungsumgebung, in der Anlage und in den Peripheriegeräten sowie den Ausschluss der Umgebungsatmosphäre in den verschiedenen Prozessabschnitten voraus.

Nimmt das Pulver über die Nutzungsdauer Sauerstoff auf durch Kontakt mit der Umgebungsluft und -feuchtigkeit, kann der Sauerstoffgehalt durch ein *Refreshing* oder *Upcycling* reguliert werden. Dabei wird dem recycelten Pulverwerkstoff Neupulver in einer bestimmten Menge hinzugefügt, welches über einen geringeren Gehalt an Sauerstoff verfügt. Die geregelte Zugabe von Neupulver bei der Aufbereitung stellt eine Maßnahme dar im Rahmen der Optimierung dieses Prozessabschnittes, die in der Arbeit konzipiert wurde. Zur Verbesserung des Ablaufs der Pulveraufbereitung wurden die Erkenntnisse aus den Untersuchungen zur Wiederverwendung, zur Pulververgröberung, zum Sieben und zum Mischen zusammengeführt. Den Ausgangspunkt bildete die Feststellung, dass der mehrmalige Einsatz eines Pulverwerkstoffs im laseradditiven Fertigungsprozess zu einer Veränderung des Eigenschaftsprofils des Pulvers führte, was sich auch in den Qualitätsmerkmalen der Bauteile widerspiegelte. Insbesondere wurde die beobachtete Vergröberung des Pulvers infolge mehrfacher Verwendung erforscht. Dazu wurde zum einen die Bedeutung von den im laseradditiven Fertigungsprozess entstehenden Schweißspritzern und den sich bildenden miteinander versinterten Pulverpartikeln herausgestellt. Zum anderen wurde das Sieben des Pulvers detailliert untersucht. Als Ursachen für die sukzessive Änderung der Pulvereigenschaften mit zunehmender Anzahl der Prozesszyklen wurden die Art der zu fertigenden Bauteile, die Größe des zu belichtenden Volumens und die Parameter des Siebprozesses ermittelt. Basierend auf diesen Ergebnissen wurde ein Optimierungskonzept vorgeschlagen, bei welchem durch einen angepassten Ablauf des Siebens die Qualität des Siebergebnisses und die Effizienz des Siebprozesses verbessert werden. Die Integration eines sich anschließenden Mischprozesses soll eine Homogenisierung der Pulvereigenschaften vor dem erneuten Einsatz im laseradditiven Fertigungsprozess gewährleisten.

Das mit dieser Arbeit geschaffene erweiterte Verständnis für das Werkstoff- und Prozessverhalten der Metallpulver und die Handlungsempfehlungen für den Ti-6Al-4V-Pulverwerkstoff können zukünftig genutzt werden, um die Qualität der in der laseradditiven Fertigung eingesetzten Pulver zu bewerten und sicherzustellen. Damit werden die für den laseradditiven Fertigungsprozess bereits existierenden Qualitätssicherungs- und Überwachungsmethoden um Maßnahmen in den vor- und nachgelagerten Schritten ergänzt, was zu einer ganzheitlichen Qualitätssicherung entlang der gesamten Prozesskette beiträgt.

# Literaturverzeichnis

[Agr97]     Agrawala, S.; Rajamani, R.K.; Songfack, P.; Mishra, B.K.: Mechanics of media motion in tumbling mills with 3d discrete element method. Minerals Engineering, Vol. 10 Iss. 2, pp. 215-227, 1997

[ALD16]     ALD Vacuum Technologies GmbH: http://web.ald-vt.de/cms/vakuum-technologie/anlagen/powder-metallurgy/, abgerufen am 26.03.2016

[Alk12]     Rizal Alkahari, M.; Furumoto, T.; Ueda, T.; Hosokawa, A.; Tanaka, R.; Abdul Aziz, M.S.: Thermal conductivity of metal powder and consolidated material fabricated via selective laser melting. Key Engineering Materials 523-524, pp. 244-249, 2012

[All98]     Allmen, M. von; Blatter, A.: Laser-Beam Interactions with Materials: Physical Principles and Applications. 2., updated ed., updated print. Berlin [u.a.], Springer Verlag, 1998

[Ama11]     Amado, A.; Schmid, M.; Levy, G.; Wegener, K.: Advances in SLS powder characterization. Proceedings of the Annual International Solid Freeform Fabrication Symposium, The University of Texas, Austin, TX, USA, 2011

[AME12a]    AMETEK, Inc.: Technical Data Sheet. Premier source of high-purity, low oxygen hydride-dehydride (HDH) titanium powders, 2012

[AME12b]    AMETEK, Inc.: Technical Data Sheet. Innovation in plasma spherodized (ps) titanium powders, 2012

[Ant03]     Antony, L.V.M.; Reddy, R.G.: Processes for Production of High-Purity Metal Powders. JOM, 2013

[APC15]     AP&C Advanced Powders & Coatings Inc.: Leading the way in the production of plasma atomized spherical metal powders. http://advancedpowders.com/wp-content/uploads/APC-Corporate-brochure-fall-2015.pdf, abgerufen am 26.03.2016

[APC16]     AP&C Advanced Powders & Coatings Inc.: : http://advancedpowders.com/plasma-atomization-technology/sieving-and-blending-of-plasma-atomized-powders/, abgerufen am 26.03.2016

[Ard14]     Ardila, L.C.; Garciandia, F.; González-Díaz, J.B.; Álvarez, P.; Echeverria, A.; Petite, M.M.; Deffley, R.; Ochoa, J.: Effect of IN718 recycled powder reuse on properties on parts manufactured by means of Selective Laser Melting. Physics Procedia 56, pp. 99-107, 2014

[Ash11]     Ashan, M.N.; Pinkerton, A.J.; Moat, R.J.; Shackleton, J.: A comparative study of laser direct metal deposition characteristics using gas and plasma-atomized Ti-6Al-4V powders. Material Science and Engineering A 528, pp. 7648-7657, 2011

[Ash12]     Ashan, M.N.; Pinkerton, A.J.; Ali, L.: A comparison of laser additive manufacturing using gas and plasma-atomized Ti-6Al-4V powders. Innovative Developements in Virtual and Physical Prototyping: Proceedings oft he 5th International Conference on Advanced Research in Virtual and Rapid Prototyping, pp. 625-633, 2012

[ASM17]     ASM Aerospace Specification Metals Inc.: http://asm.matweb.com/search/SpecificMaterial.asp?bassnum=mtp641,

© Springer-Verlag GmbH Deutschland, ein Teil von Springer Nature 2018
V. Seyda, *Werkstoff- und Prozessverhalten von Metallpulvern in der laseradditiven Fertigung*, Light Engineering für die Praxis, https://doi.org/10.1007/978-3-662-58233-6

abgerufen am 17.05.2017

[ASTM07]    ASTM D6528-07: Standard Test Method for Consolidated Undrained
            Direct Simple Shear Testing of Cohesive Soils. ASTM International,
            West Conshohocken, PA, 2007

[ASTM12]    ASTM F1375-92(2012): Standard Test Method for Energy Dispersive
            X-Ray Spectrometer (EDX) Analysis of Metallic Surface Condition for
            Gas Distribution System Components. ASTM International, West Cons-
            hohocken, PA, 2012

[ASTM14b]   ASTM F1108-14: Standard Specification for Titanium-6Aluminum-
            4Vanadium Alloy Castings for Surgical Implants (UNS R56406). ASTM
            International, West Conshohocken, PA, 2014

[ASTM14c]   ASTM F1472-14: Standard Specification for Wrought Titanium-
            6Aluminum-4Vanadium Alloy for Surgical Implant Applications (UNS
            R56400). ASTM International, West Conshohocken, PA, 2014

[ASTM14d]   ASTM F2924-14: Standard Specification for Additive Manufacturing
            Titanium-6 Aluminum-4 Vanadium with Powder Bed Fusion. ASTM
            International, West Conshohocken, PA, 2014

[ASTM14e]   ASTM F3001-14: Standard Specification for Additive Manufacturing
            Titanium-6 Aluminum-4 Vanadium ELI (Extra Low Interstitial) with
            Powder Bed Fusion. ASTM International, West Conshohocken, PA,
            2014

[Att15]     Attar, H.; Prashanth, K.G.; Zhang, L.-C.; Calin, M.; Okulov, I.V.; Scu-
            dino, S.; Yang, C.; Eckert, J.: Effect of Powder Particle Shape on the
            Properties of In Situ Ti-TiB Composite Material Produced by Selective
            Laser Melting. Journal of Material Science & Technology 31, pp. 1001-
            1005, 2015

[Aum16]     Aumund-Kopp, C.; Zibelius, D.; Isaza, J.; Uhlirsch, M.: Practical Pow-
            der Analysis for Metal Powder Bed Based AM. DDMC Direct Digital
            Manufacturing Conference. Berlin, 2016

[Axe12]     Axelsson, S.: Surface Characterization of Titanium Powders with X-ray
            Photoelectron Spectroscopy. Diploma work. Chalmers University of
            Technology, Gotherburg, Sweden, 2012

[Bae12]     Baehr, H.D.; Kabelac, S.: Thermodynamik. 15., überarbeitete Auflage,
            Berlin [u.a.], Springer Vieweg, 2012

[Bar08]     Bargel, H.-J.; Schulze, G.: Werkstoffkunde. 10., bearbeitete Auflage.
            Springer-Verlag Berlin Heidelberg, 2008

[Bar15]     Barbis, D.P.; Gasior, R.M; Walker, G.P.; Capone, J.A.; Schaeffer, T.S.:
            Titanium powders from the hydride-dehydride process. In Qian, M.;
            Froes, F.H.S.: Titanium Powder Metallurgy. Science, Technology and
            Application. Butterworth-Heinemann, 2015

[Bea11]     Beauchamp, B.: Raymor AP&C: Leading the way with plasma atomised
            Ti spherical powder for MIM. Powder Injection Moulding International,
            Vol.5 No. 4, 2011

[Bec12]     Bechmann, F.; Berumen, S.; Craeghs, T.; Clijsters, S.: Prozessüberwa-
            chung und Qualitätssicherung generativ gefertigter Bauteile. Rapid.Tech
            2012: Fachmessen und Anwendertagung für Rapid-Technologie, Erfurt,
            2012

[Bei13]     Beiss, P.: Pulvermetallurgische Fertigungstechnik. Dodrecht, Springer-

Vieweg, 2013

[Ber09a]   Bergmann, W.: Werkstofftechnik Anwendung: Werkstoffherstellung, Werkstoffverarbeitung, Werkstoffanwendung. 4., aktualisierte Auflage, München [u.a.], Hanser, 2009

[Ber09b]   Berges, M.: Measuring exposure to ultrafine particles during welding. International Seminar „Exposure to ultrafine particles in welding fumes", Hannover, Berufsgenossenschaft Metall Nord Süd, 2009

[Ber10]   Bertolini, M.; Shaw, L.; England, L.; Rao, K.; Deane, J.; Collins, J.: The FFC Cambridge Process for Production of Low Cost Titanium and Titanium Powders. Key Engineering Materials Vol 436, pp. 75-83, 2010

[Ber12]   Berumen, S.; Bechmann, F.: Quality Control System for the Coating Process in Laser- and Powder Bed-Based Additive Manufacturing Technologies. DDMC Direct Digital Manufacturing Conference. Berlin, 2012

[Bey98]   Beyer, E.; Wissenbach, K.: Oberflächenbehandlung mit Laserstrahlung. Springer-Verlag Berlin Heidelberg, 1998

[Bie09]   Bierwisch, C.S.: Numerical Simulations of Granular Flow and Filling. Dissertation. Albert-Ludwigs-Universität Freiburg. Aachen, Shaker Verlag, 2009

[Bje66]   Bjerrum, L.; Landva, A.: Direct Simple-Shear Tests on a Norwegian Quick Clay. Géotechnique, Vol. 16 Iss. 1, pp.1-20, 1966

[Boh07]   Bohnet, M.: Mechanische Verfahrenstechnik. 1. Auflage, 1. Nachdruck, Wiley-VCH Verlag GmbH & Co. KGaA, Weinheim, 2007

[Bou12]   Boulous, M.I.: New frontiers in thermal plasmas from space to nano-materials. Nuclear Engineering and Technology Vol. 44 No. 1, 2012

[Boy94]   Boyer, R.; Welsch, G.; Collings, E.W.: Materials Properties Handbook. Materials Park, Ohio, ASM International, 1994

[Bög17]   Böge, A.; Böge, W.: Handbuch Maschinenbau. 23. Auflage, Springer Fachmedien Wiesbaden, 2017

[Bra10]   Brandl, E.: Microstructural and Mechanical Properties of Additive Manufactured Titanium (Ti-6Al-4V) Using Wire. Dissertation. Technische Universität Cottbus. Aachen, Shaker Verlag, 2010

[Bre03]   Breu, A.P.J.; Ensner, H.-M.; Kruelle, C.A.; Rehberg, I.: Reversing the Brazil Nut Effect: Competition between Percolation and Condensation. Physical Review Letters, Vol. 90, No. 1, 2003

[Bre11]   Brecher, C.: Integrative Produktionstechnik für Hochlohnländer. Springer-Verlag Berlin Heidelberg, 2011

[Bre12]   Bremen, S.; Meiner. W.; Diatlov, A.: Selective Laser Melting A manufacturing technology for the future?. Laser Journal. Wiley-VCH Verlag GmbH & Co. KGaA, Weinheim, 2012

[Bri09]   Brito, R.; Soto, R.: Competition of Brazil nut effect, buoyancy, an inelasticity induced segregation in a granular mixture. The European Physical Journal Special Topics, Vol. 179 Iss. 1, pp. 207-219, 2009

[Brü11]   Brückner, C.: Qualitätsmanagement – Das Praxishandbuch für die Automobilindustrie. München, Carl Hanser Verlag, 2011

[Büc07]   Büchter, A.; Henn, H.-W.: Elementare Stochatik. 2., überarbeitete und erweiterte Auflage. Springer-Verlag, Berlin Heidelberg, 2007

[Buc11]   Buchbinder, D.; Schleifenbaum, H.; Heidrich, S.; Meiners, W.; Bültmann, J.: High Powder Selective laser Melting (HP SLM) of Aluminium

Parts. Physics Procedia 12, pp. 271-278, 2011

[Buc13]     Buchbinder, D.: Selective Laser Melting von Aluminiumlegierungen. Dissertation. RWTH Aachen. Aachen, Shaker Verlag, 2013

[Bug99]     Bugeda, G.; Cervera, M.; Lombera, G.: Numerical prediction of temperature and density distribution in selective laser sintering processes. Rapid Prototyping Journal Vol. 5 Iss. 1, pp. 21-26, 1999

[Cap05]     Capus, J.M.: Metal Powders. 4th ed. Oxford, Elsevier, 2005

[Car16]     Carlton, H.D.; Haboub, A.; Gallegos, G.F.; Parkinson, D.Y.: Damage evolution and failure mechanisms in additively manufactured stainless steel. Materials Science and Engineering A 651, pp. 406-414, 2016

[Cla14]     Clayton, J.; Deffley, R.: Optimising metal powders for additive manufacturing. Metal Powder Report, Vol. 69 Iss. 5, 2014

[Cla15a]    Clayton, J.: An Introduction to Powder Rheology. Sitzung des VDI-GPL-Fachausschusses 105.2 „Rapid Manufacturing-Metalle", Taufkirchen, 2015

[Cla15b]    Clayton, J.; Millington-Smith, D.; Armstrong, B.: The Application of Powder Rheology in Additive Manufacturing. JOM Vol. 67 No. 3, 2015

[Con12]     Concept Laser GmbH: QM powder. Automatische Siebstation Bedienungsanleitung. Version 1.0.15, 2012

[Con15]     Concept Laser GmbH: M2 cusing Single Laser/ Dual Laser Betriebsanleitung, 2015

[Con17a]    Concept Laser GmbH: https://www.concept-laser.de/home.html, abgerufen am 07.05.2017

[Con17b]    Concept Laser GmbH: LaserCUSING ® Werkstoffe für die additive Bauteilfertigung       mit       Metall.       https://www.concept-laser.de/fileadmin/Neue_Produkte/1610_Werkstoffuebersicht_DE.pdf, abgerufen am 07.05.2017

[Con17c]    Concept       Laser       GmbH:       https://www.concept-laser.de/produkte/maschinen.html, abgerufen am 07.05.2017

[Con17d]    Concept Laser GmbH: M2 cusing Multilaser Metall-Laserschmelzanlage. https://www.concept-la-ser.de/fileadmin/user_upload/PDFs/1510_M2_cusing_Multilaser_DE.pd f , abgerufen am 07.05.2017

[Cra08]     McCracken, C.: Production of fine titanium powdersvia the Hydride-Dehydride (HDH) process. Powder Injection Moulding International Vol. 2 No. 2, 2008

[Cra11]     Craeghs, T.; Clijsters, S.; Yasa, E.; Kruth, J.-P.: Online quality control of selective laser melting. Proceedings of the Annual International Solid Freeform Fabrication Symposium, The University of Texas, Austin, TX, USA, 2011

[Cun79]     Cundall, P.A.; Strack, O.D.L.: A discrete numerical model for granular assemblies. Géotechnique, Vol. 29 Iss. 1, 1979

[Das07]     Das, N.: Modeling three-dimensional shape of sand grains unsig Discrete Element Method. Disseration. University of South Florida, 2007

[Daw15]     Dawes, J.; Bowerman, R.; Trepleton, R.: Introduction tot he Additive Manufacturing Powder Metallurgy Supply Chain. Johnson Matthey Technol. Rev. 59 (3), pp. 243-256, 2015

[Dei14]     Deiss, O.; Jaspers, M.; Lapp, P.; Lehmann, C.; Mattes, A.; Rehme, O., Wilkes, J.: Anlage zum selektiven Laserschmelzen mit drehender Relativbewegung zwischen Pulverbett und Pulververteiler, WO2014195068A1, 2014

[DEM10a]    DEM Solutions Ltd: EDEM 2.3 User Guide, 2010

[DEM10b]    DEM Solutions Ltd: Getting started with EDEM 2.3, 2010

[Der75]     Derjaguin, B.; Müller, V.; Toporov, Y.: Effect of contact deformations on the adhesion of particles. Journal of Colloid and Interface Science 53, pp. 314-326, 1975

[DIN02]     DIN 18137-3:2002-09: Baugrund, Untersuchung von Bodenproben – Bestimmung der Scherfestigkeit – Teil 3: Direkter Scherversuch. Berlin, Beuth, 2002

[DIN03]     DIN 8580:2003-09: Fertigungsverfahren – Begriffe, Einteilung. Berlin, Beuth, 2003

[DIN06]     DIN EN ISO 6507-1:2006-03: Metallische Werkstoffe – Härteprüfung nach Vickers – Teil 1: Prüfverfahren. Berlin, Beuth, 2006

[DIN09a]    DIN EN ISO 6892-1:2009-12: Metallische Werkstoffe – Zugversuch – Teil 1: Prüfverfahren bei Raumtemperatur. Berlin, Beuth, 2009

[DIN09b]    DIN EN 60068-2-64:2009-04: Umgebungseinflüsse – Teil 2-64: Prüfverfahren – Prüfung Fh: Schwingen, Breitbandrauschen (digital geregelt) und Leitfaden. Berlin, Beuth, 2009

[DIN10a]    DIN EN ISO 3923-1:2010-08: Metallpulver – Ermittlung der Fülldichte – Teil 1: Trichterverfahren. Berlin, Beuth, 2010

[DIN10b]    DIN EN ISO 3369:2010-08: Undurchlässige Sintermetallwerkstoffe und Hartmetalle – Ermittlung der Dichte. Berlin, Beuth, 2010

[DIN11a]    DIN ISO 9044:2011-09: Industriedrahtgewebe – Technische Anforderungen und Prüfung. Berlin, Beuth, 2011

[DIN11b]    DIN EN ISO 3953:2011-05: Metallpulver – Bestimmung der Klopfdichte. Berlin, Beuth, 2011

[DIN14a]    DIN EN ISO 4490:2014-11: Metallpulver – Ermittlung der Durchflussrate mit Hilfe eines kalibrierten Trichters (Hall flowmeter). Berlin, Beuth, 2014

[DIN14b]    DIN EN 60068-2-78:2014-02: Umgebungseinflüsse – Teil 2-78: Prüfverfahren – Prüfung Cab: Feuchte Wärme, konstant

[DIN15]     DIN EN ISO 9000:15-11: Qualitätsmanagementsysteme – Grundlagen und Begriffe. Berlin, Beuth, 2015

[DIN16]     DIN 50125:2016-12: Prüfung metallischer Werkstoffe – Zugproben. Berlin, Beuth, 2016

[DIN90]     DIN 17851:1990-11: Titanlegierungen; Chemische Zusammensetzung. Berlin, Beuth, 1990

[DIN91]     DIN ISO 4504:1991-07: Hartmetalle, Metallographische Bestimmung der Porosität und des ungebundenen Kohlenstoffs. Berlin, Beuth, 1991

[DiR04]     Di Renzo, A.; Di Maio, F.P.: Comparison of contact-force models for the simulation of collisions in DEM-based granular flow codes. Chemical Engineering Science 59, pp. 525-541, 2004

[Dob12]     Doblin, C.; Chryss, A.; Monch, A.: Titanium powder from the TiRO$^{TM}$ process. Key Engineering Materials, Vol. 520, pp. 95-100, 2012

[Dob13]     Doblin, C.; Freeman, D.; Richards, M.: The TiRO$^{TM}$ process for the continous production of titanium powder. Key Engineering Materials, Vol. 551, pp. 37-43, 2013

[Dör15]     Dörmann, M.; Schmid, H.-J.: Simulation of Capillary Bridges between Particles. Procedia Engineering 102, pp. 14-23, 2015

[Dri15]     Driver, D.S.: Discrete Element Multiphysical Models for Additive Manufacturing in conjunction with a Domain Specific Language for Computational Mechanics. Dissertation. University of Berkley, California, USA, 2015

[Dro09]     Drossel, G.: Umformung von Aluminium-Werkstoffen, Gießen von Aluminium-Teilen, Oberflächenbehandlung von Aluminium, Recycling und Ökologie. 16. Auflage, Düsseldorf, Aluminium Verlag Marketing & Kommunikation, 2009

[Düf14]     Düffels, K.: Methodenvergleich Partikelanalyse. Bildanalyse - Laserbeugung- Siebung. Analytica, 2014

[Dun13]     Dunkley, J.J.: Advances in atomisation techniques for the formation of metal powder, pp. 3-8. In: Chang, I.T.H.; Zhao, Y.: Advances in powder metallurgy. Oxford, Woodhead Publishing, 2013

[Dzu02]     Dzur, B.: Ein Beitrag zur Anwendung des induktiv gekoppelten Hochfrequenz-Plasmas zum atmosphärischen Plasmaspritzen oxidkeramischer Werkstoffe. Dissertation. TU Ilmenau, 2002

[Eis10]     Eisen, M.A.: Optimierte Parameterfindung und prozessorientiertes Qualitätsmanagement für das Selective-Laser-Melting-Verfahren. Dissertation. Universität Dusiburg-Essen. Aachen, Shaker Verlag, 2010

[Emm11a]    Emmelmann, C.; Scheinemann, P.; Munsch, M.; Seyda, V.: Laser Additive Manufacturing of Modified Implant Surfaces with Osseointegrative Characteristics. Physics Procedia 12, pp. 375-384, 2011

[Emm11b]    Emmelmann, C.; Petersen, M.; Kranz, J.; Wycisk, E.: Bionic Lightweight Design by Laser Additive Manufacturing (LAM) for Aircraft Industry. Proceedings SPIE 8065, 80650L, 2011

[Eng16]     Engeli, R.; Etter, T.; Hövel, S.; Wegener, K.: Processability of different IN738LC powder batches by selective laser melting. Journal of Materials Processing Technology 229, pp. 484-491, 2016

[Ent96]     Entezarian, M.; Allaire, F.; Tsantrizos, P.; Drew, R.A.L: Plasma Atomization: A New Process for the Production of Fine, Spherical Metal Powders. JOM, 1996

[EOS11a]    EOS Electro Optical Systems GmbH: Bedienung EOS M270 PSW 3.3, 2011

[EOS11b]    EOS Electro Optical Systems GmbH: Mill Test Certificate. Inspection certificate, in accordance with EN 10204, type 3.1. 2011

[EOS12]     EOS Electro Optical Systems GmbH: Siebmodul IPCM EOSINT M, 2012

[EOS17a]    EOS Electro Optical Systems GmbH: https://www.eos.info, abgerufen am 07.05.2017

[EOS17b]    EOS Electro Optical Systems GmbH: https://www.eos.info/werkstoffem, abgerufen am 07.05.2017

[EOS17c]    EOS Optical Systems GmbH: EOS M 400. System zur Additiven Fertigung von großen, hochqualitativen Metallteilen im Produktionsumfeld, https://cdn2.scrvt.com/eos/9707ab19c3bbe78b/7ca5b043818d/EOS_Syst emdatenblatt_EOS_M_400_de.pdf, abgerufen am 07.05.2017

[EOS17d]    EOS          Electro          Optical          Systems          GmbH: https://www.eos.info/werkstoffmanagement-metall,          abgerufen          am 09.05.2017

[EOS17e]    EOS Electro Optical Systems GmbH: Quality Assurance for Laser Pow-er.          Laser          Measurement          and          Monitoring. https://www.eos.info/fileadmin/user_upload/newsletter/Bilder_9_2012/ QA_Laser_Power_V1.0.pdf, abgerufen am 09.05.2017

[Fac10]     Facchini, L.; Magalini, P.; Robotti, P.; Molinari, A.; Hoeges, S.; Wis-senbach, K.: Ductility of a Ti-6Al-4V alloy produced by selective laser melting of a pre-alloyed powder. Rapid Prototyping Journal, Vol. 16 Iss. 6, pp. 450-459, 2010

[Fer06]     Ferraris, C.F.; Peltz, M.; Guthrie, W.; Avilés, A.I.; Haupt, R.; MacDo-nald, B.S.: Cerification of SRM 114q: Part II (Particle size distribution). NIST Special Publication 260-166. National Institute of Standards and Technology, Gaithersburg, MD, USA, 2006

[Fer12]     Ferrar, B.; Mullen, L.; Jones, E.; Stamp, R.; Sutcliffe, C.J.: Gas flow effects on selective laser melting (SLM) manufacturing performance. Journal of Material Processing Technology 212, pp. 355-364, 2012

[Fin05]     Finnie, G.J. Kruyt, N.P.; Ye, M.; Zeilstra, C.; Kuipers, J.A.M.: Longitu-dinal and transverse mixing in rotary kilns: A discrete element approach. Chemical Engineering Science, 60, pp. 4083-4091, 2005

[Flo08]     Flohreus  GmbH:  Produktkatalog.  Dichtungsplatten  aus  massiven Elastomeren. http://www.flohreus.de/downloads/A_Dichtungsplatten_ME.pdf,     abge-rufen am 17.05.2017

[Flo15]     Flood, A.; Liou, F.: Modeling of Powder Bed Processing – A Review. Proceedings of the Annual International Solid Freeform Fabrication Symposium, The University of Texas, Austin, TX, USA, 2015

[Fre07]     Freeman, R.: Measuring the flow properties of consilidated, conditioned and aerated powder – A comparative study using a powder rheometer and a rotational shear cell. Powder Technology 174, pp. 25-33, 2007

[Fre16]     Freeman Technology Ltd: Measuring and understanding the flow prop-erties of powders with the FT4 Powder Rheometer. Freeman FT4 Pow-der Rheometer Brochure, erhalten 2016

[Fre17a]    Freeman Technology Ltd: http://www.freemantech.co.uk/_powders/ft4-powder-rheometer-universal-powder-tester, abgerufen am 09.05.2017

[Fre17b]    Freeman Technology Ltd: http://www.freemantech.co.uk/_powders/powder-testing-bulk-properties, abgerufen am 09.05.2017

[Fre17c]    Freeman Technology Ltd: http://www.freemantech.co.uk/_powders/powder-testing-external-variables, abgerufen am 09.05.2017

[Geb07]     Gebhardt, A.: Generative Fertigungsverfahren. 3. Auflage. München, Hanser, 2007

[Geb13]     Gebhardt, A.: Generative Fertigungsverfahren. 4., neu bearbeitete und erweiterte Auflage, München, Hanser, 2013

[Ger89]     German, R.M.: Particle Packing Characterisitics. Princeton, NJ: Metal Powder Industries Federation, 1989

[Ger94]     German, R.M.: Powder Metallurgy Science. 2. Ed. Princeton, N.J.: Metal Powder Industries Federation, 1994

[Gho13]     Ghoroi, C.; Gurumurhty, L.; McDaniel, D.J.; Jallo, L.J.; Davé, R.N.: Multi-faceted characterization of pharmaceutical powder to discern the influence of surface modification. Powder Technology 236, pp. 63-74, 2013

[God08]     Godoy, S.; Risso, D.; Soto, R.; Cordero, P.: The rise oft he Brazil nut: a transition line. Physical Review E Stat Nonlin Soft Matter Phys, Vol. 78 (3 Pt 1), 2008

[Gon13]     Gong, H.; Rafi, K.; Starr, T.; Stucker, B.: The Effects of Processing Parameters on Defect Regularity in Ti-6Al-4V Parts Fabricated By Selective Laser Melting and Electron Beam Melting. Proceedings of the Annual International Solid Freeform Fabrication Symposium, The University of Texas, Austin, TX,    USA, 2013

[Gon14]     Gong, H.; Gu, H.; Zeng, K.; Dilip, J.J.S.; Pal, D.; Stucker, B.; Christiansen, D.; Beuth, J.; Lewandowski, J.J.: Melt Pool Characterization for Selective Laser Melting of Ti-6Al-4V Pre-alloyed Powder. Proceedings of the Annual International Solid Freeform Fabrication Symposium, The University of Texas, Austin, TX,    USA, 2014

[Gop09]     Gopienko, V.G.; Neikov, O.D.: Production of Titanium and Titanium Alloy Powders. In Neikov, O.D.; Naboychenko, S.S.; Murashova, I.V.; Gopienko, V.G.; Frishberg, I.V.; Lotsko, D.V.: Handbook of Non-Ferrous Metal Powders. Technologies and Applications. Elsevier Ltd., 2009

[Grü13]     Grünberger, T.; Wöber, W.; Seemann, R.: Optische Prozessüberwachung bei selektiven Laserschmelzverfahren. Rapid.Tech 2013: Fachmesse und Anwendertagung für Rapid-Technologie, Erfurt, 2013

[Grü14]     Grünberger, T.; Domröse, R.: Optical In-Process Monitoring of Direct Metal Laser Sintering (DMLS). Laser Technik Journal, Vol. 11 Iss. 2, pp. 40-42, 2014

[Gu12]      Gu, D.; Hagedorn, Y.-C.; Meiners, W.; Meng, G.; Santos Batista, R.J.; Wissenbach, K.; Poprawe, R.: Densification behavior, microstructure evolution, and wear performance of selective laser melting processed commerically pure titanium. Acta Materialia 60, pp. 3849-3860, 2012

[Gu14]      Gu, H.; Gong, H.; Dilip, J.J.S.; Pal, D., Hicks, A.; Doak, H.; Stucker, B.: Effect of Powder Variation ont the Microstructure and Tensile Strength of TiAl6V4 Parts Fabricated by Selective Laser Melting.

[Gür14]     Gürtler, F.-J.; Karg, M.; Dobler, M.; Kohl, S.; Tzivilsky, I.; Schmidt, M.: Influence of powder distribution on stability in laser beam melting: Analysis of melt pool dynamics by numerical simulations

[Gus03]     Gusarov, A.V.; Laoui, T.; Froyen, L.; Titov, V.I.:Contact thermal conductivity of a powder bed in selectiv laser sintering. International Journal of Heat and Mass Transfer 46, pp. 1103-1109, 2003

[Hae16]     Haeri, S.; Wang, Y.; Ghita, O.; Sun, J.: Discrete element simulation and experimental study of powder spreading process in additive manufacturing. Powder Technology 306, pp. 45-54, 2016

[Has14]     Hashemi, S.S.; Momeni, A.A.; Melkoumian, N.: Investigation of bore-hole stability in poorly cemented granular formations by discrete element method. Journal of Petroleum Science and Engineering, Vol. 113, pp. 23-35, 2014

[Hau81]     Hausner, H.H.: Powder characteristics and their effect on powder processing. Powder Technology, Vol. 30 Iss.1, pp. 3-8, 1981

[Hau99]     Hauser, C.; Childs, T.H.C.; Dalgarno, K.W.; Eane, R.B.: Atmospheric Control during Direct Selective Laser Sintering osf Stainless Steel 314S Powder. Proceedings of the Annual International Solid Freeform Fabrication Symposium, The University of Texas, Austin, TX,   USA, 1999

[Heb16]     Hebert, R.J.: Viewpoint: metallurgical aspects of powder bed metal additive manufacturing. Journal of Material Science 51, pp. 1165-1175, 2016

[Hel08]     Hellwig, P.: Untersuchung von wechselnden klimatischen Umgebungsbedingungen und den daraus resultierenden Betauungsphänomenen auf elektronischen Komponenten. Dissertation. Technische Universität Kaiserslautern. Aachen, Shaker Verlag, 2008

[Her14]     Herwig, H.; Moschallski, A.: Wärmeübertragung. 3., erweiterte und überarbeitete Auflage, Springer Vieweg, 2014

[Her15]     Herbold, E.B.; Walton, O.; Homel, M.A.: Simulation of Powder Layer Deposition in Additive Manufacturing Proceses Using the Discrete Element Method. Lawrence Livermore National Laboratory, 2015

[Her16]     Herzog, D.; Seyda, V.; Wycisk, E.; Emmelmann, C.: Additive manufacturing of metals. Acta Materialia 117, pp.371-392, 2016

[Her81]     Hertz, H.: Über die Berührung fester elastischer Körper. Journal für die reine und angewandte Mathematik 92, pp. 156-171, 1881

[Hoe16]     Hoeges, S.; Schade, C.T.; Causton, R.: Development of a maraging steel powder for additive manufacturing.
            http://www.gkngroup.com/hoeganaes/media/Tech%20Library/MPIF201
            5%20-%20216%20-%20Hoeges%20-
            %20%20Development%20of%20a%20Maraging%20Steel%20Powder%
            20for%20Additive%20Manufacturing%20(2).pdf, abgerufen am
            26.03.2016

[Hon01]     Hong, D.C.; Quinn, P.V.; Luding, S.: Reverse Brazil Nut Problem: Competition between Percolation and Condensation. Physical Review Letters, Vol. 86 Iss. 15, 2001

[Hop07]     Hoppe, U.F.: Entwicklung eines Größensortierers für stoßempfindliche Schüttgüter mit Hilfe des Simulationsverfahrens der Diskrteten Elemente Methode. Dissertation. RWTH Aachen, 2007

[Hua98]     Huang, H.; Dallimore, M.P.; Pan, J.; McCormick, P.G.: An investigation of the effect of powder on the impact characteristics between a ball and a plate using freefalling experiments. Materials Science and Engineering: A, Vol. 241 Iss. 1-2, pp. 38-47, 1998

[IPG17]     IPG Photonics Corporation:
            http://www.ipgphotonics.com/en/products/lasers/mid-power-cw-fiber-lasers/1-micron/ylm-and-ylr, abgerufen am 07.05.2017

[ISO06]     ISO 13322-2:2006: Particle size analysis – Image analysis methods – Part 2: Dynamic image analysis methods

[ISO11]     ISO 13320:2009-10: Partikelmessung durch Laserlichtbeugung. Berlin, Beuth, 2011

[ISO83]     ISO 4324:1983-12: Tenside; Pulver und Granulate; Bestimmung des Schüttwinkels. Berlin, Beuth, 1983

[IUP17]     International Union of Pure and Applied Chemistry (IUPAC): http://old.iupac.org/reports/2001/colloid_2001/manual_of_s_and_t/node 16.html, abgerufen am 11.06.2017

[Jah13]     Jahn, S.; Sändig, S.; Gemse, F.; Emmelmann, C.; Seyda, V.: Wärmebehandlung von strahlgeschmolzenen Titanbauteilen. Rapid.Tech 2013: Fachmesse und Anwendertagung für Rapid-Technologie, Erfurt, 2013

[Jah14]     Jahn, S.; Sändig, S.; Gemse, F.; Straube, C.; Emmelmann, C.; Seyda, V.: Heat Treatment of Selective Laser Melted Titanium Parts. Proceedings of DDMC Direct Digital Manufacturing Conference 2014, Berlin, 2014

[Jah15a]    Jahn, S.; Kahlenberg, R.; Straube, C.; Müller, M.: Empfehlungen zur Steigerung der Prozessstabilität beim Laserstrahlschmelzen. In: Witt, G.; Wegner, A.; Sehrt, J.T.: Neue Entwicklungen in der Additiven Fertigung. Beiträge aus der wissenschaftlichen Tagung der Rapid.Tech 2015. Berlin Heidelberg, Springer Vieweg, 2015

[Jah15b]    Jahn, S.; Seyda, V.; Emmelmann, C.; Sändig, S.: Influences of post proecessing on laser powder bed fused Ti-6Al-4V part properties. Materials Science and Technology (MS&T) 2015, Columbus, Ohia, USA, 2015

[Jah16]     Jahn, S.; Straube, C.; Gemse, F.; Seyda, V.; Herzog, D.; Emmelmann, C.: Influencing Factors on Quality of Titanium Components Manufactured By Laser Melting. Proceedings of DDMC Direct Digital Manufacturing Confrence Berlin 2016, Berlin, 2016

[Jen64]     Jenike, A.W.: Storage and flow of solids. Bulletin No. 123 of the Utah Engineering Experiment Station, University of Utah, Salt Lake City, Utah, USA, 1964

[Joh10]     Johnstone, M.W.: Calibration of DEM models for granular materials using bulk physical tests. The University of Edinburgh, Edinburgh, Schottland, 2010

[Joh71]     Johnson, K.L.; Kendall, K., Roberts, A.D.: Surface Energy and the Contact of Elastic Solids. Proceedings of the Royal Society of London. Series A, Mathematical and Physical Sciences, Vol. 324 No. 1558, pp. 301-313, 1971

[Joh85]     Johnson, K.L.: Contact mechanics. Cambridge, Cambridge University Press, 1985

[Kac09]     Kache, G.: Verbesserung des Schwerkrafteinflusses kohäsiver Pulver durch Schwingungseintrag. Disseration. Otto-von-Guericke-Universität Magdeburg, 2009

[Kal02]     Kalman, H.: Particle Technology in Chemical Industry. Verfahrentechnisches Kolloquium, Magdeburg, 2002

[Kar99]     Karapatis, N.P.; Egger, G.; Gygax, P.-E.; Glardon, R.: Optimization of powder layer density in selective laser sintering. Proceedings of the Annual International Solid Freeform Fabrication Symposium, The University of Texas, Austin, TX,   USA, 1999

[Kat06]     Katainen, J.; Paajanen, M; Athola, E.; Pore, V.; Lahtinen, J.: Adhesion as an interplay between particle size and surface roughness. Journal of Colloid and Interface Science 304, pp. 524-529, 2006

[Kem13] Kempen, K.; Thijs, L.; Buls, S.; Van Humbeeck, J.; Kruth, J.-P.: Lowering Thermal Gradients in Seletive Laser Melting (SLM) by Preheating the Baseplate. Proceedings of the Annual International Solid Freeform Fabrication Symposium, The University of Texas, Austin, TX,  USA, 2013

[Kin14] King, W.E.; Barth, H.D.; Castillo, V.M.; Gallegos, G.F.; Gibbs, J.W.; Hahn, D.E.; Kamath, C.; Rubenchick, A.M.: Observation of keyhole-mode laser melting in laser powder-bed fusion additive manufacturing. Journal of Materials Processing Technology 214, pp. 2915-2925, 2014

[Kje51] Kjellman, W.: Testing The Shear Strength of Clay in Sweden. Géotechnique, Vol. 2 Iss. 3, pp. 225-232, 1951

[Kla13] Klahn, C.; Bechmann, F.; Hofmann, S.; Dinkel, M.; Emmelmann, C.: Laser additive manufacturing of gas permeable structures. Physics Procedia 41, pp. 873-880, 2013

[Kle12] Kleszczynski, S.; Zur Jacobsmühlen, J.; Sehrt, J.T.; Witt, G.: Error Detection in Laser Beam Melting Systems by High Resolution Imaging. Proceedings of the Annual International Solid Freeform Fabrication Symposium, The University of Texas, Austin, TX,  USA, 2012

[Koc07] Kock, I.: Deformation and micromechanics of granular materials in shear zones – investigated with the Discrete Element Method. Dissertation. Universität Bremen. Bremen, 2007

[Kra09] Krantz, M.; Zhang, H.; Zhu, J.: Characterization of powder flow: Static and dynamic testing. Powder Technolgy 194, pp. 239-245, 2009

[Kru07a] Kruth, J.-P.; Duflou, J.; Mercelis, P.; Van Vaerenbergh, J.; Craeghs, T.; De Keuster, J.: On-line monitoring and process control in selective laser melting and laser cutting. Proceedings of the 5th LANE Conference, Laser Assisted Net Shape Engineering Vol. 1, pp. 23-37, Erlangen, 2007

[Kru07b] Kruggel-Emden, H.; Simsek, E.; Rickelt, S.; Wirtz, S.; Scherer, V.: Review and extension of normal force models fort he Discrete Element Method. Powder Technology 171, pp. 157-173, 2007

[Kru08] Kruggel-Emden, H.; Wirtz, S.; Scherer, V.: A study on tangential force laws applicable tot he discrete element method (DEM) for materials with viscoelastic or plastic behavior. Chemical Engineering Science 63, pp. 1523-1541, 2008

[Ku15] Ku, N.; Hare, C.; Ghadiri, M.; Murtagh, M.; Oram, P.; Haber, R.A.: Auto-granulation of fine cohesive powder by mechnical vibration. Procedia Engineering 102, pp. 72-80, 2015

[Lad16] Ladewig, A.; Schlick, G.; Fisser, M.; Schulze, V.; Glatzel, U.: Influence of shielding gas flow on the removal of process by-products in the selective laser melting process. Additive Manufacturing 10, pp. 1-9, 2016

[Lau90] Lausmaa, J.; Kasemo, B.: Surface spectroscopic characterization of titanium implant materials. Applied Surface Science 44, pp. 133-146, 1990

[LeB15] LeBrun, T.; Nakamoto, T.; Horikawa, K.; Kobayashi, H.: Effect of retained austenite on subsequent thermal processing and resultant mechanical properties of selective laser melted 17-4 PH stainless steel. Materials

&  Design 81, pp. 44-53, 2015

[Let14]     Leturia, M.; Benali, M.; Lagarde, S.; Ronga, I.; Saleh, K.: Characteriza-
            tion of flow properties of cohesive powders: A comparative study of
            traditional and new testing methods. Powder Technology 253, pp. 406-
            423, 2014

[Leu13]     Leuders, S.; Thoene, M.; Riemer, A.; Niendorf, T.; Tröster, T.; Richard,
            H.A.; Maier, H.J.: On the mechanical behaviour of titanium alloy
            TiAl6V4 manufactured by selective laser melting: fatigue resistance and
            crack growth performance. International Journal of Fatigue 48, pp. 300-
            307, 2013

[Li10]      Li, R.; Shi, Y.; Wang, Z.; Wang, L.; Liu, J.; Jiang, W.: Densification
            behavior of gas and water atomized 316L stainless steel powder during
            selective laser melting. Applied Surface Science 256, pp. 4350-4356,
            2010

[Li16]      Li, X.P.; O′Donnell, K.M.; Sercombe, T.B.: Selective laser melting of
            AlSi12 alloy: Enhanced densification via powder drying. Additive Ma-
            nufacturing 10, pp. 10-14, 2016

[Lin17]     Linde AG: Sicherheit beim Umgang mit technischen Gasen.
            http://www.linde-
            gas.de/internet.lg.lg.deu/de/images/Facts_About_Sicherheit565_92764.p
            df?v=2.0, abgerufen am 15.06.2017

[Liu11]     Liu, B.; Wildman, R.; Tuck, C.; Ashcroft, I.; Hague, R.: Investigation
            the effect of particle size distribution on processing parameters optimisa-
            tion in selective laser melting process. Proceedings of the Annual Inter-
            national Solid Freeform Fabrication Symposium, The University of
            Texas, Austin, TX,    USA, 2011

[Liu15]     Liu, Y.; Yang, Y.; Mai, S.; Wang, D.; Song, C.: Investigation into spat-
            ter behavior during selective laser melting of AISI 316L stainless steel
            powder. Materials and Design 87, pp. 797-806, 2015

[LPW17]     LPW Technology Ltd.: http://www.lpwtechnology.com/de/technical-
            library/powder-production/, abgerufen am 08.05.2017

[Lum12]     Lumay, G.; Boschini, F.; Traina, K.; Bontempi, S.; Remy, J.-C.; Cloots,
            R.; Vandewalle, N: Measuring the flowing properties of powders and
            grains. Powder Technology 224, pp. 19-27, 2012

[Lun02]     Lungfiel, A.: Ermittlung von Belastungsgrößen mittels der Diskrete-
            Elemente-Methode für die Auslegung von Sturzmühlen. Dissertation.
            Technische Universität Bergakademie Freiberg. Freiberg, 2002

[Lut11]     Lutzmann, S.: Beitrag zur Prozessbeherrschung des Elektronenstrahl-
            schmelzens. Dissertation. TU München. München, Herbert Utz Verlag,
            2011

[Lut16]     Lutter-Günther, M.; Schwer, F.; Seidel, C.; Reinhart, G.: Effects on
            Properties of Metal Powders for Laser Beam Melting Along the Powder
            Process Chain. DDMC Direct Digital Manufacturing Conference. Berlin,
            2016

[Lyc13]     Lyckfeldt, O.: Powder rheology of steel powders for additive manufac-
            turing. European Congress and Exhibition on Powder Metallurgy. Euro-
            pean PM Conference Proceedings, Shrewsbury, The European Powder
            Metallurgy Association, 2013

[Mal08]    Malone, K.F.; Xu, B.H.: Determination of contact parameters for discrete element method simulations of granular systems. Particuology 6, pp. 521-528, 2008

[Man14]    Manfredi, D.; Calignano, F.; Krishnan, M.; Canali, R.; Ambrosio, E.P.; Biamino, S.; Ugues, D.; Pavese, M.; Fino, P.: Additive manufacturing of Al alloys and aluminum matrix composites (AMCs). Journal of Materials Science 15, 2014

[Mar03]    Martin, C.L.; Bouvard, D.; Shima, S.: Study of particle rearrangement during powder compaction by the Discrete Element Method. Journal of the Mechanics and Physics of Solids 51, pp. 667-693, 2003

[Mar12]    Marcu, T.; Todea, M.; Gligor, I.; Berce, P.; Popa, C.: Effect of surface conditioning on the flowability of Ti6Al7Nb powder for selective laser melting applications. Applied Surface Science 258, pp. 3276-3282, 2012

[Mar15]    Markl, M.: Numerical Modeling and Simulation of Selective Electron Beam Melting Using a Coupled Lattice Boltzmann and Discrete Element Method. Dissertation. Friedrich-Alexander-Universität Erlangen- Nürnberg, Erlangen, 2015

[Mas16]    Maskery, I.; Aboulkhair, N.T.; Corfield, M.R.; Tuck, C., Clare, A.T.; Leach, R.K.; Wildman, R.D.; Ashcroft, I.A.; Hague, R.J.M.: Quantification and characterisation of porosity in selectively lasermelted Al-Si10-Mg using X-ray computed tomography. Materials Characterisation 111, pp. 193-204, 2016

[Mat16]    Matthes, S.; Kahlenberg, R.; Jahn, S.; Straube, C.: About the influence of powder properties on the Selective Laser Melting process. DDMC Direct Digital Manufacturing Conference. Berlin, 2016

[Mei99]    Meiners, W.: Direktes Selektives Laser Sintern einkomponentiger metallischer Werkstoffe. Dissertation. RWTH Aachen. Aachen, Shaker Verlag, 1999

[Mel15]    Mellor, I.; Grainger, L.; Rao, K.; Deane, J.; Conti, M.; Doughty, G.; Vaughan, D: Titanium production via the Metalysis process. In Qian, M.; Froes, F.H.S.: Titanium Powder Metallurgy. Science, Technology and Application. Butterworth-Heinemann, 2015

[Mer17]    Mercury Scientific Inc.: http://www.mercsci.com/measurements.htm#Avalanche%20Angle, abgerufen am 10.05.2017

[Met17]    Metalysis: http://www.metalysis.com/technology/, abgerufen am 08.05.2017

[MIL08]    MIL-STD-810G: Department of Defence Test Method Standard. Environmental Engineering Considerations and Laboratory Tests. Department of Defense United States of America, 2008

[Mil16]    Millington-Smith, D.: Measuring and Understanding Powder Flow and Powder Behavior. Webinar. 14.03.2016

[Min16]    Mindt, H.W.; Megahed, M.; Lavery, N.P.; Holmes, M.A., Brown, S.G.R.: Powder Bed Layer Characteristics: The Overseen First-Order Problem. Metallurgical and Materials Transactions A Vol 47A, pp. 3811-3822, 2016

[Mis05]    Missel, A.: The Brazil Nut and Reverse Brazil Nut Effects. http://guava.physics.uiuc.edu/~nigel/courses/563/Essays_2005/PDF/miss

el.pdf, 2005

[Moe14] Moeller, E.: Handbuch Konstruktionswerkstoffe. 2., überarbeitete Auflage, München [u.a.], Hanser Verlag, 2014

[Mor12] Morsch, O.: Sandburgen, Staus und Seifenblasen. Wiley-VCH Verlag GmbH & Co. KGaA, Weinheim, 2012

[Mos17] MostTech – Technologie Agentur: Hochtemperaturheizung für SLM®280HL.
https://www.mosttech.at/content/3d/anlagen/staticGallery//staticGallery_066567a5c673c19d/ori/Hochtemperaturheizung.pdf, abgerufen am 07.05.2017

[MPI17] m+p international, Mess- und Rechnertechnik GmbH: Produktinformation VibControl Rauschen und Sinus.
http://www.mpihome.com/files/pdf/vc_sinerandom_dt.pdf, abgerufen am 10.05.2017

[MTT09] MTT Technologies Group: Betriebsanleitung. Pulver Sieb Maschine Manuell PSM 100, 2009

[Mul07] Mullins, M.E.; Michaels, L.P.; Menon, V.; Locke, B.; Ranade, M.B.: Effect of Geometry on Particle Adhesion. Aerosol Science and Technology 17, pp. 105-118, 1992

[Mül10] Müller, W.: Mechanische Grundoperationen und ihre Gesetzmäßigkeiten. München [u.a.], Oldenbourg, 2010

[Mun13] Munsch, M: Reduzierung von Eigenspannungen und Verzug in der laseradditiven Fertigung. Dissertation, Technische Universität Hamburg-Harburg. Göttingen, Cuvillier Verlag, 2013

[Mur12] Murr, L.E.; Martinez, E.; Hernandez, J.; Collins, S.; Amato, K.N.; Gaytan, S.M.; Shindo, P.W.: Microstructures and properties of 17-4 PH stainless steel fabricated by selectiv laser melting. Journal of Materials Research and Technology, Vol. 1 Iss. 3, pp. 167-177, 2012

[Nan16] Nandwana, P.; Peter, W.H.; Dehoff, R.R.; Lowe, L.E.; Kirka, M.M.; Medina, F.; Babu, S.S.: Rycyclability Study on Inconel 718 and Ti-6Al-4V Powders for Use in Electron Beam Melting. Metallurgical and materials Transactions B Vol. 47B, 2016

[Nee14] Neef, A.; Seyda, V.; Herzog, D.; Emmelmann, C.; Schönleber, M.; Kogel-Hollacher, M.: Low Coherence Interferometry in Selective Laser Melting. Physics Procedia 56, pp. 82-89, 2014

[Nei09] Neikov, O.D.: Atomization and Granulation. In Neikov, O.D.; Naboychenko, S.S.; Murashova, I.V.; Gopienko, V.G.; Frishberg, I.V.; Lotsko, D.V.: Handbook of Non-Ferrous Metal Powders. Technologies and Applications. Elsevier Ltd., 2009

[Nie05] Niemann, G.; Winter, H.; Höhn, B.-R.: Maschinenelemente. Konstruktion und Berechnung von Verindungen, Lagern, Wellen. 4., bearbeitete-Auflage, Berlin [u.a.], Springer Verlag, 2005

[Ohl15] Ohlsen, J.; Herzog, F.; Raso, S.; Emmelmann, C.: Funktionsintegrierte, bionisch optimierte Fahrzeugleichtbaustruktur in flexibler Fertigung. Automobiltechnische Zeitschrift, 117. Jahrgang, 2015

[Ola13] Olakanmi, E.O.: Selective laser sintering/melting (SLS/SLM) of pure Al, Al-Mg, and Al-Si powders: Effect of processing conditions and powder properties. Journal of Materials Processing Technology 213, pp. 1387-

1405, 2013

[Osh07].     Oshida, Y.: Bioscience and Bioengineering of Titanium Materials. 1. ed., Amsterdam [u.a.], Elsevier, 2007

[Ott12]     Ott, M.: Multimaterialverarbeitung bei der additiven strahl- und pulver-bettbasierten Fertigung. Dissertation. TU München. München, Herbert Utz Verlag, 2012

[Ove03]     Over, C.: Generative Fertigung von Bauteilen aus Werkzeugstahl X38CrMoV5-1 und Titan TiAl6V4 mit „Selective Laser Melting". Dissertation. RWTH Aachen. Aachen, Shaker-Verlag, 2003

[Par13a]     Parteli, E.J.R.: DEM simulation of particles of complex shapes using the multisphere method: application for additive manufacturing. AIP Conference Proceedings, Vol. 1542 Iss. 1, 2013

[Par13b]     Parteli, E.J.R.: Using LIGGGHTS for performing DEM simulations of particles of complex shapes with the multisphere method. DEM – 6th International Conference on Discrete Element Methods and Related Techniques, pp. 217-222, 2013

[Par16]     Parteli, E.J.R.; Pöschel, T.: Particle-based simulation of powder application in additive manufacturing. Powder Technology 288, pp. 96-102, 2016

[Ped05]     Pedrotti, F.; Pedrotti, L.; Bausch, W.; Schmidt, H.: Optik für Ingenieure. Grundlagen. 3., bearbeitete, aktualisierte Auflage. Springer-Verlag Berlin Heidelberg, 2005

[Pel12]     Pelz, A.: Einsatz wasserverdüster Pulver zum Plasma-Pulver-Auftragsschweißen. Dissertation. Otto-von-Guericke Universität Magdeburg. Aachen, Shaker Verlag, 2012

[Pet02]     Peters, M.; Leyens, C.: Titan und Titanlegierungen. 3., völlig neu bearbeite Auflage, Wiley-VCH Verlag GmbH & Co. KGaA, Weinheim, 2002

[Pet07]     Petersen, M.: Lasergenerieren von Metall-Keramik-Verbundwerkstoffen. Dissertation. Technische Universität Hamburg-Harburg. Göttingen, Cuvillier Verlag, 2007

[Pet15]     Petrovic, V.; Ninerola, R.: Powder recyclability in electron beam melting for aeronutical use. Aircraft Engineering and Aerospace Technology: An International Journal Vol. 87 Iss. 2, pp. 147-155, 2015

[Pfe14]     Pfeufer, H.-J.: FMEA- Fehler-Möglichkeits- und Einfluss-Analyse. München, Carl Hanser Verlag, 2015

[Pin05]     Pinkerton, A.J.; Li, L.: Direct additive laser manufacturingunsing gas- and water-atomised H13 tool steelpowders. International Journal of Advanced Manufacturing Technology 25, pp. 471-479, 2005

[Pop05]     Poprawe, R: Lasertechnik für die Fertigung. Springer-Verlag Berlin Heidelberg, 2005

[Por06]     Portillo, P.M.; Muzzio, F.J.; Ierapetritou, M.G.: Modeling and designing powder mixing processes utilizing compartment modeling. Computer Aided Chemical Engineering, Vol. 21, pp. 1039-1044, 2006

[Pra14]     Prashanth, K.G.; Scudino, S.; Klauss, H.J.; Surreddi, K.B.; Löber, L.; Wang, Z.; Chaubey, A.K.; Kühn, U.; Eckert, J.: Microstructure and mechanical properties of Al-12Si produced by selective laser melting: effect of heat treatment. Material Science and Engineering A 590, pp.

153-160, 2014

[Qui15]      Quian, M.; Froes, F.H.: Titanium Powder Metallurgy. First edition.
             Amsterdam [u.a.], Elsevier, 2015

[Raj14]      Rajner, N.: Analyse und Bewertung von Pulverherstellverfahren für das
             Laserstrahlschmelzen. 18. Augsburger seminar für Additive Fertigung,
             2014

[Ran00]      Ransing, R.S.; Gethin, D.T.; Khoei, A.R.; Mosbah, P.; Lewis, R.W.:
             Powder compaction modelling via the discrete and finite element me-
             thod. Materials & Design, Vol. 21 Iss. 4, pp. 263-269, 2000

[Rao15]      Rao, K.: Metalysis. Titanium Production by the Metalysis Process. In-
             ternational Titanium Association, Birmingham, UK, 2015

[Rea17]      ReaLizer         GmbH:        Datenblatt       SLM          50.
             http://www.realizer.com/?page_id=256, abgerufen am 07.05.2017

[Red01]      Redanz, P.; Fleck, N.A.: The compaction of a random distribution of
             metal cylinders by the discrete element method. Acta Materialia, Vol. 49
             Iss. 20, pp. 4225-4335, 2001

[Reh05]      Rehme, O.; Emmelmann, C.: Reproducibility for properties of Selective
             Laser Melting products. Proceedings of the Third International WLT
             Conference on Laser in Manufacturing. München, AT-Fachverlag, 2005

[Reh10]      Rehme, O.: Cellular Design for Laser Freeform Fabrication. Disseration.
             Technische Universität Hamburg-Harburg. Hamburg, Cuvillier Verlag,
             2010

[Rie14]      Riemer, A.; Leuders, S.; Thoene, M.; Richard, H.A.; Troester, T.; Nien-
             dorf, T.: On the fatigue crack growth behavior in 316L stainless steel
             manufactured by selective laser melting. Engineering Fracture Mecha-
             nics 120, pp-15-25, 2014

[Roj01]      Rojek, J.; Nosewicz, S.; Pietrzak, K.; Chmielewski, M.; Kaliński, D.:
             Modelling of powder sintering using the discrete element method. Com-
             puter Methods in Mechanics, Warschau, Polen, 2011

[Rol16]      Roland Berger GmbH: Additive Manufacturing – next generation AMnx
             Study. 2016

[Rom05]      Rombouts, M.; Froyen, L.; Gusarov, A.V.; Bentefour, E.H.; Glorieux,
             C.: Photoelectric measurement of thermal conductivity of metallic pow-
             ders. Journal of Applied Physics 97, 2005

[Rom06]      Rombouts, M.: Selective laser sintering/ melting of iron-based powders.
             Ph.D. Thesis. KatholiekeUniversiteit Leuven. Leuven, Belgien, 2006

[Ros87]      Rosato, A.; Stranburg, K.J.; Prinz, F.; Swendsen, R.H.: Why the Brazil
             nuts are on top:  Size Segregation of Particulate Matter by Shaking.
             Physical Review Letters, Vol. 58, No. 10, 1987

[Rum01]      Rump, H.A.: Untersuchung und Beschreibung physikalischer Mecha-
             nismen von Adhäsion in mikromechanischen Inertialsensoren. Disserta-
             tion. Martin-Luther-Universität Halle Wittenberg, Halle, 2001

[Rum75]      Rumpf, H.: Mechanische Verfahrenstechnik. München [u.a.], Hanser,
             1975

[Sal08]      Saleh, B.E.A.; Teich, M.C.; Bär, M.: Grundlagen der Photonik. 1. Auf-
             lage, dt. Übersetzung der 2., vollständig überarbeiteten und erweiterten
             Auflage, Wiley-VCH Verlag GmbH & Co. KGaA, Weinheim, 2008

[Sän15]      Sändig, S.; Jahn, S.; Kahlenberg, R.; Matthes, S.; Straube, C.: Einfluss des Prozessgases auf den Strahlschmelzprozess und Empfehlungen zur Steigerung der Prozessstabilität. DVS Congress, Nürnberg, 2015

[Sch03a]   Schubert, H.: Handbuch der Mechanischen Verfahrenstechnik. Wiley-VCH Verlag GmbH & Co. KGaA, Weinheim, 2003

[Sch03b]   Schmidt, P.; Körber, R.; Coppers, M.: Sieben und Siemaschinen. Wiley-VCH Verlag GmbH & Co. KGaA, Weinheim, 2003

[Sch07]    Schatt, W.; Wieters, K.-P.; Kieback, P.: Pulvermetallurgie. Technologien und Werkstoffe. 2., bearbeitete und erweiterte Auflage, Springer-Verlag Berlin Heidelberg, 2007

[Sch09]    Schulze, D.: Pulver und Schüttgüter. Fließeigenschaften und Handhabung. 2., bearbeitete Auflage, Springer-Verlag Berlin Heidelberg, 2009

[Sch11]    Schmidtke, K.; Palm, F.; Hawkins, A.; Emmelmann, C.: Process and mechanical properties: applicability of a scandium modified Al-alloy for laser additive manufacturing. Physics Procedia 12, pp. 369-374, 2011

[Sch12]    Schleifenbaum, J.H.: Verfahren und Maschine zur individualisierten Produktion mit High Power Selective Laser Melting. Dissertation. RWTH Aachen. Aachen, Shaker Verlag, 2012

[Sch13]    Schwister, K.; Leven, V.: Verfahrenstechnik für Ingenieure. München, Hanser, 2013

[Sch14]    Schade, C.T.; Murphy, T.F.; Walton, C.: Development of atomized powders for additive manufacturing. Advances in Powder Metallurgy and Particulate Materials, Proceedings of the 2014 World Congress On Powder Metallurgy and Particulate Materials, PM 2014, pp. 215-225, 2014

[Sch15a]   Schonefeld, H.: Selective Laser Melting (SLM®) 3 D Metal Printer – New perspectives for high productive batch production for Aerospace Industry. Light Alliance Workshop, Hamburg, 2015

[Sch15b]   Schmitt, R.; Pfeifer, T.: Qualitätsmanagement. Strategien – Methoden – Techniken. 5., aktualisierte Auflage. München, Carl Hanser Verlag, 2015

[Sch15c]   Schmid, M.: Slektives Lasersintern (SLS) mit Kunststoffen. München, Hanser, 2015

[Sch79]    Schubert, H.: Grundlagen des Agglomerierens. Chemie Ingenieur Technik, Vol. 51 Iss. 4, pp. 266-277, 1979

[Sch96]    Schlichting, H.J.; Nordmeier, V.; Jungmann, D.: Die Großen landen immer oben – Entmischen durch Mischen. Physik in der Schule 34/5, pp. 191-193, 1996

[Seh10]    Sehrt, J.T.: Möglichkeiten und Grenzen bei der generativen Herstellung metallischer Bauteile durch das Strahlschmelzverfahren. Dissertation. Universität-Duisburg-Essen. Aachen, Shaker Verlag, 2010

[Sey12]    Seyda, V.; Kaufmann, N.; Emmelmann, C.: Investigation of aging processes of Ti-6Al-4V powder material in laser melting. Physics Procedia 39, pp. 425-431, 2012

[Sey13]    Seyda, V.; Nagel, M.; Garlof, S.; Emmelmann, C.: Analysis of power deposition in Laser Additive Manufacturing. Proceedings of 18th Plansee Seminar, 2013

[Sey14]    Seyda, V.; Herzog, D.; Emmelmann, C.; Jahn, S.; Sändig, S.: On the treatment of Ti-6Al-4V powder in laser melting. Proceedings of DDMC

Direct Digital Manufacturing Confrence Berlin 2014, Berlin, 2014

[Sey15]     Seyda, V.; Herzog, D.; Emmelmann, C.; Jahn, S.; Sändig, S.; Straube, C.: Einflussfaktoren auf die Qualität von Ti-6Al-4V-Bauteilen in der laseradditiven Fertigung. DVS Congress, Nürnberg, 2015

[Sey16]     Seyda, V.; Herzog, D.; Emmelmann, C.: Relationship between Powder Charateristics and Part Properties In Laser Beam Melting of Ti-6Al-4V, and Implications on Quality. Proceedings of ICALEO – 35th International Congress on Applications of Lasers & Electro Optics. San Diego, CA, USA, 2016

[She04]     Shellabear, M.; Nyrhilä, O.: DMLS – Development history and state oft he art. LANE 2004, 2004

[Sig08]     Sigl, M.: Ein Beitrag zur Entwicklung des Elektronenstrahlsinterns. Dissertation. TU München. München, Herbert Utz Verlag, 2008

[Sih92]     Sih, S.S.; Barlow, J.W.: The measurement of the thermal properties and absorptances of powders near their melting temperature. Proceedings of the Annual International Solid Freeform Fabrication Symposium, The University of Texas, Austin, TX,   USA, 1992

[Sih96]     Sih, S.S.: The thermal and optical properties of powders in selective laser sintering. Ph.D. Thesis. University of Texas Austin, USA, 1996

[Sim04]     Simchi, A.: The Role of Praticle Size on the Laser Sintering of Iron Powder. Metallurgical and Materials Transactions B Vol. 35B, pp. 937-948, 2004

[Sim15]     Simonelli, M.; Tuck, C.; Aboulkhair, N.T.; Maskery, I.; Ashcroft, I.; Wildman, R.D.; Hague, R.: A Study on the Laser Spatter and the Oxidation Reactions During Selective Laser Melting of 316L Stainless Steel, Al-Si10-Mg and Ti-6Al-4V. Metallurgical and Materials Transactions A Vol. 45A, pp. 3842-3851, 2015

[Sin07]     Sinka, I.C.: Modelling powder compaction. KONA Powder and Particle Journal, Vol. 25, pp. 4-22, 2007

[Sit98]     Sittig, C.E.: Charakterisierung der Oxidschichten auf Titan und Titanlegierungen sowie deren Reaktionen in Kontakt mit biologisch relevanten Modellösungen. Dissertation. Eidgenössische Technoische Hochschule Zürich. Zürich, 1998

[Sko13]     Skorna, A.C.H.: Empfehlungen für die Ausgestaltung eines Präventionskonzepts in der Transportversicherung: Untersuchung von Transportschäden, Präventionsmaßnahmen und der Präventionsaffinität von Versicherungsnehmern. Dissertation. Universiät St. Gallen. Karlsruhe, Verlag Versicherungswirtschaft, 2013

[Skr10]     Skrynecki, N.: Kundenorientierte Optimierung des generativen Strahlschmelzprozesses. Dissertation. Universität Duisburg-Essen. Aachen, Shaker-Verlag, 2010

[SLM17a]    SLM Solutions Group AG: https://slm-solutions.de, abgerufen am 07.05.2017

[SLM17b]    SLM Solutions Group AG: 3D Metals & Services. https://slm-soluti-ons.de/sites/default/files/attachment/page/2016/11/w_metals_services_en_druck.pdf, abgerufen am 07.05.2017

[SLM17c]    SLM Solutions Group AG: SLM 500 Selective Laser Melting Maschine.

|  | https://slm-solutions.de/sites/default/files/downloads/w_slm500_de.pdf, abgerufen am 07.05.2017 |
| [Slo14] | Slotwinski, J.A.; Garboczi, E.J.; Stutzman, P.E.; Ferraris, C.F.; Watson, S.S.; Peltz, M.A.: Charaterization of Metal Powders Used for Additive Manufacturing. Journal of Research of the National Institute of Statndards and Technology 119, 2014 |
| [Slo15] | Slotwinski, J.A.; Garboczi, E.J.: Metrology needs for metal additive manufacturing powders. JOM Vol. 67 No. 3, 2015 |
| [Sma99] | Smallman, R.E.; Bishop, R.J.: Modern Physical Metallurgy and Materials Engineering. 6. ed. Oxford [u. a.], Butterworth-Heinemann, 1999 |
| [Spi09] | Spierings, A.B.; Levy, G.: Comparison of density of stainless steel 316L parts produced with selective laser melting using different powder grades. Proceedings of the Annual International Solid Freeform Fabrication Symposium, The University of Texas, Austin, TX,  USA, 2009 |
| [Spi11] | Spierings, A.B.; Herres, N.; Levy, G.: Influence of the particle size distribution on surface quality and mechanical properties in AM steel parts. Rapid Prototyping Journal Vol. 17 Iss. 3, pp-195-202, 2011 |
| [Spi15a] | Spiegel, A.; Hillbrecht, M.; Emmelman, C.; Beckmann, F.: Hybrides Leistungselektronikgehäuse – Wege zum wirtschaftlichen Einsatz der laseradditiven Fertigung, lightweightdesign. Lightwight Design, Ausgabe 05/ 2015 |
| [Spi15b] | Spierings, A.B.; Voegtlin, M.; Bauer, T.; Wegener, K.: Powder flowability characterisation methodology for powder-bed-based metal additive manufacturing. Progress in Additive Manufacturing, Volume 1, Issue 1-2, pp. 9-20, 2015 |
| [Sta12] | Starr, T.L.; Rafi, K.; Stucker, B.; Scherzer, C.M.: Controlling phase composition in selective laser melted stainless steels. Proceedings of the Annual International Solid Freeform Fabrication Symposium, The University of Texas, Austin, TX,  USA, 2012 |
| [Sta14] | Stank, K.: Oberflächenmodifizierung von Wirkstoffen zur Inhalation. Dissertation. Christian-Albrechts-Universität zu Kiel. Kiel, 2014 |
| [Ste13] | Stephan, P.; Schaber, K.; Stephan, K.; Mayinger, F.: Thermodynamik. Grundlagen und technische Anwendungen. Band 1: Einstoffsysteme. 19., ergänzte Auflage, Springer Vieweg, 2013 |
| [Ste16] | Steuben, J.C.; Iliopoulos, P.; Michopoulos, J.G.: Discrete element modeling of particle-based additive manufacturing processes. Computer Methods in Applied Mechanics and Engineering 305, pp. 537-561, 2016 |
| [Sti09] | Stieß, M.: Mechanischer Verfahrenstechnik - Partikeltechnologie 1. 3.,vollst. neu bearb. Auflage. Springer-Verlag Berlin Heidelberg, 2009 |
| [Str13] | Streek, A.; Regenfuss, P.; Exner, H.: Fundamentals of Energy Conversion and Dissipation in Powder Layers during Laser Micro Sintering. Physics Procedia 41, pp. 851-862, 2013 |
| [Str14] | Strondl, A.; Lyckfeldt, O.; Brodin, H.; Ackelid, U.: Characterisation and Control of Powder Properties for Additive Manufacturing. Proceedings Euro PM2014, EPMA, 2014 |
| [Str15] | Strondl, A.; Lyckfeldt, O.; Brodin, H.; Ackelid, U.: Characterization and Control of Powder Properties for Additive Manufacturing. JOM Vol. 67 No. 3, 2015 |

[Sun15]    Sun, Y.Y.; Gulizia, S.; Oh, C.H.; Doblin, C.; Yang, Y.F.; Qian, M.: Manipulation and Characterization of a novel Titanium Powder Precursor for Additive Manufacturing Applications. JOM Vol. 67 No. 3, pp. 564-572, 2015

[Syk07]    Sykut, J.; Molenda, M.; Horabik, J.: Discrete Element Method (DEM) as a tool for investigation properties of granular materials. Polish Journal of Food and Nutrtion Science, Vol. 57 No. 2, pp. 169-173, 2007

[Sym17]    Sympatec GmbH: https://www.sympatec.com/DE/ImageAnalysis/Fundamentals.html, abgerufen am 09.05.2017

[Tan15]    Tang, H.P.; Qian, M.; Liu, N.; Zhang, X.Z.; Yang, G.Y.; Wang, J.: Effect of Powder Reuse Times on Additive Manufacturing of Ti-6Al-4V by Selective Electron Beam Melting. JOM Vol. 67 No. 3, pp. 555-563, 2015

[Thi10]    Thijs, L.; Verhaege, F.; Craeghs, T.; van Humbeeck, J.; Kruth, J.-P.: A study of microstructural evolution during selective laser melting of Ti-6Al-4V. Acta Materialia 58, pp. 3303-3312, 2010

[Thi13]    Thijs, L.; Montero, S.; Sistiaga, M.L.; Wauthle, R.; Xie, Q.; Kruth, J.-P.; van Humbeeck, J.: Strong morphological and crystallographic texture and resulting yield strength anisotropy in selective laser melted tantalum. Acta Materialia 61, pp. 4657-4668, 2013

[Tho14]    Thombansen, U.; Gatej, A.; Pereira, M.: Tracking the course oft he manufacturing process in selective laser melting. Proceedings of SPIE 8963: High-Powder Laser Materials Processing – Lasers, Beam Delivery, Diagnostics and Applications III, San Francisco, CA, USA, 2014

[TLS16]    TLS Technik GmbH & Co Spezialpulver KG: http://www.tls-technik.de/d_2.html, abgerufen am 26.03.2016

[Tol00]    Tolochko, N.K.; Laoui, T.; Khlopkov, Y.V; Mozzharov, S.E.; Titov, V.I.; Ignatiev, M.B.: Absorptance of powder materials suitable for laser sintering. Rapid Prototyping Jounal Vol. 6 Iss. 3, pp. 155-160, 2000

[Tom03]    Tomas, J.: Zur Produktgestaltung kohäsiver Pulver – Mechanische Eigenschaften, Kompressions- und Fließverhalten. Chemie Ingenieur Technik 75. Wiley-VCH Verlag GmbH & Co. KGaA, Weinheim, 2003

[Tom09]    Tomas, J.: Produkteigenschaften ultrafeiner Partikel – Mikromechanik, Fließ- und Kompressionsverhalten kohäsiver Pulver. Stuttgart/ Leipzig, S. Hirzel Verlag, 2009

[Tru15]    Trumpf GmbH + Co. KG: 3-D-Druck: Schnell und flexibel Metallteile drucken. Presse-Information, 2015

[Tru17a]   Trumpf GmbH + Co. KG: https://www.trumpf.com/de_DE/anwendungen/additive-fertigung/ , abgerufen am 07.05.2017

[Tsu92]    Tsuji, Y.; Tanaka, T.; Ishida, T.: Lagrangian numerical simulation of plug flow of cohesionless particles in a horizontal pipe. Powder Technology 71, pp. 239-250, 1992

[Uhl15]    Uhlmann, E.; Kersting, R.; Klein, T.; Cruz, M.F.; Borille, A.V.: Additive manufacturing of titanium alloy for aircraft components. Procedia CIRP 35, pp. 55-60, 2015

[Ulr07]    Ulrich, S.; Schröter, M.: Der Paranuss-Effekt. Physik in unserer Zeit,

Vol. 38 Iss. 6, Wiley-VCH Verlag GmbH & Co. KGaA, Weinheim, 2007

[Upa02]  Upadhyaya, G.S.; Net Library, Inc.: Powder metallurgy technology. Cambridge, Cambridge International Science Pub., 2002

[VDA12]  VDA, Verband der Automobilindustrie e.V.: Sicherung der Qualität in der Produktionslandschaft. Band 4 Kapitel: Produkt- und Prozess-FMEA. 2., überarbeitete Auflage 2006, aktualisiert im Juni 2012

[VDI13]  VDI3405:2013-08: Additive Fertigungsverfahren – Strahlschmelzen metallsicher Bauteile – Qualifizierung, Qualitätssicherung und Nachbearbeitung. Berlin, Beuth, 2013

[VDI14]  VDI 3405:2014-12: Additive Fertigungsverfahren - Grundlagen, Begriffe und Verfahrensbeschreibungen. Berlin, Beuth, 2014

[VdS95]  Van der Schueren, B; Kruth, J.P.: Powder deposition in selective metal powder sintering. Rapid Prototyping Journal, Vol. 1 Iss. 3, pp. 23-31, 1995

[Ver09]  Verhaeghe, F.; Craeghs, T.; Heulens, J.; Pandelaers, L.: A pragmatic model for selective laser melting with evaporation. Acta Materialia 57, pp. 6006-6012, 2009

[Ver14]  Vert, R.: Tekna Plasma Systems Inc. Company presentation, 2014

[Vil11]  Vilaro, T.; Colin, C.; Bartout, J.D.: As-fabricated and heat-treated microstructures oft he Ti-6Al-4V alloy processed by selective laser melting. Metallurgical and Materials Transactions A Vol. 42, pp. 3190-3199, 2011

[Vol96]  Vollertsen, F.; Geiger, M.: Laserstrahlurformen, lasergestütze Formgebung: Verfahren, Mechanismen, Modellierung. Bamberg, Meisenbach, 1996

[Wag03]  Wagner, C.: Untersuchungen zum Selektiven Lasersintern von Metallen. Dissertation. RWTH Aachen. Aachen, Shaker, 2003

[Wal08]  Walker, J.: Der fliegende Zirkus der Physik. 9., erweiterte Auflage. München [u.a], Oldenbourg, 2008

[Wan17]  Wang, R.: Mechanical Simulation of Granluar Materials by DEM Analysis. http://web2.clarkson.edu/projects/reushen/reu_china/Website/assets/participants_assets/Reports/Roy.pdf, abgerufen am 10.05.2017

[Weh09]  Wehry, T.: 3D-Simulationsmodell für bewegte Schüttgüter mit unregelmäßig geformten Partikeln. Dissertation. Universität Paderborn. Aachen, Shaker Verlag, 2009

[Wei12]  Weiler, R.: Numerische Simulation von Misch- und Fließvorgängen in grobkörnigen Schüttgütern mit Diskrete Elemente Methode. Disseration. Technische Universität Kaiserslautern, 2012

[Wei15]  Weingarten, C.; Buchbinder, D.; Pirch, N.; Meiners, W.; Wissenbach, K.; Poprawe, R.: Formation and reduction of hydrogen porosity during selective laser melting of AlSi10Mg. Journal of Material Processing Technology 221, pp. 112-120, 2015

[Wei95]  Weinekötter, R.; Gericke, H.: Mischen von Feststoffen. Berlin [u.a.], Springer Verlag, 1995

[Wer11]  Werdich, M.: FMEA- Einführung und Moderation. 2., überarbeitete und verbesserte Auflage. Springer Vieweg, 2012

[Wie14]     Wiesner, A.; Schwarze, D.: Multi-Laser Selective Laser Melting. 8th
            Conference on Photonic Technologies LANE 2014, 2014

[Wis15]     Wischeropp, T.: Einflussgrößen, Potentiale und Herausforderungen in
            der laseradditiven Fertigung. Light Alliance Workshop, Hamburg, 2015

[Woh16]     Wohlers, T; Caffrey, T.: Wohlers Report – Annual Worldwide Progress
            Report. Fort Collins, Colorado, Wohlers Associate, Inc., 2016

[Won09]     Wonisch, A.: Entwicklung und Anwendung partikelbasierter Simulati-
            onstechniken für die Modellierung von Umordnungseffenkten und
            Anisotropieentwicklung in pulvertechnologischen Prozessen. Disserati-
            on. Albert-Ludwigs-Universität Freiburg. Aachen, Shaker Verlag, 2009

[Wyc12]     Wycisk, E.; Kranz, J.; Emmelmann, C.: Influence of surface properties
            on fatigue strength of lightweight structures produced by Laser Additive
            Manufacturing of TiAl6V4. DDMC Direct Digital Manufacturing Con-
            ference. Berlin, 2012

[Wyc13]     Wycisk, E.; Emmelmann, C.; Siddique, S.; Walther, F.: High Cycle
            Fatigue (HCF) Performance of Ti-6Al-4V Alloy Processed by Selective
            Laser Melting. Advanced Materials Research Vols. 816-817, pp. 134-
            139, 2013

[Wyc14]     Wycisk, E.; Solbach, A.; Siddique, S.; Herzog, D.; Walther, F.; Emmel-
            mann, C.: Effects of defects in laser additive manufactured Ti-6Al-4V
            on fatigue properties. Physics Procedia 56, pp. 371-378, 2014

[Wyc15]     Wycisk, E.; Siddique, S.; Herzog, D.; Walther, F.; Emmelmann, C.:
            Fatigue performance of laser additive manufactures Ti-6Al-4V in very
            high cycle fatigue regime up to $10^9$ cycles. Frontiers in Materials 2:72,
            2015

[Xia16]     Xiang, Z.; Ying, M.; Deng, Z.; Mei, X.; Yin, G.: Simulation of Forming
            Process of Powder Bed for Additive Manufacturing. Journal of Manu-
            facturing Science and Engineering, Vol. 138, 2016

[Xu97]      Xu, B.H.; Yu, A.B.: Numerical simulation of the gas-solid flow in a
            fluidized bed by combining discrete particle method with computational
            fluid dynamics. Chemical Engineering Science, Vol. 52 Iss. 16, pp.
            2785-2809, 1997

[Ya14]      Ya-ran, L.; Yue, Y.; Yue, G.: Brazil Nut Effect in the Binary Granular
            System. US-China Education Review A, Vol. 4 No. 11, pp. 819-822,
            2014

[Yab15]     Yablokova, G.; Speirs, M.; Van Humbeeck, J.; Kruth, J.-P.; Schrooten,
            J.; Cloots, R.; Boschini, F.; Lumay, G.; Luyten, J.: Rheological behavior
            of β-Ti and NiTi powders produced by atomization for SLM production
            of open porous othopedic implants. Powder Technology 283, pp. 199-
            209, 2015

[Yad11]     Yadroitsev, I.; Smurov, I.: Surface Morphology in Selective Laser Melt-
            ing of Metal Powders. Physics Procedia 12, pp. 264-270, 2011

[Yol15]     Yolton, C.F.; Froes, F.H.S.: Conventional titanium powder production.
            In Qian, M.; Froes, F.H.S.: Titanium Powder Metallurgy. Science,
            Technology and Application. Butterworth-Heinemann, 2015

[You06]     You, Z.; Dai, Q.: Update on Discrete Element Method in Engineering
            Education. Proceeding of The 2006 IJME – INTERTECH Conference,
            2006

[Zha04]     Zhang, D.: Entwicklung des Selective Laser Melting (SLM) für Alumi-
            niumwerkstoffe. Dissertation. RWTH Aachen. Aachen, Shaker Verlag,
            2004

[Zhu07]     Zhu, H.H.; Fuh, J.Y.H.; Lu, L.: The influence of powder apparent densi-
            ty on the density in direct laser-sintered metallic parts. International
            Journal of Machine Tool & Manufacture 47, pp. 294-298, 2007

# Anhang

## A1. Partikelgrößenverteilung der Ti-6Al-4V-Pulverwerkstoffe

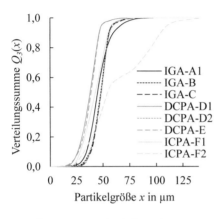
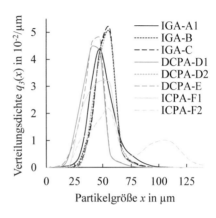

a) Verteilungssumme $Q_3(x)$ der Pulver

a) Verteilungsdichte $q_3(x)$ der Pulver

**Abbildung A1.1:** Mithilfe der dynamischen Bildanalyse ermittelte Partikelgrößenverteilung der Ti-6Al-4V-Pulverwerkstoffe

## A2. Chemische Zusammensetzung der Ti-6Al-4V-Pulver mittels REM-EDX

**Tabelle A2.1:** Mittels REM-EDX ermittelte Hauptlegierungsbestandteile Al und V der Ti-6Al-4V-Pulverwerkstoffe

|  | Metallische Legierungsbestandteile in Gew.-% | | |
|---|---|---|---|
|  | Ti | Al | V |
| IGA-A1 | Rest | 6,04 | 4,36 |
| IGA-B | Rest | 6,54 | 4,16 |
| IGA-C | Rest | 6,34 | 4,31 |
| DCPA-D1 | Rest | 5,59 | 4,22 |
| DCPA-D2 | Rest | 6,46 | 3,91 |
| DCPA-E | Rest | 6,70 | 3,99 |
| ICPA-F1 | Rest | 6,49 | 4,33 |
| ICPA-F2 | Rest | 6,13 | 4,35 |
| ASTM F2924 [ASTM14d] | Rest | 5,5 – 6,75 | 3,5 – 4,5 |

© Springer-Verlag GmbH Deutschland, ein Teil von Springer Nature 2018
V. Seyda, *Werkstoff- und Prozessverhalten von Metallpulvern in der laseradditiven Fertigung*, Light Engineering für die Praxis, https://doi.org/10.1007/978-3-662-58233-6

## A3. Zusätzliche Kenngrößen zur Bewertung der Lawinenbildung

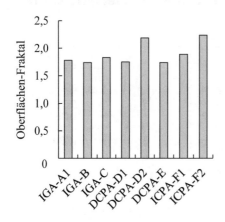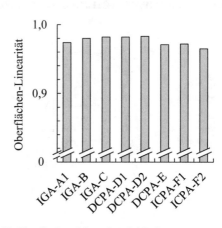

a) Oberflächen-Fraktal der Pulver                 b) Oberflächen-Linearität der Pulver

**Abbildung A3.1:** Ausgewählte Kenngrößen zur Bewertung der Lawinenbildung unter Verwendung des REVOLUTION POWDER ANALYSERS

Das Oberflächen-Fraktal gibt Aufschluss über die Homogenität der Pulveroberfläche nach dem Abgang einer Lawine. Ein Oberflächen-Fraktal nahe 1 entspricht einer ebenen Oberfläche des Pulvers. Je rauer die Pulveroberfläche ist, desto größer ist der Wert des Oberflächen-Fraktals [Mer17]. Nach Spierings et al. [Spi15b] stellt das Oberflächen-Fraktal ein Maß für die interpartikulären Haftkräfte dar.

Die Oberflächen-Linerarität dient ebenfalls zur Beschreibung der Pulveroberfläche nach Lawinenbildung. Je geradliniger die Pulveroberfläche ist, desto besser wird das Pulver z. B. eine Form füllen [Mer17].

# A4. Scherspannungs-Scherweg-Diagramme der Ti-6Al-4V-Pulverwerkstoffe

Die nachfolgend dargestellten Diagramme bilden die Grundlage für die Berechnung des Reibungswinkels $\varphi$.

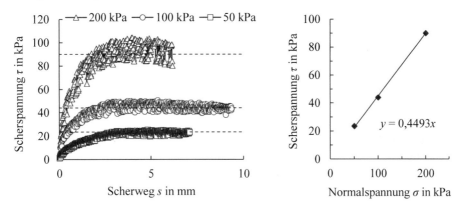

**Abbildung A4.1:** Scherspannungs-Scherweg-Diagramm und $\sigma$-$\tau$-Diagramm für das IGA-A1-Pulver

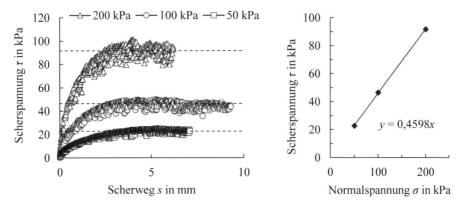

**Abbildung A4.2:** Scherspannungs-Scherweg-Diagramm und $\sigma$-$\tau$-Diagramm für das IGA-B-Pulver

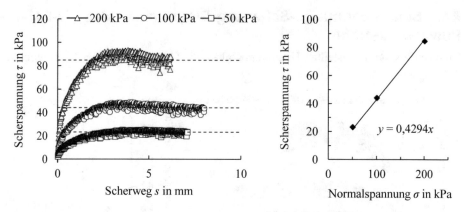

**Abbildung A4.3:** Scherspannungs-Scherweg-Diagramm und σ-τ-Diagramm für das IGA-C-Pulver

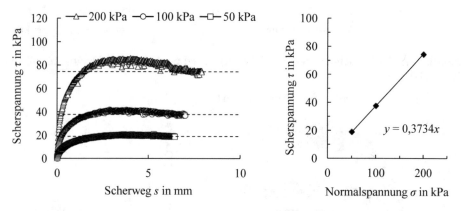

**Abbildung A4.4:** Scherspannungs-Scherweg-Diagramm und σ-τ-Diagramm für das DCPA-D1-Pulver

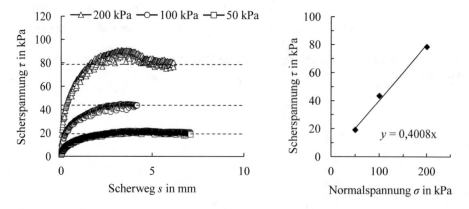

**Abbildung A4.5:** Scherspannungs-Scherweg-Diagramm und σ-τ-Diagramm für das DCPA-D2-Pulver

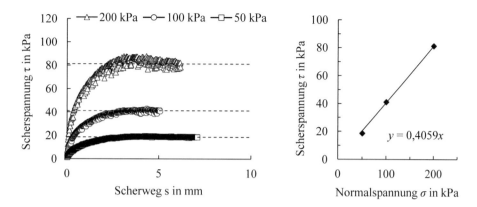

**Abbildung A4.6:** Scherspannungs-Scherweg-Diagramm und $\sigma$-$\tau$-Diagramm für das DCPA-E-Pulver

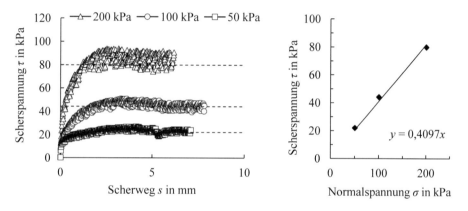

**Abbildung A4.7:** Scherspannungs-Scherweg-Diagramm und $\sigma$-$\tau$-Diagramm für das ICPA-F1-Pulver

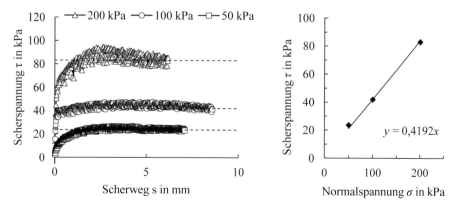

**Abbildung A4.8:** Scherspannungs-Scherweg-Diagramm und $\sigma$-$\tau$-Diagramm für das ICPA-F2-Pulver

## A.5 Berechnung des Normal- und Fehlaustrags im Fein- und Grobgut

Normalaustrag im Feingut:

$$f \cdot \int_{x_{min}}^{x_t} q_F(x)\, dx = f \cdot Q_F(x_t) \qquad \text{[Sti09]} \tag{A5.1}$$

Fehlaustrag im Feingut:

$$f \cdot \int_{x_t}^{x_o} q_F(x)\, dx = f \cdot (1 - Q_F(x_t)) \qquad \text{[Sti09]} \tag{A5.2}$$

Normalaustrag im Grobgut:

$$g \cdot \int_{x_t}^{x_{max}} q_G(x)\, dx = g \cdot (1 - Q_G(x_t)) \qquad \text{[Sti09]} \tag{A5.3}$$

Fehlaustrag im Grobgut:

$$g \cdot \int_{x_u}^{x_t} q_G(x)\, dx = g \cdot Q_G(x_t) \qquad \text{[Sti09]} \tag{A5.4}$$

Printed in the United States
By Bookmasters